国际信息工程先进技术译丛

绿色通信与网络

［加拿大］于非（F. Richard Yu）

张　曦（Xi Zhang）　主编

［加拿大］梁中明（Victor C. M. Leung）

阚江明　闫　磊　等译

机　械　工　业　出　版　社

本书分为绿色无线通信与网络、绿色有线通信与网络和智能电网通信与网络三部分，每一部分又从通信与网络的建模、分析、设计、管理、开发、算法优化、协议和结构来分析通信与网络系统的能源效率、中继技术和跨层设计与优化，进而提高节能技术、降低温室气体排放、提高电能效率。同时本书既介绍了绿色通信与网络前沿理论研究进展，又介绍了一些实际应用案例。

本书既可以作为高等院校电气工程、通信工程和计算机网络工程相关专业高年级本科生和研究生的教材和参考书，也可以作为企事业单位从事电气工程、通信工程、计算机网络工程和智能电网相关工作的工程师的参考书，还可以作为能源研究者、政策制定者等从事绿色通信与网络相关工作科技人员的辅导材料。

译者序

在能源危机日益严重和环境进一步恶化的情况下，各国一方面越来越注重新能源的研究开发，另一方面关注如何提高能源的利用效率和保护环境，节约能源、节约资源、保护环境是新一代通信与网络的重要研究方向。从2008年开始绿色通信与网络成为通信领域的研究热点，学者和相关行业都在开展绿色通信与网络的理论和应用研究。本书正好收录了目前重要的研究成果。

在本书里，所涉及领域中顶尖专家发表的文章涵盖了不同领域绿色通信与网络的建模、分析、设计、管理、部署、算法优化、协议和体系结构。尤其是这个主题包含了能源效率、资源管理、继电器技术、跨层设计和优化、速率自适应、图论方法、路由器体系结构、动态调度、智能电网通信、智能电网中的需求和响应以及在智能电网环境下的无线网络。

目前我国没有系统介绍绿色通信与网络的图书，高校学生、工程和科研人员难以全面掌握绿色通信的知识，难以在通信与网络工程中制定和实施提高电能效率的方案，翻译出版本书可以满足读者对电能效率相关知识技术的需求。

本书第1~5章由闫磊、丁小康、王明枝负责翻译，第6~12章由阚江明负责翻译，刘念、詹任栋、胡昕卉、郝文睿、庞帅、王化、伍宏芳、魏蒙蒙、赵瑛琦、范磊、刘佳欣、王斓霏、崔鑫彤也参与了本书部分内容的翻译。由于译者水平有限，错误之处在所难免，欢迎广大同仁批评指正。

原书前言

简介

随着人们对气候变化、化石燃料价格上涨和能源安全问题担忧的增加，全世界的企业和政府为开发绿色策略以解决全球气候变化和降低温室气体（GHG）的发展投入了巨大的精力。最近，据说仅仅在信息和通信技术（ICT）产业的GHG排放已经等同于整个航空工业的GHG排放。据说一个小的计算机服务器产生的GHG等同于一个运动型多用途汽车（SUV）。再者来说，随着人们对更高数据速率的追求，ICT产业的能量消耗每年增长了16%~20%，并且移动网络运营商的能量消耗早已经高达年度运营预算的一半。ICT的任务不仅包括减少ICT产业和服务中的排放和节能，也包括降低电力智能电网等其他产业的碳排放。的确，网络对电力智能电网来说是至关重要的技术，它从始至终的监测、保护、优化相互关联的部件进行操作，通过双向流动的电和信息来创造自动的、分散式的能量传递网络。

在本书里，所涉及领域中顶尖专家发表的文章涵盖了不同领域绿色通信与网络的建模、分析、设计、管理、部署、算法优化、协议和体系结构。尤其是这个主题包含了能源效率、资源管理、继电器技术、跨层设计和优化、速率自适应、图论方法、路由器体系结构、动态调度、智能电网通信、智能电网中的需求和响应以及在智能电网环境下的无线网络。接下来的内容将对所有的各章进行介绍。

第1部分　绿色无线通信与网络

第1章作为本书的首章，由A. Attar，H. Li和V. C. M. Leung所写，介绍了一个新颖的解决办法，叫做应用大规模光纤的连接分布式天线（BWA-FMDA）的无线宽带接入，用以实现最后一英里的绿色传输。BWA-FMDA体系的优点在于它调度的灵活性，可调控的覆盖范围可以从几米的室内访问，到若干英尺的室外通信，还有吞吐量方面的优越性能和能量效率。此章的重点是和最先进的最后一英里的接入解决方法相比BWA-FMDA的节能能力。他们特别比较了几个最后一英里解决方案的功耗模型并论证了通过集成光导纤维和无线接入更大功效的访问解决方案是可以预想的，而这同时也提高了网络的吞吐量。

第2章由X. Zhang和W. Cheng编写，开发了一个依据需求的资源交易（DBRT）模型用以绿色通信。他们提出一种机制：在不危害用户服务质量（QoS）的情况下，最小化无线网络的能源消耗。应用DBRT机制，他们开发了一种新型的解决方案——无线网络资源贸易。它阐述了对于一个给定数量的QoS

性能标准、不同无线资源的贸易关系。根据无线网络资源的贸易关系，可能会消耗不同的网络资源来满足同一组 QoS 的性能标准。因此，为了在给定 QoS 中能够使消耗的资源最小化，他们可能在满足 QoS 性能标准的同时，交易其他种类的无线网络资源来获取能量资源。根据已经发展的无线网络交易关系，这一章源于最理想的能量频带宽度、能量时间、能量空间和能量代码无线网络资源交易关系。两个事例研究也显示了如何在保证了无线网络中要求的 QoS 性能标准时，运用可利用的频带宽度或是可接受的延迟界去达到最小的能量消耗。

第 3 章由 Y. Qi、F. Héliot、M. A. Imran 和 R. Tafazolli 编写，在频谱效率（SE）和能量效率（EE）方面分析了继电保护技术链接和系统水平。一个彻底详尽的调查将提供各种各样的方法在中继节点（RN）转发信息，其中包括放大转发（AF）、译码转发（DF）和压缩转发（CF）。其中介绍研究了传统的继电器保护方案以混合的方式组合形成先进的继电器保护方案来适应不同的信道状态。而且，继电器技术与面向数据包的通信传输协议和光谱研究相结合，也提出了能源效率的观点。最后，此章也解决了在先进的无线蜂窝网络系统即 LTE 系统加上实际功耗模型中设计和定位无线网络子系统的挑战。

第 4 章由 T. Zhu、S. Xiao 和 C. Zhou 编写，介绍了①能量效率硬件平台；②能量效率测量和控制；③能量效率网络；④能量效率应用软件。除此之外，出于链路层设计的不足，作者介绍了在静态能量低占空比内无线网络的跨层最优化。此章还研究了在能量动态低占空比无线网络的跨层设计。

第 5 章由 Z. Zhao、Z. Dou 和 Y. Shu 编写，研究在长距离无线网状（LDmesh）网络的能量效率速率适配。作者们提出一种有效的探测算法来获取帧延迟比（FDR）、接收信号强度指示值（RSSI），包括映射每个比特率。FDR-RSSI 是线状的，在一段时间内保持不变以使其用于促进速度选择。更重要的是，其中基于利用信息路径损耗信息互惠提出了一个能量效率比率选择方法。此外，本章提出了一种技术来监测由 WiFi 外部干扰引起的 FDR-RSSI 失真。仿真结果显示此次提出的方案能够在最小能量消耗下改善链接吞吐量效率。

第 2 部分　绿色无线通信与网络⊖

第 6 章由 F. Cuomo、A. Cianfrani 和 M. Polverini 编写，研究网络的能源节约。作者提出图论的解决方法使 IP 网络能源节约的目的被采纳。这些意见的普遍观点是减少环节的数量等，和在非峰值期间用于网络工作的路由器线卡。出于这样的目的，不同属性的图用于网络模型。通过控制删除代数连通度中的一些连接的影响，本章提出的方案源于可关闭的连接列表。它将代数连通度和边介数组合起

⊖ 第 1 部分和第 2 部分名称相同，原书有误，第 2 部分应为“绿色有线通信与网络”。——译者注

来，最近的参数允许从仅有极少数路径通过的网络图表中切下。结果图代数连接度接着被用于控制网络持续连接，并且它的连接程度高于一个合适的阈值。

第7章由C. Hu、B. Liu、M. Zhang、B. Zhang和W. Wang所写，研究能量有效有线网络节点的结构设计。作者将注意力集中在通过像路由器这样的网络变速器设备的设计来探索能量节约的原理。通过修正典型的网络行为和模块化的路由器典型结构，此章建议物联网工程节能的方法从三个不同的视角讨论应用的技术挑战。为应对该项挑战并抓住节约能源的机会，一个新的概念路由器模型/结构作为指南去设计并和网络一样继续实现能量效率路由器。

第8章由M. P. Anastasopoulos、A. Tzanakaki和D. Simeonidou编写，研究聚合光网络和IT基础设施来适应云服务。更特别的是，虚拟架构（VI）的概念和超过一个或者更多的互连的物理架构（PI）被考虑，包括网络和IT资源。考虑到能耗水平和今天的ICT、网络膨胀相关联，节能基础设施对减少二氧化碳特别重要。为解决此事，高能耗IT资源的混合能源互补供电系统被采纳。在这个系统中，常规和可再生能量资源合作来为IT设备生产必要的能量来运行和支持需要的服务。通过申请应用能源意识规划的VI聚合PI，减少二氧化碳排放量会进一步增强。为量化该方法的优点，提出和开发了一个规划虚拟基础设施的混合整数线性规划模型。这个模型考虑在一个集成的混合太阳动力和光学网络基础设施上的多周期和多业务问题，旨在减少规划虚拟基础设施的二氧化碳排放。建模结果显示在10%～50%不同程度需求请求时二氧化碳排放量显著减少。

第9章由M. J. Neely编写，提出不同长度帧的系统中优化平均时间的方法。应用包括在智能电话中能量和质量感知工作时序安排，在计算机服务器等方面中消耗有效的能量管理。作者认为在计算系统中能量感知控制包括两个方面：积极和空闲。在积极方面，控制者使用其中一个任务处理模式选择执行单一任务。接着控制者通过选择一个系统空闲的时间来节省能源。这些决定影响进程时间、能量消耗和能被用于其他感兴趣的标准模型（例如加工质量或扭曲）的抽象属性矢量。本章的解决方法是使用再生系统最优化的方法。

第3部分　智能电网通信与网络

第10章由Z. Li、D. Ishchenko、F. Yang和Y. Ye编写，回顾最近实用网络通信的发展，包括高级计量体系（AMI）以及监控和数据采集（SCADA）。在AMI和SCADA系统中通信协议的标准化是此章的重点。除此之外，同样也讨论了实时通信机制使其有效的电网运营促进一些潜在的电网管理应用。

第11章由Q. Dong、L. Yu和W. Song编写，通过阐述一个代表性的智能电网的需求和响应方法来调查正在进行的研究和讨论未来的方向。DR是指动态需求管理电力需求响应机制供给条件和智能电网中最重要的功能之一。DR提供各种便利，包括减少最大需求量、参与者的经济效益、集成的可再生资源和提供辅助服务。此章集中于以优化目标为基准的分类，陈述大量有代表性的 DR 方法，它属于客户利润优化类别中电力成本减少类别和社会福利最大化的类别。

第 12 章由 S. Bu、F. R. Yu 和 P. X. Liu 编写，不仅考虑节能通信还考虑在设计绿色无线蜂窝网络中智能电网的动态。特别是蜂窝基站的动态操作取决于交通、实时供电价格和与发电相关的污染物水平。多点协调（CoMP）被用于保证可接受的蜂窝的服务质量，而它的基站已被关闭。活跃的基站决定零售商采购发电和电力采购的多少。制定系统斯塔克博格博弈（Stackelberg game），它有两个层次：蜂窝网络水平和智能电网水平。仿真结果显示，智能电网在绿色无线蜂窝网络中有非常重要的影响，这里的方案在绿色无线蜂窝网络中可以显著降低运营支出和二氧化碳排放。

结论

这里的各章介绍已经提供了对本书内容的大体介绍。各章本质上以绿色通信和下一代通信和网络系统的最新研究成果为基础，因此，本书将会对这个领域的研究人员及应用人员有益，读者将会在每章发现非常大的参考价值。

关于作者

F. Richard Yu 是加拿大渥太华市卡尔顿大学信息技术学院系统和计算机工程系的一名副教授。2003 年，他获得加拿大不列颠哥伦比亚大学电气工程博士学位。2002 ~ 2004 年，他参与了瑞典隆德爱立信公司的第三代蜂窝网络的研究和开发工作。2005 ~ 2006 年，他曾在美国加利福尼亚州的一个创业公司研发无线通信技术和该领域更为先进的技术。2007 年，他加入了加拿大渥太华市卡尔顿大学信息技术学院系统和计算机工程系。他的研究方向包括跨层设计、安全性以及无线网络中服务质量的部署。

他分别获得了 2012 年的卡尔顿研究成就奖，2011 年安大略省的早期研究者奖，2010 年的 IEEE/IFIP TrustCom 优秀贡献奖，2009 年的加拿大创新基金会颁发的领导机会基金奖，2009 年 IEEE/IFIP TrustCom 以及 2005 年网络研究国际大会的最佳论文奖。

Yu 博士是 IEEE 的高级成员，他同时担任多个期刊的编委，包括 IEEE 车辆技术、IEEE 通信调查和教程、ACM/Springer 无线网络、EURASIP 无线通信网络、点对点模式及传感器无线网络、Wiley 安全和通信网络期刊，以及无线通信和网络国际期刊。他还担任 IEEE 系统杂志的智能电网通信系统研究方向特刊的客座编辑。他曾担任众多会议的技术方案委员会委员，如第 13 届 IEEE CCNC、2012 年 INFOCOM-CCSES、2012 年 ICC-GCN、2012 年 VTC、第 11 届 Globecom、2011 年 INFOCOM-GCN、2010 年 INFOCOM-CWCN、2009 年 IEEE IWCMC、2008 年 VTC 和 2007 年 WiN-ITS 等会议的技术方案委员会共同主席，以及 2010 年 ICST QShine 的出版主席和 2009 年 ICUMT-CWCN 会议的联合主席。

Xi Zhang 本科和硕士毕业于中国西安的西安电子科技大学，在宾夕法尼亚州伯利恒利哈伊大学获得电气工程和计算机科学的硕士学位，并获得安娜堡密歇根州立大学电气工程和计算机科学（电气工程系统）博士学位。

他目前是德克萨斯农工大学电气和计算机工程系网络与信息系统实验室的副教授和主任。1984 ~ 1989 年，他任北京信息技术工程学院电气工程与计算机科学系计算机系统工程部门助理教授和主任。通过中国教育委员会奖学金的资助，他分别在澳大利亚悉尼科技大学的电气工程学院和澳大利亚詹姆斯库克大学电气和计算机工程系进行了深造。他参与了新泽西美利山 AT&T 贝尔实验室网络和分布式系统研究部门和新泽西弗洛厄姆公园 AT&T 实验室的研究。他发表了 200 多篇无线网络和通信系统、移动计算、网络协议的设计和建模、统计通信、随机信号处理、信息论、控制论和系统领域的论文。

Zhang 博士主要研究移动无线多播网络和系统领域，曾获得 2004 年美国国家科学基金奖。他是 IEEE 通信协会特聘讲师。他曾获得 2007 年 IEEE GLOBECOM、2009 年 IEEE GLOBECOM 和 2010 年 IEEE WCNC 最佳论文奖。他在 2006 年因其研究方面的优秀表现从德克萨斯农工大学的工程学院站获得了 TEES 优秀青年教师奖。他目前担任或曾担任 IEEE 通信的编辑、IEEE 无线通信的编辑、IEEE 车辆技术的副主编、IEEE 通信期刊特刊高速车辆的宽带无线通信的客座编辑、IEEE 通信期刊特刊无线视频传输的客座编辑、IEEE 通信的副主编、IEEE 通信杂志特刊合作无线网络的发展客座编辑、IEEE 通信杂志特刊下一代 CDMA 与 4G 无线应用的 OFDMA 的客座编辑、John Wiley 杂志的无线通信和移动计算方向的编辑、计算机系统网络和通信期刊的编辑、John Wiley 杂志安全和通信网络的副编辑、计算机通信领域 Elsevier 期刊编辑，Elsevier 旗下的计算机通信研究方向的编辑、John Wiley 期刊无线通信和移动计算的特刊下一代无线通信和移动计算的客座编辑。他经常在美国国家科学基金会的研究提案审查小组工作。他是现任且曾担任 2011 年 IEEE GLOBECOM 会议的技术方案委员会（TPC）主席，2012 年 IEEE INFOCOM 的技术方案委员会的区域主席，2012 年 INFOCOM 可持续能源系统的绿色网络和智能电网工作组的联合主席，2012 年 IEEE ICC 绿色通信与网络工作组的 TPC 联合主席，2011 年 IEEE INFOCOM 绿色通信与网络工作组的联合主席，2011 年 IEEE ICDCS 数据中心的性能工作组的 TPC 总联合主席，2011 年 ACM MobiCom 会议的分组会/展示组/海报组主席，2010 年 IEEE INFOCOM 的 TPC 副主席，2010 年 ACM QShine 的总主席，2009 年 IEEE INFOCOM 小型会议的 TPC 联席主席，2008 年 IEEE GLOBECOM 会议的无线通信研讨会部分的 TPC 共同主席，2008 年 IEEE GLOBECOM 会议的信息与网络安全研讨会部分的 TPC 共同主席，2006 年、2007 年和 2008 年 IEEE/ACM 国际跨层优化无线网络研讨会的研讨会主席，2006 年、2007 年和 2008 年 IEEE/ACM IWCMC 会议的 TCP 主席，2008 年 IEEE INFOCOM 的展示组/海报组主席，2007 年 IEEE INFOCOM 的学生旅行资助联合主席，2010 年 ACM QShine 主席，2007 年 IEEE ICCCN 的联合主席，2007 年 IEEE/ACM MSWiM 和 2006 年 IEEE QShine 海报组主席、QShine 执行委员会联合主席，2007 年 IEEE/ACM QShine 和 2005 年 WirelessCom 的宣传主席，2007 年 IEEE ICCCN 跨层优化的无线网络和多媒体通信和 2004 年 IEEE QShine WiFi 热点/无线局域网和服务质量部分的小组成员。他曾担任超过 100 个 IEEE/ACM 会议的 TPC 会员，包括 IEEE INFOCOM、IEEE GLOBECOM、IEEE ICC、IEEE WCNC、IEEE VTC、IEEE/ACM QShine、IEEE WoWMoM、IEEE ECCCN 等。

Victor C. M. Leung 1977 年获不列颠哥伦比亚大学的电子工程学位和应用科学

学士（荣誉称号），并作为应用科学学院毕业班领头人物被授予 APEBC 金牌。他得到了自然科学和工程研究理事会研究生奖学金，并进入了不列颠哥伦比亚大学研究生院，于 1981 年获得电气工程博士学位。

1981~1987 年，Leung 博士是 MPR Teltech 公司的资深技术人员，主要研究卫星通信系统的规划、设计和分析。1988 年，他在中国香港大学作为一名电子系讲师开始了他的学术生涯。1989 年，他作为一名教员回到不列颠哥伦比亚大学，目前已经是电气和计算机工程系教授和高级电信工程的 TELUS 流动研究主席。他是不列颠哥伦比亚大学计算信息和认知系统研究所的成员，还是吉林大学、北京交通大学软件学院、华南理工大学、香港理工大学和北京邮电大学的兼职/客座指导教师。Leung 博士曾合作撰写了 500 多篇学术论文，在国际期刊和会议上发表，并且有些论文被选为最佳论文。他的研究方向是架构和协议设计、计算机和电信网络管理算法及性能分析、无线网络和移动系统的当前焦点。

Leung 博士是一名加拿大不列颠哥伦比亚省注册专业工程师。他是一名 IEEE 会士、加拿大工程师协会会员和加拿大工程院研究员。他是一个杰出的 IEEE 通信学会讲师。他是 IEEE 电脑期刊、IEEE 无线通信、计算机通信、通信和网络，以及其他一些期刊的编辑委员会成员。此前，他曾担任 IEEE 无线通信系列、无线通信和车辆技术的编委。他曾受邀成为多个期刊特刊的客座编辑和多个国际会议的技术方案委员会成员。他担任 2012 年 INFOCOM 中国客户服务组、2012 年 ICC 会议 GCN 工作组、2012 年 CIT 会议、2012 年 FutureTech、2011 年 CSA 的总联合主席。他是 2012 年 IEEE WCNC 的 MAC 和跨层设计跟踪的 TPC 联合主席。他主持了 2008 年 IEEE VTC 秋季无线网络和认知无线电跟踪的 TPC 委员会。他是 2010 年 AdhocNets、2010 年 WC、2007 年 QShine 的主席和 2006~2008 年 IWCMC 下一代移动网络的研讨会主席。他是 2011 年中国客户服务组、2011 年 IEEE INFOCOM 移动世界和 GCN 组、2010 年 BodyNets、2010 年 INFOCOM 会议 CWCN 组、2010 年 IEEE GLOBECOM 会议 ASIT 组、2010 年 IEEE CCNC 会议移动世界、2009 年 IEEE EUC 和 2006 年 ACM MAWIM 的联合主席和 2005 年 IEEE WCNC 的 TPC 副主席。他是温哥华分会百年纪念奖获得者。

作 者 名 單

Muhammad Ali Imran
University of Surrey
Surrey, UK

Markos P. Anastasopoulos
Athens Information Technology Center
Peania Attikis, Greece

Alireza Attar
Department of Electrical and Computer Engineering
The University of British Columbia
Vancouver, Canada

Shengrong Bu
Department of Systems and Computer Engineering
Carleton University
Ottawa, Canada

Wenchi Cheng
Department of Electrical and Computer Engineering
Texas A&M University
College Station, TX, USA

Antonio Cianfrani
University of Rome Sapienza
Rome, Italy

Francesca Cuomo
University of Rome Sapienza
Rome, Italy

Qifen Dong
Zhejiang University of Technology
Hangzhou, China

Zhibin Dou
Tianjin University
Tianjin, China

Fabien Heliot
University of Surrey
Surrey, UK

Chengchen Hu
MoE KLINNS Lab
Department of Computer Science and Technology
Xi'an Jiaotong University
Xi'an, China

Dmitry Ishchenko
ABB US Corp. Research Center
USA

Victor C. M. Leung
Department of Electrical and Computer Engineering
The University of British Columbia
Vancouver, Canada

Haoming Li
Department of Electrical and Computer Engineering
The University of British Columbia
Vancouver, Canada

Zhao Li
ABB US Corp. Research Center
USA

Bin Liu
Department of Computer Science and Technology
Tsinghua University
Beijing, China

Peter X. Liu
Department of Systems and Computer Engineering
Carleton University
Ottawa, Canada

Michael J. Neely
University of Southern California
Los Angeles, CA, USA

Marco Polverini
University of Rome Sapienza
Rome, Italy

Yinan Qi
University of Surrey
Surrey, UK

Yantai Shu
Tianjin University
Tianjin, China

Dimitra Simeonidou
University of Essex
Colchester, UK

WenZhan Song
Georgia State University
Atlanta, GA, USA

Rahim Tafazolli
University of Surrey
Surrey, UK

Anna Tzanakaki
Athens Information Technology Center
Peania Attikis, Greece

Xiaojun Wang
School of Electronic Engineering
Dublin City University
Dublin, Ireland

Sheng Xiao
University of Massachusetts Amherst
Amherst, MA, USA

Fang Yang
ABB US Corp. Research Center
USA

Yanzhu Ye
Energy Management Department
NEC Laboratories America, Inc.
Cupertino, CA, USA

F. Richard Yu
Department of Systems and Computer Engineering
Carleton University
Ottawa, Canada

Li Yu
Zhejiang University of Technology
Hangzhou, China

Beichuan Zhang
Department of Computer Science
Arizona University
Tucson, AZ, USA

Mingui Zhang
Huawei Inc.
China

Xi Zhang
Department of Electrical and Computer Engineering
Texas A&M University
College Station, TX, USA

Zenghua Zhao
Tianjin University
Tianjin, China

Chang Zhou
China Jiliang University
Hangzhou, China

Ting Zhu
Binghamton University
Binghamton, NY, USA

目　录

第1部分

绿色无线通信与网络

第1章 应用光纤连接的大规模分布式天线（BWA-FMDA）系统的低功耗最后一英里接入

Alireza Attar、Haoming Li 和 Victor C. M. Leung

1.1 蜂窝网络的发展及低功耗考量

源源不断的技术创新已经使无线蜂窝接入网络的普及成为可能。就蜂窝通信而言，主要的技术里程碑已经被标记上了“第 x 代” 的标签，有两个例子，例如第一代蜂窝网络的模拟系统到第二代数字通信的转变，以及基于码分多址（CDMA）技术的第三代蜂窝系统到基于正交频分多址（OFDMA）技术的第四代的演进。然而，为了更好地了解下一代蜂窝网络中更高功效的需求，需要回顾过去技术发展的趋势来探索任意蜂窝技术的三组基本参数的潜在变化，即功耗、流量密度和设备成本。

1.1.1 功耗

在过去的几十年，对无线连接需求的空前增长要求持续地扩张和升级无线蜂窝网络。因此，为了运行不断扩展的无线生态系统所需要的能源显著上升就不足为奇了。例如，沃达丰公司，全球最大的移动通信服务运营商之一，已经报道过该公司在英国（UK）总共的能源消耗（天然气和电力）为 397GWh，其中超过 57% 被用来为 12000 多个基站（BS）提供能源。这与 2007/2008 运营年度其他网络设备仅 112GWh 能耗以及用来运营 8 个主要营业厅和 347 个零售店铺的 57GWh 能耗形成鲜明对比[1]。

无线网络能耗的激增（骤减）可以直接理解为二氧化碳（CO_2）排放量的增加（减少）。沃达丰公司的另一个近期报道估计该公司的 CO_2 排放总量（成熟的和新兴的市场份额总和）与 2009/2010 年度营业厅和零售店铺的 157258t 相比，基站为 961982t，其他网络设备为 346304t[2]。根据这些报道的统计结果，可以清晰地知道，对于任何特定无线运营商，运行接入网络和更为特殊的基站在总能耗和 CO_2 排放量方面所占的比重明显超过其他实体。

考虑到基站在任何蜂窝网络的能耗模型中的重要影响，可以更进一步探索能耗在一个典型的蜂窝通信基地台中是怎样分布的。一个典型蜂窝通信基地台的主要组成部分包括供电装置、冷却系统和基站单元，其中基站单元包括基带处理单元和射频单元，如功率放大器（PA）、低噪声放大器（LNA）和天线馈电。不同供应商的基站的确切规格要求各不相同。参考文献［3］中作者估计了一个典型蜂窝通信基地台的总能耗，其中43%被冷却系统消耗，另外41%被基站本身消耗。在基站内，主要能耗的比例是馈线为44%，RF转换和PA为15%，信号处理器为9%。

下面研究无线终端用户的数据消耗的变化模式，这些模式是服务运营商扩张无线/蜂窝接入网络的主要推动力。

1.1.2 流量密度

全世界接入宽带应用的爆炸式发展以及无线和移动信号的覆盖范围不断增长导致了惊人数量的数据流量交换。这些数据流量的主要部分越来越多地被最后一英里接入网络消耗。对蜂窝网络覆盖范围增长的一个较好的测度是普及率，普及率随地域改变而改变。在加拿大，大约2404万用户普及率为71.78%[4]。在像瑞典这样的国家，普及率估计为123.53%，移动用户的总数超过了总人口[4]。

像本节开头提到的那样，除了无线/蜂窝网络逐渐增长的普及率，用户流量负载和模式在这些年也已经发生了变化。虽然过去主要的流量负载是语音，但是来自全世界运营商的近期报道表明，这种模式正在向数据包模式转变，尤其是来自像社会化媒体这样的应用程序的数据包。例如，在英国拥有620万消费者的运营商Three，最近报道了其移动宽带网络在仅仅一个月（2010年6月）的时间内就产生了2500TB的流量[5]。在报道的这期间，该蜂窝运营商排名前五的流量产生网站中有3个是社交网络及游戏网站。为了应对如此大规模的数据流量负载，许多无线运营商放弃了他们“不限流量”的数据接入计划，并且已经向分档收费策略转变。然而，分档收费本身就不可能满足终端用户对无线流量不断增长的渴望。

根据Cisco公司统计[6]，由所有移动用户产生的平均流量在没有分档收费时，估计为每个用户每月114MB，而实施分档收费后每个用户每月平均流量为131MB左右。因此，这好像是一个出人意料的结果，分档收费竟然增加了流量。为了了解造成流量惊人增长的原因，需要区分两种类型的终端用户，即占很小比例的高数据流量消费者和大部分数据交换流量低得多的用户。在Cisco公司报告中，低流量用户指的是每个月产生至少10KB以上数据流量的用户，在采用分档收费后，他们的数据消耗量从每月217MB增长到了243MB。事实上，分档收费鼓励了低流量用户消耗占用更多宽带，但是仅仅限制了小部分用户，也就是那些高流量用户的宽带占用。

结合本节前面给出的每个用户的流量负载份额和蜂窝网普及率，并考虑密集城区、住宅城区和乡村地区的平均人口密度，将得出对给定区域的期望平均流量的可靠估计。然而，除了增长的数据流量和为了运行更多数量的基站而增加的蜂窝网络的功耗外，第三个因素，也就是运营商的成本和收益也影响了无线系统的发展。

1.1.3 设备成本

这里对一个典型蜂窝网络的分析中考虑到的最后一个参数是设备成本。这个因素在采用不同技术和解决方案的选择上起了重要作用。如果绿色通信策略的最终成本比传统方案高得多，则运营商基本没有动力考虑采用该绿色技术。与能耗和流量密度不一样，几乎没有对宏基站报价的公开报道。供应商将会在准确的基站规模和订购数量等其他因素的基础之上与运营商协商价格。一个2004年的报道指出，每个基站的价格可能会因为设备先进而高得多，范围为10000～30000美元[7]。一个微基站的成本为一个宏基站的1/10左右，同样地，一个家庭基站的成本可能是微基站的1/10。

对特定运营商来说，基站成本是资本支出（CAPEX）的一部分。资本支出的其他组成部分包括蜂窝通信基地台的购置或租借的成本、频谱牌照发放以及升级以更快步伐出现的新技术应用的设备所需支出。完善蜂窝网计划与运营和维护蜂窝通信基地台构成了运营商的部分营运开支（OPEX）。从传统技术向绿色替代方案转变，在设备成本方面的主要变化似乎不是因为存在的市场竞争力而出现的。另一方面，这样一种转变的好处可以通过提高功效来实现，采用绿色技术可以潜在减少运营商的OPEX，因此达到提高功效的效果。

1.1.4 本章的目的与结构

本章的目的是介绍一种新颖的解决方案，名为光纤连接的大规模分布式天线的宽带无线接入（BWA-FMDA），并且提出了绿色最后一英里接入。BWA-FMDA结构的优点是部署的灵活性、覆盖范围的可扩展性，它可以从几米范围的室内接入扩展到几千米范围的户外通信，以及在吞吐容量及低功耗方面的优越性能。然而，本章主要关注的是，与现有的最后一英里接入解决方案相比BWA-FMDA的节能性能。这里特别比较了几个最后一英里解决方案的能耗模型，结果表明通过整合光纤与无线接入可以达到更高效的接入解决方案，该方案也可以提高网络吞吐容量。

本章剩余部分的结构如下：1.2节详细介绍了BWA-FMDA的系统结构；1.3节详细描述了构成BWA-FMDA和其他最后一英里解决方案功耗模型；1.4节呈现了大量仿真结果；1.5节小结了本章内容。

现在，继续介绍为下一代蜂窝网络而提出的解决方案，该方案提供了一个低成本的架构，它可以解决由于更高无线数据流量及相应增加的网络功耗带来的挑战。

1.2　BWA-FMDA 架构

称为 BWA-FMDA 的最后一英里结构，如图 1.1 所示。该系统由三部分组成，即天线单元（AE）、光通信媒质和中央处理实体。在接下来的几节中，将详细描述各个部分。为了对系统和性能结果深入了解，感兴趣的读者可以查阅参考文献［8］。但首先简单概括在光纤无线通信（RoF）解决方案方面的最新进展。

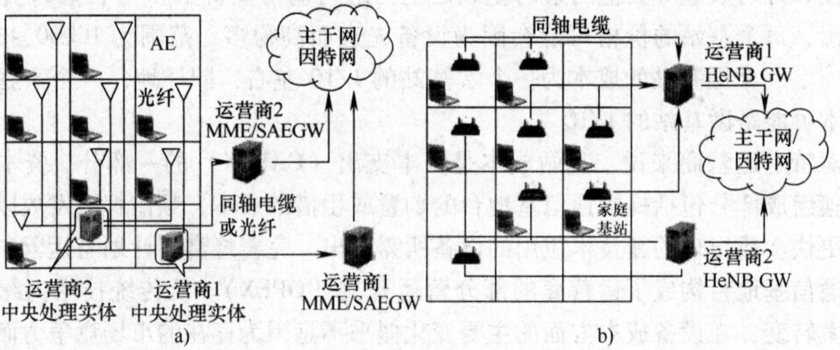

图 1.1　两个服务运营商的 a）BWA-FMDA 架构和 b）家庭蜂窝网架构的比较。图中，GW 代表网关，MME/SAE 表示移动性管理实体/系统架构发展，HeNB 根据 3GPP's LTE-A 术语指的是家庭增强式基站

1.2.1　RoF 解决方案的背景简介

无线通信与光纤的结合在过去几十年已经有相当大的发展。早期研究大部分旨在设计热点解决方案，也就是增加像被微蜂窝网络或微微蜂窝网络覆盖区域的相关小型场所可能的数据吞吐量[9,10]。因此，通过光纤传输无线局域网（WLAN）信号能够得到广大研究者的关注也就不足为奇了。用 RoF 技术协调几个 WLAN 信号的可能性在参考文献［11］和［12］中有所论述。参考文献［13］、［14］和［15］中讨论了基于 IEEE 802.11x 的室内和户外接入网络的设计。最近，参考文献［16］、［17］和［18］中调查了 IEEE 802.11x 与光纤整合的影响。针对像 OFDMA 这样的其他媒质访问控制（MAC）技术，RoF 解决方案最近已经在参考文献［19］中被研究。其他研究也考虑了通过光纤传输宽带 CDMA（WCDMA）信号的可能性，例如，参考文献［20］。

因此，在 RoF 平台上开发基于任意 MAC 标准的接入网络在技术上是可行的。RoF 技术的潜力不局限于热点解决方案，还可以延伸到蜂窝网络和其他最后一英里解决方案[8,21]。

1.2.2 AE

在 BWA-FMDA 结构中 AE 负责通过空气发送和接收 RF 信号。除了宽带 PA 和 LAN 以及 optical-to-RF 和 RF-to-optical 的转换能力，AE 中没有嵌入信号处理能力。尤其是，在 AE 中没有发送/接收信号的信道化。相反，在天线接收的宽频谱中的所有信号都被转换成宽带光信号，并且通过光通信媒质（也就是光纤）传送到中央处理实体中进行处理。同样地，在中央处理实体中已经被信道化的 RF 信号通过光纤被发送到 AE 中来放大和发送。每个用户可以在他/她的家里任意位置放置 AE，就像无线路由器一样。因此，在 BWA-FMDA 网络的部署中没有包括蜂窝计划成本。假设 0dBi 全方向天线，并且假设中央处理实体最多可以支持 8 个 AE。这样，如果需要更多的 AE 覆盖一个建筑，运营商需要配置额外的处理实体。最后，由于采用低功耗的光纤媒质，利用现有设备，可以假定 AE 和中央处理实体的距离为几百米量级，这个距离实际上足够覆盖大多数建筑了。

1.2.3 光通信媒质

BWA-FMDA 与其他最后一英里解决方案的一个主要区别就是在中央处理实体和 AE 之间，无线电信号是通过光纤传输的。相对于全无线最后一英里技术，BWA-FMDA 利用光通信的高带宽低损耗的特性来缩短通信链路。利用 RoF 技术[9]，遵循任意蜂窝网络或者宽带接入标准的 RF 信号可以通过光纤媒质传输。在实际中，这种光媒质可以通过无源光网络（PON）[22]或有源光网络实现。由于 PON 成本低且易于部署，在这里采用 PON 模式。在 PON 架构中，时分复用（TDM）和波分多路复用（WDM）技术可以用来分离通信到各种各样的 AE。

1.2.4 中央处理实体

本书提出的 BWA-FMDA 结构，在大规模分布式天线拓扑和中央处理实体的集中处理能力基础之上，整合了分布式网络的能力。这种集中处理方式促进了一大批复杂信号处理技术的发展，这些信号处理技术在功耗方面达到了空前的吞吐量交付性能。例如，虽然家庭蜂窝会独立于彼此甚至是服务运营商的宏基站而运行，但是 BWA-FMDA 也可以协调建筑物中的 AE 来实现多点协作（CoMP），像在家庭蜂窝规模的性能[8]。

这里提出的 BWA-FMDA 的部署也增加了运营商的 OPEX 和 CAPEX。由于规模经济，目前设备成本高于微基站。在这个前提下安装光纤也是有需求的，然而后者的成本可以成为运营商网络长期改善的一部分。举个例子，许多服务运营商通过独家承包合同提供有线电视、固定电话、数字用户线路互联网接入以及蜂窝网络订阅等捆绑服务。大多数服务运营商计划通过 Fiber-to-the-x（FTTx，光纤接入）解决方案升级他们已有的有线接入网络。随着 FTTx 部署的普及以及光纤服务的居住建筑和商业建筑的数量增加，BWA-FMDA 会变成一个更低成本的解决方案。

1.3 功耗和仿真模型

本书认为缩短最后一英里通信链路在链路层对于终端用户提高数据传输速率以及在网络层降低能耗都有倍增的效果。因此，无线网络的总功效会增加。宏基站和微基站的部署在蜂窝网络通信方面的对比已经证实了通过网络加密提高功效的可行性[23]。下面将进一步阐明提出的 BWA-FMDA 结构在最后一英里的绿色通信中可以胜过微基站和家庭基站的方法。在接下来的内容中，首先将解释用来检测上述提及的无线网络接入方法的功耗模型，然后介绍数值结果。

1.3.1 功耗模型

这里将比较 3 种缩短通信链路的解决方案，即微基站、家庭基站和 BWA-FMDA（见图 1.2）。

微基站：针对微基站提出了一个功耗模型，该模型结合了参考文献［24］中的微基站模型和参考文献［23］中的协作基站模型。一个微基站的总功耗考虑两个部分。首先，链路预算考虑要求对传输功率 P_{tx} 进行调整，传输功率和功耗之间有线性关系；此外，信号处理增加了总功耗，它的作用水平取决于每个微基站参与多输入多输出（MIMO）传输的 AE 数量，记作 N_c。总的微基站功耗 $P_{microBS}$ 由下式给出：

$$P_{microBS} = 5.5P_{tx} + P_{sp} \tag{1.1}$$

其中

$$P_{sp} = P_{spB}(0.87 + 0.1N_c + 0.03N_c^2) \tag{1.2}$$

表示信号处理的功耗。在式（1.2）中，P_{spB} 设为 32W，N_c 的线性项代表由于 MIMO 导频产生的能量消耗，N_c 的平方项代表 MIMO 信号处理的消耗。

毫微微（Femto）基站：通常，毫微微基站是缩小比例的即插即用接入站点。一个毫微微基站的能耗被假定为常数 18W，这是在商业家庭基站接入站点的一个典型能耗值。

BWA-FMDA：正如 1.3 节中详细叙述的那样，BWA-FMDA 结构由两个能耗部分组成，即 RoF 传输系统和中央处理实体。对于 RoF 部分的功耗模型，采用参考文献［25］中提出的模型。

激光二极管需要从激光驱动放大器（LDA）中得到5dBm的输出功率才能成功运行。LDA所需的输出功率可以利用放大器的效率转换为所需的输入功率。然而，LDA通常具有较低的功效水平。和参考文献［25］一样，在本书的研究中，采用2.2%的功效，这是考虑了确保LDA线性度需要的补偿。激光二极管本身会消耗约80mW的功率，但它需要一个驱动电路来保证偏置电流的稳定性，这对于这里的模型来说反而增加了额外的60mW功耗。在光纤媒质的另一端，对于光敏二极管还需要一个相同的功耗模型。在这种情况下，假定光敏二极管产生的3mW功耗以及相应的互阻抗放大器（TIA）额外消耗的80mW功率。最后，假定给天线供电的输出RF PA与激光二极管的LDA有一样的功耗。可以将BWA-FMDA的RoF部分的功耗模型总结如下，功耗记作P_{RoFD}。

LDA的输入和输出功率分别表示为P_{LDA}和P_{LDAOut}。另外，用ν_{LDA}表示LDA的效率。一个AE中的激光二极管（LD）、光敏二极管（PD）和RF PA的功耗分别记作P_{LD}、P_{PD}和P_{RFPA}。因此，每一个RoF链路的功耗由下式给出：

$$\begin{aligned} P_{RoFD} &= (P_{LDA} + P_{LD} + P_{PD}) + P_{RFPA} \\ P_{LDA} &= P_{LDAOut}/\gamma_{LDA} \\ P_{LD} &= 140\text{mW} \\ P_{PD} &= 83\text{mW} \\ P_{RFPA} &= P_{tx}/\gamma_{RFPA} \end{aligned} \tag{1.3}$$

式中，γ_{LDA}和γ_{RFPA}表示LDA和RFPA的效率，都固定在2.2%；P_{tx}表示每个AE的传输功率，它通常由期望无线覆盖范围或峰值下行链路传输速率决定。

在中央处理实体中，信号处理的功耗可以由微基站模型得到。BWA-FMDA的一个CoMP簇和微基站一样，完成相同的MIMO信号处理。稍微修正式（1.2）来建立在中央处理实体中的BWA-FMDA的能耗模型，如下：

$$P_{sp} = 0.87P_{spB} + 32(0.1N_c + 0.03N_c^2) \times N_{CoMP} \tag{1.4}$$

式中，N_{CoMP}是CoMP簇的数目。

于是，总能耗由下式给出：

$$P_{BWA} = P_{sp} + 1 \cdot N_{AE} \tag{1.5}$$

这里考虑几个AE布置和频率复用模型，并且考查在仿真中传输功率对能量效率的影响。

1.3.2 信令开销

在分布式MIMO通信中，有CoMP和BWA-FMDA两种类型的信令开销，这里最感兴趣的是它们对网络功耗的影响。首先，在参与分布式MIMO接收器的每个节点上，藉由传输导频信号和分析相应的响应来维持每个接收器的信道状态信息（CSI）的更新列表。这种类型的信号对微基站功耗的影响由式（1.2）中的“$0.1N_c$”项表示。类似的项出现在式（3.45）中，也就是所提出的 BWA-FMDA 模型。

第二种类型的信令开销是与多节点的资源配置及分布式 MIMO 通信调度机制的协调相关联的。CoMP 中这种信令开销对功耗的影响在式（1.2）中表示为“$0.03N_c^2$”。对于 BWA-FMDA，类似的项在式（3.45）中进行了介绍。

注意，由于它的集中式处理结构，与 BWA-FMDA 信令的第二种类型有关的实际消耗（例如，按照由数字信令包测量的）明显低于 CoMP 方式。然而，由于 MIMO 通信中信号处理的复杂性，对于 BWA-FMDA，使用了类似的功耗等级。

1.3.3 仿真模型

考虑一个 4 层的办公楼，每层有 6 个房间。房间被一个 2m 宽的走廊分为两边，每个房间大小为（$12\times6\times3$）m^3。如图 1.2 所示，假设两个用户设备（UE）之间的固定距离为 $d_{UE}=12m$，并且关注饱和下行链路流量。为了给建筑物中的 UE 提供无线接入，有 3 种选择：微基站、家庭基站和 BWA-FMDA。下面描述在每种接入策略中的 AE 或接入单元的放置，并对仿真场景中的频率复用模型进行

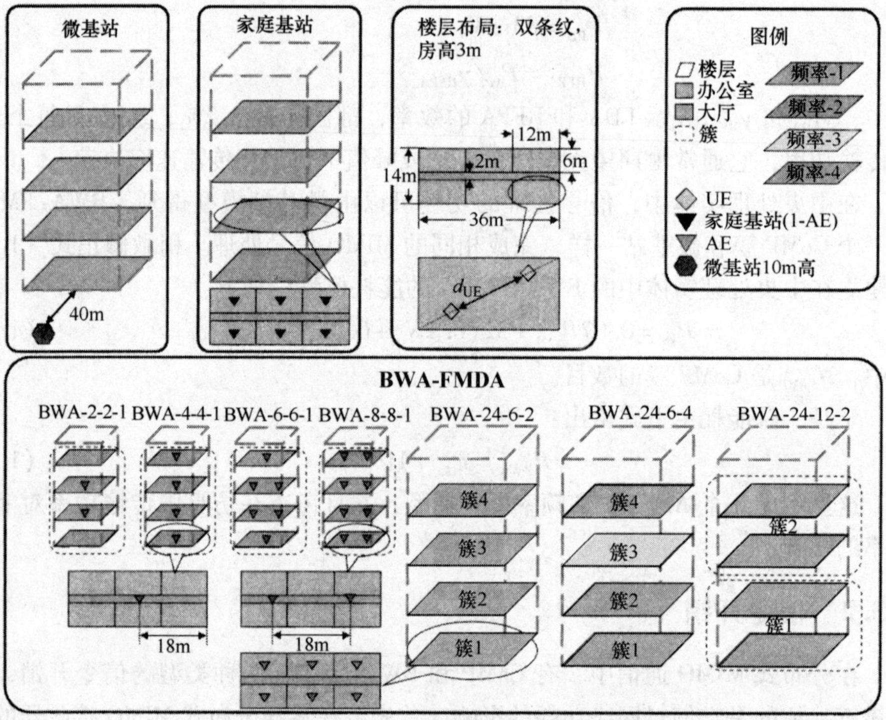

图 1.2 微基站、家庭基站和 BWA-FMDA 仿真场景

详细介绍。

微基站：由 N_c 个协调工作的17dBi全方向性天线单元共同装备的一种微基站，其中 $N_c \in \{2,4,6\}$。N_c 的最大值假设为6，这与IMT-Advanced的无线接口技术评价准则ITU M.2135-1-2009一致[26]。微基站模型采用了通用频率复用（UFR）模型，这里所有可用带宽在整个建筑中都可应用。

家庭基站：每个家庭基站构成一个封闭用户组（CSG），并且可以独立运行。假设存在这样一种家庭基站，在基站内的每个房间都配置有一个AE。家庭基站被放置在房间的中心并且采用UFR。

BWA-N_c-N_c-1：表示配备了 N_c 个AE的BWA-FMDA网络，这里 N_c 个AE形成一个"单一"CoMP簇，其中 $N_c \in \{2,4,6,8\}$。假设应用UFR机制，并且进一步假设AE被放置在走廊的天花板上。

BWA-N_r-N_c-N_f：表示一个配备了 N_r 个顶置式AE的BWA-FMDA网络，每 N_c 个AE形成一个CoMP簇。然而，与BWA-N_c-N_c-1相反，AE被放置在建筑物的房间中。如果式（3.45）中CoMP簇的数目 N_{CoMP} 多于频带数目 N_f，则相邻的簇使用不同频率；否则，每个簇用一个不同的信道，这样每个簇就没有CoMP簇间干扰。详细参数在图1.2中说明。注意，利用上面的说明，家庭基站方法可以被视为BWA-FMDA的一个特例，记作BWA-24-1-1。

每个装置只与在2.5GHz频段的一个1.4MHz带宽的信道相连。当考虑频率复用模型而不是UFR时，则使用多个1.4MHz信道。在这种情况下，为了不同频率复用模型的公平比较，仿真吞吐量按照信道的数目划分。每一个链路的信道模型由静态路径损耗、空间相关的静态阴影和时变频率选择性的衰减组成。

阴影和衰减：虽然在研究的3种接入技术中衰减信道被建模为抽头延迟线，建模参数按照ITU-R M.1225设定[27]，但是路径损耗和阴影模型根据不同的系统及不同的AE布置而变化。在建筑内部的微基站和UE之间的链路遵循ITU-R M.2135-1-2009的UMi室外到室内（outdoor-to-indoor）信道模型中的非视距（non-line-of-sight）六边形选项。在家庭基站网络中，链路路径损耗遵循来自COST231[28]的穿透损耗模型的M.1225，也就是两层楼之间18.3dB损耗以及每面墙6.9dB损耗。

在家庭基站网络中，每个房间的两个UE有两个链路和它们相应的家庭基站。在这种情况下，把阴影模拟成与UE间隔的指数相关函数空间相关。假设阴影对于不同房间的两个UE是独立的。对于从两个家庭基站网络到一个UE的两个链路，由于家庭基站网络间距很大，总是假设这两个链路有独立的阴影。

进一步研究BWA-FMDA网络，当AE被放置在走廊上时，用M.2135-1的室内热区模型来描述路径损耗和阴影。如果每个房间放置一个AE，那么在家庭基站网络中，路径损耗和阴影（shadowing）模型与BWA-N_r-N_c-N_f的一样。假设每一个 UE 接收器的噪声因子为 7dB。除非有其他注释，所有其他的信道传播参数遵循 M.2135-1。

调度：在家庭基站网络模型中，所有 24 个家庭基站网络运行一个比例公平（PF）的穷举搜索算法[29]来求每一个资源模块（RB）的比例公平最大值，用平均速率的对数和表示。然而，在 BWA-FMDA 中，由于需要发送的 UE 结合数目很大，PF 穷举搜索是不实用的。因此，使用一个基于半正交用户选择（PF-SUS）算法的比例公平调度算法[30]。

如图 1.2 所示的 BWM-24-6-2 模型中，虽然有 4 个 CoMP 簇，但是仅仅有两个频率被用到。因此，每个 CoMP 簇会受到来自配置在下一个相邻楼层上的另外一个 CoMP 簇的干扰。然而，对于简单的波束成形，像没有来自 CoMP 簇以外的干扰一样来进行注水算法处理。

在为了不同无线接入解决方案而考虑的调度技术中，假设所有 RB 中的调度 UE 是独立的，借此充分开发频率的多样性。每个 RB 中间的副载波被调度算法用来预测那个 RB 的吞吐量。

1.4 数值结果

基于在上一节中详细描述的仿真模型，现在说明与微基站和家庭基站网络方法相比较，提出的 BWA-FMDA 结构在能量效率和频谱效率上的优势。频谱效率是通过凭借“实际”信号传输带宽来划分的系统吞吐量获取的。更具体地说，按照演进型 UMTS 陆地无线接入网络（e-UTRAN）的空中接口，也就是，3GPP 长期演进（LTE）版本 8[31,32]，选择使用 1.4MHz 信道带宽，数据通信分配 1.08MHz。在给定时间段，给定的 UE 吞吐量是被该 UE 使用的所有副载波的香农容量总和。注意，所有数据包在一种时隙方式下传输，这种传输的每一条时隙持续 1ms，并且每一个仿真持续 5s。

1.4.1 频谱效率 [(bit/s)/Hz]

首先，讨论 3 种被研究的最后一英里接入方法的频谱效率。如图 1.3 所示，依照每个 AE 的传输功率函数，BWA-FMDA 的频谱效率高于家庭基站网络和微基站方法。具体而言，独立家庭基站网络比微基站提供了一个更短的通信链路，并且比起有 2 个、4 个或者 6 个 AE 的微基站，可以以更高的吞吐量持续传送数据。BWA-N_c-N_c-1 结构的效率达到相应 N_c-AE 微基站的两倍。BWA-N_c-N_c-1 结构中存在一个单一 CoMP 簇，当 $N_c<8$ 时，BWA-N_c-N_c-1 的频谱效率随 N_c 线性增长。当 N_c 达到 12 时，频谱效率的增长变慢，这表明在多用户 MIMO 下行链路运行中要更多的条件数。

与拥有 UFR 的 2 个和 4 个 AE BWA-FMDA 相比，家庭基站网络由于有更短的无线电链路而使频谱效率更高。然而，在 UFR 机制下，如果 BWA-FMDA 结构的 AE 数目更多，也就是 6 个或者 8 个 AE，假设每个 AE 的传输功率 P_{tx} 超过 0.01mW/MHz，那么提出的 BWA-FMDA 具有更加优越的频谱效率。实际上，随着 P_{tx} 的增长，家庭基站网络和标记为 BWA-24-6-2 的 BWA-FMDA 结构都没有显示出频谱效率提高的迹象，这是因为它们是受到干扰限制的，但是微基站和其他 BWA-FMDA 的频谱效率是对数增长的，这符合香农容量定理。增长率与空间信道的数目成线性比例关系，空间信道数目等于参与多用户 MIMO 通信的 AE 数目 N_c。BWA-24-12-2 系统结构维持一个比其他结构更快的频谱效率增长，因为它有 12 个空间信道，而有 2 个 AE 的微基站仅有两个空间信道，在图 1.3 中表示为 microBS-2。

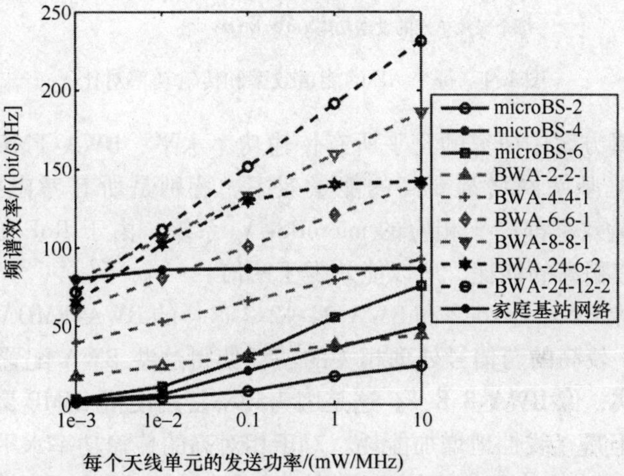

图 1.3　每个 AE 的频谱效率和传输功率对比

对于 BWA-24-12-2 和 BWA-24-6-2，更高的频率复用距离已经开发出来，当 P_{tx} 非常大时，BWA-FMDA 结构再次超过家庭基站网络。

最后，注意到，建立像 BWA-24-12-2 这样更复杂的 CoMP 聚类策略可以得到更高效的频谱利用，甚至是像 BWA-8-8-1 这样较简单的 UFR 解决方案都可以比现有的最后一英里解决方案维持一个高出很多的吞吐量。

1.4.2　能量效率（bit/J）

通过 BWA-FMDA 结构传送高频谱效率来激励运营商采用这种解决方案是有必要的，但是这种技术的绿色资质仍然有待核实。图 1.4 中展示的能量效率结果证实了如图 1.3 所示相同情况下的微基站、家庭基站网络和 BWA-FMDA 结构节能的能力。

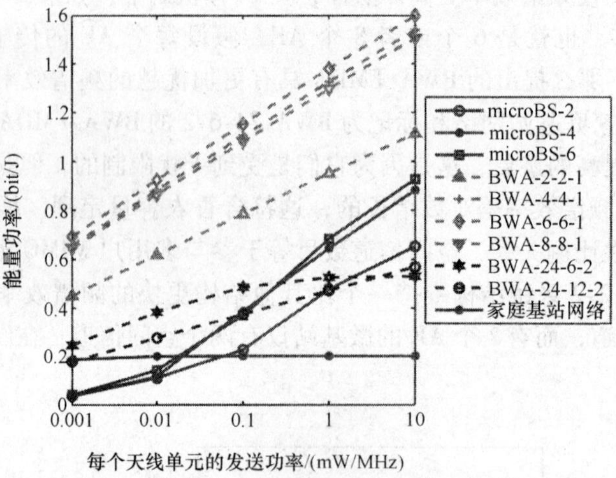

图 1.4 每个 AE 的能量效率和传输功率对比

对于在仿真方案中研究的几乎所有传输功率水平，BWA-FMDA 结构表现出比微基站和家庭基站网络都要高的能量效率。特别是所有考虑到的 BWA-N_c-N_c-1结构的能量效率都高于相应的 microBS-N_c 系统。由于 RoF 传输使得 BWA-FMDA 系统具有稍高的能耗，所以能效少于两倍。

然而，在像 BWA-24-6-2 和 BWA-24-12-2 这样的 BWA-FMDA 结构中，形成多 CoMP 簇时，较高的与信号处理相关的功耗使得这些 BWA 配置的功效低于单一簇 CoMP 模式，像 BWA-8-8-1。这是因为频率复用使得 CoMP 聚类亚线性地增加频谱效率，但是直线性地增加能耗。对于相对高的传输功率水平，接近或高于 1mW/MHz，在不考虑内部微网络干扰的情况下，微基站甚至比多簇 BWA-FMDA 方案更好。在较低传输功率范围内，也就是低于 0.01mW/MHz，家庭基站网络是唯一功效高的。和有源光纤相比较时，家庭基站网络较低能效很大程度上是由内部家庭基站网络的干扰管理和相对大（成分）的能耗造成的。

最后，图 1.5 表明微基站、家庭基站网络和 BWA-FMDA 结构的总功耗对比。注意，仅微基站可以用于较大的传输功率，也就是 $P_{tx} > 10$mW/MHz，而像家庭基站网络和 BWA-FMDA 结构这样的室内系统不得不限制它们的传输功率以满足无线电频谱管理规定，降低对人类健康的危害。

以 microBS-6 为例，可以推断出每个 AE 在 $P_{tx} = 10^3$mW/MHz 和 $P_{tx} = 10^4$mW/MHz 时的频谱效率分别为 116.49 (bit/s)/Hz 和 136.72 (bit/s)/Hz，相应的能耗为 87.54W 和 141W。因此可以计算出，当 $P_{tx} = 10^3$mW/MHz 时，能量效率为 1.3307bit/J；当 $P_{tx} = 10^4$mW/MHz 时，能量效率为 0.9696bit/J。因此，

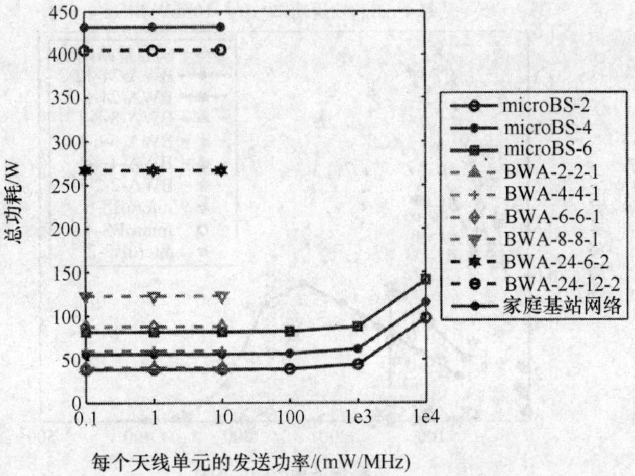

图1.5　每个AE的功耗和传输功率对比

当P_{tx}高于［10^3，10^4］mW/MHz范围内的一定数值时，微基站能量效率上存在一个突然的下降。实际上，随着P_{tx}过大，过大的微基站传输功率会对邻近的单元造成严重干扰。

总的来说，可以确定提出的BWA-FMDA结构，配置为有更多数量AE的单一簇CoMP模式，它在频谱和功率效率中具有相当大的优势，且在研究的技术中成为“最绿色的”最后一英里接入解决方案。

1.4.3　能源效率和频谱效率之间的权衡

图1.6和图1.7显示了能源效率和频谱效率之间的权衡，这里P_{tx}在一个很大范围内变化，10^{-3}～10^6mW/MHz，因此需要1.3.1节展示的动态RoF链路功耗模型来得到更好的精确度。

首先注意到，MicroBS-N和BWA-N-N-1遵循相同的权衡趋势，因为它们都是无干扰限制系统，并且每次都应用M-antenna MIMO来服务M个移动终端。在任意P_{tx}和任意天线结构中，BWA-N-N-1比微基站提供更高的频谱效率和能量效率。

对于每一个天线结构，有一个最优的P_{tx}可以使能量效率最大化。可以观察到第5个P_{tx}点产生最大的能量效率，对应着$P_{tx}=10$(mW/MHz)/AE。事实上，P_{tx}可以通过对每一个固定天线结构的分析粗略估计出来，这是因为吞吐量在高的SNR机制下，可以通过香农容量定理推断出来，并且能耗遵循一个确定的二次模型。然而，$P_{tx}=10$(mW/MHz)/AE已经超出了室内WLAN中的最大传输功率，这可能引起健康问题。因此，可以说，对于室内无干扰限制系统，每个天线单元利用尽可能大的传输功率可以提供最好的能量效率。

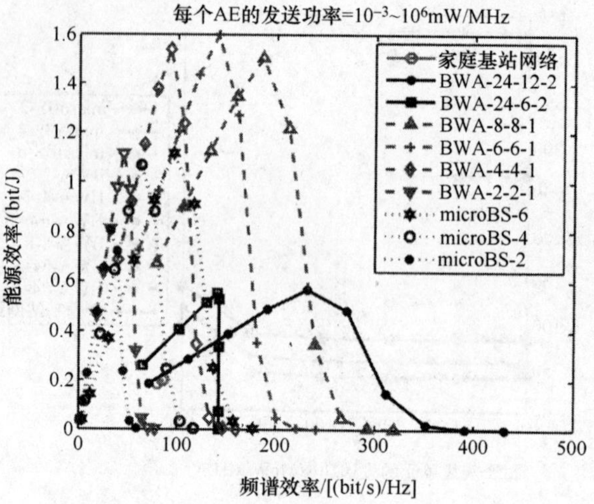

图 1.6　在不同的 $P_{tx}P_{sp} \propto N^2$ 下的能源效率与频谱效率对比

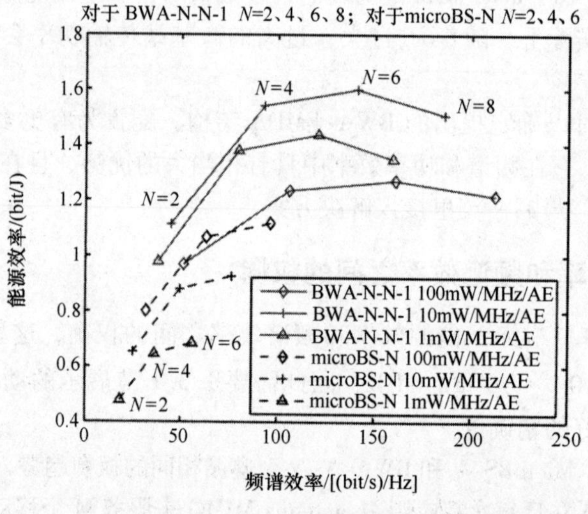

图 1.7　在不同的 $NP_{sp} \propto N^2$ 下的能源效率与频谱效率对比

正如预期的一样，当 P_{tx} 增加到比噪声大很多时，像“家庭基站网络”和“BWA-24-6-2”这样的室内无干扰限制系统拥有相同的频谱效率和递减能量效率。实际上，当 P_{tx} 远大于噪声时，BWA-24-6-2 中的能量效率快速下降。显然，由于 MIMO 处理过程中消耗了大量能量，BWA-24-N-1 能量效率并不高：

$$P_{sp} \propto N^2$$

在图 1.7 中，保持 P_{tx} 不变，改变 N 的值来考查在满足给定频谱效率限制时，N 的取值如何提高能量效率。在研究的结构中，选择 $N=6$ 可以给 BWA-N-N-1

或微基站系统提供最好的能量效率。如果不考虑 P_{tx}，当一个给定频谱效率限制小于 $N=6$ 提供的限制时，减小 N 会导致能量效率降低；当一个给定频谱效率限制比 $N=6$ 提供的限制更大时，N 减小能量效率提高。注意，在图 1.6 和图 1.7 中家庭基站网络仅有一个数据点，这是因为它的功耗来自实际的产品数据并且在仿真中是固定的。

从系统设计的视角看，上面结果揭示以下观点：

1. 系统选择

室内 CoMP 家庭基站网络在频谱和能量效率方面都胜过微基站。

2. N 的选择

使用 4-AE 或者 6-AE 的 MIMO 对于 BWA-N-N-1 系统是一个好选择，只要它们满足频谱效率要求。使用 4-AE 在系统复杂性上有额外的优势，因此具有更少的系统成本。BWA-24-12-2 系统可以提供最高的频谱效率，然而相对较低的能量效率和处理的复杂性使得它缺少吸引力。

3. P_{tx} 选择

室内系统比户外系统具有更苛刻的无线传输功率限制。结果表明，因为能耗主要来自 MIMO 处理而不是无线传输，因此使用最高的允许的 P_{tx} 可以达到最高的能量效率（当然也有最高的频谱效率）。

为了指导多用户 MIMO 系统的实际设计，迫切需要一个好的能耗模型。当能耗模型改变时，上述结果可能显著变化。例如，若能耗与 N^3 成比例，那么选择 $N=2$ 才会产生最高的能量效率，如图 1.8 和图 1.9 所示。

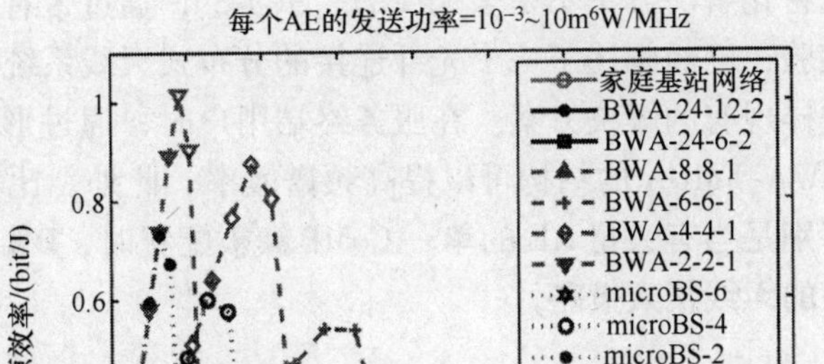

图 1.8　不同的 $P_{tx}/P_{sp} \propto N^3$ 时能量效率与频谱效率对比

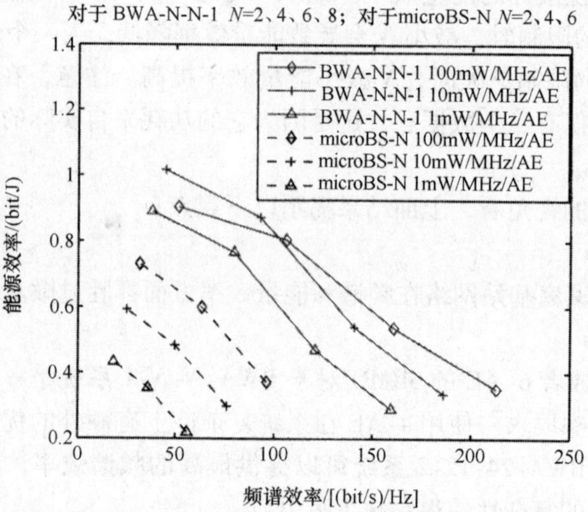

图 1.9 不同的 $NP_{sp} \propto N^3$ 时能量效率与频谱效率对比

1.5 小结

无线网络的功耗模型及它对世界范围内温室气体排放水平增长的影响得到越来越多的关注。同时，作为日常生活的一部分，终端用户不断需要更高的数据传输速率和无缝连接。为了协调节能与更好的无线网络服务之间的冲突，缩短最后一英里链路似乎是一个可行的策略。然而，如同本章所阐述的，大多数频谱和功率高效的网络致密化解决方案不是全无线的。事实上，通过带有尽可能的实际假设的大量仿真实验，已经阐述了一个光纤连接的分布式天线系统可以超过像微基站和家庭基站这样现有的解决方案。在服务终端用户时，通过形成 CoMP 簇，这里提出的名为 BWA-FMDA 的结构可以提高频谱效率。此外，比相关文献中已有的解决方案，特别是当有大量 AE 的单一 CoMP 簇被配置时，BWA-FMDA 也提出了一个能效更高的无线接入策略。

致谢

本次工作部分是由加拿大自然科学和工程研究理事会（NSERC）通过授权 STPGP 396756 以及 UBC 研究生奖学金来支持的。

参考文献

[1] Vodafone UK, *Corporate Responsibility Report 2007/2008*, Available Online at http://www.vodafone.com/content/dam/vodafone/uk_cr/previous_reports/report0708.pdf, Accessed March 2011.

[2] Vodafone Group Plc, *2010 Sustainability report*, Available Online at http://www.vodafone.com/content/index/about/sustainability/publications.html, Accessed March 2011.

[3] G. Koutitas and P. Demestichas, "A Review of Energy Efficiency in Telecommunication Networks," *17th Telecommu. Forum TELFOR'09*, 24-26 Nov. 2009, Serbia, Belgrade.

[4] List of mobile network operators, *Wikipedia*, Available Online at http://en.wikipedia.org/wiki/List_of_mobile_network_operators#By_region, accessed Jul. 2011.

[5] Three press release, Social Media Dominates Mobile Broadband Activity, 27 Oct. 2010.

[6] Cisco Visual Networking Index: Global Mobile Data Traffic Forecast Update, 2010–2015, *Cisco White Paper*, 1 Feb. 2011.

[7] Gabriel Brown, "What Price a 3G Base Station?," Available Online at http://www.lightreading.com/document.asp?doc_id=51942, accessed Feb. 2011.

[8] H. Li, J. Hajipour, A. Attar and V. C. M. Leung, "Efficient HetNet Implementation Using Broadband Wireless Access with Fibre-connected Massively Distributed Antennas Architecture," *IEEE Wireless Commun. Mag.*, Vol. 18, pp. 72-78, June 2011.

[9] T.-S. Chu and M. J. Gans, "Fiber optic microcellular radio," *IEEE Trans. Veh. Tech.*, vol. 40, no. 3, pp. 599-606, 1991.

[10] M. Sauer, A. Kobyakov, and J. George, "Radio Over Fiber for Picocellular Network Architectures," *Journal of Lightwave Technology*, vol. 25, no. 11, pp. 3301-3320, 2007.

[11] A. Nkansah, A. Das, C. Lethien, J.-P. Vilcot, N. J. Gomes, I. J. Garcia, J. C. Batchelor, and D. Wake, "Simultaneous dual band transmission over multimode fiber-fed indoor wireless network," *IEEE Microw. Wireless Compon. Lett.*, vol. 16, no. 11, pp. 627–629, 2006.

[12] T. Niiho, M. Nakaso, K. Masuda, H. Sasai, K. Utsumi, and M. Fuse, "Transmission performance of multichannel wireless LAN system based on radio-over-fiber techniques," *IEEE Trans. Microwave Theory Tech.*, vol. 54, no. 2, pp. 980-989, 2006.

[13] A. Das, A. Nkansah, N. J. Gomes, I. J. Garcia, J. C. Batchelor, and D. Wake, "Design of low-cost multimode fiber-fed indoor wireless networks," *IEEE Trans. Microwave Theory Tech.*, vol. 54, no. 8, pp. 3426-3432, 2006.

[14] K. K. Leung, B. McNair, L. J. Cimini Jr., and J. H. Winters, "Outdoor IEEE 802.11 cellular networks: MAC protocol design and performance," in *Proc. IEEE ICC 2002*, vol. 1, 2002.

[15] S. Hwang, H. Kim, B. Kim, S. K. Kim, J. Lee, H. Lee, Y. Kim, G. Lee, S. Kim, and Y. Oh, "RoF Technologies for In-Building Wireless Systems," *IEICE Transactions On Electronics*, IEICE, vol. 90, pp. 345-350, 2007.

[16] M. G. Larrodé, A. M. J. Koonen, and P. F. M. Smulders, "Impact of radio-over-fibre links on the wireless access protocols," in *Proc. NEFERTITI Workshop*, Brussels, Belgium, Jan. 2005.

[17] A. Das, M. Mjeku, A. Nkansah, and N. J. Gomes, "Effects on IEEE 802.11 MAC Throughput in Wireless LAN Over Fiber Systems," *Journal of Lightwave Technology*, vol. 25, no. 11, pp. 1-8, 2007.

[18] B. L. Dang and I. Niemegeers, "Analysis of IEEE 802.11 in Radio over Fiber Home Networks," in *Proc. IEEE Conference on Local Computer Networks 30th Anniversary (LCN) 2005,* Washington, D.C., USA, 2005, pp. 744-747.

[19] H. Kim, J. H. Cho, S. Kim, K. U. Song, H. Lee, J. Lee, B. Kim, Y. Oh, J. Lee, and S. Hwang, "Radio-Over-Fiber System for TDD-Based OFDMA Wireless Communication Systems," *Journal of Lightwave Technology*, vol. 25, no. 11, pp. 1-9, 2007.

[20] H. Nasoha and S. M. Idrus, "Modeling and performance analysis of WCDMA radio over fiber system," In *Proc. APACE 2007*, 4-6 Dec. 2007, Melaka, Malaysia.

[21] P. K. Tang, L. C. Ong, A. Alphones, B. Luo and M. Fujise, "PER and EVM Measurements of a Radio-Over-Fiber Network for Cellular and WLAN System Applications," *Journal of Lightwave Technology*, vol. 22, no. 11, pp. 2370, 2004.

[22] J. R. Stern, J. W. Ballance, D. W. Faulkner, S. Hornung, D. B. Payne, and K. Oakley, "Passive optical local networks for telephony applications and beyond," *Electronics Letters*, vol. 23, no. 24, pp. 1255-1256, 1987.

[23] A. J. Fehske, F. Richter, and G. P. Fettweis, "Energy efficiency improvements through micro sites in cellular mobile radio networks," *In Proc. 2nd Workshop on Green Commun.*, Hawaii, USA, Dec. 2009.

[24] A. J. Fehske, P. Marsch and G. P. Fettweis, "Bit per Joule Efficiency of Cooperating Base Stations in Cellular Networks," *In Proc. 3rd Workshop on Green Commun.*, Miami, Florida, 6-10 Dec. 2010.

[25] M. Crisp, R. V. Penty, I. H. White, and A. Bell, "Wideband Radio over Fiber Distributed Antenna Systems for Energy Efficient In-Building Wireless Communications," *In Proc. IEEE* VTC'10-Spring, 16-19 May 2010, Taipei, Taiwan.

[26] Available online, http://www.itu.int/pub/R-REP-M.2135/en

[27] Available online, http://www.itu.int/rec/R-REC-M.1225/en

[28] Available online, http://www.lx.it.pt/cost231/final_report.htm

[29] F. P. Kelly, A. K. Maulloo, and D. K. H. Tan, "Rate control for communication networks: shadow prices, proportional fairness and stability," *Journal of Operational Research*, vol. 49, Mar. 1998, pp. 237-252.

[30] T. Yoo and A. Goldsmith, "On the optimality of multiantenna broadcast scheduling using zero-forcing beamforming," *IEEE Journal on Selected Areas in Communications*, vol. 24, no. 3, pp. 528-541, March 2006.

[31] 3GPP TS 36.106 V8.6.0 Evolved Universal Terrestrial Radio Access (E-UTRA); FDD repeater radio transmission and reception, Available Online: http://ftp.3gpp.org/specs/html-info/36106.htm

[32] 3GPP TS 36.101 V8.15.0 Evolved Universal Terrestrial Radio Access (E-UTRA); User Equipment (UE) radio transmission and reception, Available Online: http://ftp.3gpp.org/specs/html-info/36101.htm

第2章　具有 QoS 性能保证的绿色通信无线网络资源交易

Xi Zhang 和 Weichi Cheng

近年来，信息和通信技术（ICT）的 CO_2 排放已经引起了大量研究关注[1-3]。无线接入网络在无线通信中消耗了大量能源，为了减少无线接入网络的能耗，人们已经做了大量的工作[4,5]。参考文献［4］的作者探讨了配置策略对移动无线电网络功耗的影响。参考文献［5］的作者研究了减少蜂窝尺寸对 HSDPA RAN[6] 的能耗性能的影响，并建议通过使一些蜂窝进入休眠模式来节约能源。参考文献［7］的作者提出了通过合理使用副载波来对双层蜂窝网络的节能频谱进行分配。参考文献［8］的作者探讨了在流量水平低、一些蜂窝没有被充分利用期间，通过切断它们来减少蜂窝网络能耗的可能性。上面提到的工作主要是探索新技术来减少无线网络的能耗。然而，如何在满足服务质量（QoS）性能指标需求的情况下使无线网络的能耗最小，这个问题既没有被很好理解，也没有被彻底研究。

为了解决上述问题，本章为绿色通信开发了需求型资源交易（DBRT）模型。为用户提出了一种机制来使无线网络能耗最小，同时不降低 QoS。运用需求型通信模型，开发了一种新颖的方案——无线网络资源交易，该方案描绘了对于给定的 QoS 性能指标数量，不同无线资源之间交易关系的特征。根据无线网络资源交易关系，可以消耗不同的无线资源来达到同一套 QoS 性能指标。因此，为了使给定 QoS 性能指标的能耗达到最小，在满足 QoS 性能指标需求的同时，可以用其他类型的无线网络资源来换取能量资源。基于已开发的无线网络资源交易关系，得到绿色无线网络的最优能量—带宽、能量—时间、能量—空间和能量—编码的无线网络资源交易关系。同时也开展了两个样本案例研究来展示在保证无线网络中 QoS 性能指标需求的同时，如何利用可用带宽或者可接受延时限制来实现最低能耗。

2.1　需求型通信模型

对于无线网络，可用资源可以分为以下 5 类：时间、带宽（频率）、空间、能源和编码。为了无线用户而最大化 QoS 性能通常意味着花费更多无线资源。这有益于用户，但是对环境和运营商不利。对于环境，能耗越多导致 CO_2 排放越多。对于运营商，带宽、时间、能源、空间和复杂编码越多，成本越高。

由于上面的原因，为用户提供需求型服务对于运营商来说是比较理想的，它意味着可以在最小化资源成本的同时满足用户的 QoS 需求。最少的资源可以使 CO_2 排放和运营商成本最低。在无线网络中，需求型通信模型可以更进一步用如下公式表达：

$$\begin{aligned}&\text{取最小值}\{\text{消耗的资源}\}\\&\text{S. T.}\\&\text{用户获得的服务性能}\geqslant\text{用户需要的服务性能}\end{aligned}\tag{2.1}$$

对于绿色无线网络，目标是满足吞吐量和延时需求的同时，使能耗最小。因此，式（2.1）可以详细表达如下：

$$\begin{aligned}&\text{取最小值}\{\text{能耗}\}\\&\text{S. T.}\\&\text{实现的吞吐量}\geqslant\text{用户需要的吞吐量}\\&\text{实现的吞吐量}\leqslant\text{用户需要的吞吐量}\end{aligned}\tag{2.2}$$

2.2　无线网络的资源交易

无线网络的可用资源总是有限的。可以消耗这 5 种无线资源来满足用户性能的需求。许多论文已经证明，为了高吞吐量而使用这 5 种资源[9,10]意味着可以通过消耗不同资源达到所需 QoS 性能的一定水平。因此，在 5 种资源之中有交易关系。本节开发了资源交易方案，然后注重最小化能源资源，获得了能源资源和其他资源之间的关系。以能源资源和其他资源之间的交易关系为基础，为了绿色无线网络分别开发出了最优带宽、延时、空间和编码的交易策略。

2.2.1　无线资源交易

在无线网络中有各种各样的权衡来改善 QoS 性能，这意味着无线网络可以分别消耗不同数量的带宽、时间、空间、能源和编码资源来保证 QoS 性能。通过消耗一种资源而获得的有保证 QoS 性能也可以通过消耗不同类型的资源得到。图 2.1a 展示了一般的无线网络资源交易。

中心五角星区域代表移动用户需求的 QoS 性能。不同区域分别代表 5 种资源的可用容量，其中，阴影区域表示为满足性能需求而使用的资源数量，无阴影区域表示各种不同类型资源节约下来的数量。

对于绿色无线网络，资源交易的目标是在满足 QoS 性能需求的同时消耗最少的能源资源。图 2.1b 展示了绿色无线网络的资源交易关系，需求的性能与图 2.1a 相同。从图 2.1b 中可以看出，对于图 2.1a 所示的给定相同的 QoS 性能需求，其他 4 种资源比能源资源消耗多。

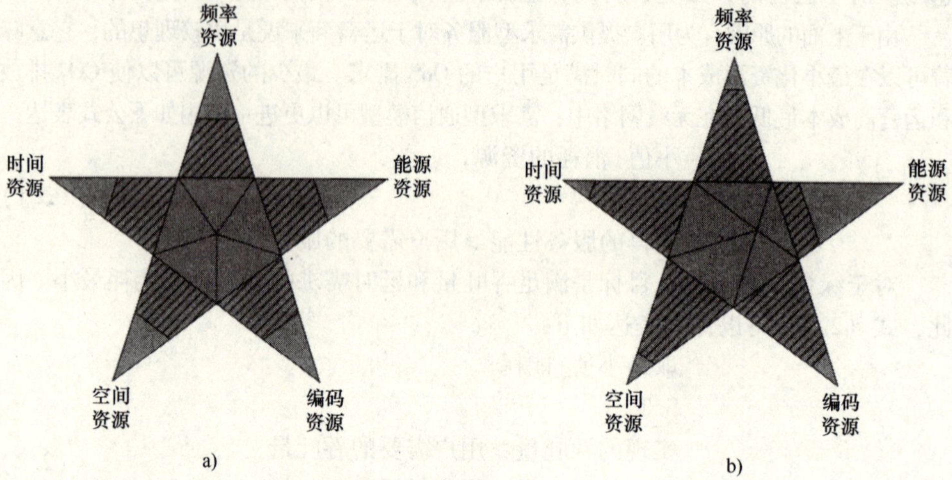

图 2.1 无线资源交易模型

a）一般的无线网络资源交易 b）绿色无线网络的资源交易关系

2.2.2 能源与带宽/延时之间的权衡

考虑到带宽和传输时间，结合容量接近信道编码，诸如 LDPC 编码和 turbo 码之类，一个 AWGN 信道的信道容量，记作 R_{bt}，由下式给出：

$$R_{bt} = W \log_2\left(1 + \frac{Pg}{WN_0}\right) \tag{2.3}$$

式中，W 是信道带宽；P 是传输功率；g 是信道增益；N_0 是噪声频谱密度。假如传输 1bit 所需要的时间是 t，相应的数据传输速率是 $R = 1/t$。这样，利用式（2.3）可以得到传输 1bit 的能耗，记作 E_{tr}，由下式给出：

$$E_{tr} = Pt = \frac{\left(2^{\frac{1}{Wt}} - 1\right) WN_0 t}{g} \tag{2.4}$$

从式（2.4）中可观察到当 W 或者 t 增加时，E_{tr} 减少。这不利于资源交易，因为不仅需求性能不能满足，若要最小化 E_{tr} 还需要无限的带宽或者时间资源，但这是因为仅仅考虑了传输功率。对于绿色无线网络，也必须考虑运行功率，这会导致能源资源和带宽资源之间的关系与仅考虑传输功率的情况不同。能源资源和时间资源之间的关系也会不同于仅考虑传输功率的情况。

一旦考虑无线网络的运行功率，以最大带宽或者最大延时传输对于实现最小能耗来说不再是最优方案。在这种情况下，当带宽或者传输时间（延时）增加，电路能耗增加。结合带宽和延时的考虑，得出每比特的总能耗，记作 E_{bt}，由下式给出：

$$E_{bt} = E_{tr} + E_{cir} = Pt + P_c t = \frac{\left(2^{\frac{1}{Wt}} - 1\right) WN_0 t}{g} + WP_{cir} t + P_{sb} t \tag{2.5}$$

式中，E_{tr} 和 E_{cir} 分别是传输和电路的能耗；P 是传输功率；P_c 是电路功率，它包含除传输功率以外的所有系统功率；P_{cir} 是电路能耗中与带宽 W 相关的部分；P_{sb} 是每比特电路功率的平均静态部分，它和 W 无关。

很明显，在式（2.5）中有两个独立变量：带宽 W 和延时 t，它们对能耗是有影响的。忽略无线网络的可用资源限制（RAL）[⊖]，带宽和时间资源可以换取能量资源。图 2.2 展示了以带宽资源和时间资源换取能量资源的关系。图 2.3a 是图 2.2 中从 $W=0.3$、$t=0.3$ 到 $W=0.5$、$t=0.5$ 的局部放大图。图 2.3b 是图 2.2 中从 $W=0.5$、$t=0.5$ 到 $W=1$、$t=1$ 的局部放大图。从这两幅图中可以观察到，W/t 和 E 之间的关系不是 W/t 越大，E 越小。表 2.1 分别展示图 2.2 中 $t=1$ 和 $W=1$ 时的数据。在表 2.1a 中，最小能耗是 2.7725e-06。在表 2.1b 中，最小能耗是 1.4448e-06。图 2.2、图 2.3 和表 2.1 表明通过交换其他资源的方式可以得到最小能耗。因为需要得到能耗和带宽/延时之间各自的交易关系，这里通过固定其他资源的值来分析每一个交易的关系。

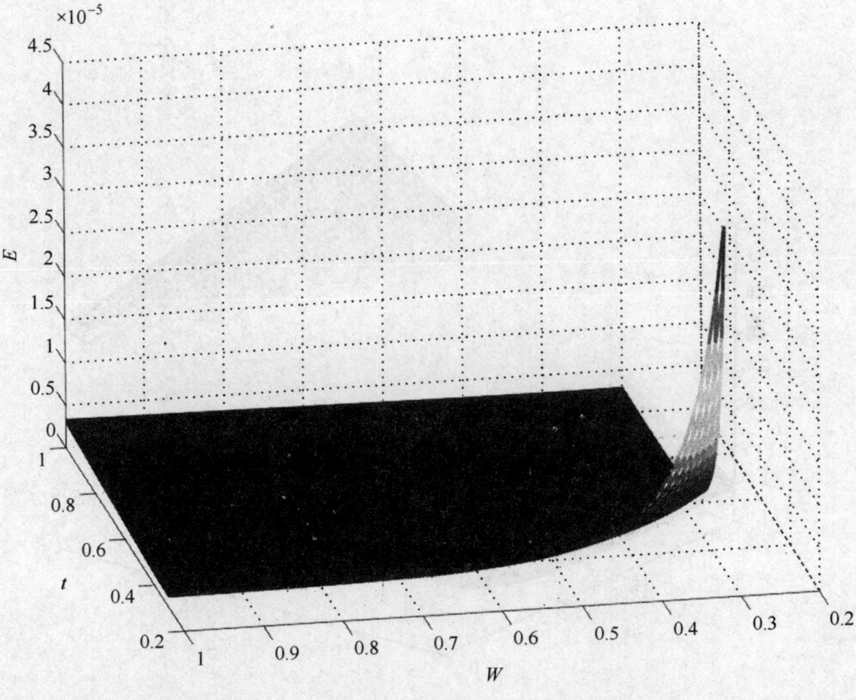

图 2.2　每比特能量和时间与每比特带宽和时间对比

⊖ RAL 代表系统的最大可用资源。例如，对于无线网络，可用带宽是 20MHz，数据的可接受延时是 0.1s，那么这个无线系统的 RAL 是带宽资源为 20MHz，时间资源为 0.1s。

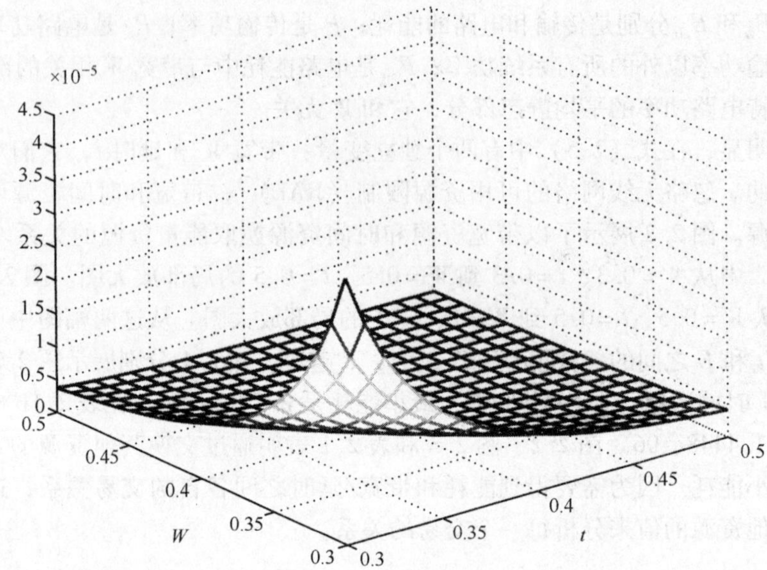

a)

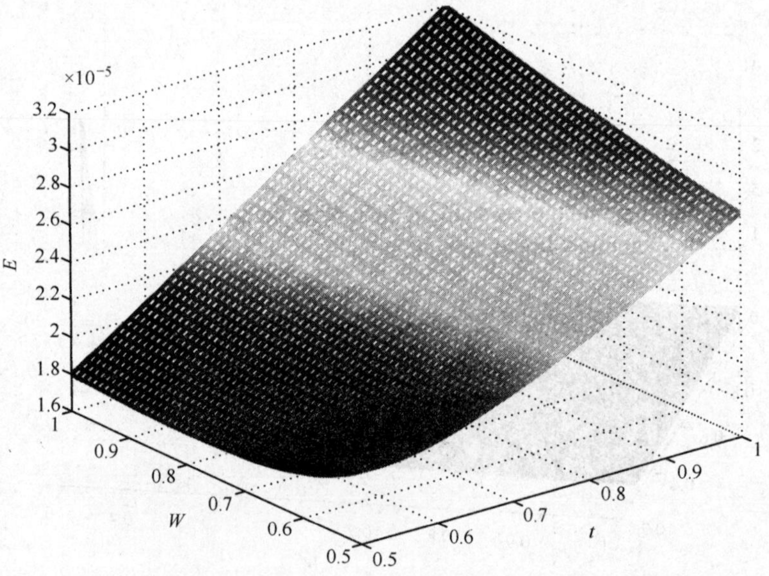

b)

图 2.3 从 $W=0.3$、$t=0.3$ 到 $W=0.5$、$t=0.5$ 以及从 $W=0.5$、$t=0.5$ 到 $W=1$、$t=1$ 各自的放大图

a) $W=0.3$、$t=0.3$ 到 $W=0.5$、$t=0.5$ b) $W=0.5$、$t=0.5$ 到 $W=1$、$t=1$

表2.1　图2.2中 $t=1$ 和 $W=1$ 的数据

a）图2.2中 $t=1$ 的数据

固定延时	$t=1$
W=0.1	2.2560e-05
W=0.2	3.4400e-06
W=0.3	2.8448e-06
W=0.4	2.7725e-06
W=0.5	2.8000e-06
W=0.6	2.8610e-06
W=0.7	2.9369e-06
W=0.8	3.0205e-06
W=0.9	3.0205e-06
W=1.0	3.2000e-06

b）图2.2中 $W=1$ 的数据

固定宽带	$W=1$
t=0.1	2.0760e-05
t=0.2	1.8400e-06
t=0.3	1.4448e-06
t=0.4	1.5725e-06
t=0.5	1.8000e-06
t=0.6	2.0610e-06
t=0.7	2.3369e-06
t=0.8	2.6205e-06
t=0.9	2.9088e-06
t=1.0	3.2000e-06

对于固定的 t，E 和 W 之间的关系通过下式给出（为了简便，设 $t=1$）：

$$E_{\mathrm{bt}}=\frac{\left(2^{\frac{1}{W}}-1\right)WN_0}{g}+WP_{\mathrm{cir}}+P_{\mathrm{sb}} \tag{2.6}$$

对于固定的 W，E 和 t 之间的关系表达为（为了简便，设 $W=1$）：

$$E_{\mathrm{bt}}=\frac{\left(2^{\frac{1}{t}}-1\right)tN_0}{g}+tP_{\mathrm{cir}}+tP_{\mathrm{sb}} \tag{2.7}$$

在图2.4中，被标记为TP-d=600m、TP-d=800m和TP-d=1000m的三条曲线分别展示了当传输距离为600m、800m和1000m时，E_{tr}和 W 之间的关系。被标记为OP-d=600m、OP-d=800m和OP-d=1000m的三条曲线分别展示当传输距离为600m、800m和1000m时，E_{bt}和 W 之间的关系。可以观察到当考虑到运行功率时，对于固定传输距离 d，可用带宽存在最低的每比特能量。

在图2.5中，被标记为TP-d=600m、TP-d=800m和TP-d=1000m的三条曲线分别展示了当传输距离为600m、800m和1000m时，E_{tr}和 t 之间的关系。被标记为OP-d=600m、OP-d=800m和OP-d=1000m的三条曲线分别展示当传输距离为600m、800m和1000m时，E_{bt}和 t 之间的关系。可以发现当考虑到运行功率时，对于固定传输距离 d，给定可用延时，存在最低的每比特能量。

采用式（2.6）关于 W 的导数，并且设结果为0，可以得到

$$-\frac{N_0 2^{\frac{1}{W}}\log 2}{Wg}+\frac{\left(2^{\frac{1}{t}}-1\right)N_0}{g}+P_{\mathrm{cir}}=0 \tag{2.8}$$

简化式（2.8），可以得到

$$2^{\frac{1}{W_0}}\left(1-\frac{\log 2}{W_0}\right)=\frac{N_0-gP_{\mathrm{cir}}}{N_0} \tag{2.9}$$

式中，W_0 是每比特最小能耗的最优带宽。

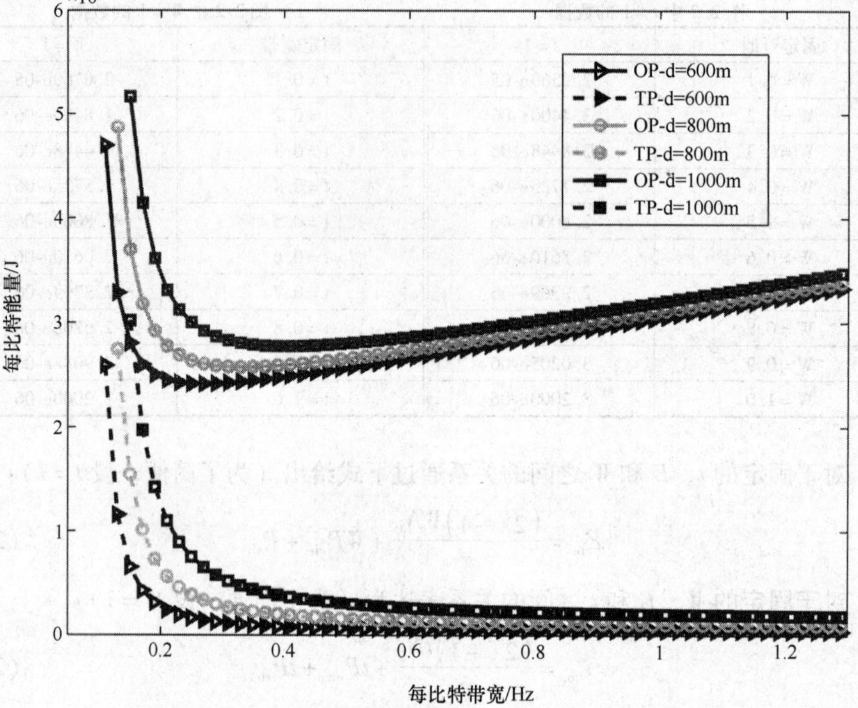

图 2.4　每比特能量与带宽之间的关系

采用式（2.7）对 t 求导数，并且设结果为 0，可以得到

$$-\frac{N_0 2^{\frac{1}{W}}\log 2}{tg}+\frac{\left(2^{\frac{1}{t}}-1\right)N_0}{g}+P_{\text{cir}}+P_{\text{sb}}=0 \tag{2.10}$$

简化式（2.10），可以得到

$$2^{\frac{1}{t_o}}\left(1-\frac{\log 2}{t_o}\right)=\frac{N_0-g(P_{\text{cir}}+P_{\text{sb}})}{N_0} \tag{2.11}$$

式中，t_o 是每比特最小能耗的最优 t。

在自由空间传播模型下，对于固定的 G_t、G_r、λ 和 L，信道增益记作 $g(d)$，是传输距离 d 的函数，表示为

$$g(d)=\frac{G_t G_r \lambda^2}{(4\pi)^2 d^{\alpha} L} \tag{2.12}$$

式中，G_t 和 G_r 分别是发送和接收天线增益；λ 是波长；L 是和传播无关的系统损失（$L\geqslant 1$）。

因此，每比特最低能量存在最优 W 和 t，即 W_o 和 t_o。图 2.4 和图 2.5 显示了式（2.6）和式（2.7）的曲线是凸的，因此，W_o 和 t_o 分别存在唯一解。每比特

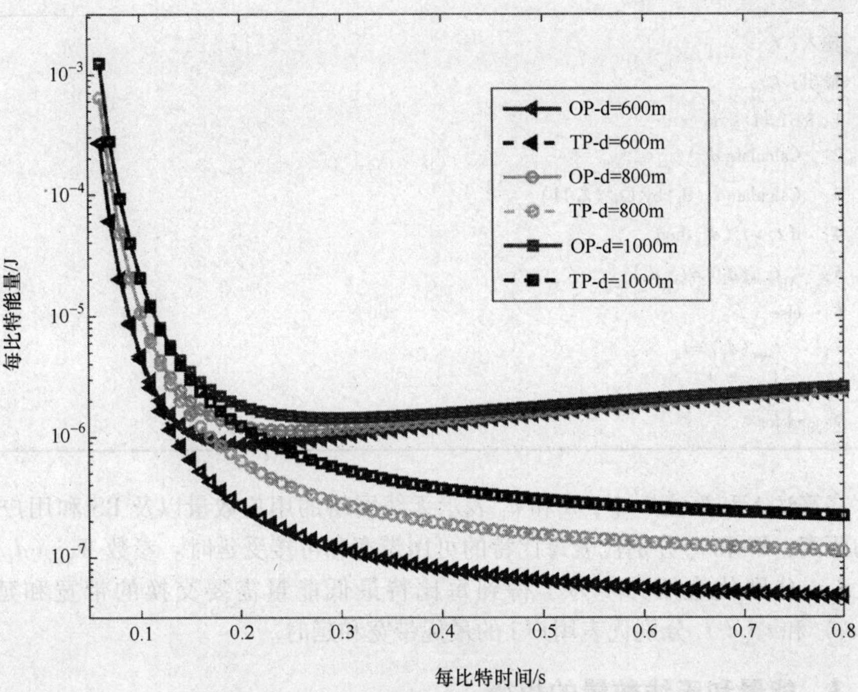

图 2.5　每比特能量与延时之间的关系

最低能量的最优策略是为了适应不同传输距离而选择不同的 W_o 和 t_o。然而，在实际的无线网络中，可用带宽比 W_o 更小或者更大，可接受延时也比 t_o 小或者大。所以，下一个问题是怎样利用可用带宽或者可接受延时换取最小能耗。为了这个目的，开发出算法 1 和算法 2 来分别搜索最优 W_o 和 t_o。算法 1 和算法 2 的方法是相似的，但是分别用来搜索 W_o 和 t_o。

算法 1 自适应 W_o 策略

输入：W_a
输出：W_{user}
1：for i = 1：k do
2：　Calculate d_i
3：　Calculate $W_o(d_i)$ by Eq.（2.9）
4：　if $W_a > W_o(d_i)$ then
5：　　$W_{user}(d_i) = W_o(d_i)$
6：　else
7：　　$W_{user}(d_i) = W_a$
8：　end if
9：end for

算法 2 自适应 t_o 策略

```
输入：t_a
输出：t_user
for i = 1: k do
    Calculate d_i
    Calculate t_o(d_i) by Eq. (2.11)
    if t_a > t_o(d_i) then
        t_user(d_i) = t_o(d_i)
    else
        t_user(d_i) = t_a
    end if
end for
```

在算法 1 和算法 2 中，k 和 d_i 表示无线网络的用户数量以及 BS 和用户 i 之间的距离，W_a 和 t_a 分别代表每比特的可用带宽和可接受延时。参数 $W_{user}(d_i)$ 和 $t_{user}(d_i)$ 分别代表用户 i 为了得到每比特最低能量需要交换的带宽和延时。$W_o(d_i)$ 和 $t_o(d_i)$ 分别代表用户 i 的最优带宽和延时。

2.2.3 能量和天线数量的权衡

为了得到能量和天线数量之间的权衡，假设能量在发送天线之间是平均分配的。目的是得到能量和天线数量的关系，并不追求天线之间的最优功率分配方案。设功率在发送天线之间平均分配，AWGN 信道容量记作 R_{an}，由下式给出：

$$R_{an} = MW \log_2\left(1 + \frac{Pg}{MWN_0}\right) \tag{2.13}$$

式中，$M = \min\{N_t, N_r\}$ 是发送天线和接收天线的最小数量。传输 1bit 的时间是 t。因此，利用式（2.13），可以得到每比特的传输能耗，记作 E_{ta}，如下式：

$$E_{ta} = Pt = \frac{(2^{\frac{1}{MWt}} - 1)MWN_0 t}{g} \tag{2.14}$$

这样，每比特的总能耗可以得到，如下式：

$$E_a = Pt + P_{ca}t = \frac{(2^{\frac{1}{MWt}} - 1)MWN_0 t}{g} + (N_t P_t t + P_{ti} t) + (N_r P_r t + P_{ri} t) \tag{2.15}$$

式中，P_{ca}是总的电路功耗；P_t 是对应于 N_t 个传输天线的传输电路功耗；P_{ti}是独立于 N_t 个传输天线的传输电路功耗，P_r 是对应于 N_r 个接收天线的接收电路功耗；P_{ri}是独立于 N_r 个接收天线的传输电路功耗。

对于固定的 t 和 W，可以得到的 E_a 和 W 之间的关系（为了简便，设 $t = 1$，$W = 1$）如下：

$$E_a = \frac{(2^{\frac{1}{M}} - 1)MN_0}{g} + (N_t P_t + P_{ti}) + (N_r P_r + P_{ri}) \tag{2.16}$$

为了简化分析处理，假设传输天线数量和接收天线数量是相等的，即 $N_t = N_r = M$。这样，式（2.16）可以简化为

$$E_a = \frac{(2^{\frac{1}{M}} - 1)MN_0}{g} + (MP_t + P_{ti}) + (MP_r + P_{ri}) \tag{2.17}$$

每比特能量与天线数量之间的关系如图 2.6 所示。

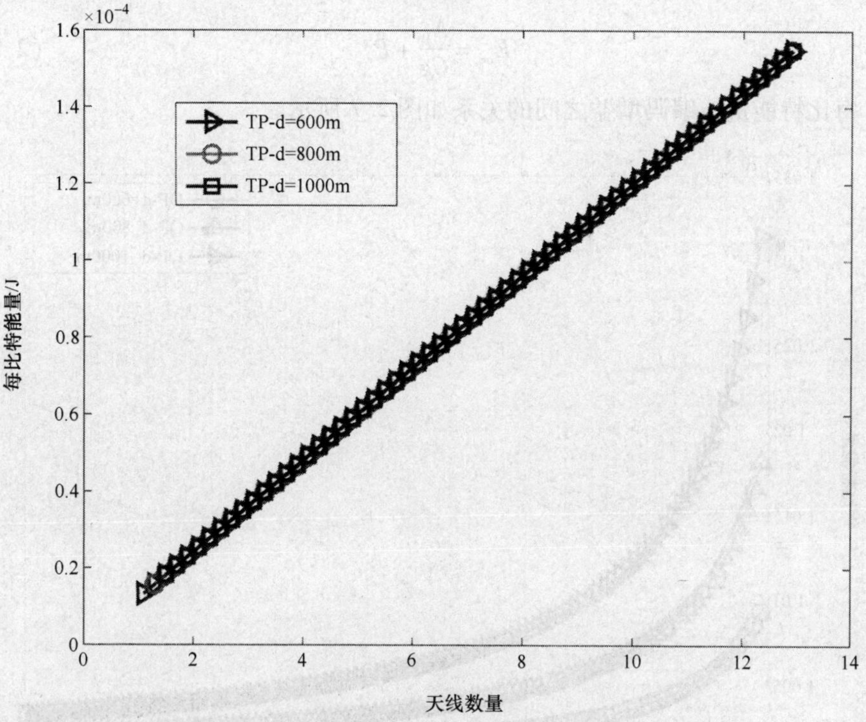

图 2.6　每比特能量与天线数量之间的关系

2.2.4　能量和编码方案之间的权衡

不同编码方案产生不同编码增益。为了得到能量和编码方案之间的关系，把编码增益记作 G，这样，可以写出信道容量，记作 R_c，如下：

$$R_c = W\log_2\left(1 + \frac{GPg}{WN_0}\right) \tag{2.18}$$

传输 1bit 的时间为 t，对应的数据传输速率为 $R_c = 1/t$。因此，利用式（2.18），可以得到每比特的传输能耗，记作 E_{tc}，如下：

$$E_{tc} = Pt = \frac{(2^{\frac{1}{Mt}} - 1)MN_0 t}{Gg} \tag{2.19}$$

这样，每比特的总能耗可以按下式得到：

$$E_{oc} = Pt + P_c t = \frac{(2^{\frac{1}{Mt}} - 1)MN_0 t}{Gg} + P_c t \tag{2.20}$$

式中，P_c 是电路功耗。

对于固定 t 和 W，可以获得 E 和 W 之间的关系如下（为了简便，设 $t = 1$，$W = 1$）：

$$E_{oc} = \frac{N_0}{Gg} + P_c \tag{2.21}$$

每比特能量与编码增益之间的关系如图 2.7 所示。

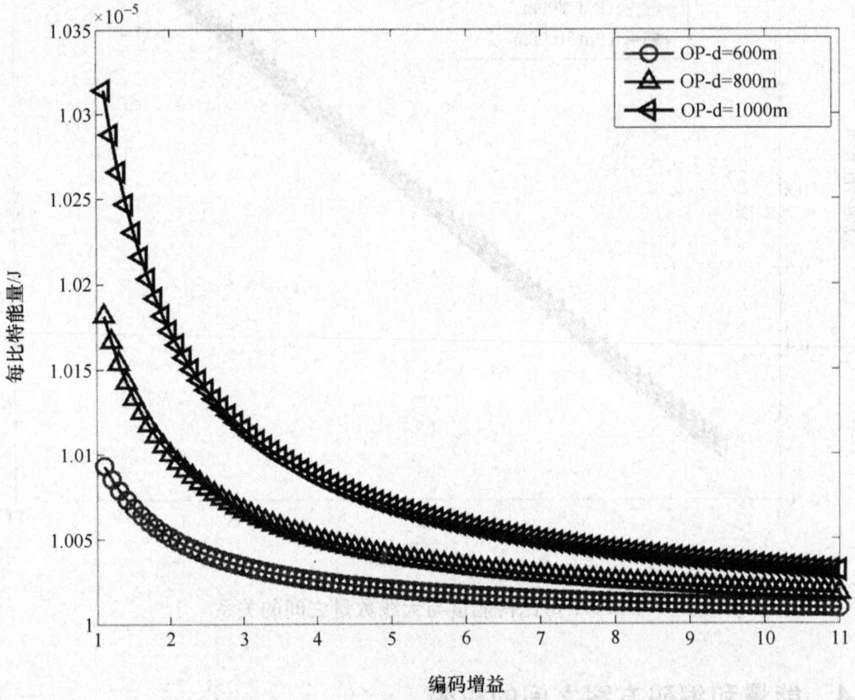

图 2.7　每比特能量与编码增益之间的关系

2.3　在蜂窝网络中使用资源交易的样本案例研究

为了评估蜂窝网络中的适应策略，考虑一个如图 2.8 所示的典型六角形配置，配置了给定的 57 个基站，并且每个基站的半径是 1000m。对于每个基站

C_i（$1 \leqslant i \leqslant 57$），$B_i$ 和 U_i 分别表示每个基站中的基站（BS）和移动用户（MU）。参数 d_i 表示从 B_i 到 U_i 最近的距离。由基站 B_i 发出的数据传输功率为 P_i。系统带宽是 20MHz，用户总量是 500。因为不同无线网有不同可用带宽和可接受延时，这里将分别展示能耗和可用带宽之间的关系，以及能耗和可接受延时之间的关系。相关仿真参数列在表 2.2 中。

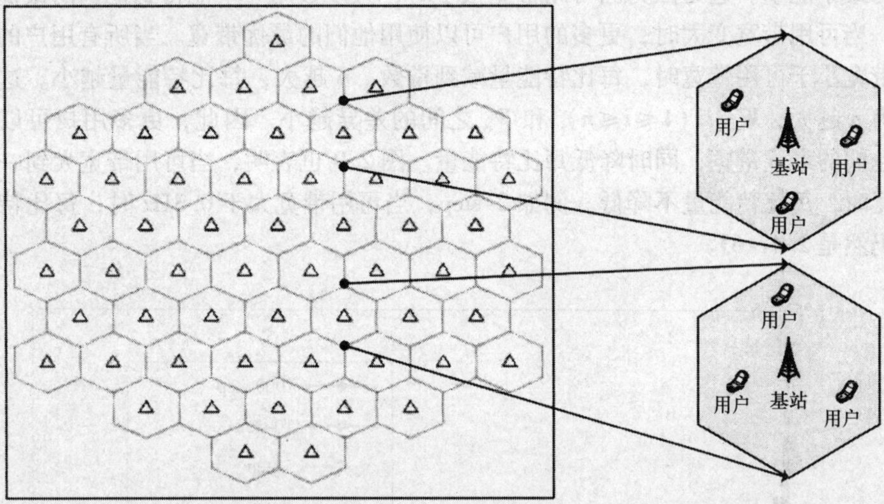

图 2.8　六角形网络配置

表 2.2　相关仿真参数

参　　数	值
载波频率 f_c	2.4GHz
基站半径 R	1000m
发送天线增益 G_t	1
接收天线增益 G_r	1
电路功率 P_{cir}	1×10^{-6}W/Hz
静态功率 P_{sb}	2×10^{-6}W
系统损耗 L	2.5
局部噪声的 PSD N_0	8×10^{-21}
路径损耗指数 α	3

图 2.9 展示了在不同 n-steps 下，每比特能量与可用带宽的关系。最优适应策略使用 W_o 的连续值，这意味着对于不同的 d，无线网络通过算法 1 得到的不同最优带宽。在图 2.9 中，n-steps 代表 n 种带宽，记作 $W_o(i)$（$1 \leqslant i \leqslant n$），可以

用在无线网络中。参数 $W_o(i)(1\leqslant i\leqslant n)$ 可以用算法 1 计算出来。当 n 值固定时，位于第 i 步的用户使用相同的 $W_o(i)(1\leqslant i\leqslant n)$。例如，$n=5$，位于半径为 $1000(i-1)/5$ 的圆外，半径为 $1000i/5$ 的圆内的用户带宽 W_{user} 为 $W_o(i)(1\leqslant i\leqslant 5)$。图 2.9 也表明，当可用带宽增加时，在可用带宽很小的情况下每比特能量降低。但是，每比特能量最终降低到一个常数，这对于应用的策略来说是每比特的最小能量。这是因为当可用带宽很小时，大多数用户不能得到他们的最优带宽。当可用带宽变大时，更多的用户可以使用他们的最优带宽。当所有用户的最优带宽小于可用带宽时，每比特能量减到常数。n 越大，每比特能量越小。这是因为 n 越大，$W_o(i)(1\leqslant i\leqslant n)$ 和 W_o 之间的差异越小。因此，更多用户可以使用他们的最优带宽，同时降低每比特能量。图 2.9 也表明，当可用带宽大到一定程度时，每比特能量不降低。例如 2-step，当可用带宽大于 0.3Hz 时，每比特能量仍然是 2.4e-6J。

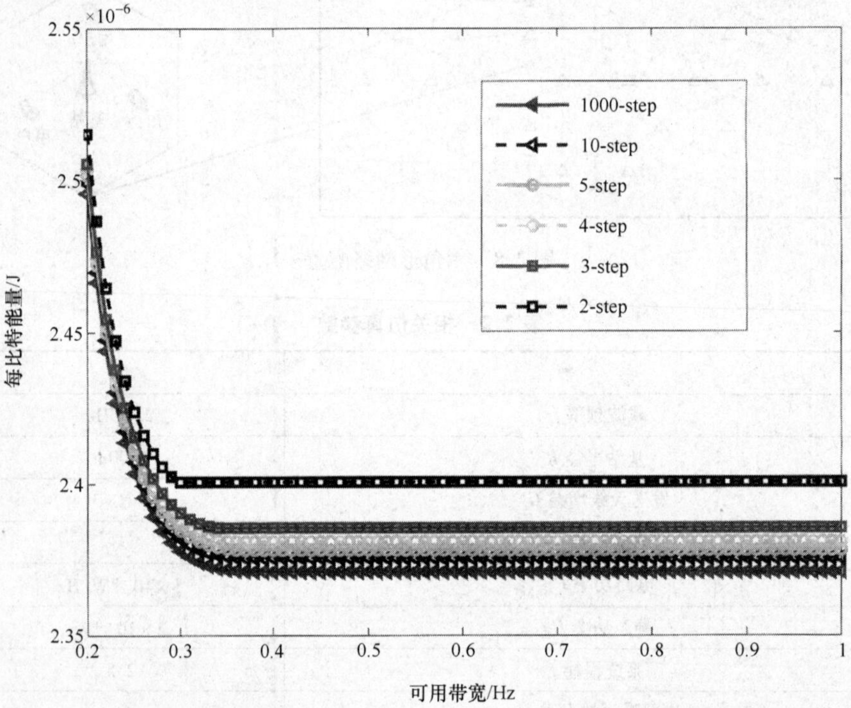

图 2.9 每比特能量与可用带宽（n-steps 表明图中的 n 可为 2、3、4、5、10 和 1000）

图 2.10 展示了在不同 n-steps 下，每比特能量与可用延时的关系曲线。对于不同的 d，系统通过算法 2 可以得到最优延时 t_o。在图 2.10 中，n-steps 代表 n 种延时类型，记作 $t_o(i)(1\leqslant i\leqslant n)$，可以被用在无线网络中。参数 $t_o(i)(1\leqslant i\leqslant n)$ 可以用算法 2 计算出来。当 n 为固定值时，位于第 i 步的用户使用相同的延

时 $t_o(i)(1 \leqslant i \leqslant n)$。例如，$n=5$，位于半径为 $1000(i-1)/5$ 的圆外，半径为 $1000i/5$ 的圆内的用户使用的延时 t_{user} 是 $t_o(i)(1 \leqslant i \leqslant 5)$。图 2.10 也表明，当可接受的延时增加时，每比特能量降低到一个常数，这是每比特的最小能量。这是因为当可接受延时很小时，大多数用户不能等到最优延时。当可接受延时变得越大时，越多用户可以使用他们的最优延时。当所有用户的最优延时小于可接受延时时，每比特能量减到常数。n 越大，每比特能量越小。这是因为 n 越大，$t_o(i)(1 \leqslant i \leqslant n)$ 和 t_o 之间的差异越小。于是，更多用户可以使用他们的最优延时，同时降低每比特能量。当可接受延时大到一定程度时，每比特能量不降低。例如 2-step，当可接受延时大于 0.22s 时，每比特能量仍然是 8.3e-7J。图 2.9 中的每比特最低能量和图 2.10 中的不一样，这是因为两者分别是对最优延时采用固定带宽，对最优带宽采用固定延时。

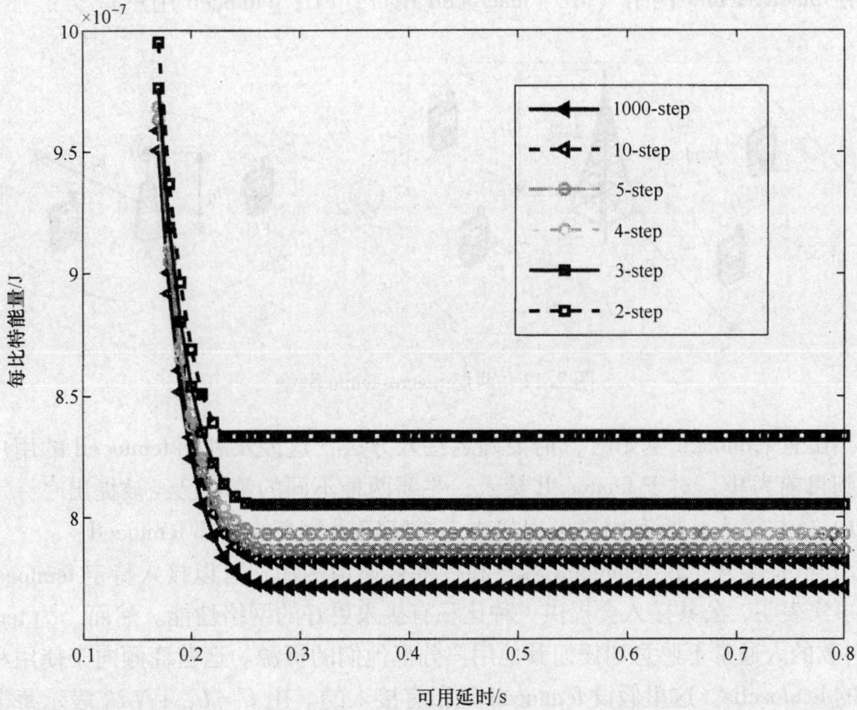

图 2.10　每比特能量与可用延时（n-steps 表明图中的 n 可为 2、3、4、5、10 和 100）

2.4　在家庭基站网络中使用资源交易的样本案例研究

资源交易可以高效应用于 macro-femto 蜂窝网络中。本节提出了在 macro-femto 蜂窝网络中为了节能使用带宽资源交易。这里定义一个叫做绿色因子的新指标来估计 macro-femto 网络的功效。

2.4.1 系统模型

在两层 macro-femto 蜂窝网络中，第一层和第二层分别是 macrocell（宏蜂窝）和 femtocell（飞蜂窝、毫微微蜂窝）。中央 macrocell 是一个 $A_m = 3\sqrt{3}R_c^2/2$ 的六角形区域，中心是高为 H 的基站。干扰 macrocell 的两个环在中央 macrocell 附近。每一个 macrocell 有它的理论空间覆盖范围：$S = A_m H/3 = \sqrt{3}HR_c^2/2$。中央 macrocell 被半径为 R_f 和高为 h_f 的 femtocell 接入点（FAP）覆盖，这些接入点是根据强度 λ_f 的齐次空间泊松点过程（SPPP）Ω_f 来随机分布的。每个基站点的 femtocell 平均数目是 $N_f = \lambda_f S$。在每个基站设置点中，假设用户为均匀分布。图 2.11 展示了两层 macro-femto 网络（MU：macrocell 用户；FU：femtocell 用户）。

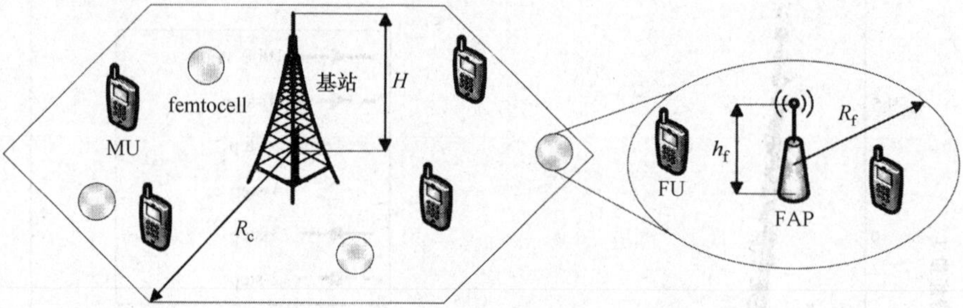

图 2.11 两层 macro-femto 网络

当配置 femtocell 基站时，需要确定接入方法，这涉及利用 femtocell 的用户权利。到目前为止，对于 femtocell 接入，主要两种不同的策略已经被提出[11]：

1）公共接入：所有用户可以接入一个特定运营商的全部 femtocell；

2）私有接入：仅 femtocell 客户和一些被邀请的用户可以接入特定 femtocell。

事实表明，公共接入会提供一种比私有接入更好的网络性能。然而，为 femtocell 付款的人通常不愿意和任何其他用户分享他们的资源。运营商倾向于使用私有接入的 femtocells。这里假设 femtocell 是私有接入的。用 $U = U_m + N_f U_f$ 表示每个基站的用户平均数目，U_m 和 U_f 分别指的是每个 macrocell 的户外用户数目以及每个 femtocell 的室内用户数目。每个基站和它的用户（每个 FAP 和它的用户）之间的下行链路信道由一个独立于路径损耗的固定距离、通过对数阴影模拟的慢变分量以及以单位平均功率快速衰减的瑞利模型建立。为了简便，热噪声被忽略。

可用频谱包含 F 个带宽为 W Hz 的子信道。所有子信道分配相等的传输功率。在每个子信道中，每个用户被假设为跟随他们的信号干扰比（SIR）。每个基站在每个用户接收的 SIR 的基础上，自适应分配速率，也就是当每个子信道中的 SIR 处于 $[\tau_i, \tau_{i+1}]$，$1 \leqslant i \leqslant I$ 时，分配 i(bit/s)/Hz，这里 I 是最大可用传输速率。因此，每个子信道的吞吐量由下式给出：

$$T = \sum_{i=1}^{I-1} i\Pr\{\tau_i \leqslant \mathrm{SIR} < \tau_{i+1}\} + I\Pr\{\mathrm{SIR} \geqslant \tau_I\} \tag{2.22}$$

对于无线网络一些已有的频谱效率衡量标准，像 (bit/s)/Hz 频谱效率、[(bit/s)/Hz]/m^2 面积频谱效率（ASE）[12]、[(bit/s)/Hz]/天线等已经被使用多年了。对于蜂窝接入网络，先前的研究倾向于使用 [(bit/s)/Hz]/m^2 ASE 来估计频谱效率。但是 ASE 在衡量 femtocell 网络方面有局限性。在 femtocell 网络的垂直方向上，可能存在多个 femtocell。例如，一个房子是一个 femtocell，而在房子顶部还有另一个 femtocell。因此，空间频谱效率是迫切需要的。

对于无线网络也早已存在一些能量衡量标准，像 bit/J 能量效率和 bit/TNEU 功率效率，TNEU 指的是信号能量总量，它等于被接收器记录的复数 AWGN 样本的方差[13]。为了估算 macro-femto 蜂窝网络的频谱效率和能量，提出两个指标：

1）空间频谱效率：由一个基站支持的每个空间单元的每个带宽单元的每个用户的数据传输速率；

2）绿色因子：每个子信道的 bit/J 功率效率。

2.4.2　下行链路信道中的能耗模型

因为基站需要大量能源供给，所以经常忽略下行链路信道的节能而是更重视上行链路信道。然而，随着新兴的绿色无线电概念，需要更注意下行链路的节能，因为基站在蜂窝接入网络中耗费最多能量。此外，从运营商的角度来看，降低下行链路能耗不仅使工业对环境影响降到最低，而且还有经济效益。例如，减少的能耗直接转换成低的运营支出（OPEX）[14]。为了减少 CO_2 排放并提高运营商的利润（降低 OPEX），考虑蜂窝网下行链路能耗。比起在基站中消耗能量最多的基站和 FAP，移动用户和 femtocell 用户花费很少能量接收来自基站和 FAP 的信号。因此，忽略移动用户和 femtocell 用户的能耗是合理的。

直到现在，没有准确的方程式可以描述基站的辐射功率 P_{tx} 和平均消耗功率 P_{M} 之间的关系。推导出 P_{tx} 和 P_{M} 之间的关系是很困难的，因为基站的功耗取决于很多因素，比如说放大器和馈线损失、冷却、信号处理、备用电池等。放大器和馈线损失的功耗及冷却功耗都与 P_{tx} 成比例。信号处理和备用电池的功耗与 P_{tx} 无关。分别令 P_{lm} 和 P_{cm} 作为线性部分和常数部分，提出如下通用功耗模型：

$$P_{\mathrm{M}} = P_{\mathrm{lm}} + P_{\mathrm{cm}} = aP_{\mathrm{tx}} + P_{\mathrm{cm}} \tag{2.23}$$

式中，a 是一个常数，a 和 P_{cm} 的典型值可以在参考文献 [10] 中找到。

和基站类似，FAP 也可以使用该模型：

$$P_{\mathrm{F}} = P_{\mathrm{lf}} + P_{\mathrm{cf}} = bP_{\mathrm{txf}} + P_{\mathrm{cf}} \tag{2.24}$$

式中，P_{lf}和P_{cf}分别代表 FAP 功耗的线性和常数部分；b 是一个常数；P_{txf}是 FAP 的传输功率。

然而，P_{lf}和P_{cf}的组成分别不同于P_{lm}和P_{cm}。例如，FAP 没有冷却装置。

根据上述基站和 FAP 的功耗分析，可以得到如下整个下行链路功耗P_{system}：

$$P_{\mathrm{system}} = P_{\mathrm{M}} + N_{\mathrm{f}}P_{\mathrm{F}} \tag{2.25}$$

式中，P_{M} 和 P_{f} 分别由式（2.23）和式（2.24）给出。

2.4.3 绿色无线电的频谱配置

在基站中随着 FAP 的参与，为了节能，频谱需要重新分配。femtocell 网络已有的频谱配置策略可以被分为不同的两类。在分裂频谱网络中，femtocell 使用不同于 macrocell 用的频带。这避免了 macrocell 和 femtocell 之间的干扰，但是需要额外的频带来降低蜂窝网络的频谱效率。在共享频谱网络中，femtocell 使用和 macrocell 一样的频带。这有利于提高频谱效率，但是会造成 macrocell 和 femtocell 之间的严重干扰。所有这些策略旨在提高频谱效率，但是不考虑节能。对于能量高效的网络，提出一种新颖的分裂频谱配置的策略，这在给定的频谱效率限制下，使基站的绿色因子最大。

对于带宽为 WF 的基站，一旦有 FAP 参与，一些本来属于基站的 MU 转移到 FAP，也就是变成 FU。由于这种改变，过多的子信道立刻被配置给 MU，这是因为 FU 的需求频谱效率是由 FAP 提供的。因此，把一些本来属于 macrocell 的子信道分配给 femtocell 是比较理想的。图 2.12 展示了一个基站的频谱划分，$\mathrm{WF_m}$ 和 $\mathrm{WF_f}$ 分别表示属于 macrocell 和 femtocell 的频谱。根据近期调查，未来超过 50% 呼叫和 70% 数据服务将利用 femtocell 在室内进行[15]。因此，更多子信道应该分配给 femtocell 来得到需求的频谱效率，如图 2.13 所示。

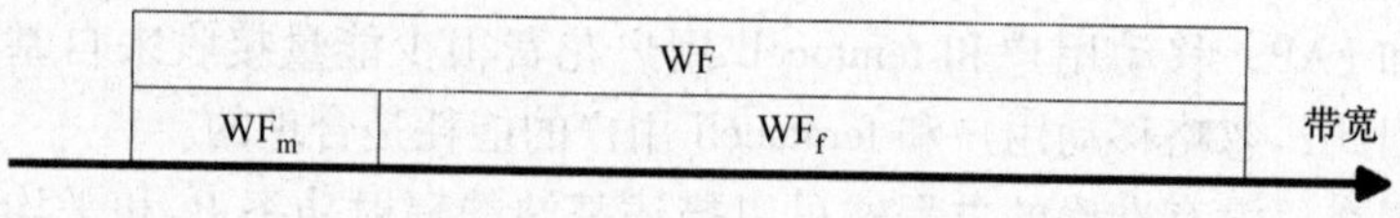

图 2.12　一个基站的频谱划分

然而，由于 femtocell 之间的干扰，在每个 femtocell 中使用整体带宽 $\mathrm{WF_f}$ 是不可行的。因此，考虑 femtocell 的部分频率接入。频率接入比率为 $r_{\mathrm{f}} = F_{\mathrm{a}}/F_{\mathrm{f}}$，其中频率为 F_{a} 的子信道对于每一个 FAP 是有效的。

定义 T_{m} 和 T_{f} 分别是由基站和 FAP 提供的每个子信道的吞吐量[(bit/s)/Hz]，这样就有

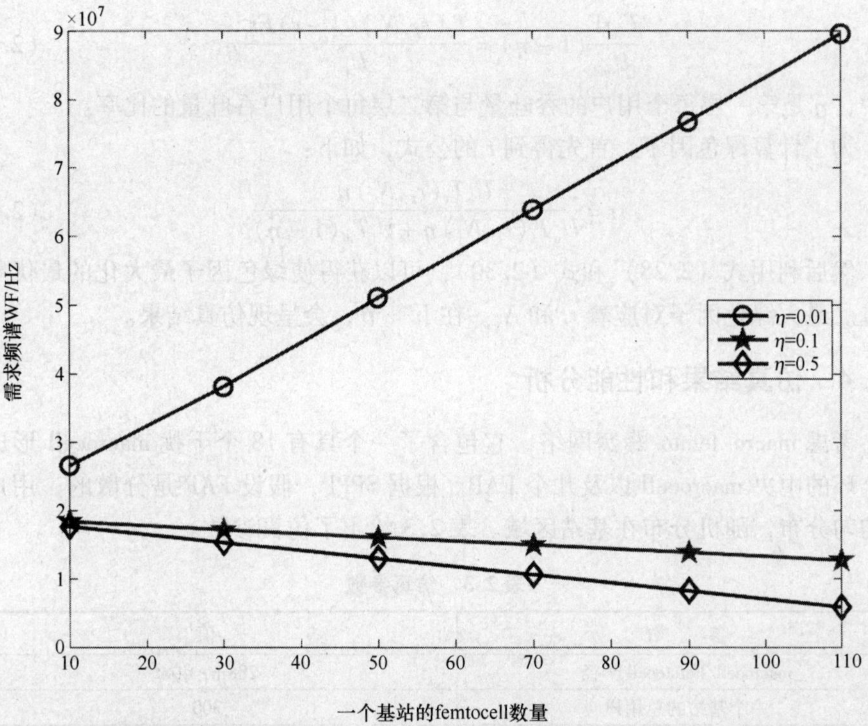

图 2.13　对于 MU，满足 0.1Mbit/s 的目标平均数据比率需求的频谱 WF

$$\begin{cases} T_{\mathrm{m}} = \sum_{i=1}^{I-1} i[Z_{\mathrm{m}}(\tau_i + 1) - Z_{\mathrm{m}}(\tau_i)] + I[1 - Z_{\mathrm{m}}(\tau_I)] \\ T_{\mathrm{f}} = \sum_{i=1}^{I-1} i[Z_{\mathrm{f}}(\tau_i + 1) - Z_{\mathrm{f}}(\tau_i)] + I[1 - Z_{\mathrm{f}}(\tau_I)] \end{cases} \tag{2.26}$$

式中，$Z_{\mathrm{m}}(\tau_i) = \Pr\{\mathrm{SIR}_{\mathrm{m}} < \tau_i\}$ 和 $Z_{\mathrm{f}}(\tau_i) = \Pr\{\mathrm{SIR}_{\mathrm{f}} < \tau_i\}$ 分别表示 macrocell 和 femtocell 用户的空间蜂窝网 SIR 分布。参考文献［16］中有一些策略用来计算 T_{m} 和 T_{f}。

Macrocell 基站通过 $\mathrm{WF_m}$ 频带传输，FAP 通过 $\mathrm{WF_f}$ 频带传输，其中 $\mathrm{WF_m} = r\mathrm{WF}$，$\mathrm{WF_f} = (1-r)\mathrm{WF}$，$r$ 是 femtocell 和 macro-femtocell 之间的带宽比率。因此，每个子信道的两层吞吐量（bit/s）可以由下式计算：

$$T_{\mathrm{c}} = W[rT_{\mathrm{m}} + N_{\mathrm{f}} r_{\mathrm{f}}(1-r) T_{\mathrm{f}}(r_{\mathrm{f}}, N_{\mathrm{f}})] \tag{2.27}$$

式（2.27）两端都乘以 F 可以得到蜂窝网络吞吐量。考虑在需求的频谱效率下最大化绿色因子。这样，可以将这个问题公式化，如下：

$$\max_r\{\text{绿色因子}\} = \max_r\left\{\frac{W[rT_{\mathrm{m}} + N_{\mathrm{f}} r_{\mathrm{f}}(1-r) T_{\mathrm{f}}(r_{\mathrm{f}}, N_{\mathrm{f}})]}{P_{\mathrm{system}}}\right\} \tag{2.28}$$

受吞吐量限制：

$$\frac{T_m rF}{U_m}(1-\eta)=\frac{T_f(r_f,N_f)(1-r)Fr_f}{U_f}\eta \quad (2.29)$$

式中，η 是第一层每个用户的吞吐量与第二层每个用户吞吐量的比率。

为了计算绿色因子，首先得到 r 的公式，如下：

$$r=\frac{U_c T_f(r_f,N_f)\eta}{U_c T_f(r_f,N_f)\eta+U_f T_m(1-\eta)} \quad (2.30)$$

然后利用式（2.28）和式（2.30），可以获得使绿色因子最大化的最优频谱配置。最大绿色因子对应着 r_f 和 N_f。在下一节，会呈现仿真结果。

2.4.4 仿真结果和性能分析

考虑 macro- femto 蜂窝网络，它包含了一个具有 18 个干扰 macrocell 形成的两个环的中央 macrocell 以及几个 FAP。根据 SPPP，假设 FAP 是分散的。用户遵循均匀分布，随机分布在基站区域。表 2.3 给出了仿真参数。

表 2.3 仿真参数

参 数	值
macrocell/Femtocell 半径	288m，40m
一个基站的总用户	300
每个 femtocell 的用户	2
基站传输功率	20W
FAP 传输功率	0.1W
隔墙损失	2dB
能量模型系数 a，b	21.54，7.84
能量模型常数 P_{cm}，P_{cf}	354.44，71.50
吞吐量比率	η = 0.01、0.05、0.1、0.2、0.3、0.4、0.5
一个基站的 femtocell 数量	N_f = 10、30、50、70、90、110

图 2.13 展示了最小需求频谱 WF，对于 MU，它满足要求为 0.1Mbit/s 的数据比率。η = 0.01、η = 0.1 和 η = 0.5 的用户，相应的数据比率分别为 10Mbit/s、1Mbit/s 和 0.1Mbit/s。因此，需求的空间频谱效率分别是 MU 为 0.1M(bit/s)/WF，FU 为 1(Mbit/s)/WF 和 0.1(Mbit/s)/WF。与图 2.13 所示的一样，当一个基站中的 femtocell 数量增加时，η = 0.01 时的最小需求频谱 WF 减小。在这种情况下，femtocell 是未充分利用的。

图 2.14 ~ 图 2.20 给出了绿色因子和频率接入比率 γ_f 之间的关系图。从图 2.14 ~ 图 2.20 中，可以观察到以下情况：

1）当 N_f 小于 30，r_f 增加，绿色因子变大。当 N_f 大于 50，r_f 增加，绿色因子先变大然后减小。femtocell 越多，可以得到越高的频谱效率。但是，femtocell

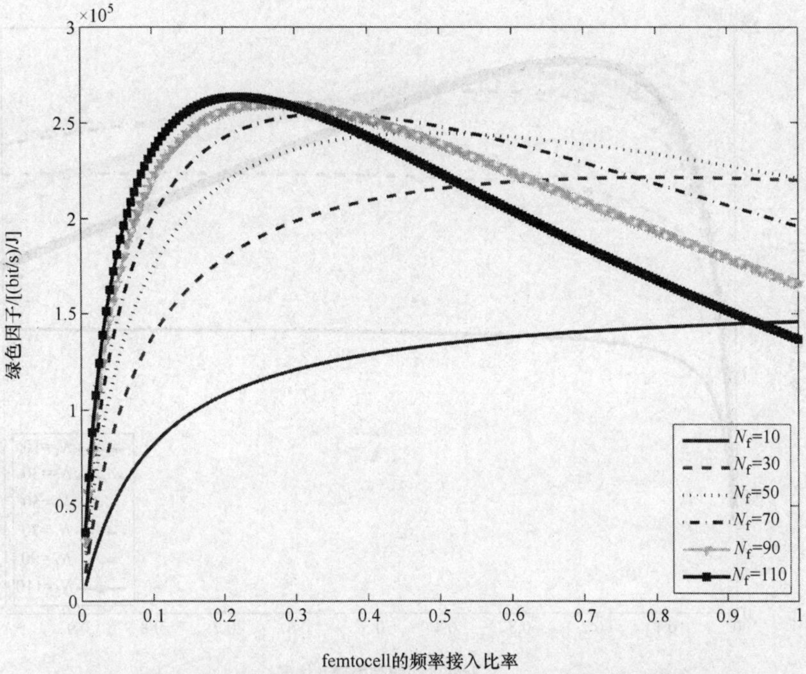

图2.14　绿色因子与femtocell的频率接入比率对比（$\eta=0.01$）

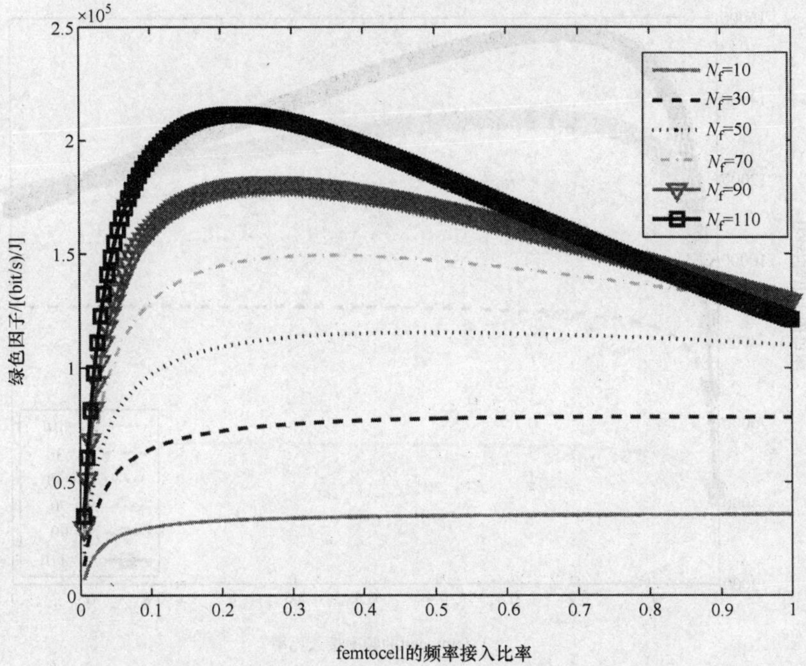

图2.15　绿色因子与femtocell的频率接入比率对比（$\eta=0.05$）

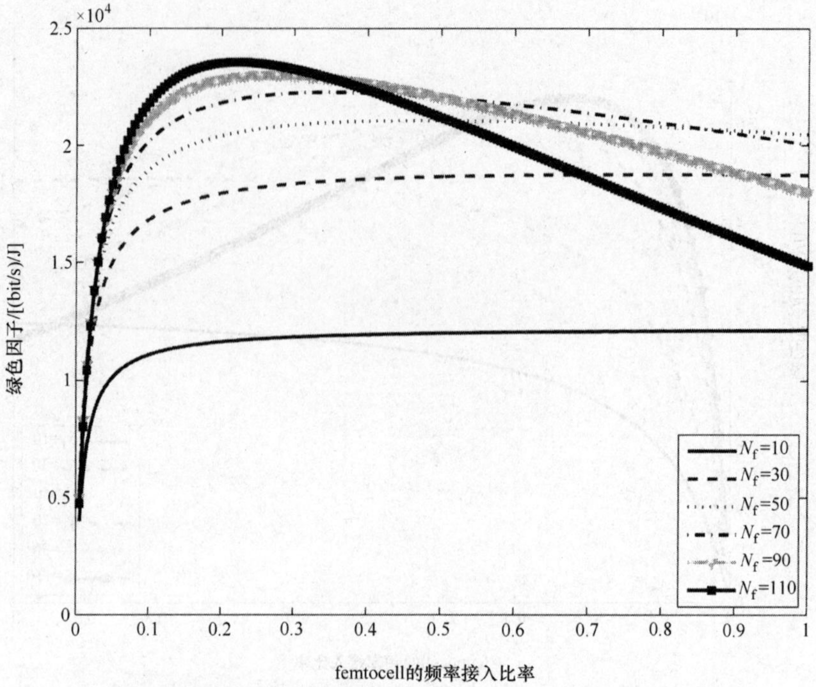

图 2.16 绿色因子与 femtocell 的频率接入比率对比（$\eta=0.1$）

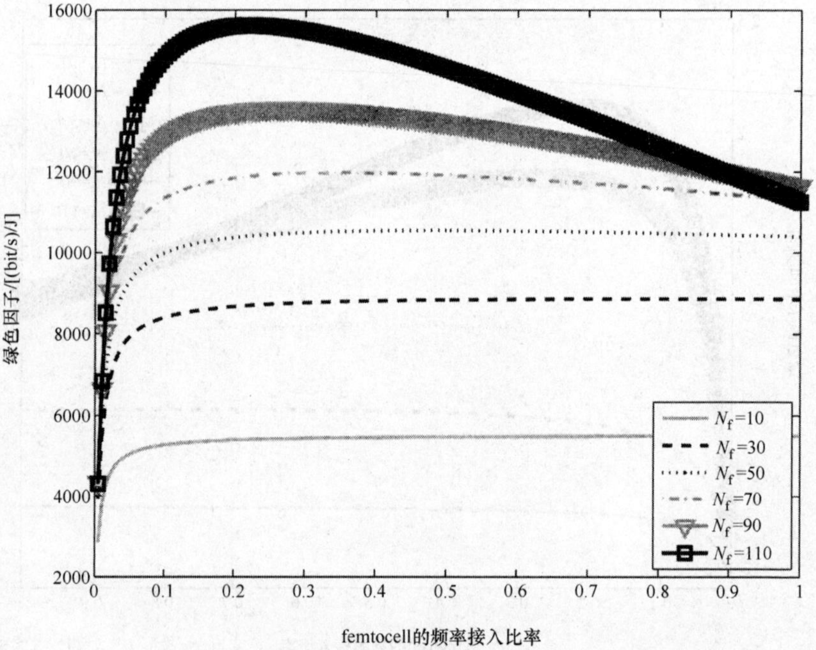

图 2.17 绿色因子与 femtocell 的频率接入比率对比（$\eta=0.2$）

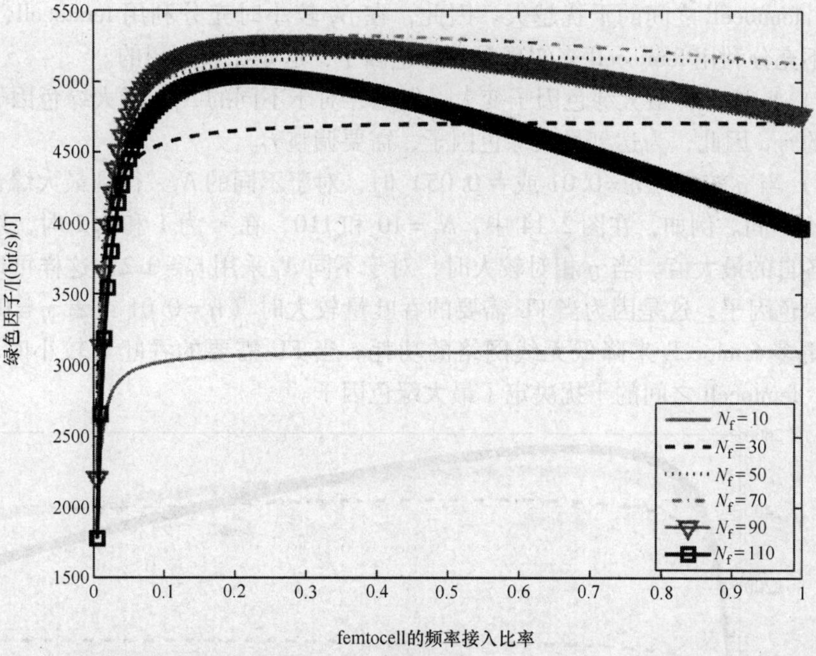

图 2.18　绿色因子与 femtocell 的频率接入比率对比（η = 0.3）

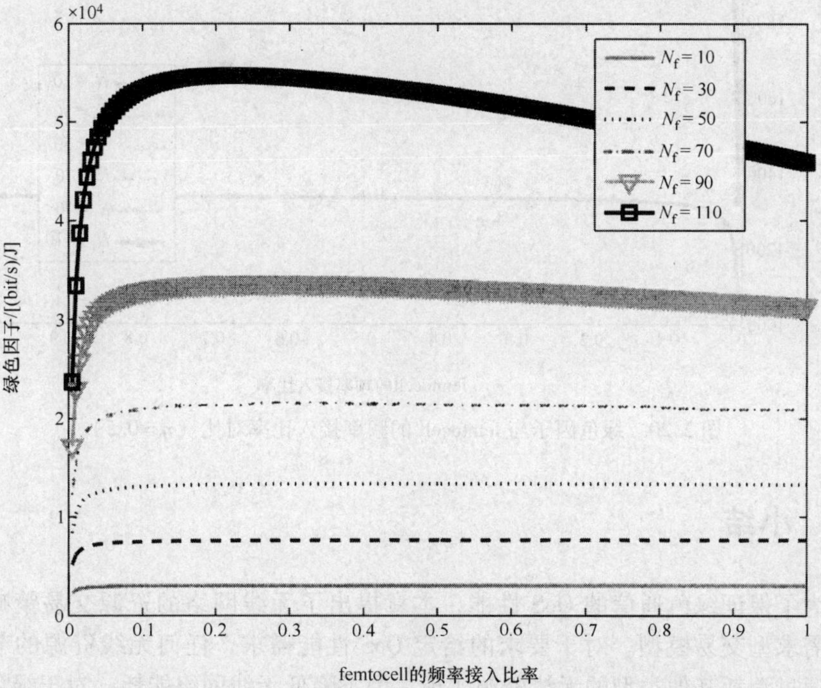

图 2.19　绿色因子与 femtocell 的频率接入比率对比（η = 0.4）

越多，femtocell 之间的干扰越大。因此，在 N_f 较小时充分利用 femtocell，N_f 较大时不充分利用 femtocell 来实现最大绿色因子，这是比较理想的。

2）N_f 增加，最大绿色因子变大。但是，对于不同的 N_f，最大绿色因子对应不同的 r_f。因此，为达到最大绿色因子，需要调整 r_f。

3）当 η 较小（$\eta=0.01$ 或者 0.05）时，对于不同的 N_f，得到最大绿色因子时的 r_f 不同。例如，在图 2.14 中，$N_f=10$ 和 110，在 r_f 为 1 和 0.2 时，绿色因子有各自的最大值。当 η 相对较大时，对于不同 N_f 采用 $r_f \approx 0.2$，这样可以得到最大绿色因子。这是因为当 FU 需要的吞吐量较大时（$\eta=0.01$ 或者 $\eta=0.05$），需要更多 femtocell 来降低无线网络的功耗。当 FU 需要的吞吐量较小时（$\eta=0.5$），femtocell 之间的干扰决定了最大绿色因子。

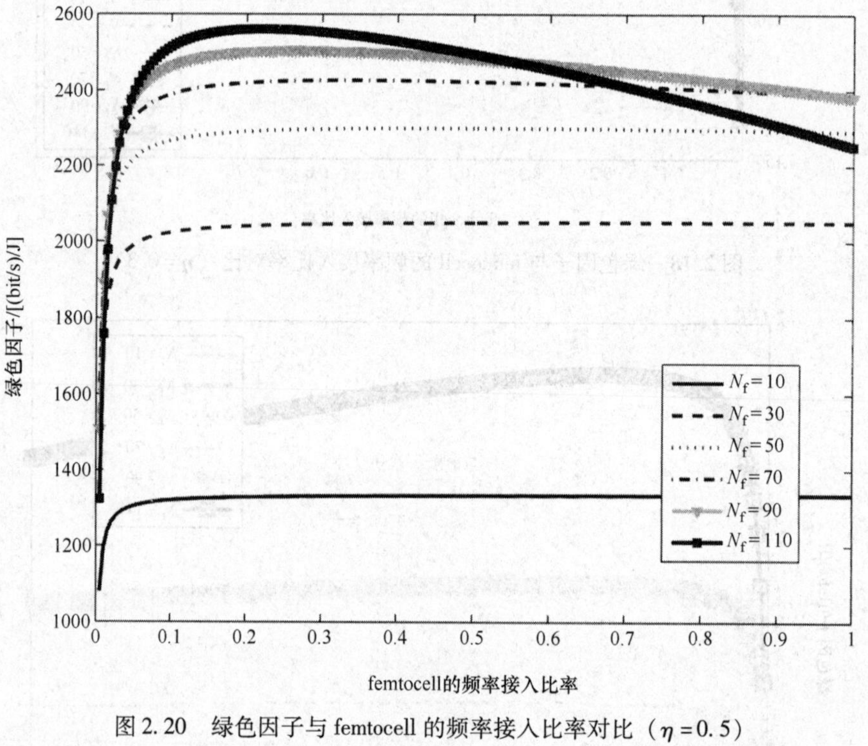

图 2.20 绿色因子与 femtocell 的频率接入比率对比（$\eta=0.5$）

2.5 小结

为了保证绿色通信的 QoS 性能，本章提出了无线网络的资源交易策略，开发出需求型交易模型。对于要求的给定 QoS 性能需求，任何无线资源的节约都可以通过消耗其他类型的无线资源实现。为了降低无线网络能耗，对于绿色无线网络，得出最优的能量带宽、能量时间、能量空间和能量编码无线网络资源交易关系。本章展示了当考虑到运行功率时，对于可用带宽和给定延时限制分别存在每比特的最小能量。也阐述了当天线数量增加时，每比特的最小能量增加，并且随着编码增益变大，每比特的最小能量减小。利用提出的资源交易策略，以一层和两层蜂窝网络为样本案例进行研究，结果表明提出的资源交易策略在无线网络中应用绿色通信是高效的。仿真评估显示，对于给定的 QoS 性能指标，提出的建模技术和方案在满足需求 QoS 性能指标的情况下，通过与其他类型无线网络资源交换能量资源的方法，可以使能耗达到最小。

参考文献

[1] Andy Nolan, "Global action plan, an inefficient truth," *http://www.globalactionplan.org.uk/green-it*, 2007.

[2] Fletcher S., "Green radio @ sustainable wireless networks," *http://kn.theiet.org/magazine/rateit/communications/green-radio-article.cfm*, Jun. 2009.

[3] G. P. Fettweis and E. Zimmermann, "Ict energy consumption - trends and challenges," in *Proceedings of the 11th International Symposium on Wireless Personal Multimedia Communications*, Lapland, Finland, Sep. 2008.

[4] A. J. Fehske, F. Richter, and G. P. Fettweis, "Energy efficiency improvements through micro sites in cellular mobile radio networks," in *GLOBECOM Workshops, 2009 IEEE*, Hawaii, USA, Nov. 2009, pp. 1–5.

[5] B. Badic, T. O'Farrell, P. Loskot, and J. He, "Energy efficient radio access architectures for green radio: Large versus small cell size deployment," in *Vehicular Technology Conference Fall (VTC 2009-Fall), 2009 IEEE 70th*, Anchorage, Alaska, USA, Sep. 2009, pp. 1–5.

[6] H. Holma and A. Toskala, Eds., *HSDPA/HSUPA for UMTS: High Speed Radio Access for Mobile Communications*, John Wiley & Sons, 2006.

[7] W. Cheng, H. Zhang, L. Zhao, and Y. Li, "Energy efficient spectrum allocation for green radio in two-tier cellular networks," in *GLOBECOM, 2010 IEEE*, Miami, USA, Dec. 2010.

[8] M. A. Marsan, L. Chiaraviglio, D. Ciullo, and M. Meo, "Optimal energy savings in cellular access networks," in *Communications Workshops, 2009. ICC Workshops 2009. IEEE International Conference on*, Jun. 2009, pp. 1–5.

[9] G. J. Foschini, and M. J. Gans, "On limits of wireless communications in a fading environment when using multiple antennas," *Wireless Personal Communications*, vol. 6, No. 3, pp. 311-335, Mar. 1998.

[10] V. Tarokh, H. Jafarkhani, and A. R. Calderbank, "Space-time block coding for wireless communications: performance results," *IEEE Journal on Selected Areas in Communications*, vol. 17, no. 3, pp. 451-460, Mar. 1999.

[11] D. L. Perez, A. Valcarce, G. D. L. Roche, E. Liu, and J. Zhang, "Access methods to WiMAX femtocells: a downlink system-level case study," in *11th IEEE ICCS*, Guangzhou, China, Nov. 2008, pp 1657-1662.

[12] M. S. Alouini, and A. J. Goldsmith, "Area spectral efficiency of cellular mobile radio systems," *IEEE Trans. Veh. Technol.*, vol. 48, no. 4, pp. 1047-1066, July 1999.

[13] J. Akhtman, and L. Hanzo, "Power versus bandwidth efficiency in wireless communications: the economic perspective," *IEEE VTC Fall*, Anchorage, Alaska, USA, 2009.

[14] S. Fletcher, "Green Radio@ Sustainable Wireless Networks," VCE Core5 Programme. Available: *http://kn.theiet.org/magazine/rateit/communications/green-radio-article.cfm*

[15] G. Mansfield, "Femtocells in the US Market-Business drivers and consumer propositions," *FemtoCells Europe*, ATT, London, UK, June 2008.

[16] V. Chandrasekhar, and J. G. Andrews, "Spectrum allocation in tiered cellular networks," *IEEE Trans. Commun.*, vol. 57, no. 10, Oct. 2009, pp. 3059-3068.

第3章　蜂窝系统中的绿色中继技术

Yinan Qi、Fabien Héliot、Muhammad Ali Imran 和 Rahim Tafazolli

过去的十年里，不论在家中还是营业场所中，人们对快速、低延迟和高速率信息通信的需求在不断升级。由于终端用户对高速接入的需求不断发展，特别是在无线网络（智能手机）的广泛应用的推动下，目前已有一些标准用来提供快速的数据传输服务，比如高速下行分组接入（HSDPA）技术[1]、针对移动手机网络的第三代合作伙伴计划的长期演进（3 GPP LTE）和它的升级版 LTE- Advanced[2,3]以及用于移动宽带无线接入的 IEEE 标准，又称为移动全球微波互连接入（WiMAX）技术[4]。

未来无线系统的主要目标之一，是要通过自适应消除多径衰落、路径损耗和阴影情况来提供均一覆盖的高数据速率。为了找到可以将上述影响最小化的解决方案，出现了各种基于中继技术的颗粒和分布式网络体系结构。然而，由于人们对 ICT（信息通信技术）产业 CO_2 排放的关注不断提高[5,6]，未来无线系统也应具有高能效，来满足日益增长的对新兴绿色技术灵活使用的需求，其中中继无疑是最佳候选之一。

本章从频谱效率（SE）和能量效率（EE）的角度，在链路和系统层对中继技术进行了分析。目前人们对各种中继节点传输信息的方法进行了全面的研究，包括放大转发（AF）、解码转发（DF）以及压缩转发（CF）。先进的中继方案结合了传统中继方案，以混合的方式来适应信道状态的变化，本章对其进行了介绍和研究。另外，中继技术与分组通信系统的重发协议相结合，并且从 SE 和 EE 角度进行了研究。最后，本章也强调了在结合实际功耗模型的现有无线蜂窝系统，即 LTE 系统中设计与定位中继节点所面临的挑战。

本章的内容如下：3.1 节介绍了中继的广泛话题；在 3.2 节中，从 SE 和 EE 角度分析了中继辅助系统；在 3.3 节中，介绍了中继进一步与重发协议相结合，并对其性能进行了研究；3.4 节研究了蜂窝网络中中继技术的 EE；3.5 节小结了本章的研究结果并明确了潜在的未来工作。

3.1　简介

近年来，许多专注于协同通信的项目通过欧盟第七框架计划得以启动，比如 FIREWORKS（柔性中继无线 OFDM 网络）[7]和 ROCKET（应用频谱捷变的可重构 OFDMA 网络)[8]。最近，协同通信在改进 EE 方面的"绿色"潜能已经引起了学术界和业界对这个话题的相当大的关注。举个例子，参考文献［9，12］从 EE 观点对中继技术进行了理论分析。此外，专注于绿色通信的主要研究项目，如 EU FP7 项目 EARTH（能量感知无线电与网络技术)，已经考虑将中继作为其主要研究方向之一[13]。

中继的基本思想是利用一些无线电节点，即中继，来实现更多频谱和能量高效的通信。中继节点可以专门用作网络节点，或者是作为附近其他的用户设备，如图 3.1 所示。例如在城市环境中，由于建筑物的影响，信号源与目标之间的直接链路会被破坏，但是在一个固定的或者移动的中继节点的帮助下，可以建立另一个独立的链路，如信号源-中继节点-目标，从而改善信号源和目标之间的通信效果。这个链路是无障碍的，因此可以不受阴影效应的影响。一个中继系统有两种基本的工作模式：全双工通信和半双工通信。在全双工通信模式下，假设中继是可以同时发送和接收信号的。然而由于通过同一天线单元的接收和发送信号之间有较大的动态范围，全双工通信在实际应用中很难实现。相反，在半双工通信模式下，假设中继是按照时分方式工作的，在给定的时间和带宽下接收或者发送信号。与全双工模式相比，半双工模式更加实际一些。因此，这里重点介绍时分半双工中继信道。整个框架分为两个阶段：中继接收（第一阶段）和中继发送（第二阶段）。在第一阶段，信号源向中继和目标广播。在第二阶段，信号源与中继同时向目标发送信号，如图 3.2 所示。双工率用百分比表示，记作 α，表示第一阶段的持续时间与整个传输过程持续时间的比值。

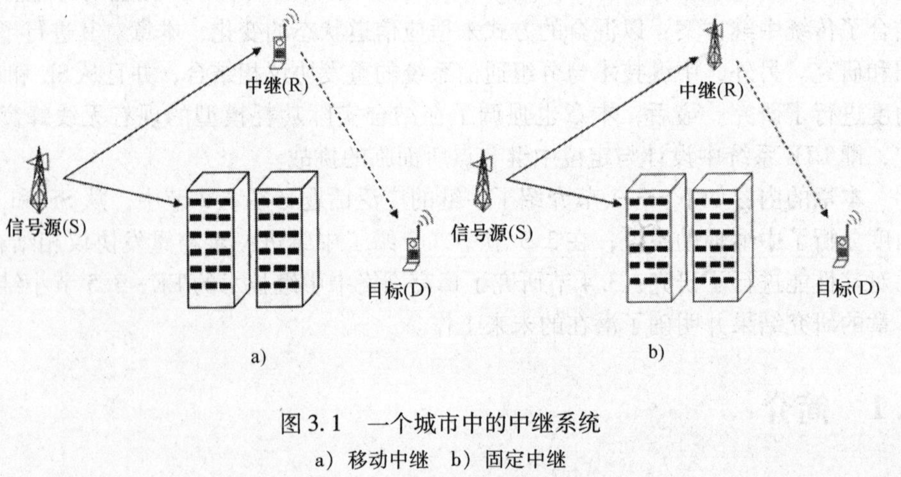

图 3.1 一个城市中的中继系统

a）移动中继 b）固定中继

中继模型的概念是由 van der Meulen 首次提出的[14]，其中对拥有 3 个节点的

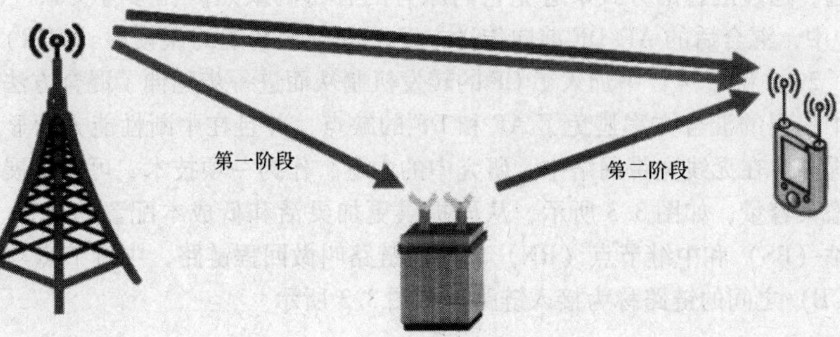

图 3.2　半双工中继

通信系统进行了研究，这 3 个节点分别是信号源（S）、中继节点（RN）以及目标（D）。在这 3 个节点之间有 3 条链路，每条链路有自己的输入/输出对。Cover 和 El Gamal 极大地发展了中继模型并且提出中继技术的 3 条基本原理[15]：

1）协同性：如果中继能够比目标接收到更好的信号，就可以与信号源协同，把一个完整的信号源信号发送给目标。

2）便利性：如果中继发现目标收到的是一个损坏的版本，中继会发送一个信号源和目标已知的固定信号，从而开启信号源与目标之间的信道。

3）监测性：中继可以发送替代的信息。这种信息不能组成一个完美的源信号，因此会阻碍完全协同；同时也不是恒定的，这样会阻碍简单便利化。取而代之，中继可以向目标传送其监测到的信号。

虽然在无线网络中的最佳中继策略至今还没有被充分理解，但是相关文献中已经提出了几个基于原理（特别是针对协同性和监测性）发展出来的中继方案。其中，最简单的方案是放大转发（AF）[16-19]，是指中继仅仅向前传送接收到的经过一定放大的信号。另一个很好的方案是解码转发[20-27]，是指中继经过解码、再编码，然后向前传送接收到的信号到目标。当中继离信号源较近时，解码转发展示了在可达速率及网络故障性能方面的改进[20,27,28]。以上两种方案都有一个相同的缺点：其性能都受到信号源与中继间链路质量的限制。如果这个链路遭受了深度衰落，对于放大转发，中继只能传送自身的噪声，而对于解码转发，中继将不能成功地进行解码，并且错误信息的前向传递会导致目标的错误传播。为了解决这个问题，Cover 的文章[15]基于中继技术监测性的原理，提出了一种针对信号源与中继之间弱连接问题的有效解决方案，来传送中继监测到的信号到目标[29-31]。代替解码过程，中继会对接收到的信号进行数字转换，经过压缩，前向传送给目标。对该方法的研究表明，当中继接近目标时，其性能要好于解码转发方法，也就是说，中继和目标之间的链路是很强的。传统的转发机制可以结合在一起，通过混合的方式来避免它们原有的各自的缺点。在参考文献［32］和［33］中，混合后的 AF/DF 前向传送方案可以改善系统的误帧率（FER）。参考文献［29］和［34］中加入了 CF 的转发机制从而进一步延伸了混合方法。参考文献中提出的混合方案避免了 AF 和 DF 的缺点，并且在中断性能方面显示出极大的提高。在无线宽带网络中，研究中的中继，作为一项技术，可以扩展覆盖面积及增大容量，如图 3.3 所示，从而提供更加灵活和低成本配置的选择[35]。施主基站（BS）和中继节点（RN）之间的链路叫做回程链路，中继节点与用户设备（UE）之间的链路称为接入链路，如图 3.3 所示。

图 3.3　中继的部署方法

许多标准已经将中继纳入其条款中，例如如下标准：

1）IEEE 802.16j（16j 中继）[36]；

2）IEEE 802.16m（中继和 femtocell）[37]；

3）3GPP LTE-A（Rel-10 LTE-A 中继）[38]。

基于中继的功能性，对于 RN，存在一些不同的分类方式。通常，当在回程链路和接入链路中使用相同的载波频率时，中继被分类为带内中继；而当链路中使用不同载波频率时，则被分类为带外中继。中继也可以根据协议层功能性来进行分类。一层（layer 1）中继节点，也叫做直放站，可以简单地接收施主基站信号，放大转发到其自己的覆盖区域。与一层中继节点相比，二层节点具有介质访问控制（MAC）层功能；可以对接收到的信号进行解码，然后再编码传输信号，从而在中继网络区域获取更高的质量。三层中继节点像一个完整的服务基站一样，拥有移动管理、会话建立和转接功能。这种类型的中继增加了实现的复杂性，并进一步增加了延迟时间。在 3GPP 标准化中[35]，中继节点被分为 1 型和 2 型两种类型。1 型中继工作在三层中继节点，也就是说，用户数据包的协议层到三层是可供中继节点使用的。这样三层中继节点就拥有一个基站所拥有的全部功能，可以有效地创建自己的身份号码（Cell-ID）、同步和参考信号。1 型中继节点是对用户设备可见的，因此被称为非透明中继节点。相反，2 型中继节点没有它们自己的身份号码，所以用户不能够对分别来自基站和中继节点的信号进行区分。2 型中继节点运行在三层还是二层，取决于特定的解决方案或实施方案，2 型中继节点对用户设备是透明的。

SE 和 EE 中继方案设计的一个重要方面，需要对可测量的频谱和能量指标进行诠释。SE 可以简单地用指标（bit/s）/Hz 可达速率来评价。对人们而言，重要的是要采用一个明确定义的相关性能指标来量化和评估能效性能。在分析中，为了获取能耗数据，使用能耗指标——bit 与能耗的比值，其定义为观察期间被正确传递的数据位数除以能耗，单位为 bit/J。bit/能耗指标关注消耗 1J 能量传递的总数据位数，因此成为比特传输 EE 的描述指标。bit/能耗的倒数，单位为 J/bit，也用于评估传输 1bit 需要多少能量[39]。本章中，采用以上两种指标来帮助读者从不同角度理解 EE 问题。

3.2　中继辅助系统的频谱和能量效率分析

在无线网络中，中继技术用于扩展通信系统的覆盖。然而，近年来，涌现出了其他一些通过协同协议来辅助信息源与目标之间通信的中继方案。在这样的协同方案中，通过控制信号源与中继之间耦合有适当的调制或编码策略的介质访问，系统的分集增益是可以提高的。特别是，目前已经提出了 3 种基本的中继方案，包括 AF、DF 以及 CF。

在各种各样的协同协议中，AF 是基本模式之一，近年来由于其简单及低成本的特点得到了许多关注。AF 尤其适合需要严格限制中继节点能量消耗的系统，因为它不需要基带处理，因此能够节省 RF 链路，除了省下的基带处理能量之外，还能够进一步减少能量消耗。作为一个非再生方案，AF 仅允许中继节点将接收到的信号放大并转发到目标，没有任何编码和解码的过程。Laneman 在他具有重要意义的文章中指出[27]，AF 能够在非常高的信噪比区域实现二阶分集。另一项研究指出，在有一定 SNR 的情况下，AF 的遍历容量比 DF 的要高[16]。尤其是，当信号源与中继之间的链路统计起来比其他两种链路差时，AF 的 SE 比 DF 要高。

另外两个基本中继方案已经在 Cover 和 El Gamal 的经典作品中进行了介绍[15]。一个是 DF，其中中继节点对接收到的信息进行了完全解码，对其进行再编码之后完整或部分地转发解码信息给目标。研究表明，DF 能够达到退化的中继信道的容量。在 Laneman 的文章中，中断行为的信息理论分析指出，固定的解码转发（FDF）中，即使是解码不成功，中继节点依然会将解码信息进行转发，因此 FDF 不能实现分集。相反的，有些 DF 能够在高信噪比区域实现完整的协同分集，这些 DF 中中继节点如果不能完成信息的解码，则不会进行信息转发。另一个基本中继方案是 CF[29]。在 CF 中，中继节点的运行是完全不一样的。没有解码，中继节点压缩接收到信息并且将压缩后的信息发送到目标。结果，在目标处，第一阶段从信号源接收到的信号就会作为辅助信息来帮助重建中继节点对原始信号的观察。然后目标尝试通过对接收到的信号和重建的中继节点观察信号的联合处理来对信息进行解码。为了帮助读者更好地理解这一点，假设一个极端的例子，其中继节点和目标能够没有任何失真地完全分享它们的观察结果。在这种情况下，中继节点和目标就可以拥有完全的接收分集。当中继节点与信号源非常接近时，DF 可以正常展示其优秀的性能，与 DF 相比，在一个较弱的信号源到中继节点的链路和一个较强的中继节点到目标链路的情况下才会需要 CF。

然而，无线信道偶尔会衰减。对于一个单一中继方案，甚至当中继节点与信号源或目标非常近时，链路的瞬时信噪比也不总是适用的。比如说，不论中继节点距离信号源多近，它都不能成功的对每一个区块进行解码。因此 DF 方案不能够保证任何时候都能成功。需要开发一个灵活的中继系统，使其能够自适应信道的动态。基于这种思想，在参考文献［29］和［32-34］中提出了更高级的中继方案，这些方案中，传统的转发机制通过混合的方式进行结合，从而避免了原始机制的缺点。参考文献［40］中介绍了另一个混合结构，其中结合了多级编码概念。这种结构利用了不同编码级别的误码率（BER）之间存在很大差异的事实，于是作者提出了在解码更容易成功的级别使用 DF 方案，同时将 CF 使用在解码误差概率增长显著的级别。然而，这个方法还处于初级阶段，因此本章不对其进行详细介绍。

3.2.1 系统模型

考虑一个中继辅助系统，该系统信号源向目标发送一个 W bit 的信息，$w \in \{1,\cdots,2^{W}\}$。在第一阶段中，信号源将这个信息编译成 αn 个符号 $x^1(w)[1],\cdots,x^1(w)[\alpha n]$，并将其广播给中继节点和目标。中继节点和目标接收到的信号分别表示如下：

$$y_{\mathrm{r}}[i]=\frac{c_1}{\sqrt{K_{\mathrm{t}}d_1^{\zeta/2}}}x^1(w)[i]+z_{\mathrm{r}}[i] \tag{3.1}$$

$$y_{\mathrm{d}}^1[i]=\frac{c_0}{\sqrt{K_{\mathrm{t}}d_0^{\zeta/2}}}x^1(w)[i]+z_d[i]$$

式中，c_0 和 c_1 分别表示信号源到目标和中继节点链路的信道增益，利用均值为 0、方差为 1 的循环对称复高斯分布来建立模型；d_0 和 d_1 分别是信号源到目标和中继节点链路的距离；ζ 是路径损耗指数；如参考文献［9］和［41］中描述，K_{t} 是一个常量，表示链路和功率放大器的物理特性；z_{r} 和 z_{d} 表示相加噪声，由均值为 0 的循环对称复高斯分布来建立模型。

必要时用上角来表示信号传播处于第几阶段。经过编码的信息要满足下面的功率限制：

$$\frac{1}{\alpha n}\sum_{i=1}^{\alpha n}|x^1[i]|^2 \leqslant P_s \tag{3.2}$$

在第二阶段，中继节点传输了 $(1-\alpha)n$ 个编码符号 $x_r[1], \cdots, x_r[(1-\alpha)n]$，同时信号源传输符号 $x^2(w)[1],\cdots,x^2(w)[(1-\alpha)n]$。则目标收到的信号为

$$y_d^2[i]=\frac{c_0}{\sqrt{K_t d_0^{\zeta/2}}}x^2(w)[i]+\frac{c_2}{\sqrt{K_t d_2^{\zeta/2}}}x_r[i]+z_d[i] \tag{3.3}$$

式中，d_2 和 c_2 分别为中继节点到目标之间的距离和信道增益；c_2 与 c_0 和 c_1 的分布相同。

应当注意的是，由于中继节点的工作方式取决于采用的中继方案，因此在这里并没有对其工作过程进行详细说明。

3.2.2　频谱效率分析

基于已经定义好的信号模型，用可达速率来研究中继辅助系统的 SE。同时也分析网络故障概率，可以用于 EE 的分析，网络故障指目标接收信息失败。先从非混合的中继方案开始，随后再对混合中继方案进行分析。

AF：在 AF 中，双工通信比例固定在 0.5，假设信号源在两个阶段中传输的是完全相同的符号，那么中继节点传输的信号表示为

$$\begin{aligned} x_r[i] &= \beta y_r[i] \\ &= \beta\left(\frac{c_1}{\sqrt{K_t d_1^{\zeta/2}}}x^1(w)[i]+z_r[i]\right) \end{aligned} \tag{3.4}$$

式中，β 是放大增益，并且满足下面的功率限制：

$$\beta \leqslant \sqrt{\frac{P_r}{\frac{|c_1|^2 P_s}{K_t d_1^{\zeta}}+N_0 B}} \tag{3.5}$$

式中，N_0 是噪声功率谱密度；B 是带宽。

则目标接收到的信号表示为

$$\begin{aligned} y_d^2[i] &= \frac{c_0}{\sqrt{K_t d_0^{\zeta/2}}}x^2(w)[i]+\frac{c_2}{\sqrt{K_t d_2^{\zeta/2}}}\beta y_r[i]+z_d[i] \\ &= \frac{c_0}{\sqrt{K_t d_0^{\zeta/2}}}x^2(w)[i]+\frac{c_2}{\sqrt{K_t d_2^{\zeta/2}}}\beta\left(\frac{c_1}{\sqrt{K_t d_1^{\zeta/2}}}x^1(w)[i]+z_r[i]\right)+z_d[i] \qquad (3.6) \\ &= \left(\frac{c_0}{\sqrt{K_t d_0^{\zeta/2}}}\right)+\beta\left(\frac{c_1 c_2}{K_t(d_1 d_2)^{\zeta/2}}\right)x(w)[i]+\left(\beta\frac{c_2}{\sqrt{K_t d_2^{\zeta/2}}}z_r[i]+z_d[i]\right) \qquad (3.7) \end{aligned}$$

其中，$x(w)[i]=x^1(w)[i]=x^2(w)[i]$，$1\leqslant i\leqslant n/2$，可达速率 R_{AF} 可以由参考文献［10］中所述方法来得到。由于这里并没有假设载波相位同步，因此 R_{AF} 的解析式很难求解，但是其上限值可以由参考文献［42］的式子推导出来：

$$\overline{R}_{AF}=B\log_2\left(1+\frac{|c_0|^2P_s}{N_0BK_td_0^\zeta}+\frac{P_s\left(\dfrac{\beta^2|c_1c_2|^2}{K_t^2(d_1d_2)^\zeta}+\dfrac{|c_0|^2}{K_td_0^\zeta}\right)}{N_0B\left(1+\dfrac{\beta^2|c_2|^2}{K_td_2^\zeta}\right)}\right) \tag{3.8}$$

$\overline{R}_{AF}$ 是关于放大增益 β 的函数，表达式可以改写为

$$\overline{R}_{AF}=B\log_2\left(1+\frac{|c_0|^2P_s}{N_0BK_td_0^\zeta}+\frac{|c_1|^2P_s}{N_0BK_td_1^\zeta}+\frac{|c_1|^2P_s\left(\dfrac{|c_0|^2d_1^\zeta}{|c_1|^2d_0^\zeta}-1\right)}{N_0BK_td_2^\zeta\left(1+\dfrac{\beta^2|c_2|^2}{K_td_2^\zeta}\right)}\right) \tag{3.9}$$

显然，为了求 $\overline{R}_{AF}$ 的最大值，在考虑约束式（3.5）的条件下，β 应该为

$$\beta=\begin{cases}\sqrt{\dfrac{P_r}{\dfrac{|c_1|^2P_s}{K_td_1^\zeta}+N_0B}}, & |c_0|^2d_1^\zeta\leqslant|c_1|^2d_0^\zeta\\ 0, & \text{其他}\end{cases} \tag{3.10}$$

上式给出了一个事实，中继节点不需要总是对接收的信号进行放大转发。只有当信号源和中继节点之间的链路质量高于某一阈值时才进行转发。这样做是有意义的，因为一旦信号源与中继节点链路较弱，则中继节点收到的信息大部分是由噪声组成的，如果中继节点继续进行发送，则只有噪声被传输给目标。在这种情况下，最终的解码不仅不能从中继节点的转发改善质量，相反，会变坏。因此，可以得到这样的结论，如果中继节点没有起作用，就应该停止这种做法。

DF：如前面所提到的，就中继节点需要解码、再编码和转发接收到的信息的意义而言，DF 比 AF 更加复杂。在第二阶段中目标接收到的信息为

$$y_d^2[i]=\frac{c_0}{\sqrt{K_t}d_0^{\zeta/2}}x^2(w)[i]+\frac{c_2}{\sqrt{K_t}d_2^{\zeta/2}}x_r(w)[i]+z_d[i] \tag{3.11}$$

式中，$1\leqslant i\leqslant(1-\alpha)n$。

在中继节点和目标中，编码过程精心设计以形成 MISO 代码来分享传输分集。DF 的信息可达速率为

$$R_{DF}=\min\{R^1,R^2\} \tag{3.12}$$

其中

$$R^1=\alpha B\log_2\left(1+\frac{|c_1|^2P_{\rm s}}{N_0BK_{\rm t}d_1^{\zeta}}\right)\tag{3.13}$$

$$R^2=\alpha B\log_2\left(1+\frac{|c_0|^2P_{\rm s}}{N_0BK_{\rm t}d_0^{\zeta}}\right)+(1-\alpha)B\log_2\left(1+\frac{|c_0|^2P_{\rm s}}{N_0BK_{\rm t}d_0^{\zeta}}+\frac{|c_2|^2P_{\rm r}}{N_0BK_{\rm t}d_2^{\zeta}}\right).$$

R^1 意味着中继节点必须在转发信息之前对其进行成功地解码。

CF：CF 比 DF 更复杂。中继节点不进行放大和解码，而是通过转发其观测结果 $y_{\rm r}$ 来帮助目标，为了获取连续的 $y_{\rm r}$，中继节点需要信号源的编码机制。在第一阶段，中继节点和目标接收到的信号都来自相同的信号源并且都含有共同的项 $x_1(w)$。那么这两种信号是相关联的，这也为中继节点以较低的速率传输观测结果提供了可能性，也就是说，$y_{\rm r}$ 可以被压缩。

Wyner-Ziv 编码是一个能够对分处两地的关联持续信号源进行压缩的有效方法[43,44]。它是对参考文献［45］Slepian 和 Wolf 工作的延伸，该文献对离散分布信号源编码进行了研究。尽管分布编码的细节可以帮助读者更好地理解 CF 的压缩机制，但是这超出了本书的范围，感兴趣的读者可以参考文献［43，44］来获取更深入的知识。已经知道，嵌套的多维网格编码可以用于 Wyner-Ziv 编码中[46,47]，然而嵌套的多维网格编码需要较高的复杂性并且在实际应用中不易实现。参考文献［48］提出了一个更可能实现的两步结构，它由量化器和 Slepian Wolf 编码器，比如压缩器而组成。首先，量化器将持续的接收信号转化成离散二进制索引，然后 Slepian Wolf 编码器对其进行压缩。

回顾这里的系统，在第一阶段的结尾，中继节点对接收到的信号 $y_{\rm r}$ 进行量化得到一些中间二进制索引 u，然后利用 Slepian Wolf 编码器将其压缩为索引 v。将索引 v 再编码得到符号 $x_{\rm r}(v)[1]$，…，$x_{\rm r}(v)[(1-\alpha)n]$，并在第二个阶段进行转发。同时，信号源发送独立于 $x_{\rm r}(v)$ 的 $x_2(w)$ 信号。这里，形成多路访问信道，目标接收到的信号为

$$y_{\rm d}^2[i]=\frac{c_0}{\sqrt{K_{\rm t}d_0^{\zeta/2}}}x^2(w)[i]+\frac{c_2}{\sqrt{K_{\rm t}d_2^{\zeta/2}}}x_{\rm r}(v)[i]+z_{\rm d}[i]\tag{3.14}$$

将 $x_2(w)$ 看作噪声，目标从 Slepian Wolf 编码的二进制索引 v 开始进行解码。然后，在边信息 $y_{\rm d}^2$ 的帮助下解压缩 v，并利用解压缩的 u 来重建中继节点的观察结果，标记为 $\hat{y}_{\rm r}$。然后，目标用 $y_{\rm d}^2$ 减去 $x_{\rm r}(v)$，得到

$$\bar{y}_{\rm d}^2[i]=y_{\rm d}^2[i]-\frac{c_2}{\sqrt{K_{\rm t}d_2^{\zeta/2}}}x_{\rm r}(v)[i]\tag{3.15}$$

然后目标通过对 $y_{\rm d}^2$ 的联合处理来进行最终解码。在参考文献［42］中推导出 CF 的信息可达速率为

$$R_{\rm CF}=\alpha B\log_2\left(1+\frac{|c_0|^2P_{\rm s}}{N_0BK_{\rm t}d_0^{\zeta}}+\frac{|c_1|^2P_{\rm s}}{(N_0B+\sigma_{\rm U}^2)K_{\rm t}d_1^{\zeta}}\right)$$

$$+(1-\alpha)B\log_2\left(1+\frac{|c_0|^2P_s}{N_0BK_td_0^{\zeta}}\right) \tag{3.16}$$

式中，σ_U^2是压缩噪声方差。

为了使可达速率最大化，要使压缩噪声达到最小。在第二阶段，如果满足下面条件，目标可以对 v 成功解码：

$$R_0 \leqslant I(X_r;Y_d^2) = \log_2\left(1+\frac{\dfrac{|c_2|^2P_r}{K_td_2^{\zeta}}}{N_0B+\dfrac{|c_0|^2P_s}{K_td_0^{\zeta}}}\right) \tag{3.17}$$

式中，R_0 表示压缩信息的传输速率。

另一方面，压缩信号的最小传输速率可以通过最小失真来获得，在参考文献[28]中表达如下：

$$H(Y_r+U/Y_d^1)-H(Y_r+U/Y_r)=\log_2\left(\frac{\dfrac{|c_1|^2P_sN_0B}{K_td_0^{\zeta}}}{N_0B+\dfrac{|c_0|^2P_s}{K_td_0^{\zeta}}}+N_0B+\sigma_U^2\right)-\log_2(\sigma_U^2) \tag{3.18}$$

式中，U 是服从基于零均值和方差 σ_U^2 的循环对称复杂高斯分布的辅助随机变量。

为了满足两种条件限制，有

$$(1-\alpha)R_0 \leqslant \alpha(H(Y_r+U/Y_d^1)-H(Y_r+U/Y_r)) \tag{3.19}$$

得到

$$\sigma_U^2 \geqslant \frac{\dfrac{|c_1|^2P_sN_0B}{K_td_0^{\zeta}}+N_0B\left(N_0B+\dfrac{|c_0|^2P_s}{K_td_0^{\zeta}}\right)}{\left(2^{\frac{(1-\alpha)R_0}{\alpha B}}-1\right)\left(N_0B+\dfrac{|c_1|^2P_s}{K_td_1^{\zeta}}\right)} \tag{3.20}$$

当等号成立时，σ_U^2可以得到最小值。

混合方案：在衰减的环境下，瞬时信噪比在一个宽范围内不断变化。因此没有任何一个单独的中继方案可以一直比其他方案好。除了 AF、DF 和 CF 外，需要开发一些先进的混合中继方案，将传统的转发机制结合在一起成为混合形式。这些混合方案能够调节自身来适应时变信道的变化，并且根据当前信道状态实现发送或接收分集。本节会讨论这些混合方案，重点研究 DF/CF 混合中继，所有结果都可以简单地推广到其他混合方案中，因为它们具有相同的机制。

在第一阶段，混合 DF/CF 中继方案工作与任何一个非混合方案都是相同的。

然而，在第二阶段，中继节点首先试图对接收到的信息进行解码，一旦解码成功就对其进行再编码和转发，否则压缩转发其观察结果。换句话说，中继节点的传输方式取决于其解码结果和目标接收到的信号：

$$y_{\mathrm{d}}^{2}[i]=\begin{cases}\dfrac{c_0}{\sqrt{K_{\mathrm{t}}d_0^{\zeta/2}}}x^2(w)[i]+\dfrac{c_2}{\sqrt{K_{\mathrm{t}}d_2^{\zeta/2}}}x_{\mathrm{r}}(w)[i]+z_{\mathrm{d}}[i],\ \alpha BI(X^1;Y_{\mathrm{r}})\geqslant\dfrac{W}{T}\\ \dfrac{c_0}{\sqrt{K_{\mathrm{t}}d_0^{\zeta/2}}}x^2(w)[i]+\dfrac{c_2}{\sqrt{K_{\mathrm{t}}d_2^{\zeta/2}}}x_{\mathrm{r}}(v)[i]+z_{\mathrm{d}}[i],\ 其他\end{cases} \tag{3.21}$$

式中，$I(X^1;Y_{\mathrm{r}})$ 是信息源到中继节点之间的可达速率，表达如下：

$$I(X^1;Y_{\mathrm{r}})=\log_2\left(1+\frac{|c_1|^2P_{\mathrm{s}}}{N_0BK_{\mathrm{t}}d_1^{\zeta}}\right) \tag{3.22}$$

T 是整个传输过程的持续时间。可以得到速率：

$$R_{\mathrm{CDF}}=\begin{cases}R_{\mathrm{DF}},\ \alpha BI(X^1;Y_{\mathrm{r}})\geqslant\dfrac{W}{T}\\ R_{\mathrm{CF}},\ 其他\end{cases} \tag{3.23}$$

3.2.3 能量效率分析

一个中继系统的总能耗包括传输能耗和所有参与节点的电路能耗。应该注意的是，一个系统 EE 的优化应满足一定的服务质量（QoS）限制。在本节中，一个通信系统要满足的 QoS 条件定义为信息接收失败的最大可容忍概率，即目标故障概率。

定义一个两节点系统传输 1bit 所消耗的平均传输能量为 E_{b}，全局能效优化需要考虑电路功耗。这个优化问题可以进行如下描述：对于给定目标故障概率的 QoS 限制，以及数据包持续时间限制，找到最优的传输能量 E_{b} 和数据包持续时间 T。通常可以表达如下：

$$\text{minimize } E(E_{\mathrm{b}},T),\ p_{\mathrm{out}}\leqslant p_{\mathrm{t}},T\leqslant T_{\max} \tag{3.24}$$

式中，p_{out}是故障概率；p_{t} 是目标故障概率；$T_{\max}$是每帧的最大传输时间。

然而，在一个三节点的中继辅助系统中，不仅要对信号源的传输能量 E_{b} 进行优化，还要对中继节点的 E_{b} 进行优化，问题相当于：

$$\text{minimize } E(E_{\mathrm{b,s}},E_{\mathrm{b,r}},T),p_{\mathrm{out}}\leqslant p_{\mathrm{t}},T\leqslant T_{\max} \tag{3.25}$$

式中，$E_{\mathrm{b,s}}$和 $E_{\mathrm{b,r}}$分别是信号源和中继节点每比特的传输能量。

在下面的内容中，会研究不同中继方案中的 EE。

AF：将信号源第一阶段中每比特传输的能量定义为 $E_{\mathrm{b,s}}^1$。在第一阶段，信号源发出广播，中继节点和目标接收信息。为了传输 W bit 的信息 w，信号源需要消耗能量为 $WE_{\mathrm{b,s}}^1$。另外，信号源的传输电子电路也在总能耗中贡献了 $P_{\mathrm{ct}}T/2$

的能量消耗。这里 P_{ct}(W) 是传输电子电路的功耗。总能量支出需要同时考虑发送和接收过程。特别是中继节点和目标的电子接收电路也会在每个节点消耗 $P_{cr}T/2$ 的能量，其中 P_{cr}(W) 是接收电路消耗的功率。这里做出两个假设：

1）信号源和中继节点的传输电路消耗相同的能量；

2）中继节点和目标的接收电路消耗相同的能量。

这些简化的假设仅仅是为了便于理论分析而做出的。下一节会介绍更准确的功耗模型。第一阶段的总能量消耗可以表示为

$$E^1=\left(WE_{b,s}^1+\frac{P_{cr}T}{2}\right)+P_{cr}T \tag{3.26}$$

括号里面的第一项是第一阶段中发送端（信号源）的总能耗，第二项为接收端（中继节点与目标）的总能耗。在第二阶段中，中继节点与信号源一样积极传播信息，目标则只是接收信息的节点。假设信号源每传输 1bit 消耗能量 $E_{b,s}^2$，则总能耗如下：

$$E^2=\left(WE_{b,s}^2+\frac{P_{cr}T}{2}\right)+\frac{(P_r+P_{cr})T}{2}+\frac{P_{cr}T}{2} \tag{3.27}$$

式中，P_r 为中继节点传输功率。

第一项和第二项分别为信号源和中继节点的能耗，最后一项代表了目标接收电路的能耗。尽管信号源在两个阶段中每比特传输能量可能不同，但是假设在整个帧中传输功率是常量会更适用，比如：

$$P_s=P_s^1=P_s^2 \tag{3.28}$$

式中，P_s^1和 P_s^2分别为第一和第二阶段的传输功率，并且：

$$P_s^1=\frac{WE_{b,s}^1}{\alpha T}$$

$$P_s^2=\frac{WE_{b,s}^2}{(1-\alpha)T} \tag{3.29}$$

由于在 AF 中 $\alpha=1/2$，可以得到 $E_{b,s}=E_{b,s}^1=E_{b,s}^2$，全局能效可以用 J/bit 表示为

$$\begin{aligned}E(E_{b,s},E_{b,r},T)&=\frac{2WE_{b,s}+WE_{b,r}+\frac{3}{2}(P_{cr}+P_{ct})T}{W}\\&=2E_{b,s}+E_{b,r}\frac{3(P_{cr}+P_{ct})T}{2W}\end{aligned} \tag{3.30}$$

式中，$E_{b,r}=(P_{cr}T/2)/W$。

故障概率为

$$p^{out}=\Pr\left\{\overline{R}_{AF}(\gamma_0,\gamma_1,\gamma_2)<\frac{W}{T}\right\} \tag{3.31}$$

式中，γ_i是随机变量，并且 $\gamma_i = |c_i|^2$，$0 \leqslant i \leqslant 2$。

考虑到$\overline{R}_{\mathrm{AF}}(\gamma_0,\gamma_1,\gamma_2)$表达式的复杂性，很难计算出故障概率的解析解。可以应用$\overline{R}_{\mathrm{AF}}(\gamma_0,\gamma_1,\gamma_2)$的特征函数：

$$\phi(s) = \boldsymbol{E}\left\{\exp\left(-s\,\overline{R}_{\mathrm{AF}}(\gamma_0,\gamma_1,\gamma_2)\right)\right\} \tag{3.32}$$

式中，$\boldsymbol{E}\{\}$ 是关于 γ_i的期望函数。

故障概率可以用拉普拉斯反变换公式表达如下：

$$\begin{aligned} p^{\mathrm{out}} &= \Pr\left\{\overline{R}_{\mathrm{AF}}(\gamma_0,\gamma_1,\gamma_2) < \frac{W}{T}\right\} \\ &= \frac{1}{2\pi j}\int_{d_1-j\infty}^{d_1+j\infty}\frac{\phi(s)\mathrm{e}^{sW/T}}{s}\mathrm{d}s \end{aligned} \tag{3.33}$$

式中，d_1是一个适当的常量；$j=\sqrt{-1}$。

这个集合可以近似表达为[49]

$$\begin{aligned} p^{\mathrm{out}} &= \frac{1}{2\pi j}\int_{d_1-j\infty}^{d_1+j\infty}\frac{\phi(s)\mathrm{e}^{sW/T}}{s}\mathrm{d}s \\ &= \sum_{i=1}^{M}K_i\frac{\phi(z_iT/W)}{z_i} \end{aligned} \tag{3.34}$$

式中，z_i 是 Padé 有理函数的极点；K_i 是对应的残留；M 是一个决定近似值精度的任意整数。

现在将上限 $\overline{R}_{\mathrm{AF}}$重写为数据包持续时间 T、$E_{\mathrm{b,s}}$和 $E_{\mathrm{b,r}}$的函数：

$$\overline{R}_{\mathrm{AF}} = B\log_2\left(1 + \frac{2\gamma_0 WE_{\mathrm{b,s}}}{TN_0BK_{\mathrm{t}}d_0^{\zeta}} + \frac{2WE_{\mathrm{b,s}}\left(\dfrac{\beta^2\gamma_1\gamma_2}{K_{\mathrm{t}}^2(d_1d_2)^{\zeta}} + \dfrac{\gamma_0}{K_{\mathrm{t}}d_0^{\zeta}}\right)}{TN_0B\left(1 + \dfrac{\beta^2\gamma_2}{K_{\mathrm{t}}d_2^{\zeta}}\right)}\right) \tag{3.35}$$

式中，$E_{\mathrm{b,s}} = (P_{\mathrm{s}}T/2)/W$。

可以很容易地看出故障概率也是关于 T、$E_{\mathrm{b,s}}$和 $E_{\mathrm{b,r}}$的函数。基于这个关系，AF 的 EE 可以被清楚地优化为

$$\text{minimize } E(E_{\mathrm{b,s}},E_{\mathrm{b,r}},T),\ p_{\mathrm{out}}(E_{\mathrm{b,s}},E_{\mathrm{b,r}},T) \leqslant p_{\mathrm{t}},\ T \leqslant T_{\max} \tag{3.36}$$

DF：在 DF 中，第一阶段的持续时间为 αT。包括电路能耗的能量支出为

$$E^1 = (WE_{\mathrm{b,s}}^1 + \alpha P_{\mathrm{ct}}T) + 2\alpha P_{\mathrm{cr}}T \tag{3.37}$$

其中括号里的前两项表示信息传输的能耗，主要是由功率放大器产生，最后一项是中继节点和目标接收电路的能耗。在第二阶段，信号源和中继节点发送信息而目标接收信息，总能耗为

$$E^2 = (WE_{\mathrm{b,s}}^2 + (1-\alpha)P_{\mathrm{ct}}T) + (1-\alpha)(P_{\mathrm{r}} + P_{\mathrm{ct}})T + (1-\alpha)P_{\mathrm{cr}}T \tag{3.38}$$

令 $P_s = P_s^1 = P_s^2$，全局 EE 表达为

$$E(E_{b,s}, E_{b,r}, T) = \frac{\frac{WE_{b,s}}{\alpha} + WE_{b,r} + (2-\alpha)P_{ct}T + (1+\alpha)P_{cr}T}{W}$$

$$= \frac{E_{b,s}}{\alpha} + E_{b,r} + \frac{(2-\alpha)P_{ct}T + (1+\alpha)P_{cr}T}{W} \quad (3.39)$$

式中，$E_{b,s} = E_{b,s}^1$。

DF 的故障事件可以分成两类：中继节点故障以及目标故障。中继节点故障是指中继节点检测到错误信息的情况，向目标转发错误信息会破坏最终解码过程，导致接收失败。这种故障事件的概率可以计算如下：

$$\Pr(\text{中继故障}) = \Pr\left(R^1 < \frac{W}{T}\right)$$

$$= 1 - \exp\left(-\frac{N_0 B K_t d_1^{\zeta}}{P_s}\left(2^{\frac{W}{\alpha TB}} - 1\right)\right) \quad (3.40)$$

目标故障是指中继节点解码转发正确的信息但是目标检测到错误，概率为

$$\Pr(\text{目标故障}) = \Pr\left(R^1 \geqslant \frac{W}{T}, R^2 < \frac{W}{T}\right)$$

$$= \Pr\left(R^1 \geqslant \frac{W}{T}\right)\Pr\left(R^2 < \frac{W}{T}\right) \quad (3.41)$$

式中，R^1 是 γ_1 的函数；R^2 是 γ_0 和 γ_2 的函数，因此与 R^1 是不相关的。

这两种故障行为相互排斥，全局故障概率为

$$p^{out} = \Pr(\text{中继故障}) + \Pr(\text{目标故障}) \quad (3.42)$$

为了计算 $\Pr\left(R^2 < \frac{W}{T}\right)$ 的值，也可以对特征函数做拉普拉斯反变换。优化过程应用与公式中 AF 一样的形式。

CF：遵循同样的观点，CF 的全局 EE 为

$$E(E_{b,s}, E_{b,r}, T) = \frac{\frac{WE_{b,s}}{\alpha} + (1-\alpha)P_t T + (2-\alpha)P_{ct}T + (1+\alpha)P_{cr}T}{W} \quad (3.43)$$

相较于 AF 或者 DF，在第二阶段，中继节点传送其压缩后的观察结果给目标，并在目标进行重建，而不是传送 Wbit 的信息。压缩率决定了需要重建的比特数，被记为 S_c。式（3.44）给出了能够在中继节点和目标间成功传输的最大比特数限制：

$$S_c = (1-\alpha)BTR_0 \quad (3.44)$$

上式意味着所需比特数 S_c 是一个中继节点到目标以及信号源到目标之间链路的瞬时质量的函数。全局 EE 可以表示如下：

$$E(E_{\mathrm{b,s}},E_{\mathrm{b,r}},T)=\frac{E_{\mathrm{b,s}}}{\alpha}+\frac{S_{\mathrm{c}}E_{\mathrm{b,r}}}{W}+\frac{(2-\alpha)P_{\mathrm{ct}}T+(1+\alpha)P_{\mathrm{cr}}T}{W} \tag{3.45}$$

式中，$E_{\mathrm{b,r}}=(1-\alpha)P_{\mathrm{r}}T/S_{\mathrm{c}}$。

需要注意的是，由于每比特固定的传输能量，对于信号源，传输功率是固定的，而在中继节点，由于 S_{c} 是基于当前信道情况的，它是自适应调节的。

故障概率可以简单由下式得到：

$$p^{\mathrm{out}}=\Pr\left(R_{\mathrm{CF}}<\frac{W}{T}\right) \tag{3.46}$$

上式可以由前面讨论过的相同的方法近似得到。

混合方案：根据中继节点的解码状态，可以在混合中继中使用 DF 或 CF。当中继节点检测到错误时，会将接收信号进行压缩和转发，EE 则采取式（3.45）的形式。当中继节点解码成功后，如果利用 DF，那么 EE 如式（3.39）所示。平均 EE 是式（3.39）和式（3.45）的加权求和：

$$\begin{aligned}E(E_{\mathrm{b,s}},E_{\mathrm{b,r}},T)&=\Pr\left(R^{1}<\frac{W}{T}\right)\left(\frac{E_{\mathrm{b,s}}}{\alpha}+\frac{S_{\mathrm{c}}E_{\mathrm{b,r}}}{W}+\frac{(2-\alpha)P_{\mathrm{ct}}T+(1+\alpha)P_{\mathrm{cr}}T}{W}\right)+\\&\quad\Pr\left(R^{1}\geqslant\frac{W}{T}\right)\left(\frac{E_{\mathrm{b,s}}}{\alpha}+E_{\mathrm{b,r}}+\frac{(2-\alpha)P_{\mathrm{ct}}T+(1+\alpha)P_{\mathrm{cr}}T}{W}\right)\\&=\frac{E_{\mathrm{b,s}}}{\alpha}+\frac{(2-\alpha)P_{\mathrm{ct}}T+(1+\alpha)P_{\mathrm{cr}}T}{W}+\left(\Pr\left(R^{1}<\frac{W}{T}\right)\left(\frac{S_{\mathrm{c}}}{W}+1\right)\right)E_{\mathrm{b,r}}\end{aligned} \tag{3.47}$$

CF 模式和 DF 模式中的故障概率则分别为

$$p_{\mathrm{CF}}^{\mathrm{out}}=\Pr\left(R^{1}\leqslant\frac{W}{T},R_{\mathrm{CF}}<\frac{W}{T}\right)$$

$$p_{\mathrm{DF}}^{\mathrm{out}}=\Pr\left(R^{1}\geqslant\frac{W}{T},R^{2}<\frac{W}{T}\right) \tag{3.48}$$

考虑两种模式是相互排斥的，全局故障概率为

$$p^{\mathrm{out}}=p_{\mathrm{CF}}^{\mathrm{out}}+p_{\mathrm{DF}}^{\mathrm{out}} \tag{3.49}$$

3.2.4　观点与讨论

对信号源和中继的每比特能量进行优化，并比较不同策略下的 EE 性能。假设信号源、中继节点和目标位于一条直线上。信号源与目标之间的距离为 r，中继节点位于两者之间，并且与信号源相距 $0.9r$，而与目标相距 $0.1r$。利用参考文献［41］中典型的功率模型设置：$W=10$，$P_{\mathrm{ct}}=98\mathrm{mW}$，$P_{\mathrm{cr}}=112.4\mathrm{mW}$，$K_{\mathrm{t}}=6.05\times10^{9}$，$\zeta=3$，$N_0=-171\mathrm{dBm/Hz}$，$B=1$，$T_{\max}=10$。

图 3.4 显示了信号源与目标距离较短的情况（$r\leqslant100\mathrm{m}$）。当 r 的值小于

90m 时，直接传输方式比任何一种合作方式都要更加有效率。这是因为，在较短的距离内，全局能耗的主要部分是电路能量消耗。如果激活中继节点，那么即使每比特传输能量可以降低，但全局电路消耗几乎会翻倍。因此，为了对能耗进行优化，应当取消对中继节点的激活，从而节省能量。如图 3. 5 所示，当信号源与目标距离增加（$r>100$m）时，电路能耗减小，这使中继节点可以更有效地减少总的每比特能耗。在所有中继策略中，基于 CF/DF 的方法具有最好的 EE 性能。当距离固定时，基于 AF/DF 的策略比仅基于 DF 的策略显示出更好的 EE。对于每一个混合策略，将其能够比直接传输表现出更好 EE 性能的点称之为开关点。如图 3. 5 所示，CF/DF 混合策略的开关点要远小于其他策略。

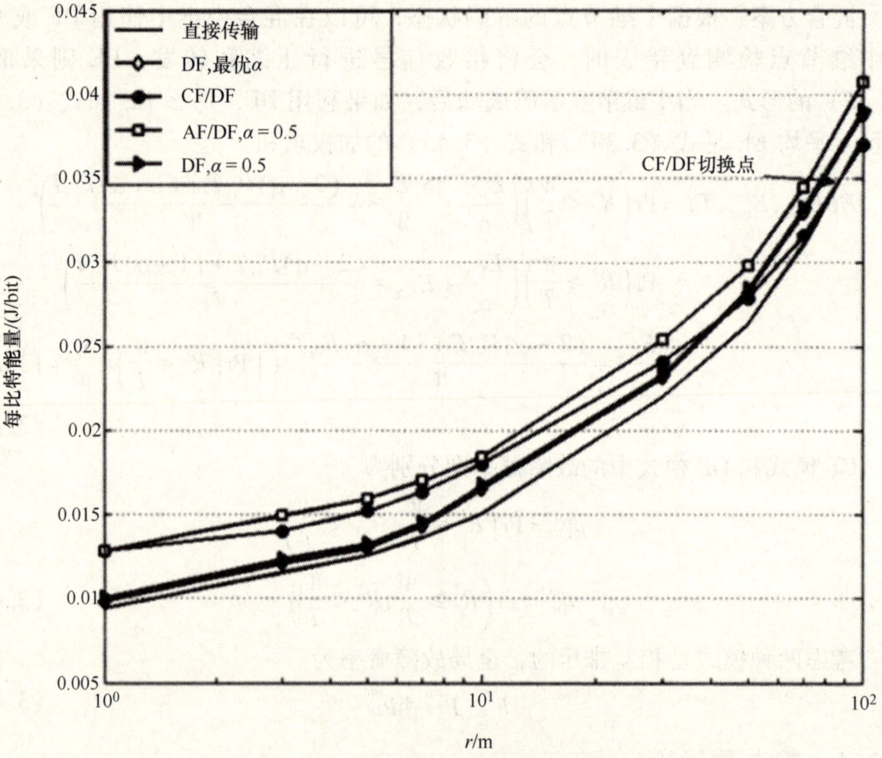

图 3. 4 短范围的每比特能量

基于这些结果，可以总结出，使一对终端（中继和目标）进行空间分集开发的混合中继系统展示了它就每比特能耗而言的 EE 性能具有明显改善。然而，与直接传输相比，只有当目标距离信号源不太近时，合作策略才能对能效具有改善作用。除此以外，值得强调的是，此结论高度依赖于所选取的能耗模型。3. 3 节中会对这些问题进行探讨。

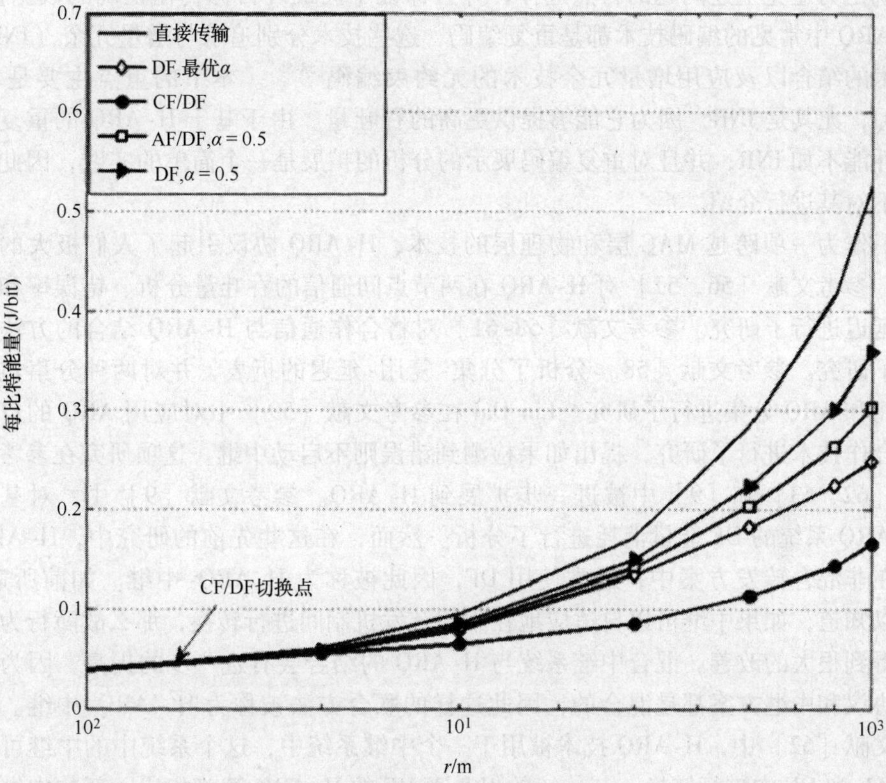

图 3.5　远距离情况下的每比特能耗

3.3　H-ARQ 和 H^2-ARQ 的中继

本节会对面向数据包的数据通信系统的中继方案进行研究，该系统是需要重发协议的。从能效角度对混合自动重发请求（H-ARQ）协议进行了分析，该协议用于非混合和混合中继方案结合中。如果中继方案是非混合的，那么这种联合策略被称为 H-ARQ 中继，否则，被称为 H^2-ARQ 中继，这是因为重发协议和中继方案都是混合的。

尽管利用一个有效的合作中继策略，但由于瞬时信道条件和噪声实现，还是可能会导致传输数据包的丢失。当系统在静态（阻碍）衰减条件下工作时，缺乏充分的信道认知等级导致发射器不能适当调整自身的发送速率，所以数据包丢失的情况可能会更加严重。基于自动重发请求的重发技术，如参考文献[50-52]中的 ARQ，以及通过保存之前接收到的用于检测的数据包把前向纠错（FEC）与 ARQ 结合的高级混合类型，通常被称为混合 ARQ（H-ARQ），这些方法就是为避免上述问题的自然选择，并且保证了向最终目标传输正确的数据包。H-ARQ 中常见的编码技术都是重复编码，这些技术分别追求与增量冗余（INR）技术的结合以及应用增量冗余技术的无约束编码[53-55]。本节的重点主要是 H-ARQ，尤其是 INR，因为它能够提供更高的吞吐量。由于基于 H-ARQ 的重复编码性能不如 INR，并且对重复编码展示的分析的扩展是一个简单的实践，因此本节不对其进行介绍。

作为一项跨越 MAC 层和物理层的技术，H-ARQ 协议引起了人们极大的兴趣。参考文献［56，57］对 H-ARQ 在两节点间通信的吞吐量分析、错误率和平均延迟进行了研究。参考文献［58-61］对将合作通信与 H-ARQ 结合的方法进行了研究。参考文献［58］分析了分集-复用-延迟的折衷，并对两种分集包括空间和 ARQ 分集进行了研究。Lin Dai 在参考文献［59］中对应用 ARQ 的自适应合作技术进行了研究，提出如果检测到错误则不启动中继。这项研究在参考文献［62，63］和［9］中被进一步扩展到 H-ARQ。参考文献［9］中，对基于 H-ARQ 系统的 DF 能量消耗进行了分析。然而，在这些先前的研究中，H-ARQ 用在非混合转发方案中，通常使用 DF，因此被称为 H-ARQ-中继。如前所述，可以知道，如果中继可以自适应地在不同转发机制间进行转换，那么故障行为可以得到很大的改善。混合中继系统与 H-ARQ 的结合会有进一步的提高。因为重发协议和中继方案都是混合的，因此这样的联合方法被称为 H^2-ARQ-中继。参考文献［62］中，H-ARQ 技术被用于一个中继系统中，这个系统中的中继可以在 AF 和 DF 中进行转换。与传统的仅基于 DF 的 H-ARQ 策略相比，新的中继系统具有一定的灵活性，并且在 FER 方面显示出了明显改善。

下一节中，会对 AF/DF 进行简要介绍，但重点介绍基于 H^2-ARQ-中继策略的混合 CF/DF 方法。只考虑基于 HARQ 的 INR，并且提出的策略以及其 SE 与 EE 分析才是主要的主题。

3.3.1　H^2-ARQ 的中继策略

考虑重发协议时，相同的信息一直不断传输直到目标成功地对信息进行解码或者达到最大的重发限制。在信号源广播阶段，中继节点和目标接收到的第 l 次重发信号分别为

$$
\begin{aligned}
y_{r,l}[i] &= \frac{c_{1,l}}{\sqrt{K_t d_1^{\zeta/2}}} x_l^1(w)[i] + z_{r,l}[i] \\
y_{d,l}^1[i] &= \frac{c_{0,l}}{\sqrt{K_t d_0^{\zeta/2}}} x_l^1(w)[i] + z_{d,l}[i]
\end{aligned}
\tag{3.50}
$$

式中，$1 \leqslant l \leqslant L$，并且 L 是最大重发次数。

如图 3.6 右侧所示，反馈信道是用来传达中继和目标解码状态的。

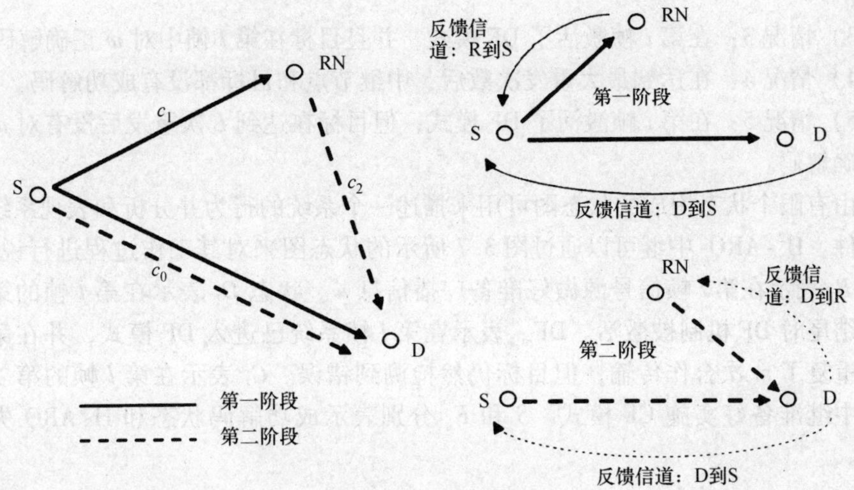

图 3-6　反馈信道

如果目标对信息进行了成功解码，并且解码过程是基于前期所有缓存信号的，那么会发送一个确认（ACK）信息给信号源和中继节点，然后信息 w 的发送过程就结束了。如果目标检测到错误，会发送一个未确认（NCK）消息。一旦中继接收到未确认消息，会试图对信息进行解码。基于不同的解码状态会有不同的应对方法：

中继解码成功：中继节点广播确认信息意味着其会启用 DF 模式。然后信号源和中继节点会分别发送 $x_l^2(w)$ 和 $x_{r,l}(w)$，目标接收到：

$$y_{d,l}^2[i]=\frac{c_{0,l}}{\sqrt{K_t}d_0^{\zeta/2}}x_l^2(w)[i]+\frac{c_{2,l}}{\sqrt{K_t}d_2^{\zeta/2}}x_{r,l}[i]+z_{d,l}[i] \tag{3.51}$$

之后，信号源在后续帧的第一阶段保持沉默以节省能量。直到信号源接收到 ACK 消息或者达到重发次数限制 N 时，在第二阶段才会用中继节点以一种更有效的合作方式来传送信息。

中继解码失败：中继转换到 CF 模式并且广播一个 NAK 消息。在第二阶段的结尾，目标试图通过对当前和之前接收信息的联合处理来进行解码。一旦解码成功，传回 ACK 消息；否则如果 $l<L$，目标会返回一个 NAK 消息来开始一个新的帧。如果 $l=L$，则宣布 H-ARQ 失败。在这个 H^2-ARQ-中继策略中，需要考虑以下 5 种可能：

1）情况 1：在第 l 帧第一阶段的结尾部分，目标成功对信息 w 进行了解码。这种情况意味着在前 $l-1$ 次信息传输中中继节点没能进行解码，并实施了 CF 转发机制。

2）情况 2：在 l 次 CF 操作后，中继节点没有成功解码但目标成功进行了解码。

3）情况 3：在第 i 帧激活了 DF 模式，并且目标在第 l 帧中对 w 正确解码。

4）情况 4：在达到最大重发次数后，中继节点和目标都没有成功解码。

5）情况 5：在第 i 帧激活了 DF 模式，但目标在达到 L 次重发后没有对 w 进行正确解码。

由有限个状态构成的状态图可用来描述一个系统的行为并分析和表现系统中的事件。H^2-ARQ-中继可以通过图 3.7 所示的状态图来对其工作过程进行说明。状态 B_l 表示在第 l 帧信号源做好准备广播信息 w。状态 D_l 表示在第 l 帧的第一阶段结尾时 DF 机制被激活。$DF_{m,l}$表示在第 l 帧系统已进入 DF 模式，并在第二阶段重复了 m 次合作传输，但目标仍然检测到错误。C_l 表示在第 l 帧的第二阶段位中继准备好实施 CF 模式。S 和 F_a 分别表示成功解码状态和 H-ARQ 失败状态。

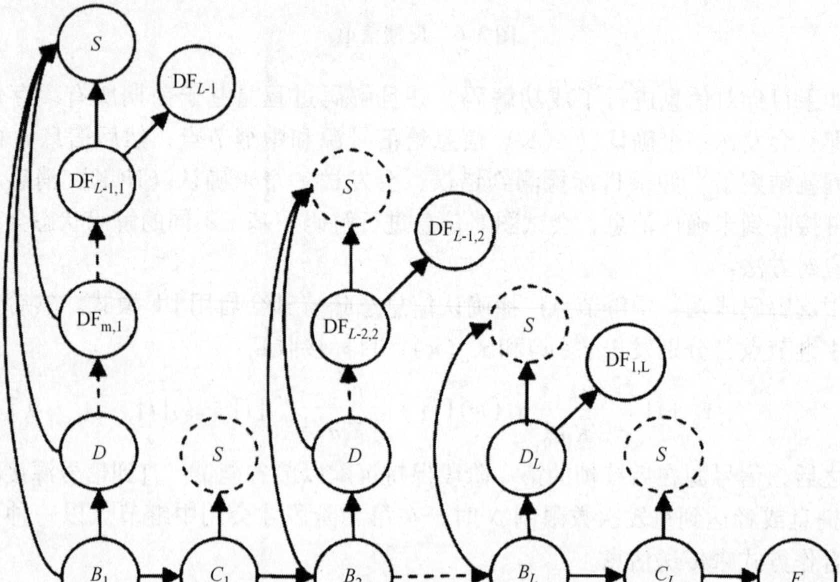

图 3.7　状态图

3.3.2　性能分析

图 3.7 中的每一个状态代表了不同的、达到的信息传输率及总能耗支出。为了对 H^2-ARQ-中继策略中的 SE 和 EE 的平均表现进行研究，首先需要推导出状态及状态图的转换概率。前面介绍和推导出来的故障概率能够帮助人们找到状态及其转换概率。

Caire 指出了基于 HARQ 的 INR 会发送额外的代码符号（冗余）直到成功解码[56]。在第 l 次发送后，目标的可达速率可表示为

$$R_{\mathrm{d}}(l) = \sum_{i=1}^{l} R_{\mathrm{d},l} \tag{3.52}$$

式中，$R_{\mathrm{d},l}$代表第 l 帧中的可达速率，也可以根据采用 DF 或者 CF 的运行机制来决定采用式（3.12）还是式（3.16）的形式来表达。

类似地，中继节点的可达速率为

$$R_{\mathrm{r}}(k) = \alpha B \sum_{i=1}^{k} \log_2\left(1 + \frac{|c_{1,i}|^2 P_{\mathrm{s}}}{N_0 B K_{\mathrm{t}} d_1^{\zeta}}\right) \tag{3.53}$$

将故障定义为事件 $A_{l,\mathrm{k}} = R_{\mathrm{d}}(l) < W/T$，$R_{\mathrm{r}}(k) < W/T$。故障概率 $\Pr(A_{l,\mathrm{k}})$可由二维特征函数 $R_{\mathrm{d}}(l)$和 $R_{\mathrm{r}}(k)$计算得到：

$$\begin{aligned}\boldsymbol{\Psi}(s,l,k) &= \boldsymbol{E}\{\exp(-s_1 R_{\mathrm{d}}(l) - s_2 R_{\mathrm{r}}(k))\} \\ &= \boldsymbol{E}\left\{\prod_{i=1}^{k}\exp(-s_1 R_{\mathrm{d},i}(l) - s_2 R_{\mathrm{r},i}(k))\prod_{i=k+1}^{l}\exp(-s_1 R_{\mathrm{d},i}(l))\right\}\end{aligned} \tag{3.54}$$

式中，s 为（s_1，s_2）。

故障概率可用拉普拉斯变换公式 $\boldsymbol{\Psi}(s,l,k)$表示，近似为[49]

$$\Pr(A_{l,\mathrm{k}}) = \frac{1}{(2\pi j)^2}\int_{d_2-j\infty}^{d_2+j\infty}\int_{d_1-j\infty}^{d_1+j\infty}\frac{\boldsymbol{\Psi}(s,l,k)\mathrm{e}^{\frac{s_1 W}{T}+\frac{s_2 W}{T}}}{s_1 s_2}\mathrm{d}s_1\mathrm{d}s_2 \tag{3.55}$$

$$\approx \sum_{i=1}^{M}\sum_{j=1}^{M} K_i K_j \frac{\boldsymbol{\Psi}(z,l,k)}{z_i z_j} \tag{3.56}$$

式中，z 为($z_i T/W$，$z_j T/W$)，该近似值可简单扩展为基于 AF/DF 的策略，这里用 AF 来代替 CF。

对于两个事件集 e_1 和 e_2，如果($e_1 \subseteq e_2$)，$\Pr(e_1, e_2)$等于 $\Pr(e_1)$在状态图中，从任一临近状态 i 到状态 j 的转换概率为

$$\Pr(\text{状态 } i \rightarrow \text{状态 } j) = \Pr(\text{状态 } j/\text{状态 } i) = \frac{\Pr(\text{状态 } j)}{\Pr(\text{状态 } i)} \tag{3.57}$$

在状态图中，除了状态 S 外，其他状态都具有上述性质。因此可以先计算状态概率，之后再基于式（3.57）计算转换概率。比如，可以由 $\Pr(A_{l-1,l-1})$很容易地得到 $\Pr(B_l)$，其他状态概率也可由 $\Pr(A_{l,\mathrm{k}})$得到。应用状态概率可进一步推导出转换概率。一个有用的降低复杂度的技巧就是，所有从某一个状态出发的状态转换概率之和必然为 1。举例说明，有

$$\Pr(B_l \rightarrow S) = 1 - \Pr(B_l \rightarrow D_l) - \Pr(B_l \rightarrow C_l) \tag{3.58}$$

SE 是由期望吞吐量来评价的，单位为 bit/s。不像前面的章节，这里利用由每个单位能量支出传输的比特总数来评价 EE，从而给出一个新的观点。

利用状态和转换概率，通过研究随机报酬 Φ 和平均广播时间 T_{air} 可以用更新

报酬定理来评价吞吐量。在情况 1 中，CF 用于前 $l-1$ 次传输中，总的广播时间则为 $(l-1)T$，总能耗为 $(l-1)WE(E_{b,s},E_{b,r},T)$，其中 $E(E_{b,s},E_{b,r},T)$ 采用式（3.45）的形式。第 l 帧仅仅由信号源广播相位构成。广播时间和能耗分别为 αT 和 E^1。结合情况 1，总的平均时间和能量支出分别为

$$T_1 = T\sum_{l=1}^{L} P_{BS}(l)((l-1)+\alpha)$$

$$E_1 = \sum_{l=1}^{L}((l-1)E_{CF}W + E^1) \tag{3.59}$$

式中，E_{CF} 和 E_1 分别由式（3.45）和式（3.37）得到；并且 $P_{BS}(l) = \Pr(B_l) - \Pr(B_l \to S)$。

根据该方法，也可以得到其他 4 种情况的平均时间和能量支出。为了简明起见，本书不再进行详细说明，读者可自行查询参考文献［12］。

平均广播时间为下面的加权相加和：

$$\boldsymbol{E}\{T_{air}\} = \sum_{i=1}^{5} T_i \tag{3.60}$$

平均报酬为

$$\boldsymbol{E}\{\Phi\} = (1-p^{out})W \tag{3.61}$$

式中，p^{out} 为达到最大重发次数时仍未解码成功的概率：

$$p^{out} = \Pr(F_a) + \Pr(DF_{L-N+1,N}) \tag{3.62}$$

平均吞吐量为

$$\eta = \frac{\boldsymbol{E}\{\Phi\}}{\boldsymbol{E}\{T_{air}\}} \tag{3.63}$$

总传输比特数为 W，比特数与能量支出的比值为

$$C_J = \frac{W}{\sum_{i=1}^{5} E_i} \tag{3.64}$$

显然，C_J 仍然是关于 T、$E_{b,s}$ 和 $E_{b,r}$ 的函数，按照前面章节所述，它可以根据故障概率和传输时间的限制来优化。然而，由于该问题的复杂度，优化问题必须要经过数值方法求解。

3.3.3 观点与讨论

这里为提出的策略提供了一些结果，并将它们与基准方法进行了性能比较。最大重发次数 L 设置为 4，基准方法和它们的简介如下所示：

1）直接传输（DT）的 H-ARQ：整个传输过程中不启动中继。

2）同位中继与目标（CRD）的 H-ARQ-中继：假设中继和目标之间由一条线相连，这样可以实现完整的接收分集。

3）传统 DF（DF）的 H-ARQ-中继：当中继检测到错误时，在第二阶段保持静默，否则中继和信号源同时发送。

4）混合 AF/DF（HAD）的 H-ARQ-中继：当中继检测到错误时则转换到 AF，当成功解码时使用 DF。需要注意的是，在这种情况下，α 固定为 0.5，当 AF 工作时使用重复代码。

基于 CF/DF 的策略被记作 HCD。假设信号源和目标位于 $(d/r)^2/(e/2)^2 + (y/r)^2/(b/r)^2 = 1$ 椭圆的焦点上，$1 < e < +\infty$，中继则沿着椭圆移动。基于这种假设，当中继不在信号源和目标之间的直线段上时，可以对中继系统性能进行研究。这里使用同样的功率模型。

SE 的比较

图 3.8 给出了各种策略的吞吐量与 d/r 之间的关系。由于 CRD 能够实现完整的接收分集，因此吞吐量的上限值基本上是 CRD 给出的。基于 CF/DF 的策略是最接近 CRD 的。其主要工作原理为：当中继向目标移动时，信号源与中继节点间的链路越来越不可靠，并且中继成功解码的概率也随之下降。这种情况下，如果系统使用 DF，很可能导致中继解码失败，系统在第二阶段是以直接传输的模式工作的，因此无法实现分集。相反，当使用混合 CF/DF 方案时，系统能够通过 CF 实现接收分集。至于 HAD 方案，它具有一定程度的灵活性，并且在 α 固定为 0.5 时，与 DF 相比，其吞吐量得到了提高。然而，当信号源与中继节点的链路质量较低时，中继转发的只是它自身的噪声。另外，由于使用重复代码，HAD 会发生带宽损失的现象，即使在最优的 α 取值下，其吞吐量也会低于 DF 机制。另一个各种方案常见的趋势是，当中继逐渐远离信号源时，它们的吞吐量都

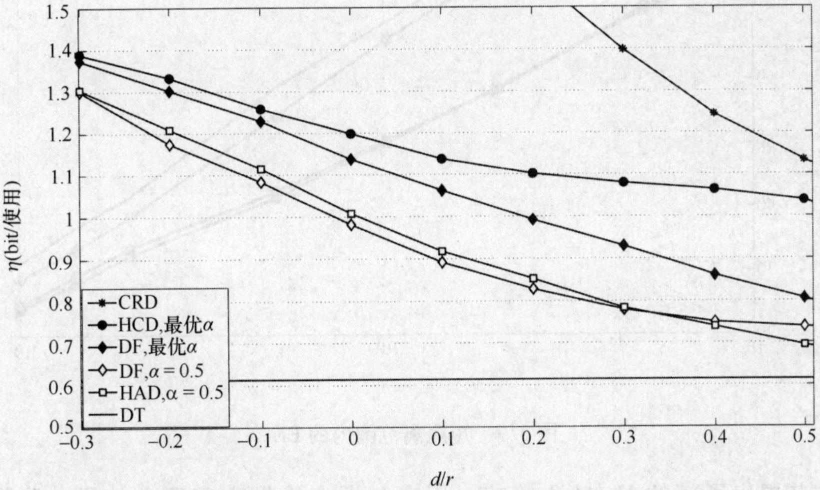

图 3.8　SE

会降低。对于DF，这种现象可以解释为中继较小的解码概率导致中继没有什么机会进行合作工作。对于HCD，尽管可以使用CF，可达速率仍然取决于S-D链路和S-RN链路的质量。当中继向目标移动时，S-RN链路的平均SNR会降低。因此，吞吐量也会减少。基于AF/DF的策略可由相同的原理解释。

EE的比较

对信号源和中继的比特能耗进行了优化，并且在中继距离目标较近的条件下对比了不同策略的能效性能（S-D链路与RN-D链路是相互垂直的）。图3.9显示了S-D之间的距离由短（$r<100$m）到长（$100\text{m}<r<1000$m）变化的情况。短距离范围内，就比特能耗而言，直接传输方式比其他合作方式更有效率。前面已经解释过原因了。因此，为了优化能耗，中继应该休眠以节约能量。基于DF的策略比其他策略消耗能量要少，这是因为该方案中当中继检测到错误时则不启动，从而节省了电路能耗；而在混合方案中，中继检测到错误时仍然继续转发，导致额外的电路能耗。当S-D距离增加到$r>100$m时，如图3.10所示，电路能耗在总能耗中所占比例减少，这时候中继可以帮助降低总的比特能耗。基于CF/DF的中继策略具有最佳的EE性能。

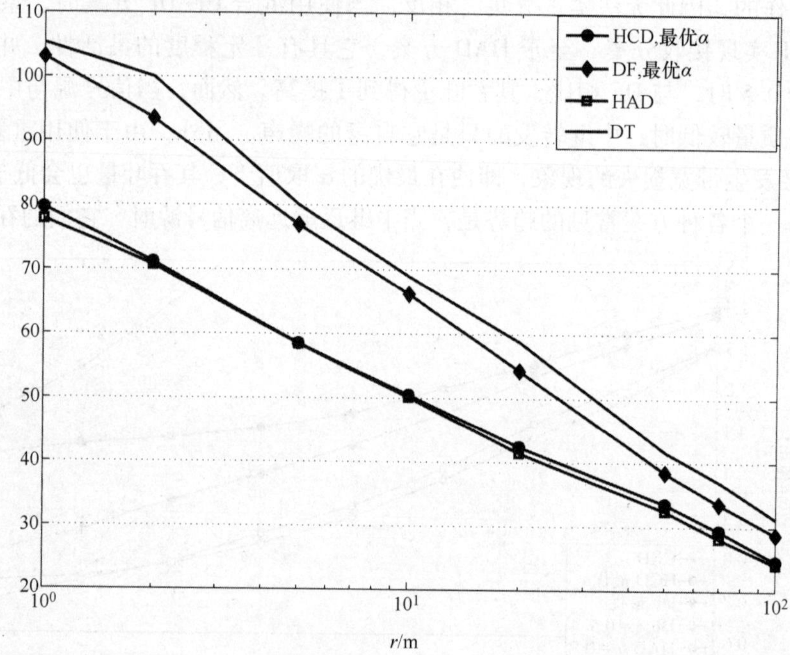

图3.9 短距离范围内的EE

本节提出了新的H-ARQ策略，用来与混合中继方案联合使用，称作H^2-ARQ-中继。该策略允许中继根据其解码状态在放大转发、压缩转发和解码转发

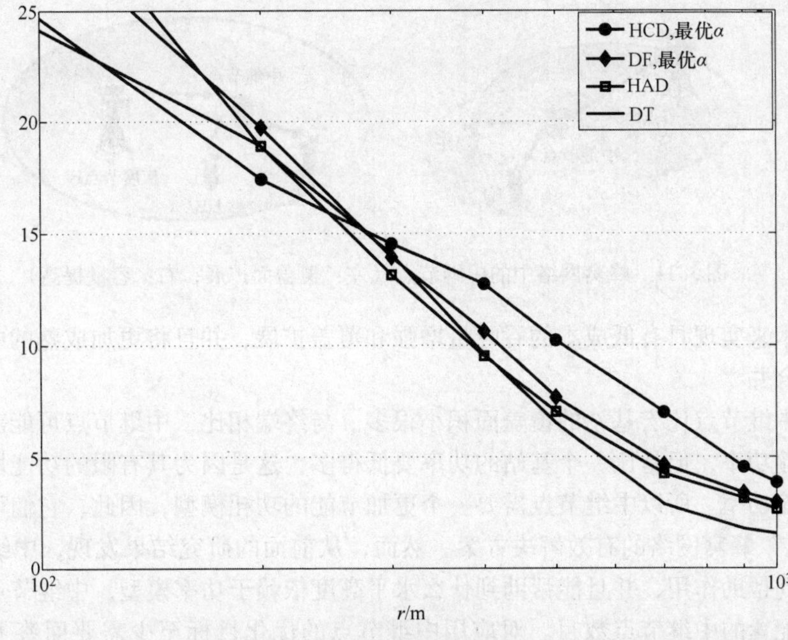

图 3.10　长距离范围内的 EE

几种机制中灵活转换。该策略的 SE 在相同的条件下，与非混合方案相比，最大吞吐量有极大的提高。通过控制节点激活时间、传输能量以及信号源与中继之间的功率分配，可以优化比特能耗。数值分析结果得到相同的结论，合作 HARQ 方案仅仅在远距离传输时具有 EE。

3.4　蜂窝网络中的节能中继节点

以前面的讨论为基础，本节将对蜂窝系统中中继方案的节能潜力进行研究。为了应对增加的容量增长、更丰富的用户体验以及室内覆盖，这里加入了中继节点。特别是中继节点被配置为宏基站的补充作用，以此来提高网络边缘性能，这是目前正在开发的标准面对的主要挑战。它们通常可以提供低功耗灵活的位置获取，应用无线链路作为基站的回程连接，几乎没有增加回程消耗也可以提供覆盖扩展和容量提升，如图 3.11 所示。它们尤其适合于对于有线回程连接来说太过严峻的地形条件。

第一个包含中继技术的商业标准是 IEEE 801.16j[36]。中继群开发了新的基站和中继节点的容量以使中继网络能够实现，并且为传统设备的接入提供支持。这里有两种不同的工作模式：透传模式和非透传模式。LTE-A 也在考虑应用中

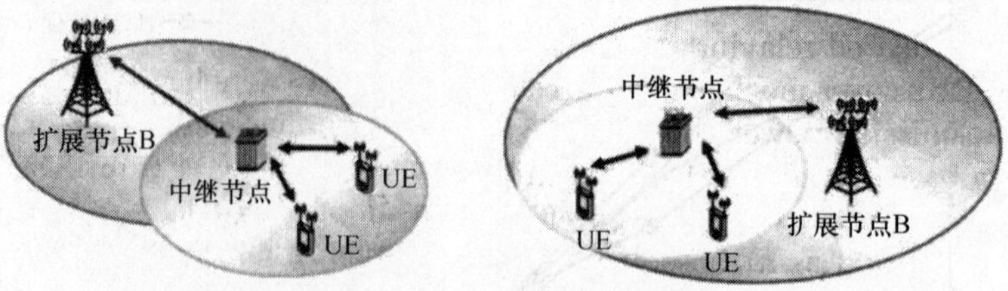

图 3.11 蜂窝网络中的中继节点（左：覆盖面扩展；右：容量提高）

继技术来实现具有低成本的吞吐量增强和覆盖扩展，并且将更加成熟的中继方案进行合并[38]。

中继节点比宏基站的覆盖面积小很多。与终端相比，中继节点可能需要附加的传输功率，但是比一个基站的功率要低得多，这是因为其有限的功能性和较低的传输功率。所以中继节点需要一个更加节能的功耗模型，因此，它们可以作为“绿色”蜂窝网络的有效解决方案。然而，从前面的研究结果发现，中继不是总能起到帮助作用，并且能帮助到什么水平高度依赖于功率模型、中继节点的位置以及配置的中继节点数目。对应用中继节点的优化目标至少需要回答下面两个问题：

1）在最小化能耗的情况下需要使用多少个中继节点?

2）为了降低能耗，这些中继节点的最佳位置是什么?

本节后续部分会对以上两个问题进行解答，并对其他有趣的主题进行研究，例如室内与室外中继应用的比较等。

3.4.1 蜂窝系统与功耗模型

在研究中继辅助蜂窝系统之前，要像对明确定义的功耗模型进行说明一样，需要介绍一下蜂窝网络的基本概念。蜂窝网络就是分布于各个蜂窝的无线电网络，它们相互连接起来从而能够在宽阔的地理区域上提供无线电覆盖。在本章中，每个蜂窝由 3 个部分组成，每个部分定义为一个半径为 R 的六边形，如图 3.12 所示。基站位于每个蜂窝的中心，并且由 3 个定向天线组成，每个天线服务于蜂窝的不同部分。天线模式如下[64]：

$$G(\Theta) = G_{\max} - \min\left\{12\left(\frac{\Theta}{\Theta_{3dB}}\right)^2, G_{f2b}\right\} \tag{3.65}$$

$$G_{\max} = 14\text{dBi},\ \Theta_{3dB} = 65°,\ G_{f2b} = 20\text{dB}$$

式中，$G_{\max}$为视轴天线增益；Θ 是所在部分与移动（BS-UE）视线以及所在部分视线之间的夹角；Θ_{3dB}是 3dB 的夹角，也被定义为波束宽度；G_{f2b}是天线前后比。

中继节点被放置在一些特定的位置，如图 3.12 所示。每个部分可能存在多个中继节点。在这种情况下，需要考虑中继节点之间的干涉协调机制。假设每个中继节点有一个全方位天线。

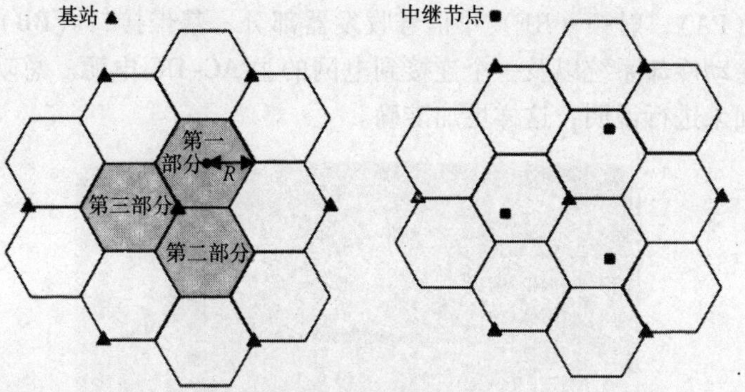

图 3.12 蜂窝系统

通常，从基站收到的信号会有路径损耗、慢衰落和快衰落。一个简单的考虑到路径损耗的模型如下所示[64]：

$$\mathrm{PL(dB)} = 15.3 + 37.6\log_{10}(d) \tag{3.66}$$

式中，d 是 BS-UE 之间的距离，单位为 m。

阴影 SF（dB）遵循平均值为 0，阴影标准偏差为 SD 的对数正态规律。基于这个传播模型，UE 从一个基站（BS_i）接收到的长期功率可以表述如下，以 dB 为单位：

$$P(\mathrm{BS}_i \rightarrow \mathrm{UE}) = P_{\mathrm{Tx}} + G_{\mathrm{UE}} + G - \mathrm{PL}(d) - \mathrm{SF}(\mathrm{BS}_i \rightarrow \mathrm{UE}) \tag{3.67}$$

式中，P_{Tx} 是基站的传输功率；G 是天线增益；d 是 BS-UE 之间的距离；$\mathrm{SF}(\mathrm{BS_i} \rightarrow \mathrm{UE})$ 是 BS 与 UE 之间的（相关的）阴影，单位为 dB。

将覆盖范围定义为蜂窝区域的一小部分，其接收到的功率高于某一阈值。然而，本研究中，采用另一个常用的测度 G_{factor} 来估计覆盖范围：

$$G_{\mathrm{factor}} = \frac{P(\mathrm{BS}_i \rightarrow \mathrm{UE})}{\sum_{j \neq i} P(\mathrm{BS}_j \rightarrow \mathrm{UE}) + P_{\mathrm{therm}}} \tag{3.68}$$

式中，$P(\mathrm{BS}_i \rightarrow \mathrm{UE})$单位为 mW；$P_{\mathrm{therm}}$是热噪声功率，单位为 mW。

长期覆盖范围定义如下：

$$\mathrm{Cov} = \frac{1}{S_{\mathrm{a}}} \int_{S_{\mathrm{a}}} \Pr\{G_{\mathrm{factor}}(x,y) \geqslant G_{\mathrm{factor,min}}\} \mathrm{d}x\mathrm{d}y \tag{3.69}$$

式中，S_{a}是一个部分的面积。

对于评估系统 EE，一个准确的功率模型是很有必要的。由于能耗估计主要涉及基站和中继节点，这里为节点的每种类型建立两个不同的功率模型。参考文献［65］中给出了一个一般的功率模型，文中给出了主无线电子系统的高级框图，并对每个子系统的能耗进行了单独计算。

如图 3.13 所示，功耗源于多个子系统，包括有损耗的天线干涉（AI）、功率放大器（PA）、射频（RF）小信号收发器部分、基带接口（BB），DC-DC 电源管理、主动冷却系统以及一个连接到电网的主 AC-DC 电源。总功耗可分解为子系统层面来进行说明，这样更加准确。

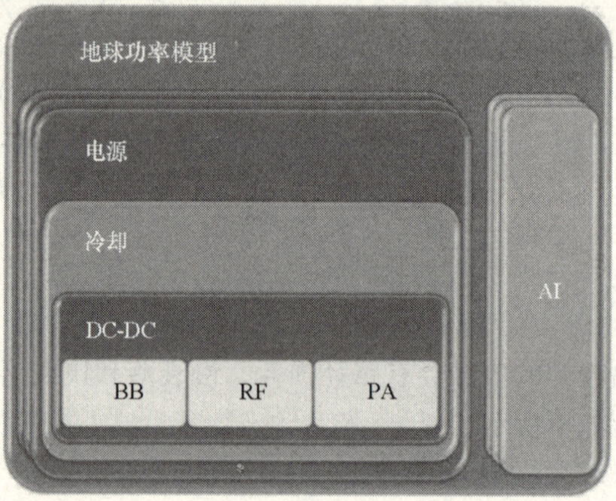

图 3.13　功率模型

表 3.1 给出了一个典型商业基站的最先进的能耗评估模型，其功耗细目如图 3.14 所示。

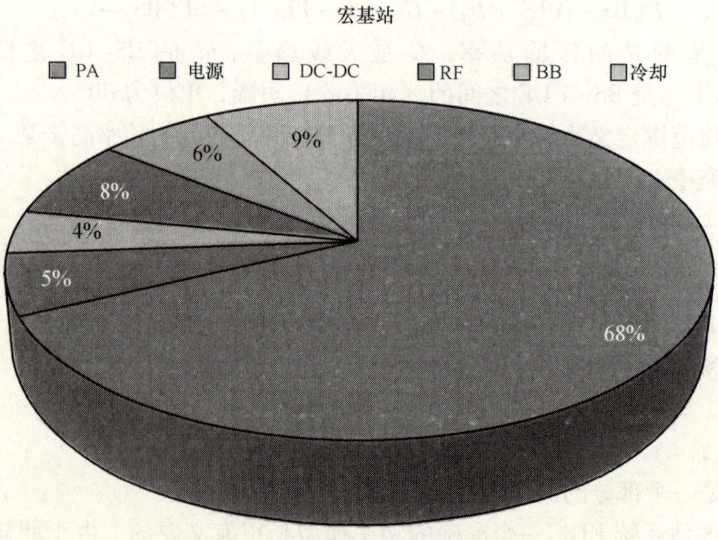

图 3.14　宏基站功率模型分解

表 3.1　宏基站的功率模型

宏　基　站			
PA	最大传输额定功率	dBm	46.0
	最大传输额定功率	W	39.8
	PAPR	dB	8.0
	峰值输出功率	dBm	54.0
	P_{dc}	W	128.2
	功率附加效率	%	31.1
TRX	最大传输额定功率	dBm	−8.0
	TX P_{dc}	W	6.8
	RX P_{dc}	W	6.1
	总 P_{dc}	W	13.0
BB	无线电［内部 RX/TX］	W	10.8
	LTE 涡轮增压机［外部 RX/TX］	W	8.8
	处理器	W	10.0
	总 P_{dc}	W	29.5
DC-DC	损耗	%	8.0
	P_{dc}	W	13.7
冷却	损耗	%	12.0
	P_{dc}	W	22.1
电源	损耗	%	9.0
	P_{dc}	W	18.6
总共一个无线电		W	225.0
部分的数目		#	3.0
PA 的数目		#	2.0
总共 N 个无线电		W	1350.0

有趣的是可以注意到，在宏基站中，PA 占据了主要的功耗，这是由于其具有较高的天线接口损耗。

参考文献［66］中建立了中继节点功耗模型，见表 3.2。功耗细目如图 3.15 所示，PA 依然是主要的功率消耗。一般而言，中继节点具有较低的传输功率，因此与宏基站相比消耗更少的能量。适时的功率模型可以为今后的 EE 研究奠定基础。

表 3.2 中继节点功率模型

中 继 节 点				
			乡村	城市
PA	最大传输额定功率	dBm	37.0	30.0
	最大传输额定功率	W	5.0	1.0
	PAPR	dB	8.0	12.0
	峰值输出功率	dBm	45.0	42.0
	P_{dc}	W	14.1	2.8
	功率附加效率	%	35.6	35.6
TRX	最大传输额定功率	dBm	-14.0	-21.0
	TX P_{dc}	W	1.6	0.6
	RX P_{dc}	W	2.2	0.9
	总 P_{dc}	W	3.8	1.5
BB	无线电［内部 RX/TX］	W	2.3	2.3
	LTE 涡轮增压机［外部 RX/TX］	W	2.0	2.0
	处理器	W	2.5	2.5
	总 P_{dc}	W	6.8	6.8
DC-DC	损耗	%	6.4	6.4
	P_{dc}	W	1.6	0.7
冷却	损耗	%	0.0	0.0
	P_{dc}	W	0.0	0.0
电源	损耗	%	7.7	7.7
	P_{dc}	W	2.0	0.9
总共一个无线电		W	28.3	12.8
PA 的数目		#	2.0	2.0
总共 N 个无线电		W	56.5	25.5

3.4.2 中继节点的配置优化

链路级的结果显示在全局 EE 中，中继节点位置有很重要的作用。在蜂窝系统中，每个区域中继节点配置的数目也是一项有趣的课题，值得研究。本节的分析重点放在下行链路通信上。静止通信发生在两个正交阶段：在第一阶段，基站发送信号而中继节点和 UE 接收信号；第二阶段，基站和中继节点发送信号而 UE 接收信号。假设这两个阶段是同步的，那么在所有网络中第一和第二阶段是同时发生的。

假设在最大功率的条件下，所有基站同时以同样的频率发送信号，那么蜂窝的架构会使得每个单元受到相同的干扰，也就是说忽略网络边缘的影响，只研究一个单元的一个区域。从每个区域只有一个中继节点的情况开始，然后再扩展研究多个中继节点的情况。

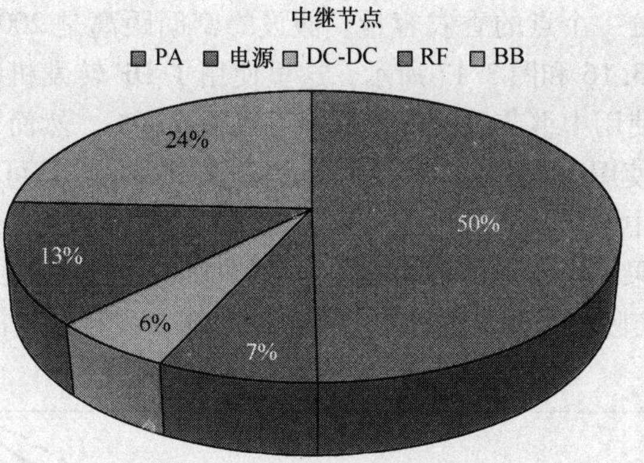

图3.15 中继节点功率模型分解

从单个中继节点的情况开始，在传输的第一阶段，第 j 部分中的中继节点接收到的信号为（为了简化，这里将时间指数去掉）

$$y_{r,j} = h_j x_{s,j}^1 + \sum_{k \in \Omega, k \neq j} h_k x_{s,k}^1 + z_r \tag{3.70}$$

式中，h_j 是第 j 部分到中继节点的信道（为了简化忽略路径损失、阴影、电线增益等）；$x_{s,j}$是从第 j 部分发送出来的信号；z_r 是中继节点附加的高斯热噪声；Ω 是所有涉及区域的集合；上角代表了处于传输的第几阶段。

这里公式的第二项实际上包括了两个部分：来自同一基站其他区域的区内干扰以及来自其他基站部分的区间干扰。它们可以用同样方法进行处理。需要注意的是，没有将其他区域的中继节点作为干扰节点，这是因为它们的传输功率与基站相比是非常低的，因此可以将其忽略。进一步假设每个区域的中继节点只服务一个 UE，其接收到的信号为

$$y_{UE,j}^1 = h_{UE,j} x_{s,j}^1 + \sum_{k \in \Omega, k \neq j} h_{UE,k} x_{s,k}^1 + z_{UE} \tag{3.71}$$

式中，$h_{UE,j}$是第 j 部分到 UE 的信道；z_{UE}是 UE 的附带高斯热噪声。

在第二阶段，基站和中继节点发送信息而 UE 接收到：

$$y_{UE,j}^2 = h_{UE,j} x_{s,j}^2 + h_{UE,r} x_r + \sum_{k \in \Omega, k \neq j} h_{UE,k} x_{s,k}^2 + z_{UE} \tag{3.72}$$

式中，$h_{UE,r}$是中继节点到 UE 的信道。

根据中继节点的转发机制，UE 通过对 $y_{UE,j}^1$ 和 $y_{UE,j}^2$ 的联合处理来进行信息解码。遵循信息可达速率误差相似的方法，考虑功耗模型，可以对不同中继技术下该部分中每个点的香农容量和比特能耗进行估算。下面将平均 EE 定义为

$$E_{ave} = \frac{\text{总能耗}}{\text{在一个部分中的平均容量}} \tag{3.73}$$

不考虑快衰落，等价的 G_{factor} 被定义为香农容量的函数：

$$G_{fac,eq} = 2^{C/B} - 1 \tag{3.74}$$

式中，C 是该部分一个点的香农容量。假设蜂窝间距离是 2000m。等价的 $G_{fac,eq}$ 和能耗分配如图 3.16 和图 3.17 所示，这里使用了 DF 转发机制。如果将覆盖阈值设置为 0dB，使用中继节点，覆盖范围可以提高 8%。然而，使用中继，能耗是只增不减的。使用一个中继节点，可以提高系统容量并且可以传送更多的比特数。然而，网络中每增加一个中继节点是要付出相应代价的，即中继节点是需要额外能耗的。如果中继节点需要的额外能耗超过了其带来的效益，那么网络中容量和 EE 的提高实际上是降低的。这是在研究中确实发生的情况。

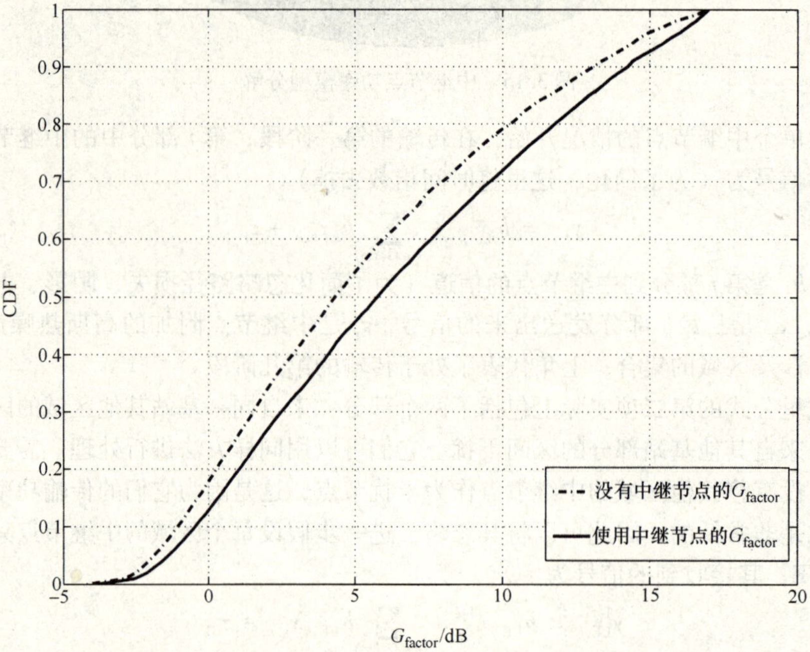

图 3.16 G_{factor} 的 CDF

然而，在图 3.17 中，中继节点在该部分是随机配置的，并且只考虑 DF 转发机制。链路级结果表明信号源，即基站和中继节点之间的距离（用 d 表示），在全局 EE 中起着至关重要的作用。现在对中继节点的位置进行优化，并观察 EE 是如何随着中继节点位置和转发机制进行改变的。注意在二维空间的蜂窝系统中，需要考虑基站与中继节点视线之间的夹角以及区域的视轴，记作 θ_r。

图 3.18 显示了中继节点沿着 θ_r 为 60°的方向从基站向部分边缘移动时的 E_{ave} 变化情况。如此可见，中继节点的位置改变了系统的容量和 EE。对于一个使用 DF 机制的中继节点，蜂窝边缘也许不是一个好的选择，这是因为在这么长的距离下中继节点很难进行解码操作并且在容量的提升方面作用也非常小。由于额外的能量需求，与不采用中继节点的情况相比，EE 下降了。最佳的中继节点位置

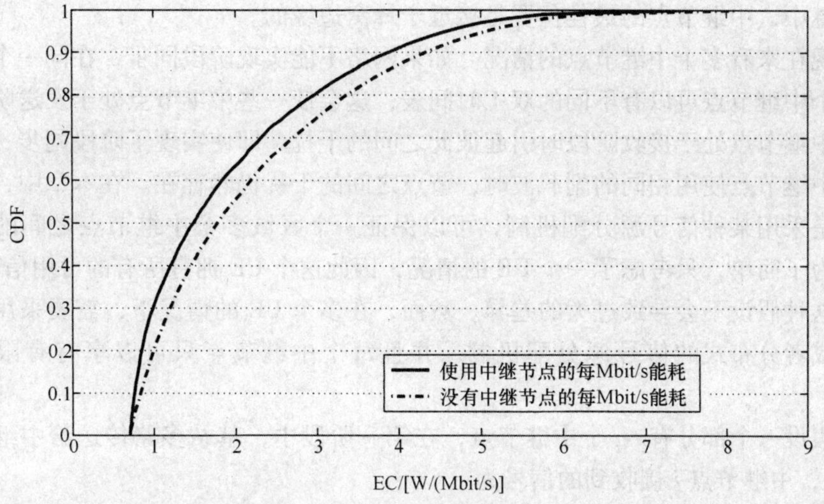

图 3.17　每 Mbit/s 能耗的 CDF

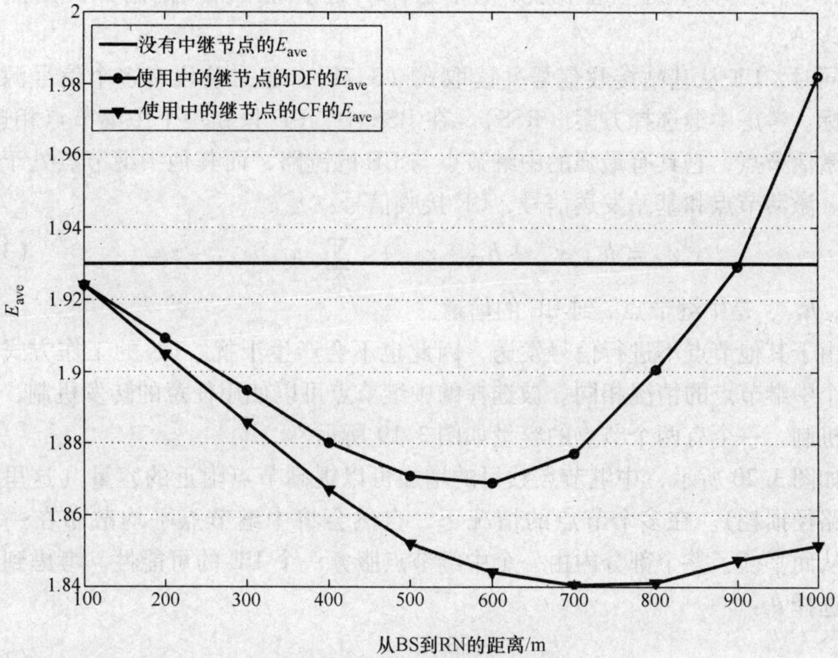

图 3.18　单个中继节点的 E_{ave}

是在基站与蜂窝边缘的中间，这时与不采用中继节点相比 EE 得到了提升。在使用混合中继时，由于中继节点可以在解码遇到困难时灵活选择 CF 转发机制，EE 可以得到进一步的提高。当使用 CF 机制时，UE 也可以从接收分集中获益。混合中继中，中继节点的最佳位置是接近于蜂窝边缘的。

现在来看多个中继节点的情况。如果网络不能实现阶段同步，在同一个区域的多个中继节点可以有不同的双工时间表，这会使一些中继节点处于发送阶段而其他中继节点处于接收阶段时引起彼此之间的干扰。即使实现了阶段同步，当不同的中继节点使用相同的副载波时，节点之间的干扰仍然存在。在本章中，假设基站是采用某种信号源分配机制，可以保证一个区域多个中继节点之间的正交性。为了简单，只考虑了一个 UE 的情况，因此这个 UE 拥有所有的可用信号源，而且这种假设不会导致过大的差异。然而，在多个 UE 的情况下，需要采用集中式的或者分布式的信号源分配机制，并且每个中继节点只可以享有有限的信号源。

假设一个部分有 N_r 个中继节点，在第一阶段中，基站多路传送给中继节点和 UE，中继节点 i 接收到的信号为

$$y_{r,j\to i} = h_{j\to i}x_{s,j}^{1} + \sum_{k\in\Omega,k\neq j} h_{k\to i}x_{s,k}^{1} + z_{r,i} \tag{3.75}$$

式中，$h_{j\to i}$是部分 j 到中继节点 i 的信道；$z_{r,i}$ 是中继节点 i 的附加高斯热噪声（$1\leqslant i\leqslant N_r$）。

同时，UE 从基站接收信号并读取式（3.71）。第二阶段有多个信号源和一个目标。考虑中继选择方案（RSS）。在 RSS 中，UE 只和一个中继节点相连接，记作激活节点，它具有最强的中继节点与 UE 的链路，而其他中继节点处于空闲状态。激活节点和基站发送信号，UE 接收信号：

$$y_{UE,j}^{2} = h_{UE,j}x_{s,j}^{2} + h_{UE,r,i}x_{r,i} + \sum_{k\in\Omega,k\neq j} h_{UE,k}x_{s,k}^{2} + z_{UE} \tag{3.76}$$

式中，$h_{UE,r,i}$是中继节点 i 到 UE 的信道。

由于其他节点不进行信号发送，因此也不会产生干扰。UE 的工作方式和仅有一个中继节点的情况相同。被选择的中继节点可以使用任意的转发机制，包括混合机制。一个有两个节点的容量如图 3.19 所示。

如图 3.20 所示，中继节点数目的增加可以提高节点附近的容量（这里只考虑了路径损耗）。在多个节点的情况下，自然会将中继节点平均散布在一个部分，从而平衡了整个部分内由一个中继节点服务一个 UE 的可能性。考虑到这一点，选择 θ_r：

$$\theta_{r,i} = \frac{180^\circ}{N_r+1}i,\ 1\leqslant i\leqslant N_r \tag{3.77}$$

将中继节点从基站移向蜂窝边缘并计算 N_r 分别为 2、4 和 6 时的平均能效 E_{ave}。

使用 N_r 个中继节点并不意味着所需的能量增加 N_r 倍。正如所提到的，中继节点的选择并不适用于多个中继节点的情况。只有与 UE 相关的中继节点可以有

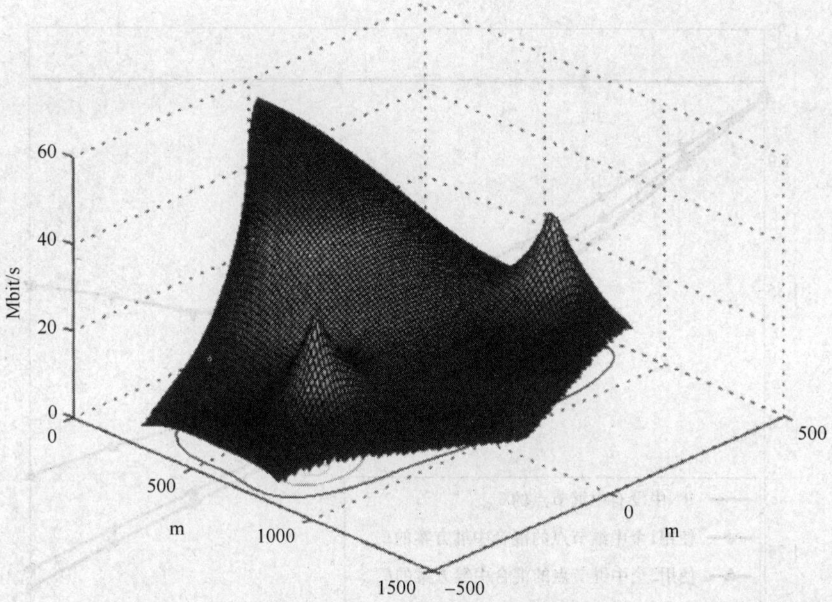

图 3.19　两个中继节点时的系统容量

效接收和发送信号而其他中继节点处于空闲状态。然而，这些空闲的节点不可以全程关闭，因为 UE 具有移动可能，在任何时间都需要接入，所以一些子系统依然处于工作状态并且会消耗部分能量。可以通过中继节点功耗模型来获得空闲节点的能耗，这将决定中继节点的最佳配置数目。如图 3.19 所示，中继节点数目的增加可以改善 E_{ave}，但是改善的效果是逐渐减弱的。举个例子，中继节点的数目从 1 增加到 2 时，E_{ave} 提高 5%，但是当从 4 增加到 6 时，E_{ave} 的提高几乎可以忽略。随着中继节点配置数目的增加会产生两种结果：一种是系统的容量得到增加；另一种是对于空闲的节点来说需要更多的能量消耗。如果容量增加的效果更加显著，则 E_{ave} 可以得到提高，反之则相反。分析结果表明，在一个区域配置的中继节点数目大于 6 时，从能量和配置成本角度来看，这种配置是没有效率的。容量的提升非常有限，但是能耗却会随之越来越显著。

3.4.3　室外到室内的中继

一方面，中继的使用会使得整个网络能耗的增加，另一方面，通过避免在发送信号穿过墙壁时浪费大量的功耗，可以节约大量能量。在此对室内中继情况的 EE 进行了研究，这里使用非再生中继来将室外基站的信号转发到室内 UE，并且由于中继节点离 UE 更近，所以接入链路（RN-UE 链路）比供体链路（BS-RN 链路）更加可靠。假设这种情况，可以通过参考文献［67］中的基于随机矩阵

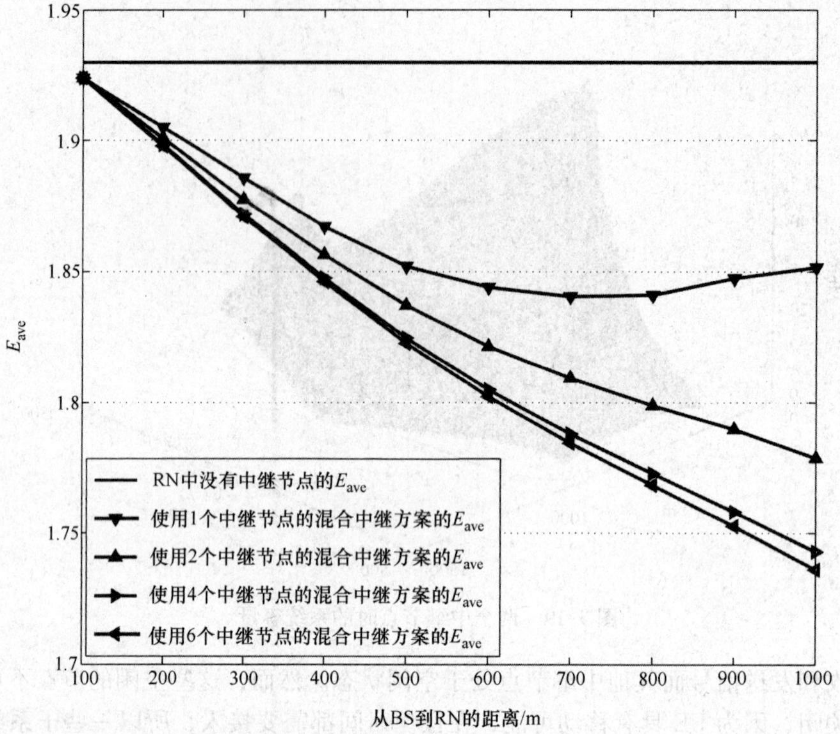

图 3.20 多个中继节点时的 E_{ave}

理论的近似方法来推导出信道容量的简单近似值，并利用它对该 AF 系统的 EE 进行定义，然后将其与传统的点对点（P2P）通信进行比较。

在本研究中，考虑协作的 MIMO AF 系统，它由 3 个节点组成，分别为拥有 n 个天线的基站、一个拥有 q 个天线的非再生中继节点以及一个拥有 r 个天线的目标。为了简化叙述过程，假设该过程为半双工中继，并且两个阶段周期相等。在第一阶段中，基站发送信号给中继节点和 UE，在第二阶段中，中继节点作为转发器将基站的放大信号传输给 UE。还假设接入链路远比其他两种链路具有更高的可靠性。在模型中，直接链路（BS-UE）、接入链路和供体链路的信噪比分别定义为 γ_0、γ_1 和 γ_2，并且 $\sigma=\gamma_0/\gamma_1$ 代表了直接链路和供体链路之间的信噪比偏移量。根据该系统模型，参考文献［68］将 MIMO 放大转发的最大可达 SE 近似描述为

$$C \approx \frac{1}{2\ln(2)}\left[n\ln\left(\frac{\gamma_0}{d_0}\right) + q\left(\ln(1+\sigma d_0) + \frac{1}{1+\sigma d_0} - 1\right) + r\left(\ln(1+d_0) + \frac{1}{1+d_0} - 1\right)\right. \tag{3.78}$$

这里接入链路的质量比供体链路高 20dB，即 $\gamma_2 >> \gamma_1$，并且 n、q 和 r 也取较大的值。另外，d_0 是下面多项式的唯一非负解：

$$P(d) = d_3\lambda_1^2 + d^2[\lambda_1(\lambda_0\lambda_1(r+q-n)+\lambda_0+\lambda_1)] + d[\lambda_0\lambda_1(1+\lambda_0(r-n)+\lambda_1(q-n))] - n\lambda_0^2\lambda_1 \tag{3.79}$$

式中，$\lambda_i = \gamma_i/n$，$i=\{0,1\}$。

式（3.78）的主要目的是使用一种比耗时的蒙特卡洛模拟更快的方法，将室内 MIMO AF 系统与另一种系统的容量进行评价和比较，该系统足够精确并可用于网络仿真和优化。另外，该式可以为通用协作的 MIMO AF 系统提供信息可达速率的上限。对于相关的 MIMO AF 系统的总能耗，可以得到

$$P_{\Sigma,\mathrm{AF}} = P_{\mathrm{BS,Tr}} + P_{\mathrm{RN,Tr}} + P_{\mathrm{RN,Re}} + 2P_{\mathrm{UT,Re}} \tag{3.80}$$

根据两阶段的传输模型，分别用 $P_{\mathrm{BS,Tr}}$、$P_{\mathrm{RN,Tr}}$、$P_{\mathrm{RN,Re}}$ 和 $P_{\mathrm{UT,Re}}$ 来表示基站发送、节点发送、节点接收和 UE 接收的功耗。在参考文献［65］中，几种不同类型基站的发送和接收总能耗由实际测量数据摘录（见表 3.1 宏基站）：

$$P_{\mathrm{BS}} = t(\Delta_{\mathrm{P,BS}}P_1 + P_{\mathrm{Ov,BS}}) \tag{3.81}$$

式中，t 为基站的发送天线数量；Δ_{P} 为功率放大器（PA）无效（inefficiency）；P_0 为架空功率，也就是信号处理架空、冷却和电源供给（PS）损失以及电流转换损失（见图 3.13）；P_1 是基站的每个 PA 的传输功率，即每条天线的传输功率，变化范围为 $0 \sim P_{\max}$。

参考文献［65］中的改进版本，提出线性提取也可以用于城市或郊外的中继节点，见表 3.2 的数据，$P_{\mathrm{RN}} = t(\Delta_{\mathrm{P,RN}}P_2 + P_{\mathrm{Ov,RN}})$，其中 P_2 为中继节点中每个 PA 的传输功率。除此以外，在参考文献［69］中用同样的线性功率模型来描述 UE 的功耗情况。假设每个节点的线性功率模型如式（3.81），那么系统的总功耗可重新表示为

$$P_{\Sigma,\mathrm{AF}} = n(\Delta_{\mathrm{P,BS}}P_1 + P_{\mathrm{Ov,BS}}) + q(\Delta_{\mathrm{P,RN}}P_2 + P_{\mathrm{Ov,RN}}) + q\varsigma P_{\mathrm{Ov,RN}} + 2r\varsigma P_{\mathrm{Ov,UE}} \tag{3.82}$$

式中，$\varsigma \in [0,\ 1]$，表示了发送与接收架空功率的比值。

直观地看，接收比发送信号需要的架空功率少。系统的 EE 单位为（bit/J)/Hz，可以简单定义为 SE 与总功耗的比值：

$$C_{\mathrm{J}} = \frac{C}{P_{\Sigma}} \tag{3.83}$$

使用表 3.1 和表 3.2 中 P_{BS} 和 P_{RN} 的值，分别为 1350W 和 25.5W（城市中继节点），利用参考文献［65］中的方法实现不同类型基站的总功耗的线性化，已经得到关于式（3.81）抽象功耗模型的下列参数：对于宏基站来说，$\Delta_{\mathrm{P,BS}} = 7.5$、$P_{\mathrm{Ov,BS}} = 375\mathrm{W}$ 以及 $P_{\max,\mathrm{BS}} = 40\mathrm{W}$、$\Delta_{\mathrm{P,RN}} = 6.3$、$P_{\mathrm{Ov,RN}} = 6.45$，以及 $P_{\max,\mathrm{RN}} = 1\mathrm{W}$，因此 $t=2$ 时 $P_{\mathrm{BS}} = 1350\mathrm{W}$、$P_{\mathrm{RN}} = 25.5\mathrm{W}$，分别见表 3.1 和表 3.2。另外，根

据参考文献［69］将 $P_{\mathrm{Ov,UE}}$ 设为 100mV，发送和接收架空功率的比值设为 $\varsigma=0.5$。利用以上参数的值，将 MIMO AF 的 EE 与 MIMO P2P 在室内的情况下进行比较，如图 3.21 和图 3.22 所示。注意在 MIMO P2P 中需要分别将式（3.78）和式（3.82）转换如下：

$$C\approx\frac{1}{\ln(2)}\left[n\ln\left(\frac{\gamma_0}{d_0}\right)+r\left(\ln(1+d_0)+\frac{1}{1+d_0}-1\right)\right] \tag{3.84}$$

$$P_{\Sigma,\mathrm{P2P}}=n(\Delta_{\mathrm{P,BS}}P_1+P_{\mathrm{Ov,BS}})+r\varsigma P_{\mathrm{Ov,UE}} \tag{3.85}$$

在图 3.21 中，将 MIMO P2P 与 MIMO AF 的 EE 作为关于直接链路和供体链路之间信噪比偏差 σ 的函数进行了曲线绘制，对于 $n=q=4$，已经得到 $P_2=1\mathrm{W}$，$P_1=40\mathrm{W}$(P2P) 和 $P_1=37.3\mathrm{W}$、$19.3\mathrm{W}$、$1.3\mathrm{W}$(AF)，因此分别有 $P_{\Sigma,\mathrm{AF}}=P_{\Sigma,\mathrm{P2P}}$，$P_{\Sigma,\mathrm{AF}}=0.8P_{\Sigma,\mathrm{P2P}}$，$P_{\Sigma,\mathrm{AF}}=0.6P_{\Sigma,\mathrm{P2P}}$。假设在 P2P 和 AF 中 UE 的噪声级别相同，意味着 P2P 的 $\gamma_0\in[0,20]/\gamma_1=15\mathrm{dB}$，AF 的 $\gamma_0\in[-0.3,19.7]/\gamma_1=14.7\mathrm{dB}$，$\gamma_0\in[-3.1,16.9]/\gamma_1=11.9\mathrm{dB}$ 和 $\gamma_0\in[-14.8,5.2]/\gamma_1=0.2\mathrm{dB}$ 分别对应于 $P_1=37.3\mathrm{W}$、$19.3\mathrm{W}$、$1.3\mathrm{W}$。结果显示，在 $r=1$ 时 MIMO AF 远比 P2P 更加具有 EE。另外，通过比较十字曲线与虚线可以得知，MIMO AF 可以降低系统总能耗，同时也会小幅增加 EE，而这正是所期望的。事实上，EE 作为 SE 与总功耗的比值，可以在保持相同 P_Σ（或者甚至 P_Σ 增加）的情况下增加 SE 或是保持相同 C

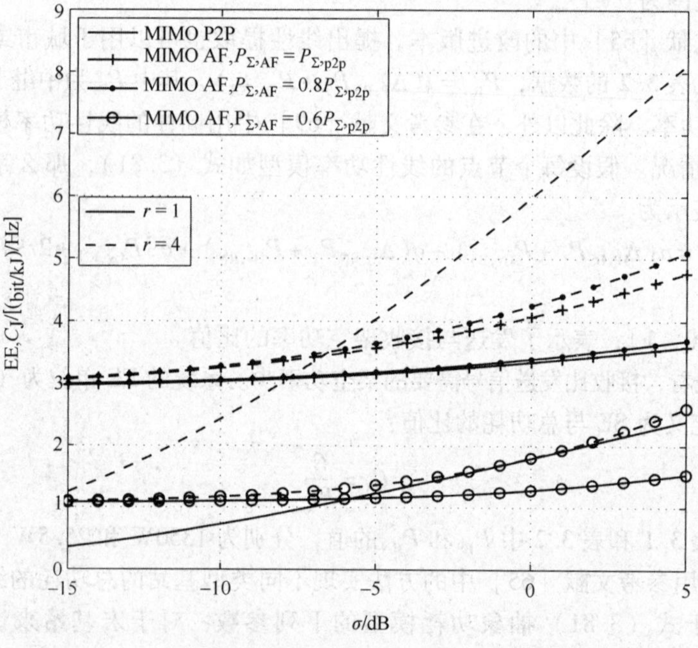

图 3.21　$n=q=4$ 时 MIMO P2P 和 MIMO AF 关于直接链路和供体链路之间信噪比偏差的 EE 函数

（或者甚至 C 减少）的情况下减小总功耗来实现。在节能的背景下，前面实现 EE 的方法是正确的，并且其结果显示 MIMO AF 可以实现 EE。若进一步降低 $P_{\Sigma,\mathrm{AF}}$，使得 $P_{\Sigma,\mathrm{AF}}=0.6P_{\Sigma,\mathrm{P2P}}$，当供体链路比直接链路至少高 6dB 时，MIMO AF 仍可以比 P2P 更具有 EE。当 $r=4$ 时，只要 $\sigma<-6$dB，那么 MIMO AF 可以使总功耗降低 20%，并且比 P2P 更具有 EE。

在图 3.22 中，对 MIMO P2P 和 MIMO AF 的 EE、SE 和总功耗进行了描述，并与不同天线数和 σ 值下基站的单位天线传输功率进行对比。另外，这里认为 $n=q=4$，$P_2=1$，γ_0 的值在 −15 ~ 15dB 之间变化。在左图曲线中（EE 曲线），首先明确显示了 EE 存在最大值，这在求最大传输功率时是不需要算出的。此外，图中结果还证实了 MIMO AF 的 EE 增益高于 MIMO P2P，该增益随着 UE 中接收天线数目 r 的减小而增加（比较灰色虚线和纯黑色曲线），并且与直接链路的质量相比，该增益随着供体链路质量的增加而增加（当 $r=1$ 时，将纯灰色曲线、黑色虚线和灰色虚线分别与纯黑色虚线比较）。现在看右上图（P_Σ 曲线），该图把 MIMO AF 的总功耗表示为关于 P_1 的函数，它总是大于 MIMO P2P 的值，这显然是由于 MIMO AF 中增加的中继节点的功耗造成的。因此，这意味着与 MIMO P2P 相比，MIMO AF 关于 EE（EE 曲线）的较好性能不是由于节能而是因为 SE 的提升造成的，这也在右下图中得到了肯定（SE 曲线），在 $r=1$ 而 σ 取不同值时，MIMO AF 的 SE 增益要高于 MIMO P2P。然而，可以用不同的方式来看上述的曲线图，假设当 $\sigma=0$、$r=1$ 时，与 MIMO P2P 相比想用 MIMO AF 来把

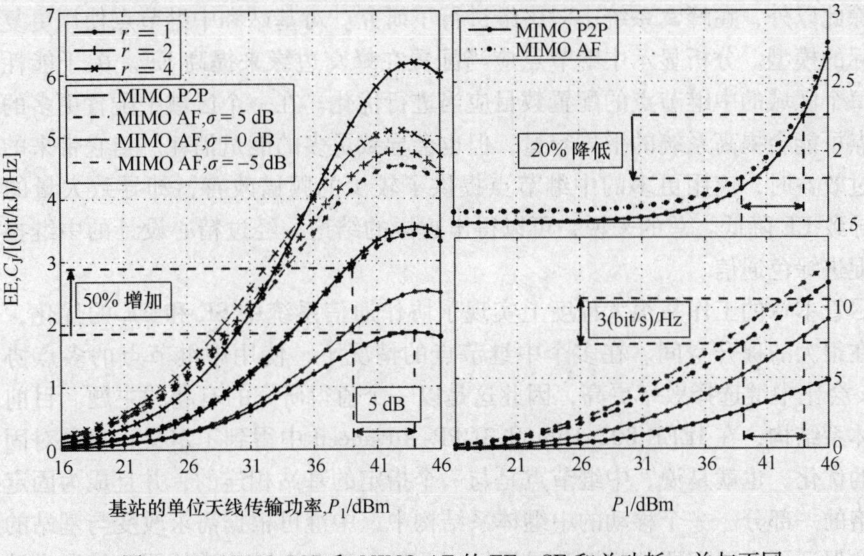

图 3.22　MIMO P2P 和 MIMO AF 的 EE、SE 和总功耗，并与不同天线数和 σ 值下基站的单位天线传输功率进行对比

总能耗降低 20%。则对应在 P_{Σ} 的 x 轴上，基站的单位天线传输功率会降低 5dBm，而对应 EE 则增加了 50%（EE 曲线）。作为 EE 与 SE 之间的权衡[70]，节能效果最终将付出减少 3(bit/s)/Hz 的代价（见 SE 曲线）。

综上所述，实验结果表明，与 P2P 通信相比，中继技术在室内可以通过节能或提高 SE 的方法来增加 EE，特别是当 UE 的接收天线数量比基站和中继节点要少时，或者供体链路的质量高于直接链路时。结果也说明了即使使用最大功率进行传输时，需要最大 SE 值，也不意味着需要最大的 EE。

3.5 小结与展望

本章中，介绍了协作通信系统的全面研究，并且从理论和实践的角度实现了基础性的了解。考虑了典型的中继方案，包括 AF、DF、CF 以及混合机制，并从链路和系统级别研究了它们的 SE 和 EE 的性能。

应用灵活的方法来结合不同的转发机制，使得系统能够有效地动态调整自身来适应不同的信道。基于 CF/DF 的策略在系统吞吐量和能耗方面显示出很大程度的改善作用。然而，需要注意的是，与直接传输相比，混合方案仅仅在目标与信号源之间距离较大时才能够起到改善 EE 的作用。提出的基于混合的 CF/DF 或 AF/DF 方案的主要优势是可以实现发送或接收分集。另一个重点讨论的问题是采用的功率模型。为了得到有意义的分析，需要在实际模型和数学处理之间做出平衡，并且本书相信通过目前的功率模型来获取实际能耗是一个很重要的方面。

除此以外，在蜂窝系统中对中继进行了研究。对基站和中继节点使用更复杂和实际的模型。分析显示中继节点应当配置在蜂窝边缘来提高 EE。关于能耗方面，每个区域的中继节点的配置数目应当进行优化。在一个区域中配置更多的中继节点可能会提高系统的平均容量，但也会导致更多的能量消耗。当它带来的损失超过效益时，应用更多的中继节点提供了较少的频谱改善，却导致大量的能耗，导致 EE 降低。总的来说，可以得出这样的结论，经过精心设计的中继技术可以促进绿色通信。

尽管本章的工作从很大程度上实现了协作通信系统中 SE 和 EE 的优化，但仍存在很大的提升空间。在多个中继节点的情况下，使用中继节点的多点协调 Tx/Rx 会比中继选择效率更高，因此这是以一个值得研究的有趣的主题。目前的中继体系结构，在 IEEE 802.16m 和 3GPP-Advanced 中得到了定义，只是对固定中继的优化，也就是说，中继节点是与一个指定的基站相连的，并且成为固定接入网络的一部分。一个移动的中继体系结构中，中继可根据需求改变与基站的连接，这保证了中继配置的弹性和灵活性。此外，双向中继信道的网络编码也被当作绿色通信的关键的可能技术之一。

参考文献

[1] Ericsson Review, "HSDPA Performance and Evolution," no. 03, Mar. 2006.

[2] Ericsson White Paper, "Long Term Evolution (LTE): An Introduction," Oct. 2007.

[3] Sesia, Toufik, Baker, *LTE - The UMTS Long Term Evolution: From Theory to Practice*, Wiley, 2009.

[4] WiMax Forum at http://www.wimaxforum.org/.

[5] Press release, *EU Commissioner Calls on ICT Industry to Reduce Its Carbon Footprint by 20% as Early as 2015*, MEMO/09/140, Mar. 2009.

[6] *Vodafone Corporate Responsibility Report*, 2008.

[7] http://fireworks.intranet.gr/

[8] http://www.ict-rocket.eu/

[9] I. Stanojev, O. Simeone, Y. Bar-Ness, and D. Kim, "Energy efficiency of non-collaborative and collaborative hybrid-ARQ protocols," *IEEE Trans. Wireless Commun.*, vol. 8, no. 1, pp. 326-335, Jan. 2009.

[10] Yinan Qi , Reza Hoshyar, Imran Ali Muhammad, and Rahim Tafazolli, "Energy Efficiency Analysis of Hybrid-ARQ in Hybrid Relaying Systems," in *Proc. of VTC 2011*.

[11] R. Madan, N. Mehta, A. Molisch, and Jin Zhang, "Energy-Efficient Cooperative Relaying over Fading Channels with Simple Relay Selection," *IEEE Trans. Wireless Commun.*, vol. 7, no. 8, pp. 3013-3025, Aug. 2008.

[12] Yinan Qi, Reza Hoshyar, Muhammad Ali Imran, and Rahim Tafazolli, "H^2-ARQ-Relaying: Spectrum and Energy Efficiency Perspectives," *IEEE Journal on Selected Areas in Communications*, vol. 29, no. 8, pp. 1547-1558, Sep. 2011.

[13] http://www.ict-earth.eu/

[14] E.C. van der Meulen, "Three-terminal Communication Channel," *Adv. Appl. Prob.*, vol. 3, pp. 120-154, 1971.

[15] T. Cover and A.E. Gamal, "Capacity Theorems for the Relay Channel," *IEEE Trans. Inform. Theory*, vol. 25, pp. 572-584, Sep. 1979.

[16] R. U. Nabar, H. Bolcskei, and F.W. Kneubuhler, "Fading relay channels: performance limits and space-time signal design," *IEEE J. Sel. Area. in Comm.*, Aug 2004.

[17] L. Zhao and Z. Liao, "Power Allocation for Amplify-and-Forward Cooperative Transmission over Rayleigh-Fading Channels," *Journal of Communications*, pp. 33-42, vol. 3, No. 3, July 2008.

[18] M. Yu and J. Li, "Is Amplify-and-forward Practically Better Than Decode-and-forward or Vice Versa?" in *Proc. IEEE Int.Conf. Acoustics, Speech, and Signal Processing (ICASSP)*, vol. 3, March 2005, pp. 365-368.

[19] M. R. Souryal and B. R. Vojcic, "Performence of Amplify-and-forward and Decode-and-forward Relaying in Rayleigh Fading with Turbo Codes," *Int. Conf. Acoustics, Speech, and Signal Processing (ICASSP)*, vol. 4, May 2006, pp. 681-684.

[20] M. Janani, A. Hedayat, T.E. Hunter, and A. Nosratinia, "Coded cooperation in wireless communications: space-time transmission and iterative decoding," *IEEE Trans. Signal Processing*, vol. 52, pp 362-371, Feb. 2004.

[21] T.E. Hunter, and A. Nosratinia, "Diversity through coded cooperation," *IEEE Trans. Wireless Commun.*, vol. 5, pp. 283-289, Feb, 2006.

[22] Zhihan Yi and Min Kim, "Diversity order analysis of the decode-and-forward cooperative networks with relay selection," *IEEE Trans. Wireless Commun.*, vol. 7, no. 5, pp. 1792-1799, May 2008.

[23] T. Q. Duong and V. N. Q. Bao, "Performance analysis of selection decode-and-forward relay networks," *IEE Electronics Letters*, vol. 44, pp. 1206-1207, Sep. 2008.

[24] Christos K. Datsikas, Nikos C. Sagias, Fotis I. Lazarakis, and George S. Tombras, "Outage analysis of decode-and-forward relaying over nakagami-m fading channels," *IEEE Signal Processing Letters*, vol. 15, pp. 41-44, 2008.

[25] J. N. Laneman, *Cooperative diversity in wireless networks: Algorithms and architectures*, PhD thesis, Massachusetts Institute of Technology, 2002.

[26] Peyman Razaghi and Wei Yu, "Bilayer Low-Density Parity-Check Codes for Decode-and-Forward in Relay Channels," *IEEE Trans. Inform. Theory*, vol. 53, no. 10, pp. 3723-3739, Oct. 2007.

[27] J.N. Laneman, D.N.C. Tse, and G.W. Wonell, "Cooperative diversity in wireless networks: Efficient protocols and outage behavior," *IEEE Trans. Inform. Theory*, vol. 50, no. 12, pp. 3062-3080, Dec. 2004.

[28] A. Host-Madsen and J. Zhang, "Capacity bounds and power allocation for wireless relay channels," *IEEE Trans. Inform. Theory*, vol. 51, pp. 2020-2040, Jun. 2005.

[29] Michael Kats and Shlomo Shamai, "Relay Protocols for Two Colocated Users," *IEEE Trans. Inform. Theory*, vol. 52, No. 6, pp. 2329-2344, Jun. 2006.

[30] Zhixin Liu, Vladimir and Zixiang Xiong, "Wyner-Ziv Coding for the Half-duplex Relay Channel," *IEEE Conference on Acoustics, Speech and Signal Processing*, vol. 5, pp. 1113-1116, Mar. 2005.

[31] Ruiyuan Hu and Jing Li, "Practical Compress-Forward in User Cooperation: Wyner-Ziv Cooperation," *IEEE International Symposium on Information Theory*, Jul. 2006.

[32] Yonghui Li, B. Vucetic, Zhuo Chen, and Jinhong Yuan, "An improved relay selection scheme with hybrid relaying protocols," in *Proc. IEEE Global Telecommunications Conf. (GLOBECOM'07)*, pp. 3704-3708, New Orleans, USA, Nov. 2007.

[33] Yonghui Li, B. Vucetic, and Jinhong Yuan, "Distributed turbo coding with hybrid relaying protocols," in *Proc. IEEE 19th Int. Symp. on Personal, Indoor and Mobile Radio Communications (PIMRC'08)*, pp. 1-6, Cannes, France, Sep. 2008.

[34] S. Serbetli and A. Yener, "Power allocation and hybrid relaying strategies for F/TDMA Ad Hoc networks," in *Proc. IEEE Int. Conf. on Commun.(ICC'06)*, vol. 4, pp. 1562-1567, Istanbul, Turkey, Jun. 2006.

[35] 3GPP TR 36.814 v1.5.1(2009-12), *Further Advancement for E-UTRA, Physical Layer Aspcts.*

[36] IEEE Std 802.16j at http://ieee802.org/16/pubs/80216j.html

[37] IEEE Std 802.16m at http://ieee802.org/16/tgm/

[38] Ericsson Research White Paper "LTE-Advanced: Evolving LTE towards IMT-Advanced," 2010.

[39] EARTH deliverable, "Most Promising Tracks of Green Network Technologies" 2011, at https://www.ict-earth.eu/publications/deliverables/deliverables.html.

[40] Yinan Qi, Reza Hoshyar, and Rahim Tafazolli, "A Novel Hybrid Relaying Scheme Using Multilevel Coding," in *Proc. of VTC-2010 Spring*, 2010, pp. 1-5.

[41] S. Cui, A. J. Goldsmith, and A. Bahai, "Energy-Constrained Modulation Optimization," *IEEE Trans. Wireless Commun.*, vol. 4, no. 5, pp. 2349-2360, Sep. 2005.

[42] Yinan Qi, *Single Relay Cooperative Transmission/Reception Techniques*, PhD thesis, University of Surrey, 2009.

[43] A. Wyner and J. Ziv, "The Rate-distortion Function for Source Coding with Side Information at the Decoder," *IEEE Trans. Inform. Theory*, vol. 22, pp. 1-10, Jan. 1976.

[44] A. Wyner, "The rate-distortion function for source coding with side information at the decoder-ii: General sources," *Inf. Control*, vol. 38, pp. 60-80, 1978.

[45] D. Slepian and J. K. Wolf, "Noiseless coding of correlated information sources," *IEEE Trans. Inform. Theory*, vol. 19, pp. 471-480, July 1973.

[46] Sergio D. Servetto, "Lattice quantization with side information," in *Proc. Data Compression Conf. (DCC'03)*, Snowbird, UT, Mar. 2003, pp. 510-519.

[47] Ram Zamir and Shlomo Shamai, "Nested linear / lattice codes for Wyner-Ziv Encoding," in *Proc. Information Theory Workshop (ITW)*, Killarney, Ireland, Jun. 1998, pp. 92-93.

[48] Zhixin Liu, S. Cheng, A.D. Liveris, and Zixiang Xiong, "Slepian-Wolf Coded Nested Lattice Quantization for Wyner-Ziv Coding: High-Rate Performance Analysis and Code Design," *IEEE Trans. Inform. Theory*, vol. 52, pp. 4358-4379, Oct. 2006.

[49] K. Singhal, J. Vlach, and M. Vlach, "Numerical inversion of multidimensional Laplace transform," in *Proc. of the IEEE*, vol. 63, no. 11, pp. 1627-1628, Nov. 1975.

[50] Larry L. Peterson and Bruce S. Davie, *Computer Networks: A Systems Approach*, Third Edition, London, Academic Press, 2003.

[51] S. Kallel and D. Haccoun, "Sequential decoding with ARQ and code combining: a robust hybrid FEC/ARQ system," *IEEE Trans. Commun.*, vol. 36, no. 7, pp. 773-780, Jul. 1988.

[52] D. N. Rowitch and L. B. Milstein, "On the performance of hybrid FEC/ARQ systems using rate compatible punctured turbo (RCPT) codes," *IEEE Trans. Commun.*, vol. 48, no. 6, pp. 948-959, Jun. 2000.

[53] F. Babich, G. Montorsi, and F. Vatta, "Some notes on rate-compatible punctured turbo codes (RCPTC) design," *IEEE Trans. Commun.*, vol. 52, no. 5, pp. 681-684, May 2004.

[54] J. Hagenauer, "Rate-compatible punctured convolutional codes (RCPC Codes) and their applications," *IEEE Trans. Commun.*, vol. 36, no. 4, pp. 389-400, Apr. 1988.

[55] S. Kallel and D. Haccoun, "Generalized type-II hybrid ARQ scheme using punctured convolutional coding," *IEEE Trans. Commun.*, vol. 38, no. 11, pp. 1938-1946, Nov. 1990.

[56] Giuseppe Caire and Daniela Tuninetti, "The Throughput of Hybrid-ARQ Protocols for the Gaussian Collision Channel," *IEEE Trans. Inform. Theory*, vol. 47, no. 5, pp. 1971-1988, Jul. 2001.

[57] Wang Rui, Lau, V.K.N., "Combined cross-layer design and HARQ for multiuser systems with outdated channel state information at transmitter (CSIT) in slow fading channels," *IEEE Trans. Wireless Commun.*, vol. 7, pp. 2771-2777, Jul. 2008.

[58] T. Tabet, S. Dusad, and R. Knopp, "Diversity-Multiplexing-Delay Tradeoff in Half-Duplex ARQ Relay Channels," *IEEE Transactions on Inform. Theory*, vol. 53, no. 10, pp. 3797-3805, Oct. 2007.

[59] Lin Dai and K. Letaief, "Throughput maximization of ad-hoc wireless networks using adaptive cooperative diversity and truncated ARQ," *IEEE Transactions on Communications*, vol. 56, no. 11, pp. 1907-1918, Nov. 2008.

[60] Bin Zhao and M.C. Valenti, "Practical relay networks: a generalization of hybrid-ARQ," *IEEE Journal on Selected Areas in Communications (JSAC)*, vol. 23, no.1, pp. 7-18, Jan. 2005.

[61] M.N. Khormuji and E. G. Larsson, "Analytical Results on Block Length Optimization for Decode-and-forward Relaying with CSI Feedback," in *Proc. 8th IEEE Workshop on Signal Processing Advances in Wireless Communications*, Jun. 2007, Helsinki, Finland.

[62] S. Igor, S. Osvaldo, B. Yeheskel and Cho Myeon Yun, "On the Optimal Number of Hops in Linear Wireless Ad-Hoc Networks with Hybrid ARQ," in *Proc. of WiOPT*, Apr. 2008.

[63] R. Hoshyar, and R. Tafazolli, "Performance evaluation of HARQ schemes for cooperative regenerative relaying," in *Proc. of IEEE Int. Conf. on Commun.(ICC'09)*, Dresden, Germany, Jun. 2009.

[64] Technical Specification Group Radio Access Network, "Evolved universal terrestrial radio access (E0UTRA); LTE radio frequency (RF) system scenarios," 3rd Generation Partnership Project (3GPP), Tech. Rep. TS 36.942, 2008-2009.

[65] G. Auer et al., "D2.3: Energy Efficiency Analysis of the Reference Systems, Areas of Improvements and Target Breakdown," INFSO-ICT-247733 EARTH (Energy Aware Radio and NeTwork TecHnologies), Tech. Rep., Nov. 2010.

[66] EARTH deliverable 3.2 online at https://www.ict-earth.eu/publications/deliverables/deliverables.html

[67] J. Wagner, B. Rankov, and A. Wittneben, "Large N Analysis of Amplify-and-Forward MIMO Relay Channels with Correlated Rayleigh Fading," *IEEE Trans. Inf. Theory*, vol. 54, no. 12, pp. 5735–5746, Dec. 2008.

[68] F. Héliot, M. A. Imran, and R. Tafazolli, "Energy Efficiency Analysis of In-Building MIMO AF Communication," in *Proc. IWCMC 2011*, Istanbul, Turkey, Jul. 2011.

[69] G. Miao, N. Himayat, and G. Y. Li, "Energy-Efficient Link Adaptation in Frequency-Selective Channels," *IEEE Trans. Commun.*, vol. 58, no. 2, pp. 545–554, Feb. 2010.

[70] S. Verdu, "Spectral Efficiency in the Wideband Regime," *IEEE Trans. Inf. Theory*, vol. 48, no. 6, pp. 1319–1343, Jun. 2002.

第4章 绿色无线通信与网络的跨层设计和优化

TingZhu、ShengXiao 和 Chang Zhou

节能的无线通信是长期无线网络应用的关键问题，比如在军事监视、生境监测以及基础设施保护等。具有代表性的通信能量优化方法有：①物理层传输速率定标；②为得到更好的连接性、可靠性和稳定性而对链路层的优化；③为获得更好的转发和路由而对网络层的加强；④从内容无关和内容中心两方面进行数据聚集和推断来改善应用层。这些解决方法是高度多样化的。为了能够进一步提高EE，研究者们提出了跨层设计和优化技术。本章中，首先小结在不同层进行节能设计的方法，然后讨论能量静态和动态网络中的跨层设计和优化。

4.1 不同层的节能设计

多年来，学者们已经对无线通信和网络中不同层的节能设计进行了重点研究。本节中，简要介绍以下4个方面：①节能硬件平台；②节能 MAC；③节能网络；④节能应用。

4.1.1 节能硬件平台

作为无线通信和网络的建筑基础，节能硬件平台得到了大力发展，如 MicaZ[1]、Telos[2]、iMote[3]、BTnode[4]、Eyes[5]、TinyNode[6]、Sensinode[7]、mPlatform[8]和 IRIS[9]。为了进一步支持长期应用，人们开发了许多从周围环境中获取能量的新平台。值得注意的有 Heliomote[10]、Prometheus[11]、Trio[12]、AmbiMax[13]和 PUMA[14]。

根据使用的能源存储的类型，这些平台可分为三大类：①基于充电电池的平台[15]；②结合超级电容器和充电电池的设计[11,12]；③基于电容器的设计[16]。

• 在充电电池设计中，如 Heliomote[10,15]，能量收集面板是与电池直接相连接的。作为主要的能量存储设备，充电电池需要频繁地充电和放电，由于充电循环次数的物理限制会导致系统寿命降低。

• 在结合超级电容器和充电电池的设计中，如 Prometheus[11]，太阳能首先被存储在主能量缓存器中，这是由一个或多个超级电容器组成的。然后用充电电池作为次能量缓存器。这种设计同时继承了电池与电容的优点和限制。举个例子，由于电池的存在很难预测剩余电量，而能量存储子系统的寿命是由电池的使用时间来决定的（大约是几年）。在该分类中，人们建立了几种改进后的相似系统。如 AmbiMax[14] 从多种外界能量源（比如太阳能和风能发电）中收集能量，还有 PUMA[14] 使用能量路由开关来引导多个能源到多个子系统中。通过结合 MPPT 和能量重组来实现外界能量的更高效利用。

- 由于泄漏问题，前面的研究有意避开了仅使用电容器的设计方案。为了减轻泄漏，通常使用较小的电容器，因此需要使用次能量存储设备（电池）。然而，电池容量的开发非常缓慢而且仍然有泄漏的可能。另外，电池的充电效率相对较低[17]。比如，根据自然资源保护协会[17] 发布的数据，普通的电池充电器的效率为 6%~40%。与早前研究不同，TwinStar[16] 对仅使用电容器设计的前沿技术进行调查，不仅研究了硬件设计，还研究了相关的软件控制技术，来降低能量泄漏的影响。

4.1.2 节能 OS

为无线通信网络设计的操作系统（OS）近年来引起了人们的广泛关注。许多优秀的操作系统得到了开发，包括 TinyOS/T2[18,19]、LiteOS[20]、Contiki[21]、SOS[22]、Mantis[23]、t-Kernel[24] 以及 Nano-RK[25]。流行的 TinyOS 支持两级调度的单线程模式。SOS[22] 也是单线程事件驱动结构，具有动态载入模块以及一个常用的核。与它不同的是，LiteOS[20]、Contiki[21] 和 Mantis[23] 在文件系统、动态存储和调制支持中提供具有不同特征的多线程支持。在移动计算领域，针对笔记本计算机和掌上计算机提出了 Odyssey[26] 和 ECOSystem[27]。有一些近期研究提出了资源感知适应，如 Pixie[28] 和 Econ[29] 是专门面向数据流应用而设计的。

4.1.3 节能 MAC

MAC 层设计已经成为社区支持节能网络的研究重点。一般而言，现有的 MAC 协议可分为两类：一类是同步 MAC 协议，包括 S-MAC[30]、T-MAC[31]、RMAC[32] 和 DW-MAC[33]，这些协议可以同步相邻节点，从而排列这些节点的激活或者休眠状态；另一类是异步 MAC 协议，包括 B-MAC[34]、X-MAC[35]、WiseMAC[36] 和 RI-MAC[37]，它们可以通过低功耗监听等技术，使传感器节点根据自己的工作计划而独立工作。最近，一些混合 MAC 协议是利用两种传统方法的优势而设计出来的，如 SCP-MAC[38]、Z-MAC[39] 和 Funneling-MAC[40]。尽管这些 MAC 协议可以对单跳通信进行有效节能，但对一个网络中多跳通信的进一步优化和改进仍需要进行新的前沿研究。

4.1.4 节能网络

除了节能硬件平台、操作系统和 MAC 协议设计，节能网络层设计也是非常重要的。由于在长期应用中，有限的能量与持续增加的能量需求之间的缺口越来越大，研究者们开始认识到低占用周期网络的重要性。Dousse 等人[41]在具有完全不协调节点工作计划的网络中，从一个节点向接收点发送数据时中继的约束进行了可靠的分析。Lu 等人[41]针对具有树形和环形拓扑结构的占用周期网络提出了优化转发解决方案。参考文献［43］中，Lai 和 Paschalidis 为平衡占用周期网络中的能耗和通信延迟，提出了全局和分布式的算法。最近，Su 等人[44]介绍了间歇连接传感器网络中的两种主动最小延迟路由算法。

4.1.5 节能应用

尽管节能技术应用的范围非常广，但是从军事监视[45]、灾害应对[46,47]、生境监测[48,49]、基础设施保护[50-53]、科学探索[54,55]到参与城市感知[56-58]等方面已经成为几乎所有无线网络应用的重点。在要求长期运行和有限的能量供给条件下，许多应用都是在低占用周期情况下工作的。

无线传感器网络是最重要的无线网络类型之一。在无线传感器网络研究中，感知是不可或缺的研究内容。在有限的可利用能量条件下，如何进行节能感知操作是一个具有挑战性的问题。在参考文献［59］中，作者支持基于非占用适用规则的全监视覆盖。在参考文献［60］中，监视覆盖是通过探测实现的。参考文献［61］中，Kumar 等人假设一个节点是在某种概率下被随机启动的，确定了网络中 k- 覆盖的临界约束。在参考文献［62］中，Kumar 等人研究了 k- 障碍覆盖问题，确定了对于弱 k- 障碍覆盖的临界条件。参考文献［63，64］中，作者给出了在目标被检测到之前，延迟（或者隐形距离）的理论分析和仿真，设计了几种基于集合覆盖概念的一些算法。参考文献［65］中，Cardei 等人提出了两种启发式算法来确定集合覆盖的最大值，从而对已知位置的目标进行监测。参考文献［66］中，Abrams 等人为参考文献［67］中总结的 SET K- COVER 问题的松弛版提出了 3 种近似算法。

4.2 能量静态网络的跨层优化

由前面的章节已经知道，为了弥补传感器应用寿命需求与电池容量提升缓慢问题之间的缺口，节能通信栈是至关重要的。因此研究者们提出了许多节能通信协议。

另一方面，尽管知道实际上通信能量主要是为了潜在的即将到来的数据包做准备而消耗的，也就是关于空闲监听的问题，然而具有间断接收器的无线网络还是没有引起人们的关注。举个例子，广泛使用的 Chipcon CC2420[68]无线电，当接收或空闲监听时，电流为 19. 7mA，这实际上要比发送时的电流 17. 4mA 要大。

更重要的是，数据包发送时间一般比较小（使用 CC2420 无线电发送一个 TinyOS 数据包的时间小于 1ms），但等待接收的空闲监听的持续时间则不在一个数量级上。比如，大多数环境的应用，如 Great Duck Island[48]、Redwood Forest[49] 和 James Reserve[69]，以相对低的速率对环境进行采样（采样间隔以分钟为量级）。在可比的电流消耗下，接收等待时间可以高出 3 ~ 4 个数量级，若不经过优化，空闲监听是通信过程中主要的能量消耗。为了减少空闲监听时的能量损失，由节点形成的低占用周期网络可以简单地对信道进行监听，并在大部分时间段关闭其无线电波（99% 或更多）。在任何给定的时间内，这种网络实际上被分成许多片段（分区），网络连通性（拓扑）也变成间歇性的。特别地，低占用周期网络中的通信延迟是由休眠延迟时间决定的，是发送器等待接收器激活的时间。尽管低占用周期网络对许多长期无人传感器应用来说是一个理想的解决方案，但相关研究却比较匮乏，并且大多数研究重点在物理层和链路层的设计上。为了保证低占用周期接收器的数据接收，一些先驱研究者提出了 S-MAC[30]、B-MAC[34]、X-MAC[35]、WiseMAC[36]、SCP-MAC[38] 和 802.15.4 灯塔使能模式[70]，这些方法通过低功耗监听（LPL）技术和同步信道投票（SCP）技术成功减少了空闲监听的数量。这些链路层设计是很有效的，但如果不利用网络层的拓扑信息和多跳连接信息则很难实现进一步的优化改进。比如说，数据可靠性通常是由链路层协议[30,34,35,38] 维持的，如果前面的传送失败，则数据发送给同一个接收器。在低占用周期网络中，如果没有网络层的再路由能力，链路层协议就必须等到预期的接收器再次被激活才可以继续工作，从而将休眠延迟增加到秒或分钟的数量级。

受到不充分的链路层设计的启发，研究者们提出了跨层设计以及对能量静态和动态低占用周期网络的优化。本节会介绍对能量静态低占用周期网络的跨层优化。对能量动态低占用周期网络的跨层优化将在 4.3 节中进行介绍。

4.2.1 网络模型

在能量静态低占用周期网络中，传感器设备通常是由电池来供电的。可用的剩余电量是不能动态改变的。静态低占用周期无线网络支持任务驱动的应用，比如具有特定网络寿命需求和固定能量预算的军事监视[71,72]。举个例子，一个军事战略区域应该在两个月内直到建立起大本营才实现覆盖。这种网络类型的占用周期是电池寿命与网络寿命的固定比值。

假设一个含有 N 个传感器节点的网络，在给定的一个时间点 t 上，一个传感器节点有激活或休眠两种状态。当一个节点处于激活状态时，可以感应和接收从相邻节点发送来的数据包。当一个节点处于休眠状态时，则关闭除了定时器以外的所有功能模块（为了唤醒自身的目的）。换句话说，一个节点可以随时唤醒自己进行数据包传送，但只有在激活状态时才可以接收数据包。这种网络模型的基本原理就是减少无线传感器节点主要能耗的空闲监听。在低占用周期网络中，一个传感器节点是通过一系列的唤醒事件来安排其工作行为的，唤醒后节点就可以接收即将到来的数据包。每个在节点 i 的唤醒事件 j 可表示为 (t_j^i, d_j^i)，其中 t_j^i 表示唤醒事件的起始时间，d_j^i 表示唤醒事件的持续时间。把节点 i 的工作计划记作 Γ_i，可以得到 $\Gamma_i = \{(t_1^i, d_1^i), (t_2^i, d_2^i), \cdots\}$。本质上来说，$\Gamma_i$ 存储了节点 i 在其寿命周期的所有唤醒事件。由于许多传感器节点的工作计划是周期性的[71,73,74]，利用周期 T 内的重复子列，就足以代表唤醒事件的无穷序列。比如说，在一个周期性的工作计划 $\{(1,1),(11,1),(12,1),\cdots\}$ 中，传感器节点每 10 个时间单位唤醒一次，可以把工作计划表示为（1，1），周期 $T=10$。对于周期为 T 的给定 Γ_i，传感器节点 i 的监听占用周期为 $\sum d_j^i/T$，其中 $0 \leqslant t_j^i \leqslant T$。

对于一个传感器节点，其相邻节点在激活与休眠状态来回转换，则它与相邻节点的连接会根据时间进行变化从而成为间歇性连接。正式来讲，对于已知时间 t，将网络拓扑结构记作 $G(t)=(V,E(t))$，其中 V 是网络中 N 个传感器节点的完全集合，$E(t)$ 是在时间为 t 时定向边缘的集合。当且仅当以下情况时，边 $e(i, j)$ 才属于 $E(t)$：①节点 j 在节点 i 的通信范围内；②节点 j 是激活状态，因此能够在时间为 t 时接收数据包。本质上来说，$G(t)$ 表示了时间为 t 时的网络中的潜在交通流。图 4.1 显示了当节点 B 和节点 D 在时间 t 和 $2t$ 激活时，伴随时间序列的连接图 $G(t)$ 的 3 个例子。显然在该网络中，节点并不是一直准备接收并且发送器需要等到接收器激活才能发送信号的。

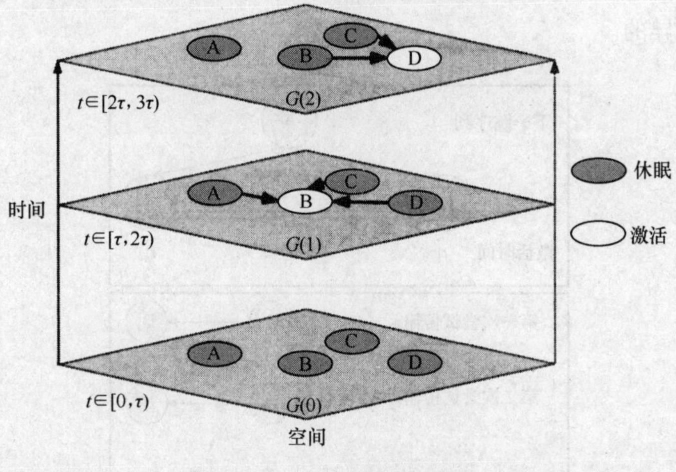

图 4.1　低占用周期网络模型

在一个能量静态低占用周期的传感器网络中，每个节点 i 使用一个固定的

工作计划 $\Gamma_i = \{(t_1^i, d_1^i), (t_2^i, d_2^i), \cdots\}$，同时告知其相隔 K-跳的相邻节点（通常 $K=1$）。已知其 K-跳相邻节点的工作计划信息，那么需要解决的问题就是如何设计对延迟、可靠性以及双向单播、多路广播和传播成本具有有效优化作用的算法和协议。传感器节点之间的不可靠通信链路也是一个非常具有挑战性的问题。

4.2.2 网络协议

介绍网络模型之后，本节来简要介绍一下能量静态低占用周期网络协议。以参考文献［75］中的 DSF 为例，DSF 对休眠潜伏期和不可靠通信链路的联合效果进行了研究，其中给定单跳相邻节点的工作计划是已知并且固定不变的。动态转发（DSF）的主要原理如图 4.2 所示。在传统的路由协议中，数据包会通过单一固定路径（ETX[76]、MintRoute[77]、DSR[78] 和 AODV[79]）或者是多个固定路径（Drected Diffusion[80]、Disjoint Multi-Path[81]）进行转发。这些协议适合一直处于激活状态的网络，然而在低占用周期网络中，如果之前的数据包发送失败，就要等待固定的接收器再次激活才能传输，那么休眠延迟时间会增大 1～2 个数量级。为了使休眠时间最小化，DSF 在每一跳使用多个潜在转发节点，如图 4.2 所示，对于给定的接收器，每个节点保持与一系列的转发节点相连接，这些转发节点是按照唤醒时间来排序的。数据包的发送是从这些排序节点的第一个开始的。如果失败，则按照序列中的节点顺序进行再次发送，直到被成功接收。DSF 优化的关键问题是如何在所有具备资格的节点中选择出转发节点子集。首次 DSF 揭露了低占用周期网络与总是处于激活状态的网络之间是存在本质差异的。

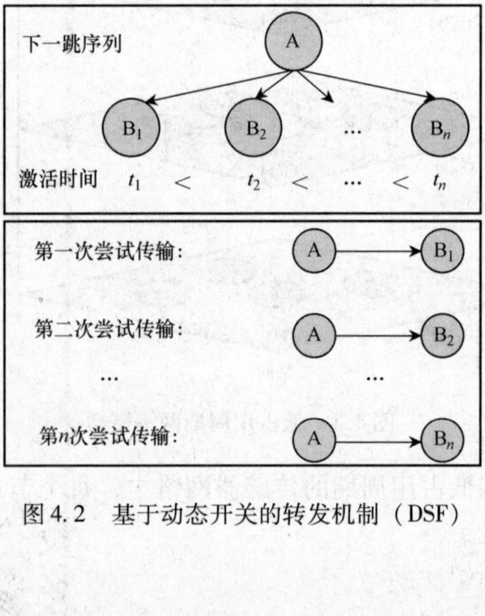

图 4.2 基于动态开关的转发机制（DSF）

4.3 能量动态网络的跨层设计

对于长期无人操作的应用，如远程生境监测，由于更换电池会大大增加维护成本，因此应用电池供电的传感器并不理想。为了解决这个问题，研究者们设计出了各种各样的能量收集技术来从环境中获取外界能量，包括太阳能[12,82]、风能[13]、动能[83]、压电应变能量[83]以及振动能[84]。环境中能量的动态变化为无线网络带来了新的挑战。本节将讨论使用环境供给的各种能量来为低占用周期无线网络进行跨层设计。

4.3.1 硬件和通信

参考文献［85］中，设计并介绍了双星电源板，如图 4.3 所示。它以唯一的超级电容器设计为特点，与现有的可充电电池设计不同[82,86]，双星设计具有一些明确的优势：①它可以循环充电一百万次；②具有独立的放电模式，可预测剩余电量；③具有很高的充电和放电效率。为了支持智能电源管理，如图 4.3 所示，双星电源板可提供双接口：首先，一个主接口用来提供电源并与工作平台进行接收/发送信号（如 MicaZ. mPlatform）；其次，为了性能分析，通过附加一个伴随节点来设计一个可选择的接口。这个伴随节点是独立供电的，从而消除其对主电源的影响，就是说，性能分析操作而消耗的能量会影响总能量分析的准确性。

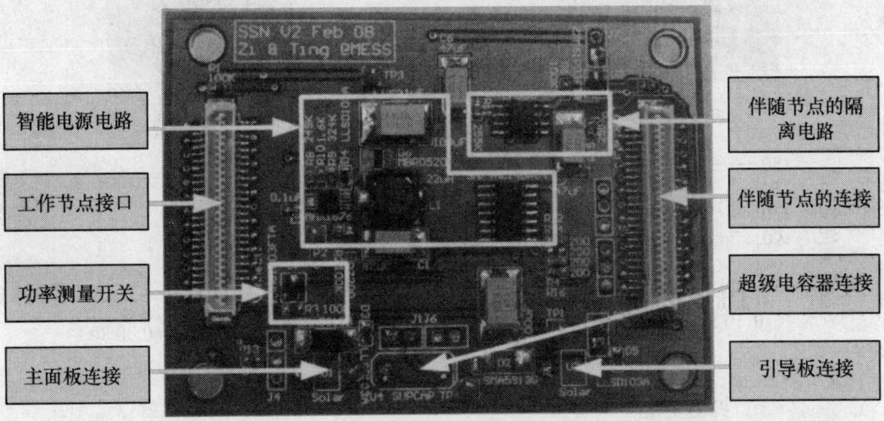

图 4.3　双星电源板

基于双星电源板，Zhu 等人实施了一系列的试验来研究在室外、室内和移动环境下的能量收集率。如图 4.4 ~ 图 4.6 所示，外界能量随着时间和地点不同具有明显的变化。由于收集的能量是根据环境而进行动态且无预期的改变的，在能量动态低占用周期传感器网络中，基于能量可用性，每个节点 i 保持一个变化的工作

计划 $\Gamma_i = \{(t_1^i, d_1^i), (t_2^i, d_2^i), \cdots\}$。该研究部分的关键挑战是根据可验证的性能稳定性和收敛性来平衡能量的供给和需求。

为了优化能量动态低占用周期网络的性能，Zhu 等人提出了能量自适应控制[16]。低占用周期网络的延迟受到的影响因素包括接收节点中激活状态持续时间（$\sum d_j^i/T$），以及沿着时间轴的唤醒事件的分布（t_j^i）。当从环境中获取的能量非常充足时，节点可以得到更多唤醒，减少延迟时间，另一方面，如果只有较少能量可用于通信，节点应该减少激活频率和持续时间，因此延迟时间更长。与前面的启发式算法相比[87,88]，参考文献［16］中提出的基于反馈控制的算法不仅精确地对系统的稳态行为进行了研究，也介绍了超调量与调整时间。

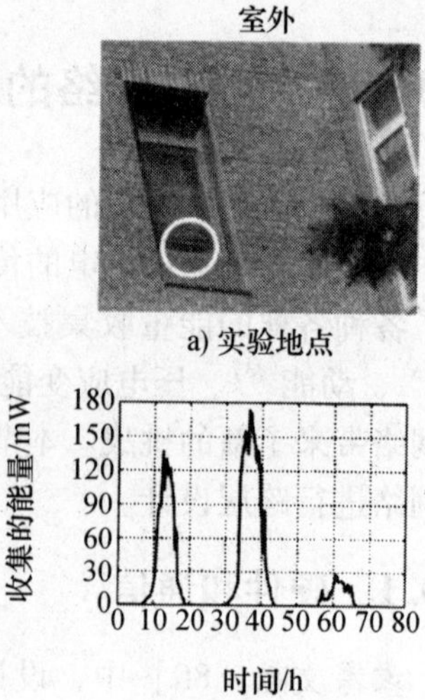

a) 实验地点

b) 收集的能量

图 4.4　室外

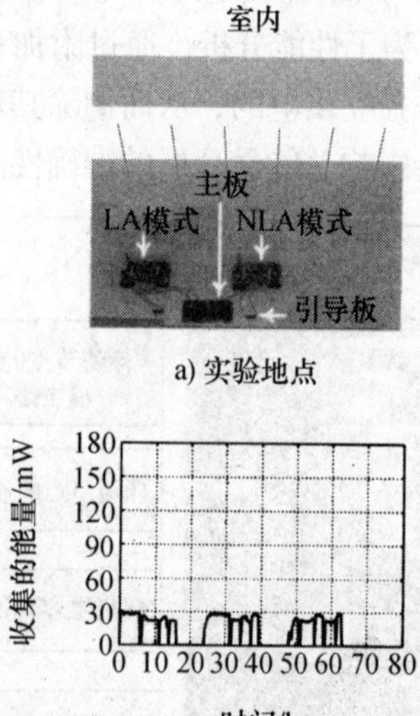

a) 实验地点

b) 收集的能量

图 4.5　室内

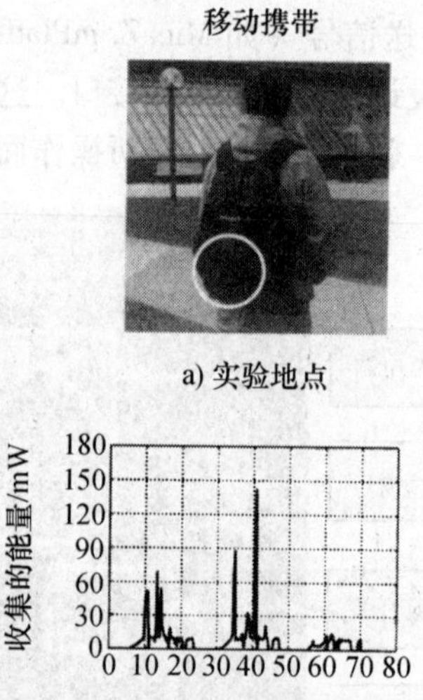

a) 实验地点

b) 收集的能量

图 4.6　移动携带

低占用周期传感器网络中的一个有趣的现象就是物理连接和逻辑连接之间的分离。一个低占用周期网络可以在物理上连接而逻辑上分开。举个例子，如果一个节点不知道其相邻节点何时被激活，它就不能进行通信。基于动态的能量供给，能量自适应控制必须调整唤醒时间表，使得逻辑分离具有可能性。增加的计划调整可避免逻辑分离的机会，但会导致一个次优化的唤醒时间。

在参考文献［89］中，作为支持现有网络协议的通用中间服务，设计出了一个能量同步通信（ESC）协议。在低占用周期传感器节点中建立转发延迟模型，基本原理如图 4.7 所示。令节点 A 的前任是一个节点集合，这个集合利用节点 A 作为转发器（例子中的 P_1、P_2、P_3），节点 A 的继承者是接收节点 A 转发的节点集合（例子中的 S_1、S_2）。需要注意，如果一个节点可以双向交换数据，那么该节点可以同时作为节点 A 的前任和继承者。节点 A 的延迟时间作为接收和发送数据包延迟时间的总和来建立模型。为了不失一般性地来描述其主要原理，考虑 P_i 与 A 之间的一个链路的延迟时间。假设双向连接质量 q 表示节点 A 与 P_i 之间往返传输的成功比值（DATA 和 ACK）。数据包在第 i 次到达节点 A 的概率可表示为 $P(i)=(1-q)^{i-1}q$。对于一个节点 P_i 的数据包准备时间 t，到达节点 A 的期望传输延时是数据包在第 i 次到达节点 A 以及相应的休眠延迟 $L_t^P(i)$（其中 $i=1, 2, \cdots$）的概率积之和。根据节点 A 的唤醒时间表可以计算出 $L_t^P(i)$ 的结果，P_i 与 A 之间的连接延迟可以表述为 $D(t)=\sum_{i=1}^{\infty}P(i)L_t^P(i)$。类似的，可以对节点 A 与它的继承者中的一个节点 S_i 之间的延迟进行建模。为了获得平均延迟时间，可以根据单个链路的通信量速率来进行加权平均计算。

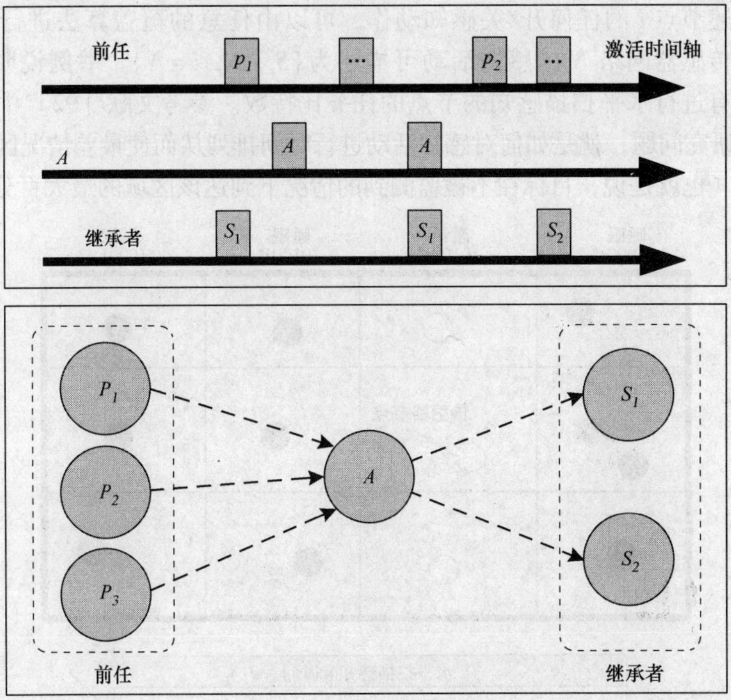

图 4.7　交叉传输延迟模型（一）

参考文献［89］的研究表明，通过占用周期节点的交叉流量延时仅仅由时间间隔中的激活事件数量来决定，其中时间间隔是由前任节点和继承者节点的激活事件来分离的。评价结果证明，当使无线电的激活与可用能量同步时，ESC 可有效降低延时并且增加传输速率。

4.3.2 传感

除了通信，传感是小型传感器节点能耗的另一个主要来源。比如说，一个磁传感器工作时的电流为 6.5mA，这是 Telos 微粒中使用的 MSP430 微控制器消耗能量的 26 倍。尽管传感是一个非常活跃的研究课题，但是几乎所有前期研究工作[59,60,62-67,90,91]都假设电池供电的网络是具有固定的能量预算的。显然，当考虑到不均匀的动态能量预算时，传感问题就变得更加现实和具有挑战性。

节能传感能够通过降低测量元件的工作占用周期以及减少传感器节点的多余配置来增加系统工作时长。在参考文献［92］中，Jason 等人利用一个元组（S_i，R_i）来对节点 i 的低占用周期感知活动进行建模。S_i 是二进制时间表，其中 1 表示激活状态，0 表示非激活状态。R_i 是变换率，定义为持续时间的倒数，用 1bit 表示。举个例子，元组（$(0010)^*$，2）表示时间表重复“关－关－开－关”，每比特表示 0.5s。理论上，当变换速率接近无穷时，时间表比特数 R_i 可以精确地描述节点 i 的任何开/关感知动作，可以由任意的覆盖算法进行计算。那么，一个传感器网络 N 的感知活动可描述为$\{S_i, R_i \mid i \in N\}$。举例说明，图 4.8 显示了所有进行水平扫描感知的节点的任务比特数。参考文献［92］中提出了一个关键的研究问题，就是如何对感知活动进行时间排列从而使最差情况区域缺口达到最小化（也就是说，目标在不被监测到的情况下到达该区域的最大百分比）。

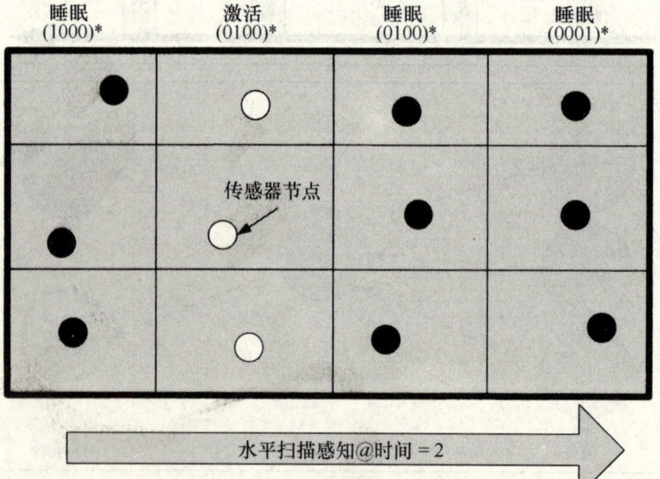

图 4.8 交叉传输延迟模型（二）

参考文献

[1] CrossBow, "Crossbow micaz oem module," Available at http://www.xbow.com/Products/Product pdf files/Wireless pdf/MICAz OEM Edition Datasheet.pdf.

[2] J. Polastre, R. Szewczyk, and D. Culler, "Telos: enabling ultra-low power wireless research," in *Fourth International Symposium on Information Processing in Sensor Networks (IPSN 2005)*, pages 364–369, 2005.

[3] Intel, "Intel imote," in Available at http://www.intel.com/research/exploratory/motes.htm.

[4] J. Beutel, O. Kasten, F. Mattern, K. Romer, F. Siegemund, and L. Thiele, "Prototyping wireless sensor network applications with btnodes," in *Proceedings of the 1st European Workshop on Sensor Networks(EWSN 2004)*, pages 323–338, 2004.

[5] Eyes Project, "Eyes module," in Available at http://www.eyes.eu.org/.

[6] H. Dubois-Ferriere, R. Meier, L. Fabre, and P. Metrailler, "Tinynode: a comprehensive platform for wireless sensor network applications," in *The Fifth International Conference on Information Processing in Sensor Networks (IPSN 2006)*, pages 358–365, 2006.

[7] Sensinode Ltd., "Sensinode," in Available at http://www.sensinode.com.

[8] D. Lymberopoulos, N. B. Priyantha, and F. Zhao, "mplatform: a reconfigurable architecture and efficient data sharing mechanism for modular sensor nodes," in *IPSN 07: Proceedings of the 6th International Symposium on Information Processing in Sensor Networks*, pages 128–137, 2007.

[9] CrossBow, "Crossbow iris oem module," in Available at http://www.xbow.com/Products/Product pdf files/Wireless pdf/IRIS OEM Datasheet.pdf.

[10] K. Lin, J. Yu, J. Hsu, S. Zahedi, D. Lee, J. Friedman, A. Kansal, V. Raghunathan, and M. Srivastava, "Heliomote: enabling long-lived sensor networks through solar energy harvesting," in *SenSys '05*, 2005.

[11] X. Jiang, J. Polastre, and D. Culler, "Perpetual environmentally powered sensor networks," in *IPSN '05*, 2005.

[12] P. Dutta, J. Hui, J. Jeong, S. Kim, C. Sharp, J. Taneja, G. Tolle, K. Whitehouse, and D. Culler, "Trio: enabling sustainable and scalable outdoor wireless sensor network deployments," in *Proceedings of the Fifth International Conference on Information Processing in Sensor Networks (IPSN 2006)*, pages 407–415, 19-21 April, 2006.

[13] C. Park and P.H. Chou, "Ambimax: Autonomous energy harvesting platform for multi-supply wireless sensor nodes," in *3rd Annual IEEE Communications Society on Sensor and Ad Hoc Communications and Networks,* 1:168–177, 28-28, 2006.

[14] C. Park and P. Chou, "Power utility maximization for multiple-supply systems by a load-matching switch," *Proceedings of the 2004 International Symposium on Low Power Electronics and Design, 2004. ISLPED '04*, pp. 168–173, 2004.

[15] A. Kansal, J. Hsu, S. Zahedi, and M. B. Srivastava, "Power management in energy harvesting sensor networks," *TECS*, vol. 6, no. 4, 2007.

[16] T. Zhu, Z. Zhong, Y. Gu, T. He, and Z.-L. Zhang, "Leakage-aware energy synchronization for wireless sensor networks," in *MobiSys '09: Proceedings of the 7th Annual International Conference on Mobile Systems, Applications and Services*, 2009.

[17] Suzanne Foster, "The energy efficiency of common household battery charging systems: Results and implications," in *Natural Resources Defense Council*, http://www.efficientproducts.org/reports/bchargers/NRDC-Ecos_Battery_Charger_Efficiency.pdf.

[18] J. Hill, R. Szewczyk, A. Woo, S. Hollar, D. Culler, and K. S. J. Pister, "System architecture directions for networked sensors," in *ASPLOS '00*, 2000.

[19] P. Levis, D. Gay, V. Handziski, J. Hauer, M. T. Be. Greenstein, J. Huio, K. Klues, C. Sharp, R. Szewczyk, J. Polastre, P. Buonadonnao, L. Nachman, G. Tolleo, D. Cullero, and A. Wolisz, "T2: A second generation OS for embedded sensor networks," in *Technical Report TKN-05-007*, 2005.

[20] Q. Cao, T. Abdelzaher, J. Stankovic, and T. He, "LiteOS, A Unix-like operating system and programming platform for wireless sensor networks," in *IPSN'08*, 2008.

[21] A. Dunkels, B. Gronvall, and T. Voigt, "Contiki - A lightweight and flexible operating system for tiny networked sensors," in *LCN '04: Proceedings of the 29th Annual IEEE International Conference on Local Computer Networks.* Washington, DC, USA: IEEE Computer Society, 2004, pp. 455–462.

[22] C.-C. Han, R. Kumar, R. Shea, E. Kohler, and M. Srivastava, "A dynamic operating system for sensor nodes," in *MobiSys '05: Proceedings of the 3rd International Conference on Mobile Systems, Applications, and Services.* New York, NY, USA: ACM, 2005, pp. 163–176.

[23] S. Bhatti, J. Carlson, H. Dai, J. Deng, J. Rose, A. Sheth, B. Shucker, C. Gruenwald, A. Torgerson, and R. Han, "MANTIS OS: An embedded multithreaded operating system for wireless micro sensor platforms," *Mob. Netw. Appl.*, vol. 10, no. 4, pp. 563–579, 2005.

[24] L. Gu and J. A. Stankovic, "t-kernel: Providing reliable OS support to wireless sensor networks," in *SenSys '06: Proceedings of the 4th International Conference on Embedded Networked Sensor Systems.* New York, NY, USA: ACM, 2006, pp. 1–14.

[25] A. Eswaran, A. Rowe, and R. Rajkumar, "Nano-RK: An energy-aware resource-centric RTOS for sensor networks," in *RTSS '05: Proceedings of the 26th IEEE International Real-Time Systems Symposium.* Washington, DC, USA: IEEE Computer Society, 2005, pp. 256–265.

[26] J. Flinn and M. Satyanarayanan, "Managing battery lifetime with energy-aware adaptation," *ACM Trans. Comput. Syst.*, vol. 22, no. 2, pp. 137–179, 2004.

[27] H. Zeng, C.S. Ellis, and A.R. Lebeck, "Experiences in managing energy with ECOSystem," *Pervasive Computing, IEEE*, Jan.-March 2005.

[28] K. Lorincz, B. rong Chen, J. Waterman, G. Werner-Allen, and M. Welsh, "Pixie: An operating system for resource-aware programming of embedded sensors," in *In Proceedings of the Fifth Workshop on Embedded Networked Sensors (HotEmNets 2008)*, 2008.

[29] J. Sorber, A. Kostadinov, M. Garber, M. Brennan, et al., "Eon: A language and runtime system for perpetual systems," in *SenSys '07*, 2007.

[30] W. Ye, J. Heidemann, and D. Estrin, "An energy-efficient MAC protocol for wireless sensor networks," in *INFOCOM*, 2002.

[31] T. van Dam and K. Langendoen, "An adaptive energy-efficient mac protocol for wireless sensor networks," in *SenSys 03: Proceedings of the 1st International Conference on Embedded Networked Sensor Systems,* pages 171–180, 2003.

[32] S. Du, A. K. Saha, and D. B. Johnson, "Rmac: A routing-enhanced duty-cycle mac protocol for wireless sensor networks," in *INFOCOM*, 2007.

[33] Y. Sun, S. Du, O. Gurewitz, and D. B. Johnson, "Dw-mac: a low latency, energy efficient demand wakeup mac protocol for wireless sensor networks," in *MobiHoc 08: Proceedings of the 9th ACM International Symposium on Mobile ad hoc Networking and Computing,* pages 53–62, 2008.

[34] J. Polastre and D. Culler, "Versatile low power media access for wireless sensor networks," in *SenSys '04*, 2004.

[35] M. Buettner, G. V. Yee, E. Anderson, and R. Han, "X-mac: a short preamble mac protocol for duty cycled wireless sensor networks," in *SenSys*, 2006.

[36] A. El-Hoiydi and J.-D. Decotignie, "Wisemac: an ultra low power mac protocol for the downlink of infrastructure wireless sensor networks," in *IEEE Symposium on Computers and Communications*, 1:244–251, 2004.

[37] Y. Sun, O. Gurewitz, and D. B. Johnson, "Ri-mac: a receiver-initiated asynchronous duty cycle mac protocol for dynamic traffic loads in wireless sensor networks," in *SenSys 08: Proceedings of the 6th ACM Conference on Embedded Network Sensor Systems*, pages 1–14, 2008.

[38] W. Ye, F. Silva, and J. Heidemann, "Ultra-low duty cycle mac with scheduled channel polling," in *Proceedings of the 4th ACM Conference on Embedded Networked Sensor Systems (SenSys 2006)*, 2006.

[39] I. Rhee, A.Warrier, M. Aia, J.Min, and M. Sichitiu, "Z-mac: A hybrid mac for wireless sensor networks," in *IEEE/ACM Transactions on Networking*, 16(3):511–524, 2008.

[40] G.-S. Ahn, S. G. Hong, E. Miluzzo, A. T. Campbell, and F. Cuomo, "Funneling-mac: a localized,sink-oriented mac for boosting fidelity in sensor networks," in *SenSys*, 2006.

[41] O. Dousse, P. Mannersalo, and P. Thiran, "Latency of wireless sensor networks with uncoordinated power saving mechanisms," in *MobiHoc*, 2004.

[42] G. Lu, N. Sadagopan, B. Krishnamachari, and A. Goel, "Delay efficient sleep scheduling in wireless sensor networks," in *Proceedings of the 24th IEEE International Conference on Computer Communications (INFOCOM 2005)*, 2005.

[43] W. Lai and I. C. Paschalidis, "Sensor network minimal energy routing with latency guarantees," in *MobiHoc 07: Proceedings of the 8th ACM International Symposium on Mobile ad hoc Networking and Computing*, pages 199–208, 2007.

[44] L. Su, C. Liu, H. Song, and G. Cao, "Routing in intermittently connected sensor networks," in *Proceedings of the 16th IEEE International Conference on Network Protocols (ICNP 2008)*, 2008.

[45] A. Arora, P. Dutta, S. Bapat, V. Kulathumani, H. Zhang, V. Naik, V. Mittal, H. Cao, M. Demirbas,M. Gouda, Y. Choi, T. Herman, S. Kulkarni, U. Arumugam, M. Nesterenko, A. Vora, and M. Miyashita, "A line in the sand: A wireless sensor network for target detection, classification, and tracking," in Computer Networks (Elsevier), 46:605–634, 2004.

[46] J.-H. Huang, S. Amjad, and S. Mishra, "Cenwits: A sensor-based loosely coupled search and rescue system using witnesses," in *SenSys*, 2005.

[47] E. A. Basha, S. Ravela, and D. Rus, "Model-based monitoring for early warning flood detection," in *SenSys*, 2008.

[48] R. Szewczyk, A. Mainwaring, J. Anderson, and D. Culler, "An analysis of a large scale habit monitoring application," in *SenSys '04*, 2004.

[49] G. Tolle, J. Polastre, R. Szewczyk, N. Turner, K. Tu, S. Burgess, D. Gay, P. Buonadonna, W. Hong, T. Dawson, and D. Culler, "A macroscope in the redwoods," in *SenSys '05*, 2005.

[50] K. Chebrolu, B. Raman, N. Mishra, P. K. Valiveti, and R. Kumar, "Brimon: A sensor network system for railway bridge monitoring," in *MobiSys '08*, 2008.

[51] Y. Kim, T. Schmid, Z. M. Charbiwala, J. Friedman, and M. B. Srivastava, "Nawms: Nonintrusive autonomous water monitoring system," in *SenSys '08*, 2008.

[52] H. Song, S. Zhu, and G. Cao, "Svats: A sensor-network-based vehicle anti-theft system," in *Proceedings of the 27th IEEE International Conference on Computer Communications (INFOCOM 2008)*, 2008.

[53] N. Xu, S. Rangwala, K. K. Chintalapudi, D. Ganesan, A. Broad, R. Govindan, and D. Estrin, "A wireless sensor network for structural monitoring," in *Second ACM Conference on Embedded Networked Sensor Systems (SenSys 2004)*, 2004.

[54] L. Selavo, A. Wood, Q. Cao, T. Sookoor, H. Liu, A. Srinivasan, Y. Wu, W. Kang, J. Stankovic,D. Young, and J. Porter, "Luster: wireless sensor network for environmental research," in *SenSys '07*, 2007.

[55] P. Juang, H. Oki, Y. Wang, M. Martonosi, L. Peh, and D. Rubenstein, "Energy-efficient computing for wildlife tracking: Design tradeoffs and early experiences with zebranet," in *Proceedings of the International Conference on Architectural Support for Programming Languages and Operating Systems*, 2002.

[56] E. Miluzzo, N. D. Lane, K. Fodor, R. Peterson, H. Lu, M. Musolesi, S. B. Eisenman, X. Zheng, and A. T. Campbell, "Sensing meets mobile social networks: the design, implementation and evaluation of the cenceme application," in *SenSys '08*, 2008.

[57] P. Mohan, V. N. Padmanabhan, and R. Ramjee, "Nericell: rich monitoring of road and traffic conditions using mobile smartphones," in *SenSys '08*, 2008.

[58] S. B. Eisenman, E. Miluzzo, N. D. Lane, R. A. Peterson, G.-S. Ahn, and A. T. Campbell, "The bikenet mobile sensing system for cyclist experience mapping," in *Sensys*, 2007.

[59] D. Tian and N. Georganas, "A node scheduling scheme for energy conservation in large wireless sensor networks," *Wireless Communications and Mobile Computing Journal*, May 2003.

[60] F. Ye, G. Zhong, S. Lu, and L. Zhang, "PEAS: A robust energy conserving protocol for long-lived sensor networks," in *Proc. of International Conference on Distributed Computing Systems (ICDCS)*, May 2003.

[61] S. Kumar, T. H. Lai, and J. Balogh., "On k-Coverage in a mostly sleeping sensor network," in *Mobicom*, 2004.

[62] S. Kumar, T. H. Lai, and A. Arora, "Barrier coverage with wireless sensors," in *MobiCom '05*, 2005.

[63] C. Gui and P. Mohapatra, "Power conservation and quality of surveillance in target tracking sensor networks," in *MobiCom'04*, 2004.

[64] S. Ren, Q. Li, H. Wang, X. Chen, and X. Zhang, "Analyzing object tracking quality under probabilistic coverage in sensor networks," *ACM Mobile Computing and Communications Review*, vol. 9, no. 1, January 2005.

[65] M. Cardei, M. T. Thai, Y. Li, and W. Wu, "Energy-efficient target coverage in wireless sensor networks," in *IEEE INFOCOM*, 2005.

[66] Z. Abrams, A. Goel, and S. Plotkin, "Set K-Cover algorithms for energy efficient monitoring in wireless sensor networks," in *IEEE IPSN*, 2004.

[67] S. Slijepcevic and M. Potkonjak, "Power efficient organization of wireless sensor networks," in *IEEE ICC*, 2001.

[68] Texas Intruments, "2.4 ghz ieee 802.15.4 / zigbee-ready rf transceiver (rev. b)," in Available at http://focus.ti.com/docs/prod/folders/print/cc2420.html, 2007.

[69] A. Cerpa, J. Elson, D. Estrin, L. Girod, M. Hamilton, and J. Zhao, "Habitat monitoring: Application driver for wireless communications technology," in *Proc. of the 2001 ACM SIGCOMM Workshop on Data Communications in Latin America and the Caribbean*, April 2001.

[70] IEEE Computer Society, "IEEE computer society," in *IEEE Standard for Information technology Telecommunications and Information Exchange between Systems Local and Metropolitan Area Networks Specific Requirements:* Part 15.4: Available at http://standards.ieee.org/getieee802/download/802.15.4a-2007.pdf.

[71] C. Gui and P. Mohapatra, "Power conservation and quality of surveillance in target tracking sensor networks," in *Proceedings of 10th Annual ACM International Conference on Mobile Computing and Networking (MOBICOM 2004)*, 2004.

[72] T. He, S. Krishnamurthy, J. A. Stankovic, T. Abdelzaher, L. Luo, R. Stoleru, T. Yan, L. Gu, J. Hui, and B. Krogh, "Energy-efficient surveillance system using wireless sensor networks," in *MobiSys '04*, 2004.

[73] A. Chen, S. Kumar, and T. H. Lai, "Designing localized algorithms for barrier coverage," in *MOBICOM*, 2007.

[74] X. Wang, G. Xing, Y. Zhang, C. Lu, R. Pless, and C. Gill, "Integrated coverage and connectivity configuration in wireless sensor networks," in *Proceedings of the 1st International Conference on Embedded Networked Sensor Systems (Sensys 2003)*, 2003.

[75] Y. Gu and T. He, "Data forwarding in extremely low duty-cycle sensor networks with unreliable communication links," in *Proceedings of the 5th International Conference on Embedded Networked Sensor Systems (Sensys 2007)*, pages 321–334, 2007.

[76] D. Couto, D. Aguayo, J. Bicket, and R. Morris, "A high throughput pathmetric for multi-hop wireless routing," in *MobiCom 2003*, 2003.

[77] A. Woo, T. Tong, and D. Culler, "Taming the underlying challenges of reliable multihop routing in sensor networks," in *SenSys '03*, 2003.

[78] D. B. Johnson and D. A. Maltz, *Dynamic Source Routing in Ad Hoc Wireless Networks*, T. Imielinski and H. Korth, Eds. Kluwer Academic Publishers, 1996.

[79] C. E. Perkins and E. M. Royer, "Ad-hoc on demand distance vector routing," in *WMCSA*, 1999.

[80] C. Intanagonwiwat, R. Govindan, and D. Estrin, "Directed diffusion: A scalable and robust communication paradigm for sensor networks," in *the Sixth Annual International Conference on Mobile Computing and Networks*, 2000.

[81] D. Ganesan, R. Govindan, S. Shenker, and D. Estrin, "Highly resilient, energy efficient multipath routing in wireless sensor networks," *Mobile Computing and Communications Review*, vol. 1, no. 2, 2002.

[82] K. Lin, J. Yu, J. Hsu, S. Zahedi, D. Lee, J. Friedman, A. Kansal, V. Raghunathan, and M. Srivastava, "Heliomote: Enabling long-lived sensor networks through solar energy harvesting," in *Sensys '05*, 2005.

[83] J. Paradiso and M. Feldmeier, "A compact, wireless, self-powered pushbutton controller," in *Ubicomp '01*, 2001.

[84] S. Meninger, J.O. Mur-Miranda, R. Amirtharajah, A. Chandrakasan, and J. Lang, "Vibration-to-electric energy conversion," in *ISLPED '99*, 1999.

[85] Z. Zhong, D. Wang, and T. He, "Sensor node localization using uncontrolled events," in *International Conference on Distributed Computing Systems (ICDCS)*, 2008.

[86] X. Jiang, J. Polastre and D. Culler, "Perpetual environmentally powered sensor networks," in *Proceedings of the Fourth International Symposium on Information Processing in Sensor Networks (IPSN2005)*, 2005.

[87] J. Sorber, A. Kostadinov, M. Garber, M. Brennan, M. D. Corner, and E. D. Berger, "Eon: A language and runtime system for perpetual systems," in *Proceedings of the 5th International Conference on Embedded Networked Sensor Systems (Sensys 2007)*, pages 161–174, 2007.

[88] A. Lachenmann, P. J. Marron, D. Minder, and K. Rothermel, "Meeting lifetime goals with energy levels," in *Sensys*, 2007.

[89] Y. Gu, T. Zhu, and T. He, "ESC: Energy Synchronized Communication in sustainable sensor networks," in *Proc. of the 17th International Conference on Network Protocols (ICNP '09)*, October 2009.

[90] T. He, S. Krishnamurthy, L. Luo, T. Yan, L. Gu, R. Stoleru, G. Zhou, Q. Cao, P. Vicaire, J. A. Stankovic, T. F. Abdelzaher, J. Hui, and B. Krogh, "VigilNet: An integrated sensor network system for energy-efficient surveillance," *ACM Transactions on Sensor Networks*, vol. 2, no. 1, pp. 1–38, February 2006.

[91] T. Yan, Y. Gu, T. He, and J. A. Stankovic, "Design and optimization of distributed sensing coverage in wireless sensor networks," *ACM Transaction on Embedded Computing System (TECS)*, 2007.

[92] Y. Gu, J. Hwang, T. He, and D. H. Du, "uSense: A unified asymmetric sensing coverage architecture for wireless sensor networks," in *ICDCS '07*, 2007.

第 5 章　远距离无线网状网络的节能速率自适应

Zenghua Zhao、Zhibin Dou 和 Yantai Shu

5.1　简介

发展中地区无线通信的飞速增长使得绿色通信问题变得更加复杂，它们将无线技术作为跨越旧传统有线技术的媒质。在这些地区，能量是非常珍贵的资源，一些偏远地区甚至依靠低效的柴油发电机来供电，这大大增加了无线通信的碳排放量。因此，节能无线通信技术对发展中地区具有很大的影响[1]。

基于 IEEE 802.11 的 LDmesh（远距离无线网状）网络作为一个低成本的选择出现了，它可以为发展中地区的人口密度低的郊区提供网络连接，实现 ICT（信息和通信技术）服务。主要的成本增益是由于使用了低成本、低功率的单板计算机，以及使用未经授权频谱的大容量低成本现成的 802.11 无线网卡。这样的节点重量轻并且不需要昂贵的塔。网络也与短距离多跳城市网状网络大不相同[2]。多跳网络是使用全方向天线来满足短距离（最多不超过 1～2km）传输需求，而 LDmesh 网络是由点对点无线链路组成的，这些链路使用具有远距离（10～100km）视线的高增益方向天线（比如 24dBi）。

另外，LDmesh 网络也为绿色通信提供了针对郊区居民低功率需求的解决方案。一个 LDmesh 路由器的功率消耗约为 15W，这数值低到足以避免使用柴油发电机，并且通过太阳能和风能就可以实现本地发电。在发展中地区，LDmesh 网络因其成本效益和低功率需求而具有一定的发展潜力。

速率自适应是在支持多速率的无线网络中提高链路吞吐量的有效方法，如 802.11 网络等。尽管已经存在很多的自适应算法[9-19]，但它们都是为了短链路的 802.11 网络而设计的，不能直接在 LDmesh 网络中工作。首先，大多数实际速率自适应算法是基于 ACK 独自进行决策的，ACK 是根据数据包成功投递来进行发送的。然而，由于数据发送和接收是在不同的时段，所以 LDmesh 网络中没有在同一时段的 ACK。其次，由于这些算法用在城市中能源供给充足的地方工作的，所以都没有考虑到节能因素。

尽管速率自适应方案已经得到了广泛研究，ERAA 还是首个为远距离无线链路的节能问题而设计的方法[7]。超容量传输功率可以获得更高的吞吐量但是会消耗更多的能量。ERAA 在这两方面都可以达到最佳效果，也就是说在不降低网络性能的条件下实现节能目标。

为了这个目的，ERAA 集成了几种革新技术。首先，提出了一种有效的探索式算法来获取 FDR（帧投递率）- RSSI（接收信号强度指标）与每比特率的映射。FDR- RSSI 是线性的并且在一个时间周期内保持不变，所以能够用来促进速率选择。第二，提出了一种节能速率选择方法，这种方法利用了基于信道互易性理论的路径损失信息[20]㊀。根据 FDR- RSSI 映射选择比特率和发射功率，使有效链路吞吐量最大但能耗最小。第三，提供了 CNP- CUSUM 技术来检测 FDR- RSSI 的失真，这些失真是由外部 WiFi 干扰引起的。基于进一步的测量，发现信标损失率是外部干扰强度的一个准确指标。

使用大量实际追踪数据对 CNP- CUSUM 进行了验证。通过 QualNet 4. 5 来指导大量仿真，以便评价 ERAA 的性能[21]。仿真结果表明，ERAA 可在最小化能耗的情况下有效提升链路的吞吐量。

本章的剩余部分内容如下：5. 2 节介绍 LDmesh 网络的背景；5. 3 节对速率自适应算法进行简要概述；5. 4 节详细描述 ERAA；5. 5 节为结束语。

本章中使用的符号和标注可在附录中找到。

5. 2 研究背景：远距离无线多跳网络

LDmesh 网络是一个基于 IEEE 802. 11 的远距离多跳无线网状网络。图 5. 1 描绘了该网络的原理图。节点之间通过具有高增益定向天线的点对点远距离无线链路相连。一个或几个节点是连接有线网络的网关。其他的节点是网状路由器，从终端收集数据并通过多跳来从其他节点将数据转发给网关。LDmesh 网络具有 3 个显著的特点[4]：①每个节点具有多个无线电（例如界面）；②使用定向天线，增益为 30dBi；③远距离点对点链路（从几十到几百千米）。这些因素将这些网络与先前文献中基于多跳 802. 11 的大部分网络进行了区分。基于 CSMA/CA 的 802. 11 MAC 协议不适用于 LDmesh 网络。它会使点对点链路中出现不必要的冲突解决、更大的往返时间引起的延迟，甚至是远距离链路中的 ACK 超时。

5. 2. 1 互连干扰模型

在一个 LDmesh 网络中，每个节点有多个点对点链路，每个节点各有一个不同的定向天线，如图 5. 1 所示。虽然使用定向天线，但是由于副瓣的存在，节点

㊀ 如果发送器和接收器同时交换角色，那么它们之间的信号传输方程保持不变。

上的链路不能真正独立操作。这也叫做近场效应[3]。由于这种效应，当节点沿着一个链路进行信息发送时，它不能同时沿着这个链路进行信息接收，这是因为发送器会在该节点上干扰接收器，如图 5.2a 所示。这是 LDmesh 网络中的互连干扰模型。

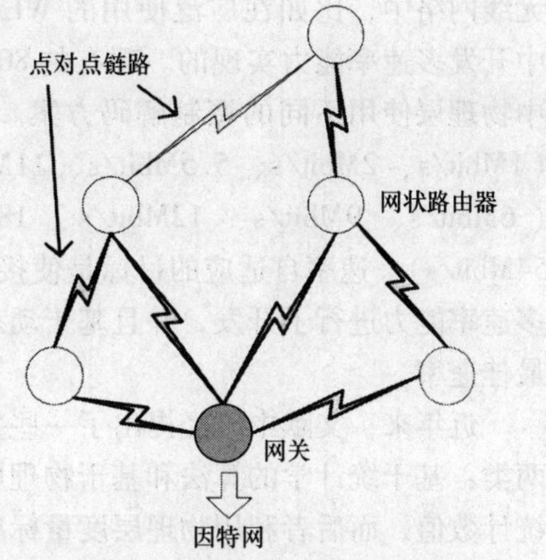

图 5.1　远距离无线网络

然而，同步操作（SynOp）也是可能的，在这种操作下节点的链路是全部发送（SynTx）或者全部接收（SynRx），如图 5.2b 和 c 所示。

5.2.2　2P MAC 协议

由于 CSMA/CA 在这样的网络中性能较差，研究者们为 LDmesh 网络提出了 TDMA 型 MAC 协议，来实现较高的网络性能。2P MAC 是这些协议中非常有名的。在 2P 中，节点可以在每个链路同时接收或发送信号。2P 通过在网络中对节点的全发送或全接收状态进行交替转换来实现（涉及两种状态，因此称为 2P）。也就是，当一个节点处于全发送时，其相邻节点则处于全接收，反之亦然。另外，当节点从全接收转换到全发送时，其相邻节点从全发送转换到全接收，反之亦然。显然，2P 操作需要双向的拓扑结构。

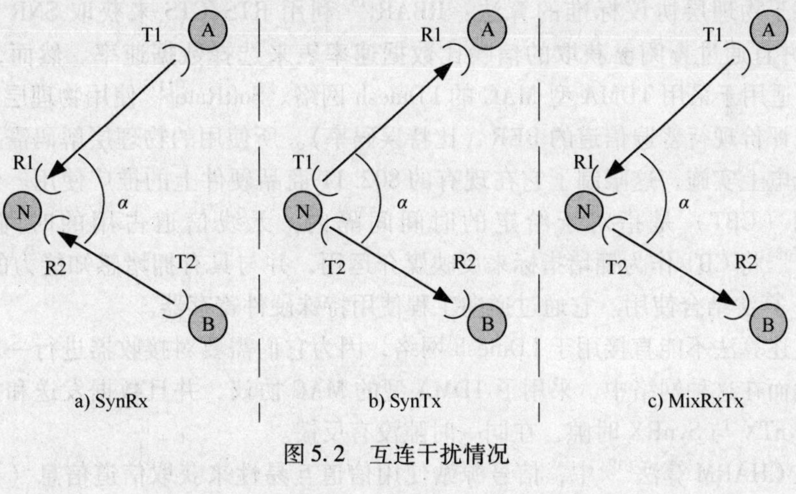

图 5.2　互连干扰情况

5.3　概述：无线网络的速率自适应

速率自适应对系统性能来说是一项关键的机制。它是通过在基于 802.11 的无线网络中，比如在广泛使用的 WLAN 以及新兴的多跳网络的物理层（PHY）中开发多速率能力实现的。现有的 802.11 规范授权物理层有多个传输速率，其中物理层使用不同的调制解码方案。比如说，802.11b PHY 支持 4 个传输速率（1Mbit/s、2Mbit/s、5.5Mbit/s、11Mbit/s），802.11a PHY 支持 8 个速率（6Mbit/s、9Mbit/s、12Mbit/s、18Mbit/s、24Mbit/s、36Mbit/s、48Mbit/s、54Mbit/s）。速率自适应的目标是使接收器传输的实际吞吐量最大化。这对 PHY 多速率能力进行了开发，并且基于动态信道条件，使发送器可以选择授权之外的最佳速率。

近年来，文献中已经提出了一些关于速率自适应方面的算法[9-19]。可以分为两类：基于统计学的算法和基于物理层协议标准的算法。前者使用长期或短期的统计数值，而后者利用物理层度量标准如 RSSI（收到信号强度指标），来实现比特率选择。

基于统计学的算法：第一个有文献记载的比特率自适应算法是 ARF（自动速率回退）[8]，它记录了当前比特率以及连续发送的次数。尤其该算法可以在 10 次连续发送成功之后增大传输速率，并且在两次连续发送失败后降低速率。它的扩展算法如自适应 ARF[10]、Fast-LA[11]以及参考文献［10］中的算法都试图通过选择适当的成功失败阈值来减少探测开销。其他衍生的算法，如 LD-ARF[12]和 CARA[13]都试图区分无线信道衰落与帧冲突之间的损失。其余的统计算法，如 SampleRate[14]和 RRAA[15]也需要获取每次传输结果的反馈结果。

基于物理层协议标准的算法：RBAR[16]利用 RTS/CTS 来获取 SNR（信噪比），并且通过查阅已获取的信噪比数据速率表来选择数据速率。然而，RTS/CTS 不适用于采用 TDMA 型 MAC 的 LDmesh 网络。SoftRate[17]使用物理层的置信区间来评价现行普遍信道的 BER（比特误码率）。所使用的物理层解码需要在软件无线电上实施，这限制了它在现有的 802.11 商品硬件上的推广使用。信道占用时间（CBT）是指对于给定的时间间隔内，无线信道占用的时间片段。WOOF[18]将 CBT 作为拥堵指标来反映媒介运用，并与具有拥堵感知能力的 SampleRate 算法结合使用。它通过逆向工程使用特殊硬件寄存器。

上述算法不能直接用于 LDmesh 网络，因为它们需要对接收器进行一对一应答。然而在这种网络中，采用了 TDMA 型的 MAC 协议，并且数据发送和接收分别在 SynTX 与 SynRX 时隙，在同一时隙没有反馈。

在 CHARM 算法[19]中，信号源站使用信道互易性来获取信道信息（比如路径损失和预测 RSSI）。然后查阅已定好的 RSSI 比特速率表来选择比特速率。CHARM 与 ERAA 有相同的要素，但是也有明显的不同。为了能够及时检测干扰强度变化，ERAA 配置了 CNP-CUSUM 来处理信标损失率序列。当干扰强度变化超过了一个阈值时，会向发送器发送信号来调整 FDR-RSSI 映射。ERAA 不仅采用比特率，还采用了传输功率来实现节能。相反，CHARM 使用多速率来重试 Athero 的硬件特性，这在 TDMA 远距离链路中是不可行的，阻止了适时地一对一 MAC ACK 发送。

此外，以上所有提到的方法都没有考虑到节能，这对 LDmesh 网络来说仍然是一个重要的问题。据人们所知，ERAA 是首个对 LDmesh 网络中节能与速率自适应进行研究的算法。

5.4　ERAA：节能速率自适应算法

本节中，首先介绍网络模型与操作，然后对 ERAA 的细节进行讲解。

5.4.1　网络模型与操作

这里讨论的 LDmesh 网络是一些近郊远距离无线链路（一端连接城市，另一端连接郊区）。近郊链路是实际生活中常用的类型。由于时变信道衰落和外部 WiFi 干扰，它们经历了高信道动态。因此，这些链路会产生高损失率，从 2% 变化，最高可达 80%，可能是高度不对称的[22]。另外，突发性丢包的持续时间也可以从瞬态高爆发变为持续 25 ~ 30min 的长时间爆发。

假设一个用于 LDmesh 网络的简单 TDMA 型 MAC 协议，它有能力提供像 RSSI 这样大量的 ACK 与物理层度量标准。时隙的长度根据流量负荷自适应，最大值为 20ms，使用一个带标记的帧来实现链路同步化。发射器使用带标记的帧来结束其 SynTx 时隙，标记帧标记了接收器的状态改变（从 SynTx 到 SynRx）。在正确接收了标记帧之后，接收器启动其 SynTx 时隙。在每个 SynTx 时隙，大型 ACK 与数据帧一起载入。ACK 在 SynTx 时隙的最后将确认所有正确接收的数据帧。

5.4.2　设计概述

现在接着方法后面介绍系统设计与基本原理。ERAA 是一种为 LDmesh 网络设计的节能速率自适应算法，所以该算法需要应对下面这些挑战：

- 如何正确快速地确定链路质量？这是速率自适应要解决的主要问题，尤其在 LDmesh 网络中更加困难。一方面，链路质量具有较大的波动所以难以获取；另一方面，由于时隙分为 SynTx 和 SynRx，使得没有及时进行反馈，所以没有一对一的帧应答。
- 如何鉴定外部 WiFi 干扰的变化？在相同或相近的 ISM 波段下工作的外部 WiFi 信号源，是降低 LDmesh 网络性能的主要干扰。它们是引起链路损失的主要因素，因此外部 WiFi 干扰的变化会带着链路损失率一起波动。这也使链路质量的鉴定更加困难。另外，由于外部 WiFi 干扰强度是随机变化的，所以对它们的变化进行描述是很大的挑战。

• 如何在保证链路吞吐量的前提下实现节能？节能是 LDmesh 网络的特别需求，这是因为该网络是设置在野外区域的，常受到功率供给限制。高发射功率可以增加 RSSI，所以能够提高链路吞吐量，但是超量供应的发送功率会消耗大量能量。另一方面，较低的发送功率可以节能，但较低的 RSSI 会导致更高的数据包丢失率而降低链路性能。两全其美是非常具有挑战的。

为了解决上述问题，ERAA 采用了一些创新技术，如图 5.3 所示。

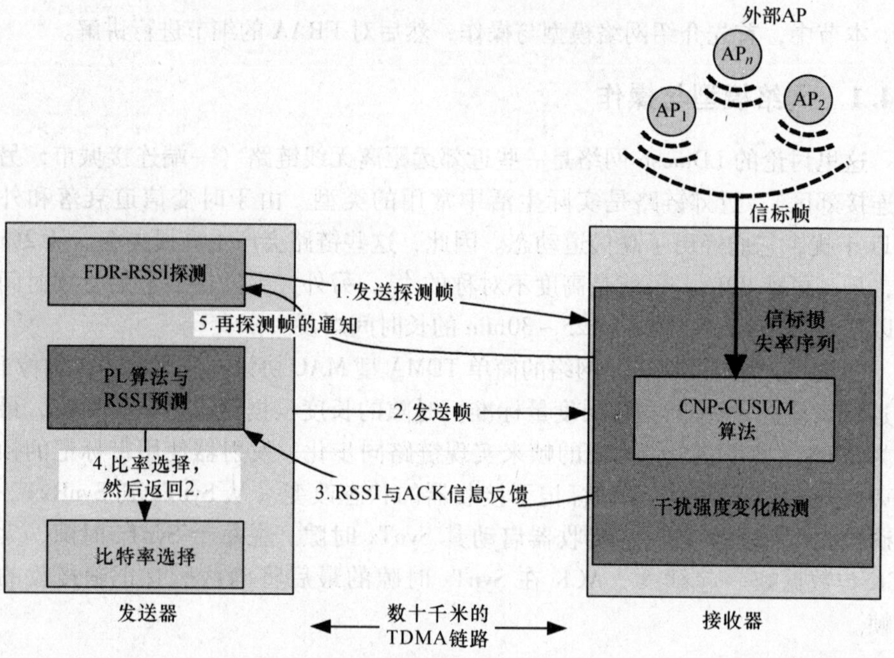

图 5.3 ERAA 设计结构

• FDR-RSSI 探测。FDR-RSSI 用来描述链路质量，是因为它们的映射是线性的并且在一个时间周期内保持不变。发送器在 SynTx 时隙通过发送探测帧来获得 FDR-RSSI 映射。设计一个探测算法来减少探测成本，比如探测帧的次数。

• 路径损失（Path Loss）计算与 RSSI 预测。利用接收器的反馈结果和信道互易性来获得链路的双向路径损失，并预测下一个 SynTx 时隙的 RSSI，这使得可以对链路质量进行准确评估。

• 比特率选择。设计一个比特率选择算法可以在保证链路吞吐量的情况下保存能量。为了这个目的，定义了一个能量成本函数作为 rssi 的函数，用来表示在 rssi 上的比特能耗。

- CNP-CUSUM 算法。该算法用来检测可能引起 FDR-RSSI 映射失真的外部 WiFi 干扰的变化。可以发现信标损失率可以用来分析外部干扰的变化。因此 CNP-CUSUM 算法可用来检测基于信标损失率序列的干扰变化。如果检测到变化，则启动 FDR-RSSI 探测。

一般而言，ERAA 是由两个阶段组成的，探测阶段和调整阶段。每个阶段的细节会在下面的内容进行详细介绍。

5.4.3　探测阶段

在探测阶段，发送器发送一组具有不同比特率与发送功率的探测帧，来确定 FDR 与 RSSI 之间的关系，也就是 FDR-RSSI 映射。

FDR 是数据帧接收成功的概率，可以由下式进行计算：

$$\mathrm{FDR} = \frac{\#数据帧接收成功的}{\#数据帧发送的}$$

当多径衰落可以忽略时（LDmesh 网络中都是这样的），RSSI 是一个很好的 FDR 预测器[19]。FDR 与 RSSI 之间的关系在一个时间周期内基本是保持不变的，因此可以将 FDR-RSSI 作为链路质量指标。

为了对链路的 FDR-RSSI 映射进行评价，发送一组具有不同比特率和发送功率的探测帧。上述评价问题的一个技术难点就是如何降低较高的探测成本。用 IEEE 802.11b MAC 作为例子，共有 4 种不同的比特率。对于测量中使用的无线网卡，其发送功率可在 0 ~ 24dBm 调整，步进单位为 1dBm。这种情况下，就可能有 100（比特率）种组合方式（4 种比特率 ×25 次变化/比特率）。如果每种组合的探测帧组有 20 帧，那么发送器会发送 2000 个探测帧来确定 FDR-RSSI 映射。更糟糕的，低比特速率的发射帧会大大延长发送时间，比如 1Mbit/s 会比 11Mbit/s 延长约 11 倍（在测量中已证实），这对人们来说是难以接受的，并且需要进行改进。

实际上，在某一个发送功率上只有一种（比特率，发送功率）组合是有意义的，这种组合使有效吞吐量高于其他比特率。该有效吞吐量定义为

$$\mathrm{ET}_{tr}(\mathrm{rssi}) = \mathrm{FDR}_{tr}(\mathrm{rssi}) \times tr \tag{5.1}$$

式中，tr 是采用的比特率；$\mathrm{FDR}_{tr}(\mathrm{rssi})$和 $\mathrm{ET}_{tr}(\mathrm{rssi})$分别表示了在比特率为 tr 以及 RSSI 为 rssi 时的帧传递率和有效吞吐量。

一个明显但是重要的观察结果是，在同一发送功率下，以较低的比特率传输时，不能达到更高的有效吞吐量，即使 FDR 接近 1 也不行。那么，就不需要尝试其他的组合，从而降低了成本。比如说，如果当前组合（11Mbit/s，24dBm）已经产生一个 7Mbit/s 的有效吞吐量，那么就不需要尝试其他关于 24dBm 发送功率的组合（1Mbit/s，24dBm）（2Mbit/s，24dBm）（5.5Mbit/s，24dBm），因为

7Mbit/s 已经高于其他的比特率了。

基于该观点，设计了一个 FDR-RSSI 探测算法，可以在最少探测组合的条件下获取 FDR-RSSI 映射，大约 25 个探测组合。算法 1 概述了此方法，在该算法中，A 是比特率的集合，B 是可调整的发送功率的集合，C 是探测发送功率的集合，初始值为 ϕ。H 是每种探测组合中 FDR 值的集合，n 是每种组合的探测帧次数，th 是 FDR 的自定义阈值。如果 FDR 小于 th，则探测算法终止。在这种情况下，相应的 RSSI 太低以至于无法得到好的链路吞吐量。因此，不需要在所有的低发送功率上进行探测。最后，txrate（a）和 txpwr（a）分别返回探测组合 a 的比特率和发送功率。

算法 1：FDR-RSSI 探测算法

```
procedure FDR_RSSI_PROBING(A,B,C,H,n,th)
    if B≠φ then
        pair a←(max(A), max(B))
        if H(a) ∉ H then
            probing FDR_a, H(a)←FDR_a
        if FDR_a > = th or H = φ then
            D = {d\d ∈ A\{txrate(a)}, d≥ET_a}
            E = {pair e:(x,y) | x ∈ A\{txrate(a)}, y ∈ C,H(e) ∈ H,ET_e ≥ET_a}
            if D≠φ then
                for all d ∈ D do
                    pair z←(d,txpwr(a))
                    G = {pair g:(x,y)|x = d,y ∈ C,H(g) ∈ H}
                    if G = φ or ∃g ∈ G, ET_g > ET_a then
                        probing FDR_z, H(z)←FDR_z
                        H←H\{H(g)|g ∈ G}
                    if H(z) ∈ H and ET_z ≥ET_a then
                        A←A\{txrate(a)}
                        break
            else
                H←H\{H(e)|e ∈ E}
                for all e ∈ E do
                    pair f←(txrate(e),txpwr(a))
                    if ET_a < ET_e then
                        probing FDR_f, H(f)←FDR_f
                    if H(f) ∈ H and ET_f≥ET_a then
                        A←A\{txrate(a)}
                        break
            if D = φ then
                B←B\{txrate(a)}
                C←C + {txrate(a)}
            FDR_RSSI_PROBING(A,B,C,H,n,th)
```

如算法 1 中所示，探测从组合（最大比特率，最大功率）开始。每一次探测中，从集合 A 和集合 B 中选择最大比特率和最大发送功率，基于每种组合发送探测帧并保存相应的 FDR 和有效吞吐量。如果可能达到更高的有效吞吐量，则继续探测，否则算法终止。所有的 FDR 和 RSSI 都作为结果保存在集合 H 中。通过探测算法可以得到 RSSI 和 FDR 的分段线性函数。

5.4.4 自适应阶段

当 FDR-RSSI 关系在探测阶段确定后，算法进入到自适应阶段，通过调整自身的比特率和发送功率来实现节能与链路吞吐量之间的平衡。该阶段有 3 个内容：路径损失计算与 RSSI 预测、比特率选择以及 CNP-CUSUM。

5.4.4.1 路径损失计算和 RSSI 预测

为了选择合适的比特率和发送功率，速率自适应算法需要对特定设置下的发送帧进行 RSSI 评价。RSSI 可通过评价传送方向（从发送器到接收器）上的路径损失来预测。计算公式如下[15]：

$$\mathrm{RSSI} = P_{\mathrm{tx}} - \mathrm{PL} + \mathrm{NF} \tag{5.2}$$

式中，P_{tx}是发送器的发送功率；PL 是发送方向的路径损失；NF 是无线网卡检测到的噪底。

路径损失计算：根据信道互易性理论，传送方向上的路径损失近似等于返回方向上（从接收器到发送器）的路径损失。返回方向的路径损失可以在最后时隙（即 SynRx 时隙）中获取。在 SynRx 时隙，RSSI 由从 MAC 层接收的每帧来获得。发送器的发送功率加载在发送帧中。因此，可以使用式（5.2）来计算返回方向上的路径损失。

RSSI 预测：当已知发送方向上的路径损失时，将其代入式（5.2）可直接预测 RSSI。换句话说，已知发送功率，可以预测该功率下发送帧的 RSSI。可以根据 FDR-RSSI 进一步计算 FDR，然后在式（5.1）中代入不同的比特率来计算有效吞吐量。

5.4.4.2 节能比特率选择

能耗需要结合速率选择进行考虑。根据 FDR-RSSI 映射，当 FDR 超过某一阈值时，FDR 的一点小小改进就需要大大提高 RSSI 的值。从式（5.2）中知道，已知路径损失和噪声基底，RSSI 越高，需要的发送功率也越高，因此能耗增加。换句话说，当超过阈值时，消耗很多的能量也无法对 FDR 进行小小的提高。另外，当遇到干扰时情况会更糟，无论 RSSI 的值有多高，较高的介质竞争会导致帧冲突。为了避免上述情况发生，引入一个代价函数 ERB（每比特能量比）来表示在 rssi 值下的比特能耗。让 tr 为物理层比特率、tp 为发送功率，可以得到

$$\mathrm{ERB(rssi)}=\frac{\mathrm{EC}(\Delta t)}{\mathrm{BS}(\Delta t)}=\frac{\eta_{tr}(\mathrm{tp})\times \mathrm{tr}\times\Delta t}{\mathrm{ET}_{tr}(\mathrm{rssi})\times\Delta t}$$

$$=\frac{\eta_{tr}(\mathrm{tp})\times \mathrm{tr}\times\Delta t}{\mathrm{FDR}_{tr}(\mathrm{rssi})\times \mathrm{tr}\times\Delta t}\approx\frac{10^{k_{tr}\times(\mathrm{tp})+b_{tr}}}{\mathrm{FDR}_{tr}(\mathrm{rssi})} \tag{5.3}$$

式中，$\mathrm{EC}(\Delta t)$和$\mathrm{BS}(\Delta t)$分别为在时间间隔Δt中的总能耗和总的正确接收的比特数；$\eta_{tr}(\mathrm{tp})$是当物理层速率为tr、发送功率为tp时，发送1bit的能量消耗参数。

它可以是对数形式的线性函数，如图5.4所示，表示为

$$\mathrm{Log}(\eta_{tr}(\mathrm{tp}))=k_{tr}\times \mathrm{tp}+b_{tr}$$

该式可推出式（5.3）。

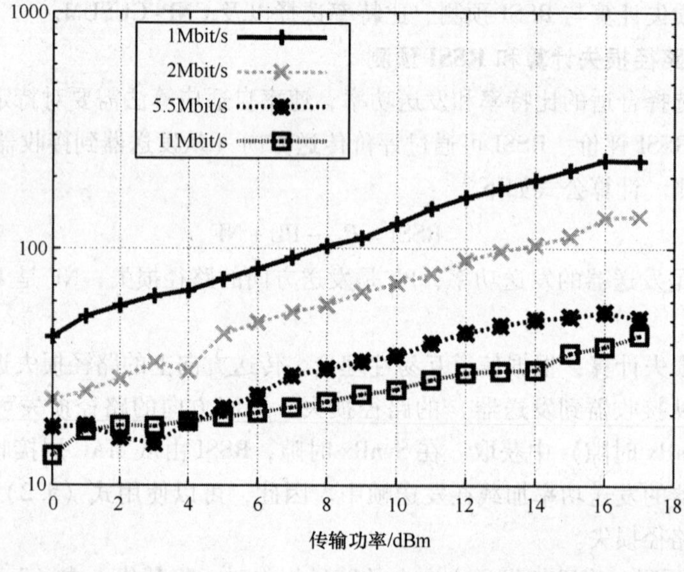

图5.4 在不同发送功率和比特率值下，发送3000个1000B的数据帧所消耗的能量

下一步要确定Δ_{rssi}的有效范围。NIC（网络接口卡）芯片只支持有限范围的发送功率水平（遵循FCC规律），即$\mathrm{tp}_{min}\sim\mathrm{tp}_{max}$，其中$\mathrm{tp}_{min}$和$\mathrm{tp}_{max}$分别是支持的最小/最大发送功率。由于rssi是发送功率tp的预测值，有效的Δ_{rssi}值在$(\mathrm{tp}_{min}-\mathrm{tp})\sim(\mathrm{tp}_{max}-\mathrm{tp})$的范围内。

$\mathrm{rssi}+\Delta_{rssi}$的范围可分为一些连续的子区间，在每个子区间中，有效吞吐量（ET_{tr}）与其他tr′相比，总是最高值，如下：

$$\mathrm{RSSI}_{tr}=\{\mathrm{rssi}\mid \mathrm{ET}_{tr}(\mathrm{rssi})>\mathrm{ET}_{tr'}(\mathrm{rssi}),\forall\, \mathrm{tr}'\in R\{\mathrm{tr}\}\}$$

式中，R是包含了所有有效物理层速率的集合。

由于FDR_{tr}（rssi）是一个单调函数，所以每个子区间是连续的。

发送器试图计算每个ERB（$\mathrm{rssi}+\Delta_{rssi}$），利用离散的$\Delta_{rssi}$值，在可达最大值

（$tp_{max}-tp$）到最小值（$tp_{min}-tp$）之间降序取值，其中 tr 满足（$rssi+\Delta_{rssi}$）$\in$ $RSSI_{tr}$。让 $rssi^*$ 表示 ERB 取最小值时的 RSSI 取值：

$$rssi^* = \underset{rssi+\Delta_{rssi}}{\operatorname{argmin}}(ERB)$$

因此，为了达到节能目的，发送器应当选择满足（$rssi+\Delta_{rssi}$）$\in RSSI_{tr}$ 的比特率 tr 以及对应的 tp，这样才能在能耗最小的情况下获得最佳比特率。

5.4.4.3　处理外部干扰的 CNP-CUSUM

另一个影响算法性能的方面是外部 WiFi 干扰。FDR-RSSI 关系会因外部 WiFi 干扰而严重失真，在这种情况下，即使在 RSSI 上进行很大的提升也只能对 FDR 产生很小的提高作用。为了克服这个问题，CNP-CUSUM 算法提出了使用接收器观测到的外部 WiFi 网络的信标损失率。接收器监视到信标损失率序列的变化，这意味着干扰强度也发生了巨大的改变。当检测到变化时，发送器就要重新探测 FDR-RSSI 映射，如 5.4.3 节所述。

AP 周期性地广播信标帧，任意用户都可以收到该信息，不管该用户当前是否与 AP 相连接。两个信标发送之间的时间间隔约为 100ms。

帧冲突概率可由信标损失率来代表。有人说信道衰落也会引发信标损失率的波动，然而信道衰落只是使信标损失率在其平均值上下有所波动，在统计学上来看并没有使其值超出平均值之外。另一方面，帧冲突引发的损失没有表现出其偏移行为，这是因为 WiFi 干扰常常由于人类的活动持续数十分钟。作者的室外实验也显示相似的结果，在天津大学校园的教学楼顶端安装了一个网络路由器，设置为监控模式来捕捉一天内所有的帧，将这些帧和每分钟从一个特定 AP 发送的信标进行编组并将结果显示在图 5.5 中。该图显示了在网络流量为 5000 ~ 6000 帧/min 时，信标损失率几乎为零（每分钟接收 600 个信标中的 585 个），然而在 22：00 ~ 0：00 期间，当流量超过 10000 帧/min 时，信标损失率会大幅度增加。因此竞争水平的升高/降低会导致较高/较低的信标损失率。

对信标损失率的突变检测是一项重要的挑战，因为信标损失率的变化反映了接收器的媒质竞争水平。幸运的是，CUSUM 测试[23]是用来尽可能快地检测观察值变化分布的有效技术，其在较小的偏移检测中的有效性已经被证实[24]。这里，采用一个双边 CUSUM㊀来识别干扰强度的变化。

$\{X_i \mid i=0, 1, \cdots\}$是信标损失率的时间序列。由于无线信道衰落与干扰都是随机过程，可以认为$\{X_i\}$是一个稳定的随机过程。需要注意，CUSUM 算法假设了随机序列的平均值为负数，当产生变化时其值变为正数。这样，不用损失任

㊀　一个双边 CUSUM 测试能够检测信标损失率上升和下降的变化。

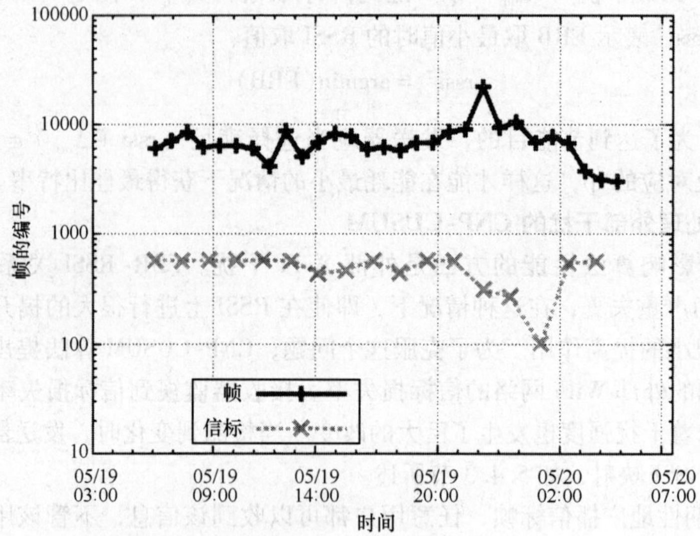

图 5.5　802.11 路由器每分钟接收到的帧数目

何统计特征，就可以将序列$\{X_i\}$转换为另一个随机序列$\{\overline{X}_i\}$，同样均值为负。让$\overline{X}_i = X_i - a$，并且$E(X_i) = c$，那么$E(\overline{X}_i) = c - a$。在一个给定的网络环境中，参数 a 是常量。那么，所有$\{\overline{X}_i\}$的负值不会随着时间累加。当信标损失率发生变化时，$\{\overline{X}_i\}$会突然变成很大的正值：

$$Z_i = \begin{cases} \max(0, Z_{i-1} + X_i - a) & i > 0 \\ 0 & i = 0 \end{cases} \tag{5.4}$$

Z_i 在时间 i 之前是连续递增的。一个较大的 Z_i 值意味干扰强度增大了。当浮动值反向变化时（强力干扰减少），相当于检测到$\{-X_i\}$的增加，因此得到

$$D_i = \begin{cases} \min(0, D_{i-1} + X_i - b) & i > 0 \\ 0 & i = 0 \end{cases} \tag{5.5}$$

式中，b 大于 0，并满足 $E(X_i) - b > 0$。

设定报警时间为

$$\tau_1 = \min\{i : i \geqslant 1, Z_i > h\} \tag{5.6}$$

$$\tau_2 = \min\{i : i \geqslant 1, D_i < -h\} \tag{5.7}$$

式中，h 为报警阈值，可以由式（5.6）和式（5.7）设置为不同的值。

所以，对于双边检测来说，报警时间为 $\min\{\tau_1, \tau_2\}$，意味着当 $Z_i > h$ 或 $D_i < -h$时，系统会发出警报。将正向变化检测作为例子［见式（5.4)］，假设报警后信标损失率的平均值为 K，采样间隔为 Δ，那么检测延迟为

$$D = \frac{h}{K-a}\Delta$$

上式中，可以看到检测延迟 D 是一个关于 K 的递减函数，同时也是关于 h 的递增函数。那么，随着阈值 h 的增加，误报率会增大，反之误报率会减小。为了实现强度变化的连续检测，在检测到异常的变化时，因为信标损失率变化，算法需要更新 a 的值，并将采样序号 i 重置为 0。

在多 AP 的情况下，接收器对每个 AP 使用 CNP-CUSUM 算法，要仔细选择 h 和 a 的取值。因为，比如说一个具有较低 RSSI 的 AP 更易受到信道衰落的影响，应选择较大的 h 和 a。发生变化时如果大部分 AP 发出警报，可表示为

$$\sum_{\mathrm{ap}\in \mathrm{AP}} 1_{\{ap\text{警报}\}} > \text{阈值}$$

式中，AP 表示干扰 AP 的集合；$1_{\{x\}}$ 是事件 x 的指标，表示为

$$1_{\{x\}} = \begin{cases} 1 & \text{事件 } x \text{ 发生} \\ 0 & \text{其他} \end{cases}$$

5.4.5　性能评价

首先利用来自台架试验的跟踪数据验证 CNP-CUSUM 算法、然后通过 Qualnet4.5 仿真对 ERAA 的性能进行评价。应用固定的比特率、固定的发送功率的机制来比较 ERAA 算法的性能。下面详细描述了 CNP-CUSUM 验证试验设置以及 ERAA 评价仿真设置。

性能由链路吞吐量和能耗比值来度量。能耗比值是一定时间间隔内总能耗（总能耗 = 总发送帧数 × 能耗/帧）与成功接收帧总数的比值。在算法中将该比值进行了标准化。

5.4.5.1　CNP-CUSUM：干扰强度变化检测

A. 实验设置

利用实际试验中采集的跟踪数据来验证 CNP-CUSUM 算法。试验中，处于监视模式的无线节点用来捕捉实验室中一天内的数据帧。这种选择是基于实际的，即实验室周围有许多在不同信道工作的 802.11b/g BSS（基础服务集）网络，其中大部分处于 3 种正交信道 1、6 或 11。此外，网络流量在不同的时间会显示出明显的波动。对无线信道进行扫描时发现附近有 8 个 AP。

为了跟踪采集数据，采样周期设置为 1s，从而生成信标损失比序列。为了简化结果显示，x 轴的范围在图 5.6 和图 5.7 中限制为 180，在图 5.8 中限制为 2500。通过实验结果分析，将一系列随机选择的跟踪数据用在 CNP-CUSUM 算法中。该算法在所有跟踪数据中保持了其有效性。由于空间限制，省略了其他跟踪数据得到的相似结果，这里仅对一种结果进行介绍。

先对正向浮动检测进行讨论，然后再介绍双边情况的结果。

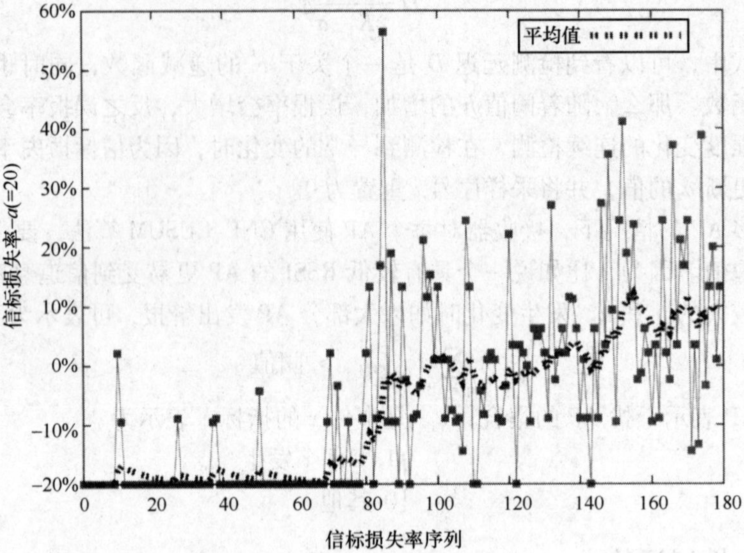

图 5.6 信标损失率序列 $\{\bar{X}_i\}$

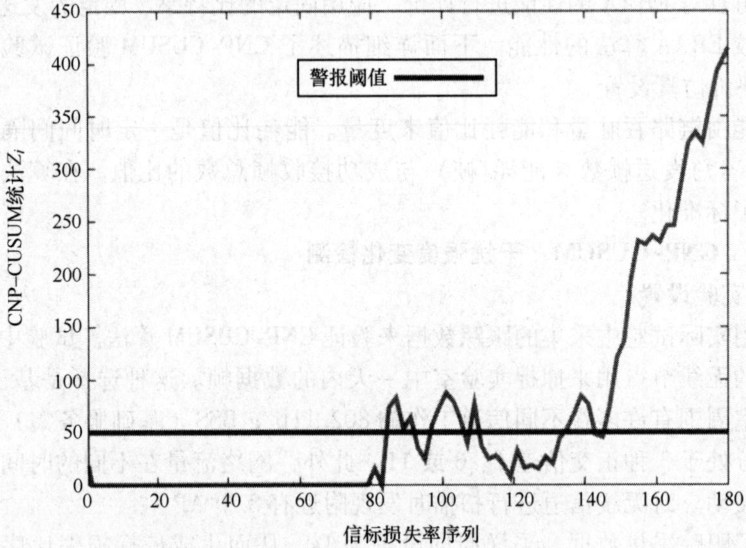

图 5.7 CNP-CUSUM 序列 $\{Z_i\}$

B. CNP-CUSUM 性能

信标损失率序列$\{\bar{X}_i\}$和测试统计$\{Z_i\}$分别在图 5.6 和图 5.7 中进行绘制。图 5.6 中的实线是信标损失率，虚线为其平均值。从图中可以观察到，在 80 个样

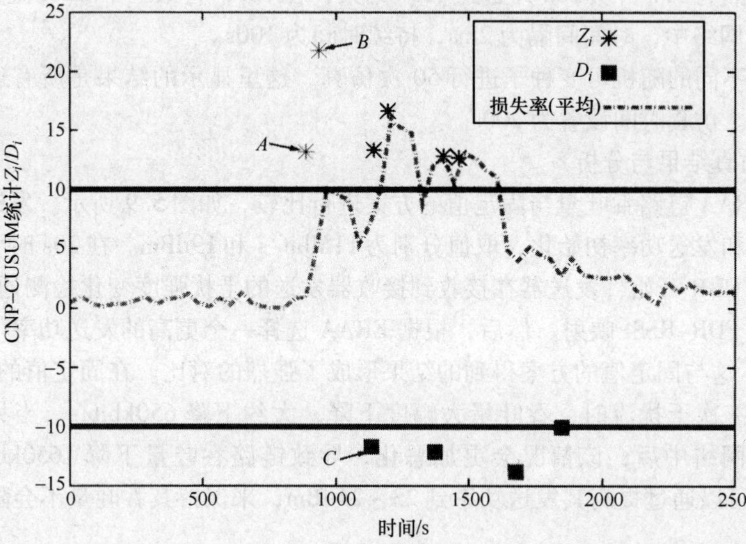

图 5.8　信标损失率的双边偏移检测

本之后信标损失率发生了剧烈的波动。如图 5.7 所示，当 CUSUM 统计超过给定的阈值 $h=50$ 时可以测到偏移。也说明了 CNP-CUSUM 算法可及时检测到正向偏移值。

双边情况如图 5.8 所示。$y=10$ 和 $y=-10$ 的直线分别为 $\{Z_i\}$ 和 $\{D_i\}$ 的阈值。曲线表示在 2500s 时间内采集的信标损失率的平均值。大约在 800s 时信标损失率的值向上偏移，由“*A*”表示。然而，偏移值并没有停止增长，在 920s 时开始爬坡，在 930s 时被检测到，标为“*B*”。另外，向下偏移值也被检测到。1090s 处的点“*C*”表示了从 1050s 处开始下降的信标损失率。

5.4.5.2　速率自适应性能

A. 仿真设置

本方案中，建立了一个点对点 25km 长的 802.11b WiFi 链路，在前面提到的 TDMA MAC 上进行操作，最大时隙长度为 20ms。两个节点都装有具有 24dBm 增益的定向天线。发送功率可在 1～25dBm 进行调节，接收器周围有两个 BSS 网络，每个网络有一个 AP。每一个 BSS 网络有一些与对应 AP 相连的用户。该方案提出了一个在接收器一端具有时变干扰的典型的远距离链路。

除此以外，路径损失模型是一个双射线模型，衰落模型是参数 K 为 3.8dB 的 Rician 模型[25]，阴影模型是均值为 4dB 的常量。本方案中有 3 个大小为 1000B 的数据包 CBR 流：第一个是用于在整个仿真时间内的数据包间隔为 1.5ms 的点对点链接；第二个是在相同 BSS 网络中从客户工作站到其他节点的情况，数据包间隔为5ms，从20s开始到120s结束；在70s，将第三个CBR流量添加到其他BSS网络中，时间间隔为2ms，持续时间为100s。

使用不同的随机可变种子进行50次仿真，这里显示的结果是所有运行结果的平均值。仿真时间设置为200s。

B. 仿真结果与分析

将ERAA链路吞吐量与固定值的方案进行比较，如图5.9所示。发送器将它的比特率和发送功率初始化，取值分别为11Mbit/s和19dBm。在20s时，当第一次干扰流CBR开始，发送器在接收到接收器发送的干扰强度变化检测通知之后，重新探测FDR-RSSI映射。然后，根据ERAA选择一个更高的发送功率（均值为21dBm）。这与固定值的方案得到的结果形成了强烈的对比。在固定值的方案中，当遇到第一次干扰流时，吞吐量大幅度下降，大约下降650kbit/s。当另一个干扰流进入网络中后，该情况会更加恶化，导致链路吞吐量下降1650kbit/s，而ERAA则可以通过提高其发送功率到23~24dBm，来保持其吞吐量不会降低。

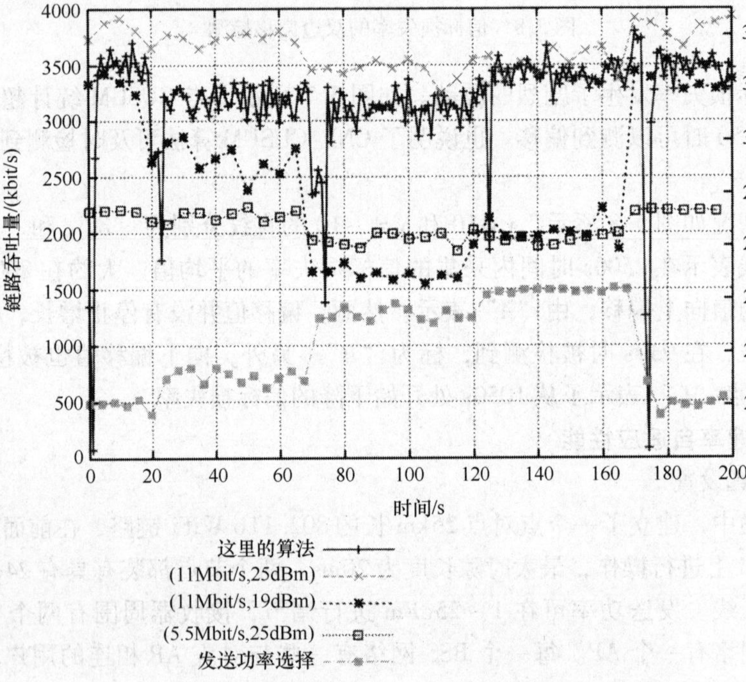

图5.9　链路性能：ERAA与初始值固定的方法

由于重新探测会要求发送数据包的比特率较低，所以ERAA算法中的吞吐量的下降幅度是与FDR-RSSI的重新探测过程相对应的。然而，通过使用5.4.3节中所述算法，可以大大降低探测成本，见表5.1。从表中可以看出，干扰强度越强，探测成本减少得越多。这是因为低比特率延长了发送时间，从而在遇到较强干扰时使帧差错出现的概率越高。另一方面，如图5.10所示，具有最大发送功率（25dBm）的发送帧只比ERAA的结果略好一点，但却导致更多的能量消耗。初始值固定的方案除了（11Mbit/s，22dBm）都有较高的能耗比，这达到了这些方案中的最低比率0.99956。然而，由于链路长度各不相同，这仅仅对现有的网络具有优化作用，信道特征与干扰强度导致了优化参数设置的分集。相反，ERAA在不同干扰环境下是自适应且高EE的。从仿真结果可以发现，ERAA在大部分仿真时间（286528中的285790）中采用11Mbit/s，在剩下的738帧中采用5.5Mbit/s，这是因为在大部分时间中，上升的发送功率足够提供EE，从而避免比特率降低。另外，图5.10显示了在22dBm之前，降低11Mbit/s时的发送功率可以提高EE，但是在22dBm之后会降低EE，这是因为发送功率不足导致严重的帧丢失。

表5.1　检测干扰变化的探测对

	没有干扰	CBR 1	CBR 2	CBR 3
11Mbit/s	14～25dBm	14～25dBm	16～25dBm	16～25dBm
5.5Mbit/s	9～15dBm	7～16dBm	10～18dBm	9～18dBm
2Mbit/s	8dBm，11dBm	12dBm	16dBm	12dBm
1Mbit/s	1～9dBm	N/A	N/A	N/A
总量	30对	21对	20对	21对

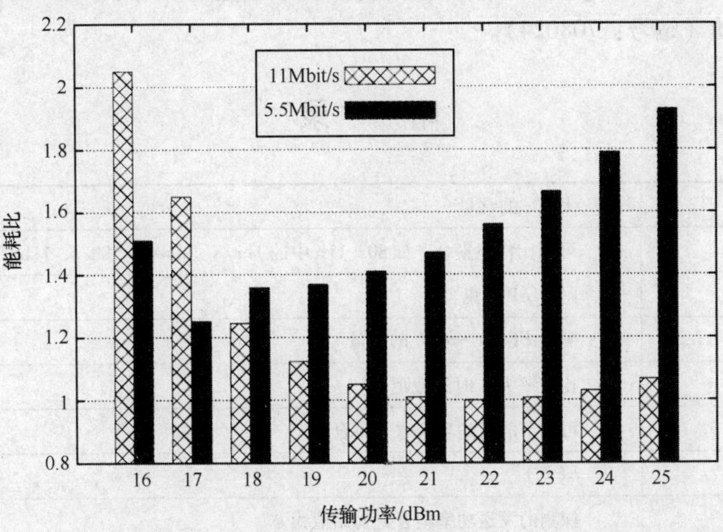

图5.10　能耗比

5.5 小结

LDmesh 网络已经在世界的发展中地区得到了使用，为郊区居民提供了低成本低功率的互联网接入解决方案。它们使用市面上现有的 802.11 无线网卡和高增益定向天线来实现远距离范围的连接。大部分野外路由器的工作会受到能源（例如太阳能或风能）供给的限制，因此 EE 也是该网络设计中要考虑的主要因素。不幸的是，研究者们直到近年来才意识到该问题。ERAA 算法的提出就是为了解决该网络中的节能问题。主要由 FDR-RSSI 探测、路径损失计算、RSSI 预测以及发送功率调节等部分组成。它通过某种方式选择比特率来实现 EE 与有效吞吐量最大化之间的平衡。接收器监控相邻节点中每个外部 AP 的信标损失率，并且使用 CNP-CUSUM 算法检测干扰强度的变化。如果变化值大于某一阈值，接收器通知发送器来启动 FDR-RSSI 映射过程。大量的仿真显示 ERAA 通过联合选择比特率和发送功率来实现保证高 EE 的同时还维持相当大的吞吐量增益。

尽管 LDmesh 网络在发展中地区是一项具有发展潜力的绿色通信技术，但在分层协议栈角度，它仍需要在节能方面进行全面的网络设计。

致谢

本研究由以下项目资助：中国国家自然科学基金（编号：61172063），中国教育部资助（编号：708024）。

附 录

a	大于 c 的常量
A	可用比特率集合，如 802.11b 中的 1bit/s、2bit/s、5bit/s、11bit/s
AP	附近 AP 的集合
b	满足 $E(X_i)-b>0$ 的常量
b_{tr}	比特率为 tr 时的截距
B	可调节的发送功率水平集合
c	$E(X_i)$
C	探测的发送功率集合，初始值为 ϕ
D_i, Z_i	CNP-CUSUM 统计值

（续）

ET_a	a=（发送比特率，发送功率）时的有效吞吐量
$E(X_i)$	序列 $\{X_i\}$ 的平均值
$E(\overline{X}_i)$	序列 $\{\overline{X}_i\}$ 的平均值
$FDR_{tr}(rssi)$	比特率为 tr，RSSI 为 rssi 时的返回帧投递率
h	CNP-CUSUM 统计的报警阈值
H	每个探测对的 FDR 集合
k_{tr}	比特率 tr 的斜率
K	报警之后信标损失率的均值
$\max(T)$	集合 T 返回的最大元素
n	每个探测对的探测针数目
NF	噪底
$\overline{X}_i$	$X_i - a$
P_{tx}	发送功率
PL	路径损失
R	所有有效物理层速率的集合
th	用户定义的停止探测的阈值
threshold	报警 AP 的阈值
tp	发送功率
tp_{max}	可达发送功率最大值
tp_{min}	可达发送功率最小值
tr	比特率
$txpwr(p)$	返回的发送功率，其中 p=（发送比特率，发送功率）
$txrate(p)$	返回的发送比特率，其中 p=（发送比特率，发送功率）
X_i	第 i 个采样的信标损失率
$I_{\{x\}}$	时间 x 的指标
$\eta_{tr}(tp)$	比特率为 tr，发送功率为 tp 时，发送 1bit 的能量消耗参数
Δ	采样间隔
$EC(\Delta t)$	时间 Δt 内的总能耗
$BS(\Delta t)$	时间 Δt 内的总的正确接收的比特数
Δ_{rssi}	rssi 增加/减少量

参 考 文 献

[1] H. Sistek, "Green-tech base stations cut diesel usage by 80 percent," *in CNET News Green Tech*, 2008.

[2] I. Akyildiz, X. Wang, and W. Wang, "Wireless mesh networks: a survey," *Computer Networks*, vol. 47, issue 4, 15 March 2005, pp. 445-487.

[3] K. Chebrolu, B. Raman, and S. Sen, "Long-distance 802.11b links: performance measurements and experience," in *Proc. ACM MOBICOM.* ACM, New York, NY, USA, pp.74-85, 2006.

[4] B. Raman, and K. Chebrolu, "Design and evaluation of a new MAC protocol for long-distance 802.11 mesh networks," in *Proc. ACM MOBICOM*, Cologne, Germany, August 2005.

[5] S. Surana, R. Patra, S. Nedevschi, M. Ramos, L. Subramanian, Y. Ben-David, and E. Brewer, "Beyond pilots: keeping rural wireless networks alive," in *Proc. ACM NSDR*, August 18, 2008, Seattle, Washington, USA.

[6] The Akshaya E-Literacy Project. http://www.akshaya.net

[7] Z. Dou, Z. Zhao, Q. Jin, L. Zhang, Y. Shu, and O. Yang, "Energy-efficient rate adaptation for outdoor long distance WiFi links," in *Proc. workshop GNC'11*, April 10-15, Shanghai, China, 2011.

[8] L. Monteban, and A. Kamerman, "WaveLAN-II: a high-performance wireless LAN for the unlicensed band," *Bell Lab. Tech. J.*, vol. 2, no. 3, pp. 118-133, Aug. 1997.

[9] M. Lacage, M. H. Manshaei, and T. Turletti, "IEEE 802.11 rate adaptation: a practical approach," in *Proc. IEEE MSWiM*, Venice, Italy, October 2004.

[10] P. Chevillat, J. Jelitto, A. Noll Barreto, and H.L. Truong, "A dynamic link adaptation algorithm for IEEE 802.11a wireless LANs," in *Proc. IEEE ICC*, Anchorage, USA, May 2003.

[11] D. Qiao, and S. Choi, "Fast-responsive link adaptation for IEEE 802.11 WLANs," in *Proc. IEEE ICC*, Seoul, Korea, May 2005.

[12] Q. Pang, V. Leung, and Soung C. Liew, "A rate adaptation algorithm for IEEE 802.11 WLANs based on MAC-layer loss differentiation," in *Proc. IEEE BROADNETS*, Boston, USA, October 2005.

[13] S. Kim, S. Choi and D. Qiao, "CARA: collision-aware rate adaptation for IEEE 802.11 WLANs," in *Proc. IEEE INFOCOM*, Barcelona, Spain, April 2006.

[14] J. Bicket, "Bit-rate selection in wireless networks," *MIT Master Thesis*, 2005.

[15] S. H. Wong, H. Yang, S. Lu, and V. Bharghavan, "Robust rate adaptation for 802.11 wireless networks," in *Proc. ACM MOBICOM*, Los Angeles, USA, September 2006.

[16] G. Holland, N. Vaidya, and V. Bahl, "A rate-adaptive MAC protocol for multihop wireless networks," in *Proc. ACM MOBICOM*, Rome, Italy, July 2001.

[17] Mythili Vutukuru, Hari Balakrishnan and Kyle Jamieson, "Cross-layer wireless bit rate adaptation," in *Proc. ACM SIGCOMM*, Barcelona, Spain, August 2009.

[18] P. Acharya, A. Sharma, E. Belding, K. Almeroth and K. Papagiannak, "Congestion-aware rate adaptation in wireless networks: a measurement-driven approach," in *Proc. IEEE SECON*, San Francisco, USA, June 2008.

[19] G. Judd, X. Wang, and P. Steenkiste, "Efficient channel-aware rate adaptation in dynamic environments," in *Proc. ACM MOBISYS*, Breckenridge, USA, June 2008.

[20] C. Tai, "Complementary Reciprocity Theorems in Electromagnetic Theory," *IEEE Trans. Antennas Propagation*, vol. 40, pp. 675-681, 1992.

[21] QualNet simulator, http://www.scalable-networks.com/

[22] A. Sheth, S. Nedevschi, R. Patra, S. Surana, L. Subramanian, and E. Brewer, "Packet loss characterization in WiFi-based long distance networks," in *Proc. IEEE INFOCOM*, Anchorage, USA, May 2007.

[23] E. S. Page, "Continuous inspection schemes," *Biometrika*, vol. 41, pp. 100-115, 1954.

[24] M. Basseville and I. V. Nikiforov, "Detection of Abrupt Changes: Theory and Application," Prentice Hall, 1993.

[25] C. B. Dietrich Jr., K. Dietze, J. R. Nealy, and W. L. Stutzman, "Spatial, polarization, and pattern diversity for wireless handheld terminals," *IEEE Trans. Antennas Propagation*, vol. 49, pp. 1271-1281, 2001.

第 2 部分

绿色有线通信与网络

第 6 章　用于 IP 网络节能的图论算法

因特网的节能可以通过控制网络拓扑以及关闭网络连接、设备或将其调至睡眠模式来实现。实际上，真实的网络拓扑有关闭一些连接和设备的空间，来减少非高峰时段的能量消耗，比如在夜晚时。在此过程中应该保证相应拓扑结构的特性，例如终端的连接或者相应的路径长度等。在本章中，基于图论提出了不同的规则，可以识别用于睡眠模式时的网络图连接，接下来指出这些连接可以被关闭。实践中这样可关闭与睡眠模式下的路由器 IP 线卡的通信，这样一来这些线卡耗能就会降低。把这一系列探讨过的算法称为基于图的节能（GES），不同的图特性可以被利用，同时基于这些特性的算法也可被定义。

6.1　应用于 GES 的图论基础

在网络科学领域，图论是十分重要的一部分，用来表示网络结构以及捕捉一些重要的特性。多亏了图论，才能利用双向图 $G=(\mathcal{N}, \varepsilon)$ 模拟网络拓扑结构，其中，$\mathcal{N}$ 是顶点的集合，ε 是边界的集合。让 $N=|\mathcal{N}|$ 与 $E=|\varepsilon|$ 分别成为集合 $\mathcal{N}$ 与集合 ε 的基数，这样每个顶点可以描述一个网络节点，例如一个路由器和一个边界，在下面的也称为链接，描述了两个路由器间的逻辑互连。

图 G 的相邻矩阵，用 $N\times N$ 的二元矩阵 $A(G)$ 表示：

$$a_{nm}=\begin{cases}1,(n,m)\in\varepsilon\\0,\text{其他}\end{cases}\qquad(6.1)$$

式中，(n, m) 揭示了代码 n 与 m 间的联系。这个简单双向图的相邻矩阵是均匀的而且所有对角线元素都等于 0。G 的次数矩阵 $\boldsymbol{D}(G)$ 是 d_{nn} 等于节点次数 n 的对角线矩阵，也就是说，等于边界数 n：$d_{nn}=\sum_{m=1}^{N}a_{nm}=\sum_{m=1}^{N}a_{mn}$。

通过说明，可以发现图 G 的 3 个关键组成部分：

- 节点 n 的最短路径树指向所有其他节点，用 $\mathcal{T}_n$ 表示。
- 连接 l 的边界数，用 $\mathcal{B}_l$ 表示。
- G 的代数连接度，用 $\mathcal{A}(G)$ 表示。

对于第一个组成部分 $\mathcal{T}_n$，每个网络节点都可计算出与之对应的 $\mathcal{T}_n$，G 的子图通过最短路径将 n 与其他顶点联系在一起。子图的形状像树。

G 边界 l 的第二个决定因素 $\mathcal{B}_l$ 定义为从所有节点到其他所有节点时经过这条

边的路径数，因此它衡量了网络路径经过某条边的次数。$\mathcal{A}(G)$ 衡量了连接的程度，当且仅当 G 是连通图时它大于0。

需要强调的是，即使网络是用有向图所表示的，$\mathcal{T}_m$ 和 $\mathcal{B}_l$ 也可以被定义，也就是说，用有向边定义。然而 $\mathcal{A}(G)$ 只有图是不定向时才能被定义，也就是说，定义时需要不定向链接。

通过利用其中一个或者多个组成部分，可以定义不同的GES算法，从而得到一系列链接，可以用于接下来的关闭清单 $\mathcal{SL}$，关闭清单可用于睡眠来实现节能。

6.1.1　最短路径树

鉴于连续的、不定向的图像 G，图像的生成树的子图是树状的，连接起了所有的顶点。单一的图像可以有许多不同的生成树。如果它包含在生成树中可以用来衡量每个边的代价，可以给每个边赋值一个权重 w。较小权重的边优先。生成树的权重也可以通过计算边缘的权重和来赋值。最短路径树 $\mathcal{T}_n$ 也称为最小生成树或者最小权重生成树，是发源于 n 的生成树，它的权重要小于或等于其他每个生成树的权重。

6.1.2　边介数

图中一般边界 l 的边介数 $\mathcal{B}_l$ 被定义为从所有节点到其他所有节点时经过这条边的路径数。这个决定因素直接由节点介数所影响[4]。边介数衡量了连接 l 在网络中起的中间作用。在此算法中简化了边介数，只考虑每对节点的最短路径。这样一来，衡量了连接 l 在最小生成树 $\mathcal{T}_n$ 中起的作用。寻找每个 $n \in \mathcal{N}$ 的节点的最短路径来计算 $\mathcal{B}_l$，对于每个最短路径增加 $\mathcal{B}$ 的值，因为这些连接构成了路径。可以定义 $\mathcal{B}_l$ 如下：

$$\mathcal{B}_l = \sum_{n \in \mathcal{N}} b_l(n)\,,\ b_l(n) = \begin{cases} 1, l \in \mathcal{T}_n \\ 0, \text{其他} \end{cases} \tag{6.2}$$

$\mathcal{B}$ 的值在［0，$N-(N-1)$］中。当连接不包含于任意最短路径时为最小值，当每条最短路径都通过连接时为最大值。图6.1中，最短路径的集合见表6.1，所有网络连接 $\mathcal{B}$ 的结果见表6.2。

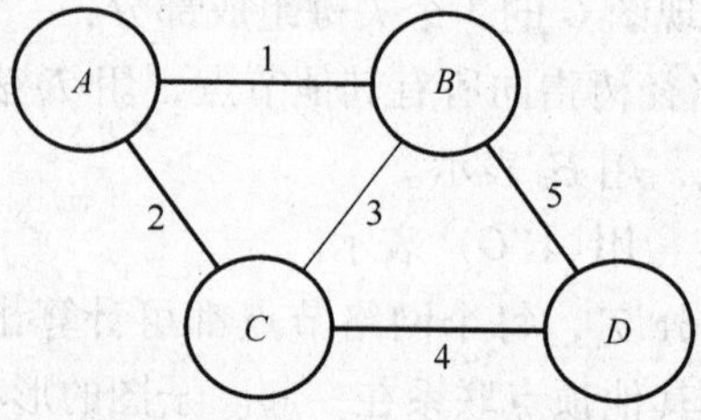

图6.1　当 $\mathcal{A}=2$、$\mathcal{B}_1=4$ 时

表 6.1　图 6.1 的最短路径树

n	节点 A	节点 B	节点 C	节点 D
节点 A	—	1	2	1-5
节点 B	1	—	3	5
节点 C	2	3	—	4
节点 D	5-1	5	4	—

表 6.2　图 6.1 中图的边介数

链接 ID	1	2	3	4	5
$\mathcal{B}$	4	2	2	2	4

6.1.3　代数连接性

图 $G=(\mathcal{N}, \varepsilon)$ 的代数连接性 $\mathcal{A}(G)$ 可以通过拉普拉斯矩阵 $L(G)$ 进行评价[4]。矩阵等于跟 $\boldsymbol{D}(G)$ 跟 $\boldsymbol{A}(G)$ 之间的差异。双向图的拉普拉斯矩阵是对称的，它的所有行与列的为 0。$\boldsymbol{L}(G)$ 的特征谱定义为它的 N 特征值集合，记作 $\lambda(G)$，从最小排列到最大，也就是 $\lambda_1(G) \leqslant \lambda_2(G) \leqslant \cdots \leqslant \lambda_N(G)$。拉普拉斯矩阵的特征值衡量了图的连接性以及连接部分的个数。双向图 G 的拉普拉斯矩阵特征值等于 0（即 $\lambda_1(G)=0$），特征值的数目为 0 就是 G 的连接组成部分为 0[7]。

当且仅当 G 不连接时，$\lambda_2(G)=0$；$\mathcal{A}(G)=\lambda_2(G)$ 通常被称为代数连接性。

$\mathcal{A}(G)$ 可以通过 GES 来决定连接被切断，继续保持生成的拓扑结构免于失效。相关文献中广泛记载了 $\mathcal{A}(G)$ 包含的有意思的特性：

- 它衡量了复杂网络模型的稳定性与健全性，网络结构中一个小干扰会以与 $\mathcal{A}(G)$ 成比例的比率逐渐减弱直至平衡。
- G 的任意两点间的平均距离与 $\mathcal{A}(G)$ 成反比[6]。
- 对于任意的不定向图 G，拉普拉斯矩阵的第二特征值被它的点的连接性为上界，等于造成图不连接或者成为单点图的点的最小数目。$\mathcal{A}(G)$ 以图对点和边界失效的健全性为下界。
- 将图 G 删除边界 l 得到图 G^l，可以得到 $\mathcal{A}(G^l) \leqslant \mathcal{A}(G)$，也就是说 $\Delta^l = \mathcal{A}(G) - \mathcal{A}(G^l)$ 衡量了去除边界 l 对于连接性丧失的影响。

通过最后一个特性很容易推算出边界对于代数连接性的影响。l_1 与 l_2 分别为图 G 的两个边界，分别移除 G 中的 l_1 与 l_2 得到 G^{l_1} 和 G^{l_2}。为了比较哪条边界对于代数连接性有更深的影响，比较 Δ^{l_1} 与 Δ^{l_2}：如果 $\Delta^{l_1} < \Delta^{l_2}$，就可以说 l_2 对于代数连接性有更深的影响。

对于图 6.1 有

$$\boldsymbol{D}(G)=\begin{pmatrix}2&0&0&0\\0&3&0&0\\0&0&3&0\\0&0&0&2\end{pmatrix}\text{和}\boldsymbol{A}(G)=\begin{pmatrix}0&1&1&0\\1&0&1&1\\1&1&0&1\\0&1&1&0\end{pmatrix}$$

拉普拉斯矩阵结果：

$$\boldsymbol{L}(G)=\begin{pmatrix}2&-1&-1&0\\-1&3&-1&-1\\-1&-1&3&-1\\0&-1&-1&2\end{pmatrix}$$

$\boldsymbol{L}(G)$ 的特征谱为

$$\lambda_1(G)=0,\lambda_2(G)=2,\lambda_3(G)=4,\lambda_4(G)=4$$

其中 $\mathcal{A}(G)=2$。

6.2 ESACON 算法

本节介绍的第一种 GES 算法是 ESACON 算法（基于代数连接性的节能）[3]。它模拟了包含不定向图 $G=(\mathcal{N},\varepsilon)$ 因特网拓扑结构（即 IP 自动系统的拓扑结构），其中 $\mathcal{N}$ 是路由器的集合，ε 是连接这些路由器的不定向连接的集合。

ESACON 算法由两步构成：

1）关于连接的有序列表，记作 $\mathcal{L}$；

2）对于连接集合关闭的鉴定，记作 $\mathcal{SL}$。

算法 3 中的伪码包括两个步骤。第一步，输入量是网络拓扑结构 G，输出量是一个组成网络 $\mathcal{L}$ 的有序列表。依据代数连接性对网络连接来进行排序：网络连接以对于代数连接性的影响来排序。ESACON 算法目的是囊括那些对于代数连接性的影响较低的关闭列表 $\mathcal{SL}$ 中的元素。通过启动这些连接的睡眠模式，关闭网络连接及其相应服务达到节能目的。ESACON 算法与每个符合 $l\in\varepsilon$ 的不定向连接相关联，其中 $\Delta^l=\mathcal{A}(G)-\mathcal{A}(G^l)$，$\mathcal{A}(G^l)$ 是当不定向连接 l 关闭时网络的代数连接性（算法 3 中的 6~10 行）。命名一个矢量 $\boldsymbol{V}$ 包含双向连接 E，同时 $\mathcal{L}$ 是通过对 $\boldsymbol{V}$ 中 Δ^l 升序排列得到的有序清单。在清单顶部的连接相比于底部的连接需要一个较低的代数连接性减少量。

第二步，输入量是有序清单 $\mathcal{L}$，输出量是连接的集合，当超过给定的阈值时这些连接可以被切断。这些连接的集合为 $\mathcal{SL}$。为了计算切断一些连接时造成的连接性的损失，定义残余标准化代数连接性如下；

$$\gamma(G')=\frac{\mathcal{A}(G')}{\mathcal{A}(G)}\cdot 100 \tag{6.3}$$

式中，$\mathcal{A}(G')$ 是图 G 删除一些连接后得到的图 G'的代数连接性。

第二步中存在很多网络双向连接的迭代。在每次迭代中，算法试图包括一个在 $\mathcal{SL}$ 中的新连接。对于任意的第 i 个迭代，算法检查连接在位于清单第 i 个位置的连接 $\mathcal{L}[i]$ 是否可以被切断。得到图 $G'=(\mathcal{N},\varepsilon-\mathcal{SL}-\mathcal{L}[i])$ 的代数连接性 $\mathcal{A}(G')$。G'是由 G 得来的，通过删除 $\mathcal{L}[i]$ 中当前迭代与早已存在 $\mathcal{SL}$ 中的连接。如果接下来的连接性状况得到验证，ESACON 算法亦得到验证：

$$\gamma(G')\geqslant\gamma_{\text{th}} \tag{6.4}$$

使 $\gamma_{\text{th}}>0$ 即赋予最终的网络一个相较于先前网络的一定程度的连接性。如果 $\mathcal{L}[i]$ 可以被切断，则添加到 $\mathcal{SL}$ 集合中；否则算法继续运行，进入第 $(i+1)$ 次迭代。

最后几步中，当 γ 越来越大并超过给定的阈值 γ_{th}时，ESACON 算法确认连接的最大次数。最终的图记作 G^{fin}：

$$G^{\text{fin}}=(\mathcal{N},\varepsilon-\mathcal{SL}) \tag{6.5}$$

算法 3 ESACON

Input：a network graph $G(\mathcal{N},\varepsilon)$；
/* 第一步 */
$E=|\varepsilon|$;
$\mathcal{A}(G)$ is the algebraic connectivity of graph G;
$\mathcal{V}=$ zeros;
for each $l\in\varepsilon$ do
$\mathcal{V}[i]=l$;
$G^{l}=(\mathcal{N},\ \varepsilon-1)$；
$\Delta^{l}=\mathcal{A}(G)-\mathcal{A}(G^{l})$；
end for
$\mathcal{L}=$ sort $\mathcal{V}$ in increasing order based on the values Δ^{l}；/* 输出第一步 */
/* 第二步 */
$\mathcal{SL}=\phi$;
for $i=1,\ 2,\ \cdots,\ E$ do
$G'=(\mathcal{N},\varepsilon-\mathcal{SL}-\mathcal{L}[i])$；
$\gamma(G')=\frac{\mathcal{A}(G')}{\mathcal{A}(G)}\cdot 100$;
if $\gamma(G')\geqslant\gamma_{\text{th}}$ then
$\mathcal{SL}=\mathcal{SL}\cup\mathcal{L}[i]$/* 包括 $\mathcal{L}[i]$ 在关闭列表中 */;
end if
end for
Output：$\mathcal{SL}$/* 可以被关闭的网络链接 */ and $G^{\text{fin}}=(\mathcal{N},\varepsilon-\mathcal{SL})$/* 最终网络拓扑结构 */

6.3 ESTOP 算法

ESTOP 算法是 ESACON 算法的演变，不仅考虑代数连接性，同时将边介数 $\mathcal{B}_l$ 考虑在内。

这种 GES 算法由两步构成：

1）$\mathcal{B}$ 每个连接的计算过程与连接有序列表 $\mathcal{L}$；

2）置于睡眠模式（通过控制最终拓扑结构实现）下连接的识别以及睡眠列表的生成。

起初的两步在算法 4 中进行了描述。在 ESACON 算法的例子中，输入量是网络拓扑结构 G，输出量是一个组成网络的有序列表 $\mathcal{L}$。与 ESACON 算法主要的区别在于，ESTOP 用于网络连接排序的标准是 $\mathcal{B}$。$\mathcal{B}$ 中连接是依据升序排列，因为目的是要进入睡眠模式，所以这些连接在每一对点的路径中很少被用到。算法通过 Dijkstra 算法计算每对点的最短路径，对于每条路径找到属于它的连接，同时增加 $\mathcal{B}$ 的值（算法 4 中的 6～10 行）。然后，基于 $\mathcal{B}$ 的取值，生成一个包含每个网络双向连接的列表 $\mathcal{L}$。在列表顶端的连接在最短路径中很少被使用到，同时由于它们被切断，需要一小部分路径再次核算。第二步中，输入量是有序列表 $\mathcal{L}$，输出量是最终的拓扑结构 G^{fin}，形式如式（6.5）中所示，被置于睡眠模式的连接仍旧以一定的阈值保持着连接性。为了测算切断动作造成的连接性的损失，仍旧使用式（6.3），$\mathcal{A}(G')$ 表示图 G 删去部分连接后得到的图 G' 的代数连接性。同样对于 ESTOP 算法而言连接性状况与式（6.4）中一致。

第二步中迭代的次数与网络中的双向连接数目一致。每次迭代过程中，算法产生一个 $\mathcal{SL}$ 中的新连接。在第 i 次迭代中，算法检查位于列表 $\mathcal{L}$ 第 i 个位置的连接，记作 $\mathcal{L}[i]$，是否可以被切断，图 $G'=(\mathcal{N},\varepsilon-\mathcal{SL}-\mathcal{L}[i])$ 的代数连接性 $\mathcal{A}(G')$ 将被计算出来。G' 是由 G 得来的，通过删除 $\mathcal{L}[i]$ 中当前迭代与早已存在 $\mathcal{SL}$ 中的连接（第 17 行）。如果 $\gamma(G')$ 大于 γ_{th}，算法得以验证（第 19 行）。如果连接 $\mathcal{L}[i]$ 可以被切断，则添加至集合 $\mathcal{SL}$ 中（第 20、21 行），否则算法继续运行，进入第（$i+1$）次迭代。

算法 4 ESTOP

1：Input：a network graph $G(\mathcal{N},\ \varepsilon)$；

2：/* 第一步 */

3：$\mathcal{B}$ = zeros；/* 每个链接介数的数组 */

4：$\mathcal{L}$ = zeros；

5：for each $n\in\mathcal{N}$ do

6：Compute，by running Dijkstra，$\mathcal{T}_n$ = shortest path tree from n to all the other nodes；

（续）

算法 4 ESTOP

for each edge $l \in \mathcal{T}_n$ do;
$\mathcal{B}_l = \mathcal{B}_l + 1$;
end for
end for
$\mathcal{L}$ = sort ε in increasing order on the basis of $\mathcal{B}$; /* 输出第一步 */
/* 第二步 */
$\mathcal{SL} = \phi$;
for $i = 1, 2, \cdots, E$ do
$G' = (\mathcal{N}, \varepsilon - \mathcal{SL} - L[i])$;
$\gamma(G') = \dfrac{\mathcal{A}(G')}{\mathcal{A}(G)} \cdot 100$;
$\gamma(G') \geqslant \gamma_{\text{th}}$ then
$\mathcal{SL} = \mathcal{SL} \cup \mathcal{L}[i]$ /* 包括 $\mathcal{L}[i]$ 在关闭列表中 */;
end if
end for
Output: $\mathcal{SL}$/* 可以被关闭的网络链接 */ and $G^{\text{fin}} = (\mathcal{N}, \varepsilon - \mathcal{SL})$/* 最终网络拓扑结构 */

6.4 EAR 算法

能量感知路由（EAR）算法是 GES 算法使用网络图［1，2］的最短路径树$\mathcal{T}$的一个典例。主要思想是减少用于路由数据包的连接的数目，允许相邻的节点共享相同的最短路径树，对其他节点则无效。这些节点分别使用路由树 $\mathcal{T}_n$ 和 $\mathcal{T}_m$，它们除了几个连接外极其相似。

所以如果 n 使用的是 $\mathcal{T}_m$ 而不是 $\mathcal{T}_n$，n 使用的路径子集将被修正；因此从 n 输出的链接将会被切断。称 n 使用了修正路径树。利用称为输出口的一种特殊构造可以实现路径树的共享，它允许一个进口路由（IR）的节点从一个出口路由（ER）邻近节点中获取 $\mathcal{T}$，而不产生任何链接状态变化。在出口过程中，全部计算量通过 IR 完成，ER 重新计算 Dijkstra 算法作为根。这样一来出口过程只涉及局部运算，除了 IR 和 ER，其他节点均无法注意到路径的变化。一个或者更多的链接会被路由在不发生任何状态变化的情况下排除掉。为了保证路由路径的准确性，即避免路由回路，以及避免多余动作产生的恶化，如增量延迟，下面介绍一种限制方法：

1）一个节点只能作一次 IR；

2）包含在出口中的节点（即一个节点至少被出口过程修正一次）不能作 ER。

如果采用这些规则，可以证明所有的目标均可达到（在 EAR 执行过程中没有循环出现），同时路径长度被限制。

EAR 算法根本的步骤是如何寻找使被切断连接数目最大化的 ER-IR 对。这成为 EAR 难题。定义每个有向连接与一个可能的出口联系在一起，尾部是 IR，头部是 ER，所以可能的出口被网络连接数所限制。这产生了组合型问题。

将出口的组 $m_l = \langle l, \mathcal{S}_{ml}, \boldsymbol{v}_{ml} \rangle$ 记作 move，其中 l 是 m_l 的链接，$\mathcal{S}_{ml}$ 是因 m_l 切断的连接的集合，$\boldsymbol{v}_{ml}$ 是表示与上述规则不兼容的 move 的集合矢量。move 的集合 m_l 基数为 E。

如果 move m_i 在执行完 m_j 仍然可用，说 m_i 和 m_l 是兼容的。给定一个 move m_i，它的兼容性可以通过 E 的兼容性矢量 $\boldsymbol{v}_{mi}$ 表达，第 j 个元素定义如下：

$$\boldsymbol{v}_{mi}[j] = \begin{cases} 1, m_i \text{ 与 } m_j \text{ 兼容} \\ 0, \text{其他} \end{cases} \tag{6.6}$$

move m_i 的兼容性程度 c_i 表示与 m_i 相兼容的 move 的数目：

$$c_{m_i} = \sum_{j=1}^{E} v_{m_i}[j] \tag{6.7}$$

在式（6.6）中定义 $G^m = (\mathcal{M}, \mathcal{J})$。在图中，$\mathcal{M}$ 是 move 的集合，$\mathcal{J}$ 是一个 $E \times E$ 的矩阵，它的每一行都是 v_{mi}。在 G^m 中第 i 个点代表权重等于切断连接数的 move m_i，即如果 $v_{m_i}[j] = 1$，则 $|S_{m_l}|$. In$G^m = (\mathcal{M}, \mathcal{J})$，在点 i 和点 j 间有一个不定向边界。所以，解决 EAR 难题就是寻找 G^m 中最大的集，这是个 NP 难题。可以定义一个名为 Max_ Compatibility Heuristic 的贪婪算法；这种算法可以发现一系列相兼容的 move，并尝试最大化剩余 move 的数目（见算法 5）。

最终的解，记为 $\mathcal{C}$，是由一系列 move 构成的。在 $\mathcal{C}$ 的计算过程中，$|S_{m_l}|$ 是被考虑在内的。算法执行的细节部分可以在参考文献［2］中找到。在其他 GES 算法中，最终的解是一个可以被置于睡眠模式的网络连接的集合，即 $\mathcal{SL} = \cup \mathcal{S}_{m_l} \forall m_l \in \mathcal{C}$ 以及 $G^{\text{fin}} = (\mathcal{N}, \varepsilon - \mathcal{SL})$。

算法 5 Max_ Compatibility Heuristic

Find m_M s. t. $c_M = \max_{i \in E} c_{mi}$;
for all m_k s. t. $v_{mM}[k] = 1$ do
temp$_k$ = $\{m_M, m_k\}$
$v_{\text{temp}_k} = v_{m_M}$ AND v_{m_k}
end for
for all temp$_k \neq \phi$ do
while $\sum_{j=1}^{E} v_{\text{temp}_k}[j] \neq \phi$ do
$m_l = \max_{m_j \text{ s. t. } v_{\text{temp}_k}[j]=1} (v_{\text{temp}_k}^T * v_{m_j})$
temp$_k$ = temp$_k \cup m_l$
$v_{\text{temp}_k} = v_{\text{temp}_k}$ AND v_{m_l}
end while
end for
$\mathcal{C} = \max_{\text{temp}_k \neq 0} \sum_{\text{forallj s. t. } m_j \in \text{temp}_k} |\mathcal{S}_{m_j}|$

6.5　GES 应用实例

为了展示在实际应用中以上 3 种 GES 算法的行为，将它们应用于 SND-lib[9] 提供的由 17 个点与 26 条双线链接构成的网络，将其命名为 NOBEL-GERMANY。图 6.2 是最终的拓扑结构。ESACON 算法中如果设置 $\gamma_{th}=90\%$，被删去的链接

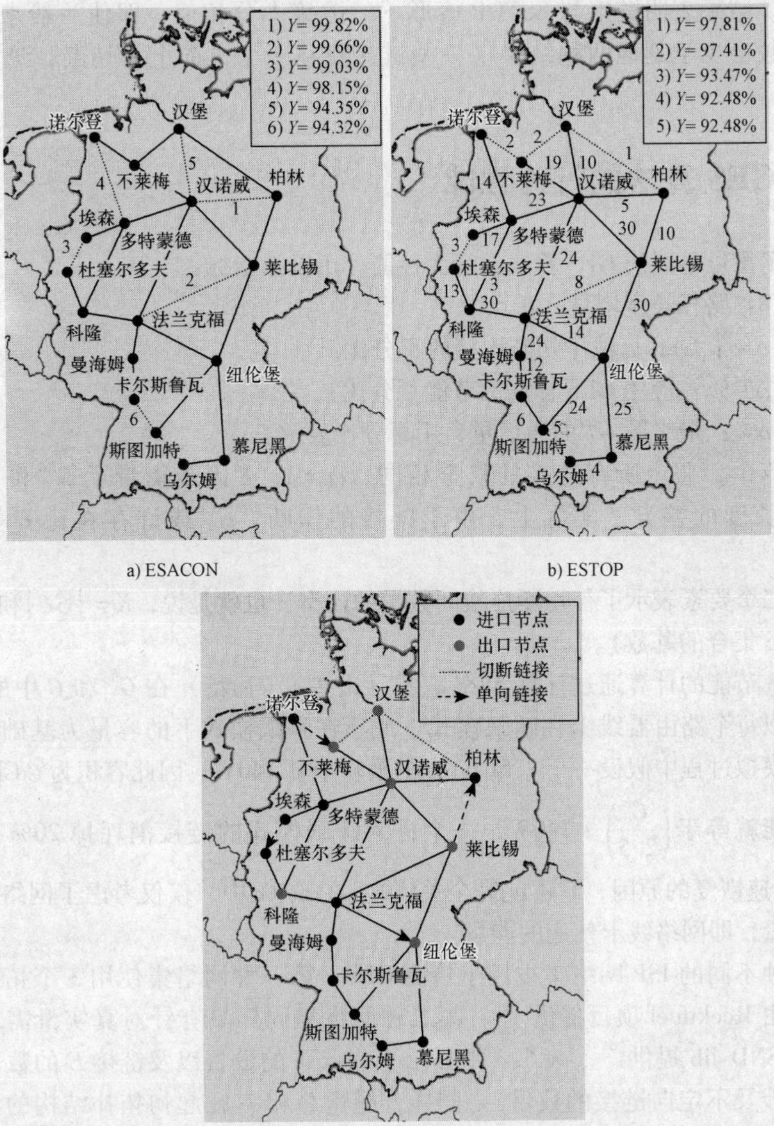

a) ESACON　　b) ESTOP

c) EAR

图 6.2　EAR、ESACON 和 ESTOP 应用实例

显示为圆点。每个链接相应的将其删除后的最终标准代数连接性如图所示（见图6.2中顺序）。可以看到，删除链接1使标准代数连接性上升至99.82%，当删除链接5后下降至95%。在相同的γ_{th}约束下，被ESTOP删去的链接与被ES-ACON（见图6.2b）选中的链接存在部分不同。因为选择的标准边介数的值$\mathcal{B}_l$（见图6.2b）与每条边都有关。这种情况下较少的链接被切断即使它们更适合于被选中用于执行其他动作。最终，EAR如图6.2c所示，图中进口与出口均有展示。结果表明链接与ESTOP情形下的链接十分相似，即使一般来说切断的链接数会少于其他两种结果（一些链接只在一个方向上被切断，见图6.2c箭头）。

6.6 GES算法的行为性能

为了衡量不同的GES算法的行为性能，用以下指标：

1）δ：路径长度增量，跃点数；

2）$\Delta\%$：GES算法中切断连接的百分比；

3）$\Delta\mathcal{P}\%$：应用GES算法的节能百分比；

4）$\rho\%$：最终图G^{fin}的通信量，用百分比表示。

计算中，假定所有链接的权重相同，$\omega=1$。δ因子衡量了G^{fin}和G的最短路径长度的差异。实际上，由于链接的切断，G^{fin}或许存在比G更长的路径。

第二个要素表示了被切断连接间数量的比率，也就是说，$K=|\mathcal{SL}|$和E（先前连接ε集合的基数）。

GES节能的计算通过计算$\Delta\mathcal{P}\%$，推导出$\mathcal{P}_{fin}$（瓦特）在G^{fin}和G中的比值，能量是以每个路由器线卡在睡眠模式下或不在睡眠模式下的容量为基础计算出的。在模拟过程中假设一个2.5Gbit/s的模块消耗140W；因此容积为$\mathcal{C}_l$Gbit/s的链接耗能就等于$\left(\frac{\mathcal{C}_l}{2.5}\right)\cdot 140$W，一个进入睡眠模式的链接消耗掉20%的能量（因为快速恢复的原因，它不能完全关闭）。在$\Delta\mathcal{P}\%$中，仅仅考虑了网络连接使用的能量，即网络线卡使用的能量。

两种不同的ISP网络集被用于检测GES：第一种网络集使用3个拓扑结构构成，由Rocktfuel项目提供[10]；第二种网络集同样具有针对真实量需求的衡量，由SND-lib提供[9]。表6.3中显示了节点N的数目以及链接E的数目（这个数目涉及不定向链接的数目）。同样，能量总和$\mathcal{P}$在起初拓扑结构的消耗量也被列出。没有提供全部网络的真实链接容量，用以下方法指定每个网络链接的容量：

表6.3 用于性能测试的网络

Rocktfuel 项目[10]				SND-lib[9]			
	N	E	$\mathcal{P}$/W		N	E	$\mathcal{P}$/W
EBONE	159	614	162820	GERMANY50	50	176	25620
EXODUS	244	1080	350840	ABILENE	12	30	4200
ABOVENET	366	1936	685720	NOBEL-GERMANY	17	52	7280

1）生成一个流量矩阵，假定每个路由面向其他路由产生的流量，构成是：40%的介于1~80Mbit/s的高比特率流量，和剩余60%的大约1Mbit/s的低比特率流量（见参考文献［8］）。

2）发送所有最短路径的流量，然后指定每个链接一定数量的容量模块（每个2.5Gbit/s），利用率将少于或等于总容量的25%。

第一种流量模式同样应用在分析计算$\rho\%$，$\rho\%$是用于评估最终拓扑结构行为性能的重要参考。事实上，当流量被插入网络中时，流量切断某些链接可能会造成剩余链接之间的障碍。为此衡量解决方案的行为性能也作为流量性能的一方面，用$\rho\%$来表示。当切断属于集合$\mathcal{SL}$中的网络链接后，所有流量需求依据最短路径标准发送至新的拓扑结构中G^{fin}。据此可以计算$\rho\%$如下：

$$\rho\% = \frac{\sum_{\varepsilon - \mathcal{SL}} \rho_l \%}{E - K} \tag{6.8}$$

式中，$\rho_l\%$是链接l的新流量利用率，$l=1, 2, \cdots, E-K$。

在接下来的分析中，讨论当最大利用率$\rho\%_{\max}$时对于行为性能的影响。

6.6.1 路径长度增加

在分析中，通过运用Dijkstra算法计算了起初的拓扑结构G所有点的最短路径树$\mathcal{T}_n$。对于每个$\mathcal{T}_n$测量与其相联系的路径的长度，同样对G^{fin}进行相同的计算。应用GES后，对于每个网络路径可以计算与跳跃数目相关的路径长度增量δ。

图6.3描述了在ESACON 3种不同链接阈值情况下路径长度增量的分布，在EXODUS网络下$\gamma_{\text{th}}=99\%$，$\gamma_{\text{th}}=95\%$以及$\gamma_{\text{th}}=90\%$。相同的结果在图6.4所示ESTOP情形中也出现了。可以发现两种算法中只有几个路径增量的长度超过了一次跳跃，这点对于网络数据传输延迟有一定影响。此外，鉴于图两个顶点间的平均距离与代数连接性成反比，看到通过选取一个连接性阈值，可以决定最大路径增量的值。例如在ESACON中，$\gamma_{\text{th}}=99\%$，δ的最大值等于3；$\gamma_{\text{th}}=95\%$时等于4；只有$\gamma_{\text{th}}=90\%$时达到了5。相同的性能在ESTOP中也可以看到。

通过比较图6.4与图6.3，可以发现ESTOP的性能要比ESACON好。这是因

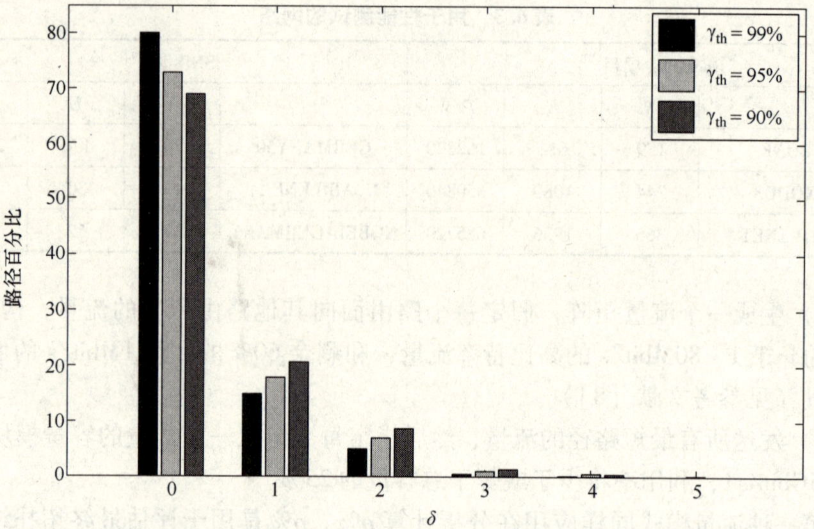

图 6.3　ESACON 算法中 δ 参数的分布

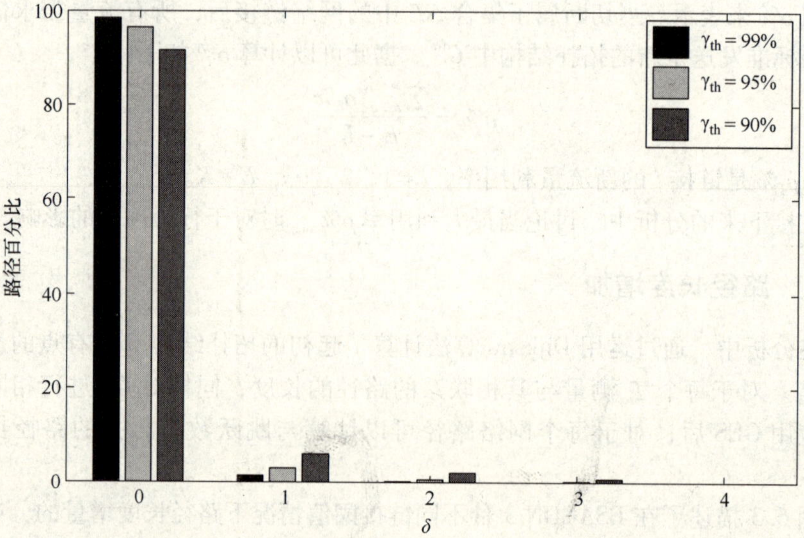

图 6.4　ESTOP 算法中 δ 参数的分布

为 ESTOP 算法首先切断的是一小部分最短路径通过的链接，然而 ESACON 只针对代数连接性运算。

EAR 算法的路径长度增量分布状况如图 6.5 所示。可以看到，给所有链接赋同样大小的权重，算法就能保证路径不会跳跃超过两次。这种特性依赖于先前介绍的 EAR 算法的第二个规则，即出口路由的路径一直保证是最短的一个，这样就很容易解释得通。结果如图 6.5 所示。

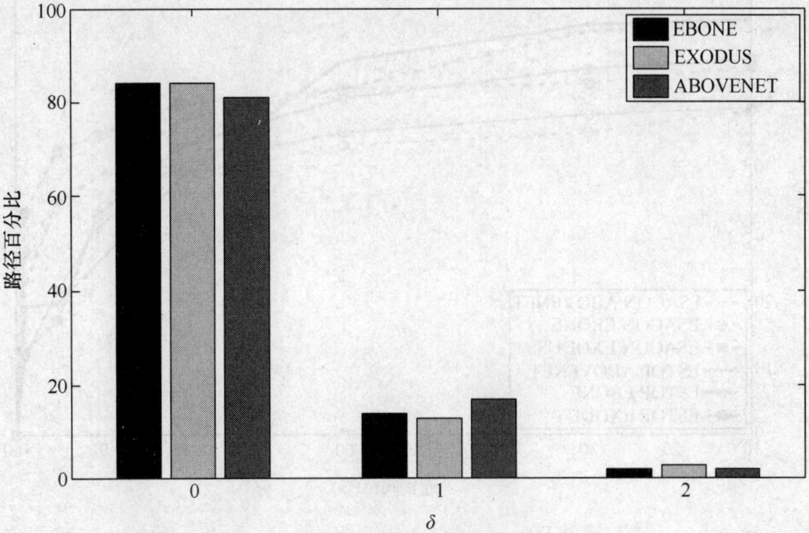

图 6.5　EAR 算法中 δ 参数的分布

6.6.2　链接切断的百分率

可以通过衡量连接性阈值的因素 $\Delta\%$ 来观测 GES 行为性能。图 6.6 展示了在 ESACON 和 ESTOP 中作为 γ_{th} 的函数的 $\Delta\%$ 的行为性能。γ_{th} 的最低值为 10%，这意味着很接近一个切断的网络（当 $\gamma_{th}=0$ 时）。

当连接阈值增加时，可切断连接的数目会降低。然而，可以注意到即使连接阈值（以及相应的代数连接性）没有减少太多时（例如 80%），一部分链接还是可以被切断的。这依赖于网络连接性水平（网状组成部分）。实际上，很大一部分链接可以被这些网络删除，同时不减小最小出度，这与代数连接性有直接的关联。还可以注意到，因为给定 γ_{th} 值，ESTOP 和 ESACON 曲线有一个交叉点。在低连接阈值的情形下，ESTOP 有更好的行为性能，即关闭更多的链接；相反，γ_{th} 高阈值的情形下，ESACON 可以切断更多的链接。只是因为 ESACON 是为了让代数连接性最大化，直到 G^{fin} 与 G 十分相近，$\mathcal{SL}$ 列表与每步重新计算的 G' 大致相同。另外一方面，因为同样基于介数，对于 ESTOP 方法 γ_{th} 低阈值优先。

EAR 针对 3 种不同的网络，行为性能 $\Delta\%$ 如图 6.7 所示。可以看到 $\Delta\%$ 依赖于网络拓扑结构，20% ~ 30% 不等。在 $\rho\%_{max}$ 的约束下测试算法，将其与 ESACON 和 ESTOP 比较。在 3 种 GES 算法中，ESTOP 展示出关于拓扑结构更稳定的行为性能，ESACON 只在小型拓扑结构中有好的表现，比如 GERMANY50。相

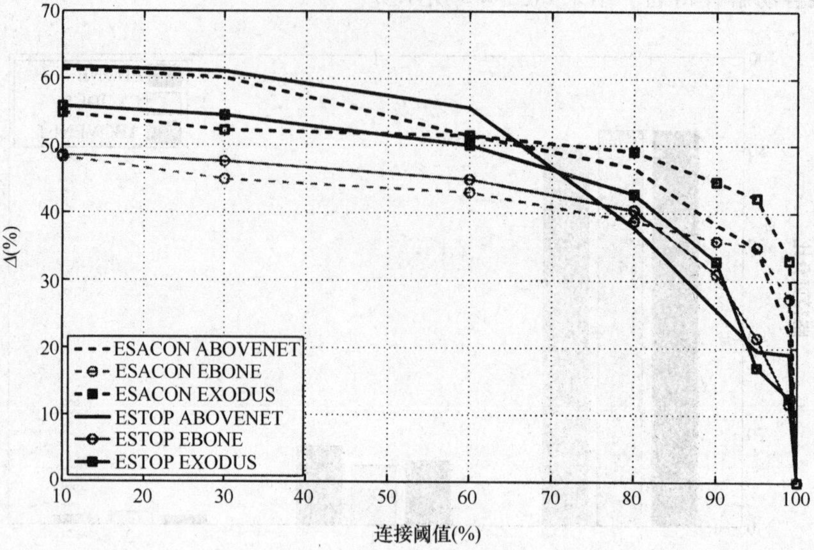

图 6.6 ESACON 和 ESTOP 中作为连接阈值 γ_{th} 与 $\Delta\%$ 的函数关系

反 EAR 在大型网络中表现更好（EBONE 与 EXODUS）。

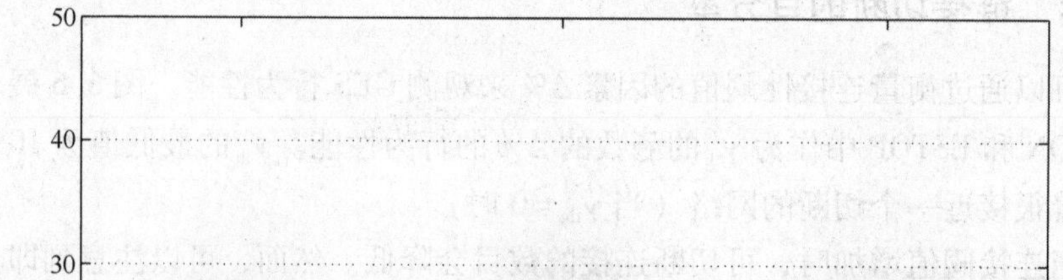

图 6.7 EAR 中链接比例 $\Delta\%$ 的分布

6.6.3 节能

下面讨论 GES 算法通过切断线卡方式的节能结果。可以注意到在分析中假设将线卡置于睡眠模式，这样一个线卡可以消耗工作状态下 20% 的能量。表 6.4 展示了 $\Delta\mathcal{P}\%$ 在 3 种网络下 GES 的结果，表中也有切断链接 K。

表 6.4　节能

		GERMANY 50		ABILENE		NOBEL-GERMANY	
		K	$\Delta\mathcal{P}$（%）	K	$\Delta\mathcal{P}$（%）	K	$\Delta\mathcal{P}$（%）
EAR	$\rho\%_{max}=30\%$	10	4	2	5	8	12
	$\rho\%_{max}=50\%$	10	4	2	5	8	12
	$\rho\%_{max}=70\%$	10	4	2	5	8	12
ESACON	$\rho\%_{max}=30\%$	24	10	8	21	20	31
	$\rho\%_{max}=50\%$	66	29	8	21	20	31
	$\rho\%_{max}=70\%$	72	32	8	21	20	31
ESTOP	$\rho\%_{max}=30\%$	22	10	8	21	20	31
	$\rho\%_{max}=50\%$	66	29	8	21	20	31
	$\rho\%_{max}=70\%$	74	33	8	21	20	31

正如看到的，依据算法其内在机理，EAR 中应用于小型网络的 $\Delta\mathcal{P}\%$ 几乎是最大的。实际上 EAR 内在目标旨在减少最短路径树的干扰。在小型网络中，最短路径树十分相似，有少许可以通过出口-进口机制被切断的链接。相反，ESACON 和 ESTOP 都可以增加 $\Delta\mathcal{P}\%$（一些情况下大约为 30%）。

6.6.4　对通信量利用的影响

图 6.8 分析了当在 EBONE 网络中运行 3 种 GES 算法时 G^{fin} 的利用结果。流量的产生正如在 6.6 节开头讲述的那样。图 6.8 中标明了每个网络连接的利用，当 $\rho\%_{max}=70\%$ 时，EAR 的 $\Delta\%$ 大约增加了 24%。图 6.9 中标明了 3 种情形下 $\rho_l\%$ 的分布。注意到提供流量后，即使有些瓶颈，但是所有的结果都表现不错。总体而言，在图 6.9 中可以看出结果能限制大多数链接的 $\rho_l\%$ 在 40%。此外，在 ESTOP 和 ESACON 中，通过连接阈值可以减少瓶颈。对于 EAR 可以控制出口的总数。

ESTOP 可以限制分布峰值不超过 60%，ESACON 为 80%，这就是为什么表 6.5 中 ESACON 的 $\rho\%=50\%$ 以下只有几个链接的原因。总之，ESTOP 与 EAR 比 ESACON 对于 $\rho\%$ 有更好的影响，因为它们有更少的峰值，同时参与链接的流量需求是均等分配的。

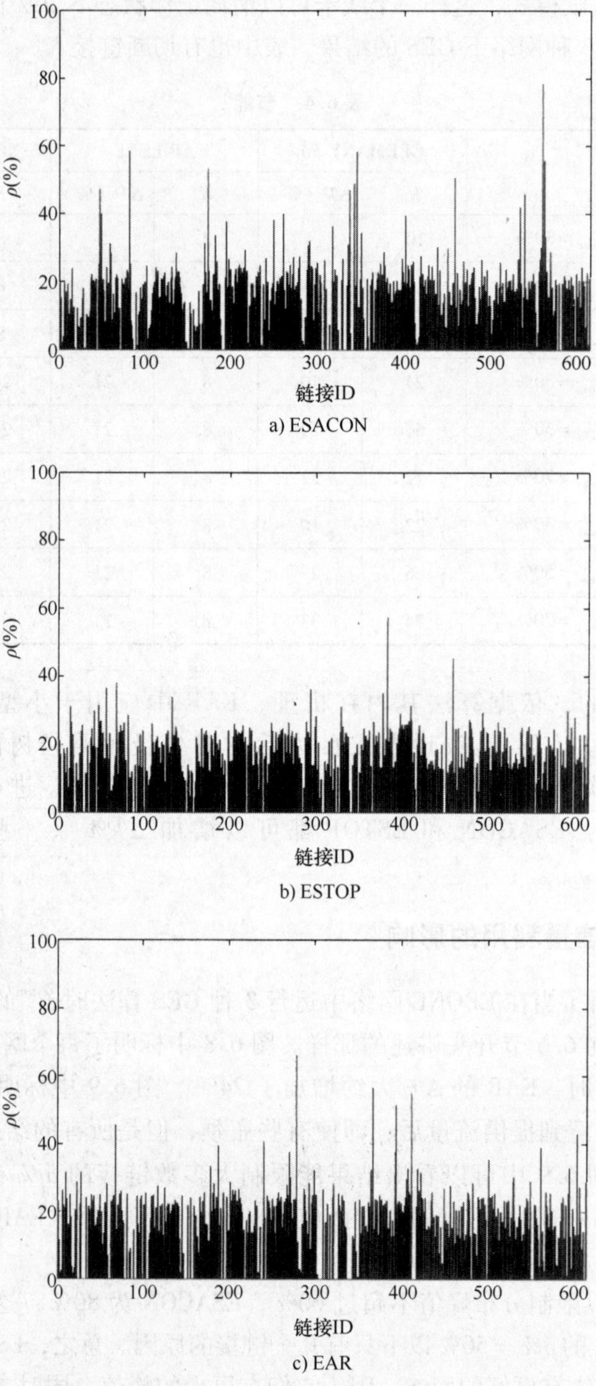

图 6.8　EBONE 中使用 3 种 GES 的每次链接效率

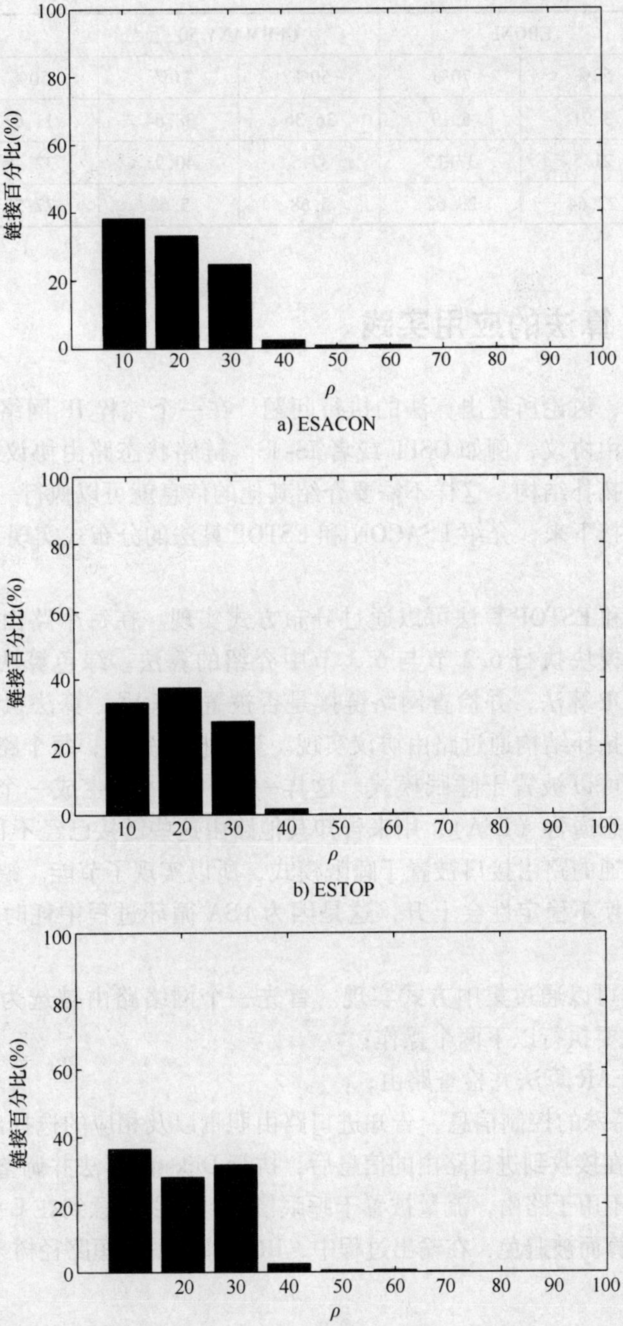

a) ESACON

b) ESTOP

c) EAR

图 6. 9　EBONE 中使用 3 种 GES 的链接效率分布

表 6.5　在 $\rho\%_{max}$ 约束下 3 种基于图的节能算法的链接百分比

	EBONE		CERMANY 50		EXODUS	
$\rho\%_{max}$	50%	70%	50%	70%	50%	70%
ESACON	3.91	6.19	36.36	38.64	11.67	20.56
ESTOP	21.5	37.13	37.5	40.91	32.78	38.7
EAR	22.64	23.62	5.68	5.68	27.59	28.06

6.7　GES 算法的应用实践

在本节中，讨论所提出算法的执行问题。在一个纯粹 IP 网络中，使用了一个链路状态路由协议，例如 OSPF 或者 IS-IS。链路状态路由协议确保了每个 IP 路由获取网络拓扑结构，这样不需要介绍其他的信息就可以执行一个基于算法的拓扑结构了。接下来，介绍 ESACON 和 ESTOP 算法的分布式实现，以及 EAR 算法的集中实现。

ESACON 和 ESTOP 算法可以通过分布方式实现。在每个路由中，一个定义为绿色算法的模块执行 6.2 节与 6.3 节中介绍的算法。绿色算法模块执行 ESACON 和 ESTOP 算法，并检查网络链接是否被置于睡眠。算法执行过程各自独立，因为网络拓扑结构通过路由协议实现。算法执行完成，每个路由可评估一个或者多个链接可以被置于睡眠模式。这样一来，路由会生成一个 OSPF 控制信息，即链接状态通告（LSA），用来告知其他路由这些链接已经不再可用。最终，与睡眠链接接通的路由接口被置于睡眠模式，所以实现了节能。缺点是在流量路由的过程中转换不稳定性会上升，这是因为 LSA 循环过程中耗时太长导致一些数据丢失。

EAR 算法可以通过集中方式实现。首先一个网络路由被选为 EAR 协调器。EAR 协调器主要执行以下两个操作：

1）执行 EAR 算法并检查路由；

2）产生特殊的控制信息，告知进口路由职责以及相应的选择出口。

每个进口在接收到进口路由的信息后，执行 Dijkstra 算法并调整路线。最终所有的进口接口不用于路由，流量被置于睡眠模式。可以注意到在 EAR 中数据丢失因路径重新计算而被避免，在输出过程中，IR 使用旧的最短路径树来路由数据。

6.8　小结

在本章中，提出了一种图论算法用于 IP 网络的节能。这些算法旨在减少网络非高峰时期链接的数目，即路由线卡。为此使用了图的不同特性来模拟网络。ESACON 算法只基于代数连接性。通过控制删除一些链接后对于代数连接性的影响，ESACON 获得了一些列可关闭的链接。ESTOP 将代数连接性与边介数联系在一起，后者允许从网络图像中删除一些只有几条路径通过的链接，最终图的代数连接性用于控制网络保持连接以及它的连接程度在一个适当的阈值之上。最终 EAR 利用最短路径树允许一些节点共享它的路径树，以便删除路由路径中的一些链接。表 6.6 总结了 3 种算法中的关键要素以及算法究竟是集中实现还是分布实现。

表 6.6　基于图的节能算法总结

	算法中使用的图像要素			网络实现	
	最短路径树 $\mathcal{T}$	边 $\mathcal{B}$	连接性 $\mathcal{A}$	集中方式	分布方式
ESACON	—	—	√	—	√
ESTOP	√	√	√	—	√
EAR	√	—	—	√	—

关于本章中这些解决办法的行为性能，在相关文献中真实的 ISP 网络拓扑结构中进行了测试，得到了很多有趣的行为性能。ESACON 中，即使连接阈值一直很高（80%~90%），算法依然可以切断很大一部分的链接，而不用考虑其他网络性能，如路径长度增量。另一方面，正如 ESTOP 那样，将代数连接性与边介数联系起来，就能适当地选取可切断的链接。这样一来，就像所示的 ESTOP 行为性能一样，最终的行为性能将得以提升。最终，为了选择最短路径，需准确选择进口与出口，这样便可以实现节能的目的，同时还不太影响网络中的路由协议。

参 考 文 献

[1] A. Cianfrani, V. Eramo, M. Listanti, M. Marazza, and E. Vittorini. An energy saving routing algorithm for a green ospf protocol. In *INFOCOM IEEE Conference on Computer Communications Workshops, 2010*, pages 1–5, March 2010.

[2] A. Cianfrani, V. Eramo, M. Listanti, and M. Polverini. An OSPF enhancement for energy saving in IP networks. In *Computer Communications Workshops (INFOCOM WKSHPS), 2011 IEEE Conference on*, pages 325–330, April 2011.

[3] F. Cuomo, A. Abbagnale, A. Cianfrani, and M. Polverini. Keeping the connectivity and saving the energy in the internet. In *Computer Communications Workshops (INFOCOM WKSHPS), 2011 IEEE Conference on*, pages 319–324, April 2011.

[4] Chris Godsil and Gordon Royle. *Algebraic Graph Theory*. Springer-Verlag, New York, April 2001.

[5] Almerima Jamakovic and Steve Uhlig. On the relationships between topological measures in real-world networks. *Networks and Heterogeneous Media*, 3:345–359, 2008.

[6] Bojan Mohar. Eigenvalues, diameter, and mean distance in graphs. *Graphs and Combinatorics*, 7(1):53–64, 1991.

[7] Bojan Mohar. The laplacian spectrum of graphs. In *Graph Theory, Combinatorics, and Applications*, pages 871–898. Wiley, 1991.

[8] A. Nucci, A. Sridharan, and N. Taft. The problem of synthetically generating ip traffic matrices: initial recommendations. In *SIGCOMM Comput. Commun. Rev.*, volume 35, pages 19–32, July 2005.

[9] S. Orlowski, R. Wessaly, M. Pioro, and A. Tomaszewski. Sndlib 1.0 survivable network design library. *Netw.*, 55:276–286, May 2010.

[10] Neil Spring, Ratul Mahajan, David Wetherall, and Thomas Anderson. Measuring ISP topologies with rocketfuel. *IEEE/ACM Trans. Netw.*, 12(1):2–16, February 2004.

第7章　高性能路由器体系结构设计

Chengchen Hu、Bin Liu、Mingui Zhang、Beichuan Zhang 和 Xiaojun Wang

因特网巨大的成功之处在于它已经形成了无所不在基础设施，现在包括不计其数的硬件来为用户传递多样性服务。然而，能源消耗的忧虑在今天的因特网基础设施中突显[2]：在2007年，美国一年内的互联网设备、网络和传输设备的能源消耗将近3500亿kW/h（占全美用电量的9.4%），全球的互联网设备等的消耗量将近8680亿kW/h（占全球用电量的5.3%）。在最近几年，随着为构建一个更加可持续的社会，研究工作已经对将节能技术应用于信息与通信技术（ICT）中的可行性和益处进行了研究，这是为了能够在能源消耗和系统性能之间找到最佳的平衡点。

事实上，有许多能源管理方案是可获得的，并且已经很好地应用于个人计算机（PC）系统和不同类型的便携式电池供电设备，例如便携设备的中央处理器（CPU）中的动态电压测量技术；个人计算机操作系统中的节能睡眠模式；无线传感器网络（WSN）中的能量感知路由协议。然而，这些技术在网际网络规模系统中的应用考虑还不够周全。因特网中一些节能先期探索讨论[8]，根据节能的考虑和设备能源消耗最优化技术所设计的网络协议与预期的性能相冲突。之前的研究已经证明了下一代节能因特网基础设施工程的可行性和好处，并且指出了一系列的研究方向[1,8,10]。本章着重关注通过因特网传输设备的设计来探索能量/节能设备，例如通过路由器网络行为回访和路由的模块化体系结构的特点，本章从3个角度来推荐高效能因特网工程的途径，并且讨论到强制性的技术挑战。为了处理这样的挑战并抓住节能机遇，一种新型概念上的路由模式/体系结构作为设计并执行的能效路由器的导向，这也是因特网所追求的。

7.1　机遇与挑战

网络行为的一些固有特点能为路由器中的节能技术向一种能效（EE）因特网转换提供机会。

平均链路利用率低和重要的路径冗余。因特网中为了控制突发流量，链路宽带的过量提供的现象很是普遍，据说主链路的平均利用率低于30%[18]。除此之外，在潜在的失败中，大量的链路冗余也用来维持网站。尽管链路利用率低并且严重的链路冗余提高了网络的还原能力，但很大程度地损害了因特网的能效。当大部分时间这些链路处于重载状态下时它们会全速运行。第一个机会是通过移动和聚合从轻载信道那儿通行，用这个方法，一些路由器（或者是路由器中的链路卡）能够切断来降低能量而代替一直处于运行状态。

多样式互联网流量需求。众所周知，互联网流量需求因终端用户的行为习惯而呈波动状态、临时链接失败、异常等[5]。动态的数据流量速率使得人们将路由器设计中的能量控制器包含在内，例如适配器进程速度基于数据流量的检测或队列的长度。处理器通过减速能够为低数据速率的入站流量降低能耗。

节能数据包处理。目前，路由器内数据包处理机制由期望的性能驱动，几乎没有考虑到能耗问题。从能效这个角度，保留了很大的可能性通过多种技术来充分利用路由器数据包处理组成部分，例如利用体系结构的方法来减少处理器处于最大功率。

尽管上述机会在现行的因特网基础设施中最小化能耗非常有前景，它们也提出了以下这些问题：

如何适当地聚合流量和路由包？牢记流量的聚合和移动，端到端路由路径的每一跳都需要决定哪一跳不需要按照常规最短路径第一跳路由模式，例如开放最短路径优先（OSPF）协议。在数字上，它是一个最佳化问题，通过尽可能地使闲置的链路进入睡眠模式来达到最大程度的节能，这样以确保达到预期的网络性能。因特网流量动态超时的本质，例如多样性流量需求，额外造成寻找解决方案的复杂性，也是必须加以考虑的。

如何管理路由器在节能的情况下达到权衡中的能效？通常，现成的路由器只能处于两种运行状态的一种：开或者关，这使得不能灵活地配置和交换应对流量波动。为了满足减少能耗的需求，建议路由器支持多种运行状态的高速转换功能（例如节能状态）。预先的策略决定什么时候转换和转换成哪个状态，这些都应该考虑在效果和能效之间达到最好的权衡。

怎么进行性能保证来降低峰值功率？在糟糕的情况下，且要无损害系统性能地去降低路由器的峰值功率也确实是一个挑战。如果路由器能够很随意地进行转换工作状态来降低平均功率，并且路由器的体系结构不进行改变，那这样不可能降低峰值功率，这和在糟糕情况下的处理器有关。具有独一无二结构的网络处理器应该充分利用起来，并且功能路由的详细结构设计中应将这个挑战任务考虑进去。

7.2 体系结构

文献［10］阐述了绿色可重构路由的概念（例如 GRecRouter），其目标是在下一代能效因特网基础设施中出现。通过路由器体系结构设计的加强，希望达到在网络运营中能够降低平均功率和峰值功率。

绿色可重构路由的设计通过它的设置（例如路由选择路径、时钟脉冲频率、工作电压）都是基于它对流量波动监测来进行重构的。详细地说，能从以下两点来解释：

- 在一个大时间尺度中，众所周知因特网流量展示了强大的每日及每周的模式，并且多年来没有改变过[5]。将企业网络作为一个例子，白天的流量是晚上的 10 倍，同样的类似差异在工作日和周末一样可以检测到。每天时间/每周时间的效应使得链路加载得非常慢，这只是因为庞大使用的数量。要记住这点，在大时间尺度时，在轻载期间绿色可重构路由器通过定期的聚合流量首先管理因特网的能耗，并且与此相反，在重载期间分配流量。控制器的实现需要修改基础路由协议和路由路径选择器。
- 在一个小时间尺度中，在时间级较小时，流量速度不同但是变化更加频繁（比较每天和每周的效应）。根据这个，绿色可重构路由在微小的时间尺度里也需要采用一个能量控制器来操作，能量控制器可以通过已经检测到的可利用链路、流量率和队列长度，去适应性地调整单个路由器内功能块的处理率。为了使能耗最小化，当处理率快时，只能使得更多的能耗状态被建议使用在重载的情况下；当处理率慢时，只能使得节能状态使用在轻载的情况下。

利用体系结构改进，对绿色可重构路由器内部功能块进行精心设计，路由器的峰值功率也能降低。路由器节能结构的设计是为了能够使得绿色可重构路由器中的主路由功能能够执行，例如路由器查找和数据包排队都将在后面阐述。

总的来说，与常规的路由器相比较，绿色可重构路由的设计展示了许多可取的并独一无二的特点，如图 7.1 所示。

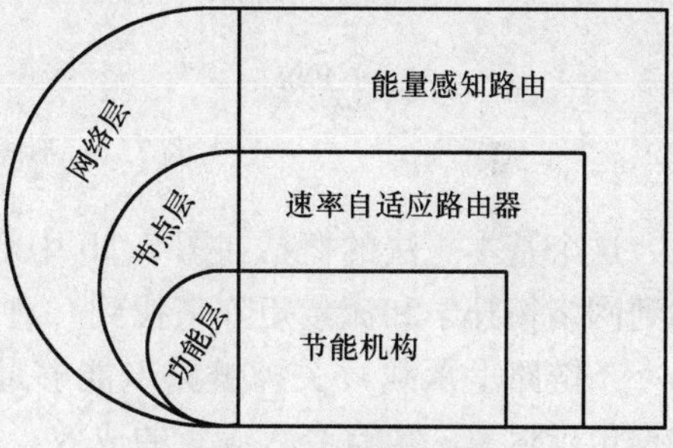

图 7.1　绿色可重构路由在 3 个层次控制能量

- 在网络层，能量感知路由器是决定将数据包从信源处转换到目的地的端对端的路由路径，并且是用最少的能耗。在流量聚合和通知空闲设备进入睡眠模式的特殊时期，这可能会改变数据包路由。应当注意预期的效果，例如服务质量（QoS），需要考虑到保证节能。
- 在节点层，速率自适应路由器要激活内部的自己的路由器。在特殊情况下，不同的功能块能够被灵活地配置运行，例如无或低能耗状态（更短时间频率/更低电压供应）都是根据网络流量载荷决定的。
- 在功能块层，应秉持节能理念来设计每个功能块，这样能够降低峰值功率。许多结构设计技术可以被使用，例如存储、时钟门控和处理分离器。

绿色可重构路由器被作为一种概念上不受任何特殊运用限制的结构模型。基于绿色可重构路由器的参考实现的分析和讨论，将在后面阐述。

7.3 绿色通信工程中的能量感知路由器

今天的广域网网络通常有冗余的和超供应的链路，导致绝大多数时间是低链路利用率。拿阿比利尼（Abilene）市这么一个庞大的美国教育骨干网来做个例子，显示平均链路利用率大约只有2%；最大波动在10%~20%，并且只有一次仅有的事件把利用率推向最大值超过了50%[20]。将链路冗余和低链路利用率结合也能为能量感知流量工程提供一个独一无二的机会。传统流量工程在网络中是平均传播流量的（见图7.2a），尽量使流量冲突导致的阻塞概率最小化。然后，在能量感知流量工程中（见图7.2b），能够通过移动它们的流量到其他链路上来释放一些链路，因此这些释放出流量的链路可以进入一段漫长的睡眠模式。这会使得纯粹的链路睡眠节省更多的能量，因为睡眠模式不太可能被数据流中断。

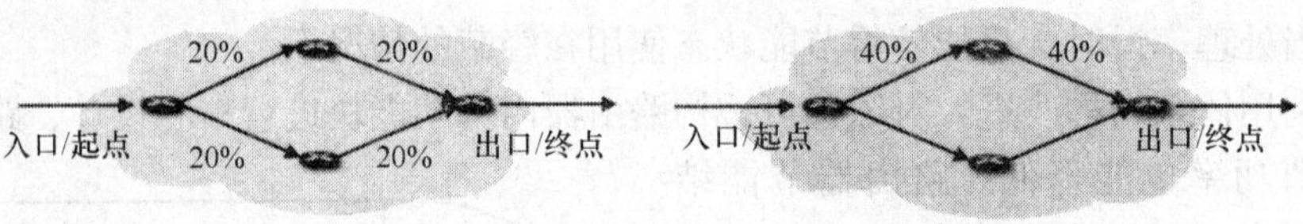

a）传统　　b）能量感知

图7.2　不同通信工程目标

这个基本想法的概括在图7.2b中解释了，发展这个绿色通信工程模式是考虑到网络拓扑学和流量矩阵来找到一种路由器状态（例如链路被使用和流量在每一条链路上承载）关掉链路卡能够最大程度地节能，管理包括链路利用率和数据包延迟率，也有令人满意的成效。

7.3.1 一般问题的形成

将网络看做是一个有向图 $G=(V, E)$ 模型，这里 V 是节点集合（例如路由器），E 是指链路集合。如果在链路上没有流量那节点就可以进入睡眠状态，如果所有节点都进入睡眠状态那么链路卡也可以进入睡眠状态，让 M 作为网络链路卡的集合。一条单链路卡 $m \in M$，它的基本能量消耗是 B_m。它的节点集合是 S_m，并且每个点 $l \in S_m$，消耗能量为 P_l。关闭一个节点就能节约能量，并且关掉整个链路卡能节约 $B_m + \Sigma_{l \in S_m} P_l$。目的就是为了发现网络中的一个路由能够最大范围地节省能量。通用能量感知流量工程问题可以基于多商品流模型公式化表示。请在表 7.1 中查看本章所用到的符号。

表 7.1　本章符号总结表

符　号	意　义
S_m	链路卡 m 连接的链路集合
P_l	链路 l 连接节点的能量消耗
B_m	链路卡 m 的基本能耗
x_l	如果链路 l 睡眠则为 1，否则为 0
y_m	如果链路卡 m 睡眠则为 1，否则为 0
$f_l^{s,t}$	被安排从 s 到 t 通过链路 l 的流量需求
H_l	l 的头节点
T_l	l 的尾节点
I_l^v	如果 v 是链路 l 的头节点则为 1，否则为 0
O_l^v	如果 v 是链路 l 的尾节点则为 1，否则为 0
$D_{s,t}$	从 s 到 t 时刻的流量需求
C_l	链路 l 的容量
u_l	链路 l 的利用率
$r(l)$	l 的反向链路
k	为每个起始- 目的（OD）对的链路路径数量
U_{T}	最大链路利用率阈值
$Q_i^{s,t}(l)$	如果从 s 到 t 的第 i 条候选链路连接包含 l 则为 1，否则为 0
$\alpha_i^{s,t}$	通过第 i 条候选链路路由的流量需求比率从 s 到 t

$$\text{maximize} \sum_{l \in E} P_l x_l + \sum_{m \in M} B_m y_m \tag{7.1}$$

$$\text{s.t.} \sum_{l \in E} f_l^{s,t} O_l^i - \sum_{l \in E} f_l^{s,t} I_l^i = \begin{cases} D_{s,t}, i = t \\ -D_{s,t}, i = s, s,t,i \in V, s \neq t \\ 0, i \neq s,t \end{cases} \tag{7.2}$$

$$|S_m| y_m \leqslant \sum_{l \in S_m} x_l \tag{7.3}$$

$$u_l = \frac{1}{C_l} \sum_{s,t \in V, s \neq t} f_l^{s,t}, l \in E \tag{7.4}$$

$$x_l = x_{r(l)}, l \in E \tag{7.5}$$

$$x_l + u_l \leqslant 1, l \in E \tag{7.6}$$

式（7.1）的计算目标是使得网络中能量节省达到最大。式（7.2）声明了

流量守恒约束。令$|S_m|$为S_m的基数，式（7.3）确保一个链路卡只有当它的所有节点进入睡眠状态，它才会进入睡眠状态。式（7.4）计算链路的利用率。式（7.5）确保链路都是配对式地进入睡眠状态，例如既没有达到的流量，也没有流出去的流量。式（7.6）声明一条链路只有在没有流量通过时，它才会进入睡眠状态，并且当它在运行时，加载的流量也不会超过它的容量。解决这个问题要考虑到哪些链路要被关闭，并且每条链路需要加载多少流量。

二进制（整数型）变量x_l和y_m表示链路l和链路卡m的能量状态使得这个模式是一个混合整数规划（MIP）问题。通常的说 MIP 问题是计算复杂性的问题，针对大规模网络，其计算时间是一个焦点。对于这个模式，尽管在网络中它最大化地节能，但不能考虑一些实际约束，例如包延迟可能比最短路径路由要延迟很多，并且链路可能不允许工作在高链路利用率的状态下，这使得它们很容易受到流量拥堵的影响。

7.3.2 实际探索法

考虑到实际约束和减少计算时间，下面是改进了的公式：

$$\text{maximize} \tag{7.7}$$

$$\sum_{l \in E} P_l x_l + \sum_{m \in M} B_m y_m \tag{7.8}$$

$$\text{s. t.} \tag{7.9}$$

$$f_l^{s,t} = \sum_{0 \leqslant i < k} Q_i^{s,t}(l) D_{s,t} \alpha_i^{s,t}, s,t \in V, l \in E, s \neq t \tag{7.10}$$

$$\sum_{0 \leqslant i < k} \alpha_i^{s,t} = 1, s,t \in V, s \neq t \tag{7.11}$$

$$|S_m| y_m \leqslant \sum_{l \in S_m} x_l \tag{7.12}$$

$$u_l = \frac{1}{C_l} \sum_{s,t \in V, s \neq t} f_l^{s,t}, l \in E \tag{7.13}$$

$$x_l = x_{r(l)}, l \in E \tag{7.14}$$

$$x_l + u_l \leqslant 1, l \in E \tag{7.15}$$

$$u_l \leqslant U_T, l \in E \tag{7.16}$$

其中的一个改进是增加了网络中链路利用率（MLU）最大化的边界。式（7.16）表明了 MLU 必须不能超过配置的临界值U_T。在本章，用 50% 作为U_T的默认值。

另外一个改进就是利用k的最短路径作为候选路径来代替在所有有可能的路径中的查找方案。式（7.10）和式（7.11）是在这些改进中的一些不变的约束。它减少了整个的计算时间，也增加了路经长度来作为另外一个约束。通常的模式是引进预先的分段考虑所有原点-目的地（OD）的有可能路径，这使得查找空间极其庞大。为减少查找空间和计算时间，对于每对 OD，预先计算它的 k 条最短路径集合，并且只在这个集合中来查找。自从 k 条最短路径被网络拓扑预先计算作为唯一输入，它们不用改变流量矩阵，并且计算不会增加运行时间的开销。注意到当 k 集合足够大时，可以为每对 OD 考虑所有可能路径，这使得能够在 MLU 约束下达到节能最大化。然而，计算时间会随着 k 的增大而变大，因此在探索精度和计算时间之间得有一个权衡。之后的内容将会表明一个合适的大 k 能够接近达到理想中的结果。

只在 k 条最短路径集合中查找解决方案也避免了非常长的路径。事实上，网络运营商有他们自己对链路延迟和路径长度的解释和相应地选择 k 条候选路径集合，还有选择 k 条最短路径时考虑两个不同的约束：一个是任何一条候选路径都不能比网络的直径更长，例如在拓扑结构中最远节点对的最短路径；另一个是在任意 OD 对中，候选路径的长度不能超过最短路径长度的两倍。基于候选路径是如何选择的，在本章将会对 3 种不同的组合进行评价：

- 基本的：候选路径都是 k 条最短路径，MLU 的边界值是有用的。
- 基本的 + 网络直径：候选路径都是 k 条最短路径中的路径，并且这些路径都满足网络直径的约束。MLU 的边界值是有用的。
- 基本的 + 端到端：候选路径都是 k 条最短路径中的路径，并且这些路径都遵守 OD 对端到端延迟约束。MLU 的边界值是有用的。

通过这些改进，绿色通信工程模式现在在链路利用率和路经长度上有实际性的约束，并且也可以在合理的时间内进行求解。

图 7.3 表示节约的能量随着 k 值的增加而潜在地增长。然而，增加 k 值同样也增加了计算时间。k 足够大时（本例中为 20），增大 k 只能潜在的少量提高节能效果。因此只要 k 是合理的绿色通信工程能够趋近达到最理想的能量节约值。

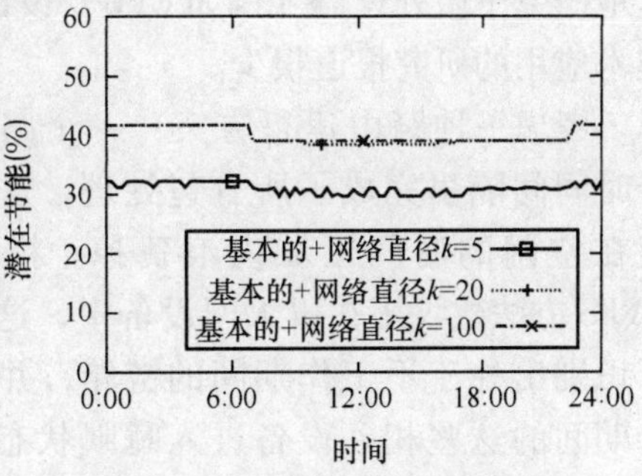

图 7.3　不同 k 值的绿色通信工程潜在节约能量

很明显注意到，像 Sprint 公司和 AT&T 公司这样的大型拓扑结构的计算时间变得不可接受。用 CPLEX[12] 作为计算工具，并且为了计算时间，强制性地使 CPLEX 在 300s 后就停止工作。表 7.2 表示随着 k 值得增长，k 条最短路径方案空间中的接近理想结果的计算时间也戏剧性地增长。当 $k=20$，限制计算时间为 300s 时，能够得到大约 96% 的理想潜在节能效果。更多关于绿色通信工程的详细描述能在参考文献［20］中发现。

表 7.2　在开放最短路径优先中它有 21% 的 MLU 时 AT&T 公司在流量的基本的和端到端情况下的潜在节能

k 值	计算时间/s	状况	潜在节能
5	65	最理想	11.90%
10	5747	最理想	17.54%
20	100892	最理想	19.79%
20	300	不理想	18.99%

7.4　路由器中的速率自适应处理

7.4.1　动态电压和频率测量

影响动态功率的因素中，电压和频率具有深远的影响。动态功率是与频率和工作电压的平方成比例关系的。频率也会影响工作电压：保持一个更高的时钟频率也就意味着要保持一个更高的工作电压。因此，将电压和频率结合起来对能源的消耗有三次方的影响。尽管电压和频率在能量节约中有重要的杠杆作用，可能因为降低时钟频率导致系统的性能降低，如果能够意识到有时网络性能不是绝对或者严格满足要求，那就能通过降低电压和频率来达到很大程度的节能。能量意识技术管理工作电压和时钟频率，就是动态电压和频率调整（DVFS），已经广泛地研究于微处理器（例如 CPU）设计领域中。然而关于路由器设计中的 DVFS 技术应用的研究报道很少。

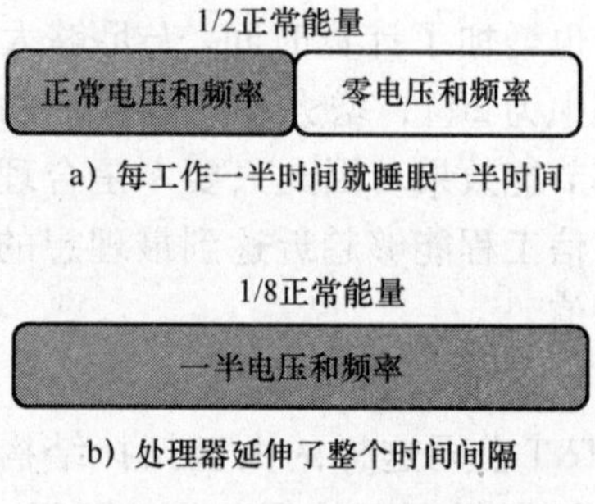

图 7.4　在节能上 DVFS 的好处

考虑一种路由运行方案：一个路由在一个时间间隔里完成了所有包处理，这样能量就在空闲的时间区域内浪费掉。粗糙型的 DVFS 方法建议用在以太网设备中，这样是为了识别出处于不工作期间的链路，并使在这个期间的这些相关设备进入睡眠状态。如图 7.4a 所示，如果处理能够在 1/2 间隔中完成，能够在理想情况下节约一半的能量⊖。在这个路径背后的关键问题是决定什么时候关掉链路和多久。没有关于传入通信量模式的详细知识，这个方法必须在网络性能和能

⊖　支持零交换时间进入睡眠状态并且睡眠状态下零能耗。

耗减少方向妥协（例如包延迟、丢失）。

如果包处理通过测量频率和电压来延长时间间隔，那更期待的是节能而不是简单地在空闲期间暂停包处理，如图 7.4b 所示，与图 7.4a 一样有同样的流量信道。它将时间频率减半并且将处理时间延伸至将整个时间间隔覆盖。同时，把时钟频率分成相等的两部分，将电压进行缩减。那样电压将也会分成相等的两部分，然后考虑到电压对能耗有二次方的影响，整个总的能源需求减到它正常消耗的 1/8。很明显，如果将处理延长至一个更大的间隔中那就会收获更多，然而导致更长的包延迟。因此，节能最优化要以最大程度容忍延迟为条件。

7.4.2　自适应链路速率接口

用以太网做个例子，1Gbit/s 网络接口比 100Mbit/s 的网络接口要多消耗 4W 电能，并且 10Gbit/s 网络接口多消耗 10～20W 电能。另外，链路利用率对能耗的影响几乎不考虑[6]。因此，接口数据速率应该动态地根据链路利用率灵活配置。这个方法叫做自适应链路速率（ALR），目标是降低全双工通信的以太网网络能耗。提出的 ALR 方案只是对以太网有效，更多的研究工作还需要拓展 ALR 来应用于其他网络接口类型。另外，以更精确的步调切换接口速率（代替提过的三步[6]）能够进一步增强能耗效应。这种情况下，对 ALR 的增强需要解决两个问题：

第一，它只能在一条链路上的两个终端节点接口以同样的数据速率工作的情况下才能正常工作。两个节点之间需要一定的机制或协议来协商它们之间的接口速率。商议的过程和不同接口速率之间的转换都预期成快速的，这样就不会带来附加的包丢失和延迟了。一种双向握手过程会被执行：接收方（RX）或者发送方（TX）发送一条包括期望速率信息的速率改变请求消息；在收到请求上，另一个节点回应一条 ACK 消息来同意改变或者 NACK 拒绝请求。

第二，方案必须要决定什么时候改变链路速率还有目标速率是多少。和每个状态下的接口链路率一样，在运作状态下也能被预先决定。RX/TX 的队列长度能够作为指示器来触发状态的变迁：队列长度的增加导致以更快的速率变迁到下一个状态，尽管队列长度的减少导致更低的速率。在交换另外一种速率来避免由小故障引起的潜在问题之前，系统是第一个能够操作空闲状态的。

7.4.3　多频尺度原型

本节将为路由和交换器这样的网络设备的节能阐述一种多频率测量（MFS）

方案。网络设备部件的频率是根据真实时间工作负荷来测算的。基于这一方案，首先在一个真实的硬件平台——NetFPGA 平台的通用 IPv4 数据路径上提出这个方案的原型。实验结果表明了针对不同的流量负载在可接受的延迟代价条件下可以有良好的节能效果，也说明在真实网络设备中应用这种机制节能的可行性和可能性。

本质上，对网络设备的自适应速率方案有两个性能指标，并且通过这两个指标来阐述、分析、评价 MFS 方案：

• 节能：节能总量与速率减少呈线性关系[16]，因此利用速率的减少来衡量节能效率。特别是，利用平均速率的减少要比瞬时的速率来衡量节能更有意义。

• 包延迟：通常，低频工作时间越长，延迟越长。甚至，包延迟的变化会引起频率交换对基于包延迟更新路由的路由协议产生影响。因此，自适应速率方案必须能承担包延迟的增长。在本章，由队列延迟组成的包延迟作为延迟的指标，并且进行传输和交换的时间总长是一定的。

基本上，自适应速率需要打破节能和包延迟之间的平衡甚至是高动态流量负荷时的。在以下内容里，建议利用以上的指标，包括理论和数据结果来研究 MFS 方案。这里表明在使用多频率和可接受的流量延迟代价下，可以得到优秀的节能效果。

通常情况下，一台网络设备工作在两种状态下：活动状态或空闲状态。当设备处于动态地处理数据流时，那它就工作在活动状态下。当没有数据流要处理但设备还是依然通电的情况下，那它就工作在空闲状态。从而，一般网络设备的能耗可以建模为

$$E = P_a T_a + P_i T_i \tag{7.17}$$

式中，T_a 和 T_i 分别指的是在活动状态和空闲状态下的所费时间；P_a 和 P_i 分别代表在每个模式下的能耗量。

活动和空闲状态都有一个与设备操作频率无关的能耗静态点，然后其余的能耗确实和操作频率有关：

$$\begin{aligned} P_a(r) &= C + f(r) \\ P_i(r) &= C + \beta f(r) \end{aligned} \tag{7.18}$$

式中，$f(r)$ 反映了工作在频率为 r 时的能耗动态点；C 表示能耗的静态点；参数 β 代表由路由工作引起的相关幅度，甚至是当活动处理包时工作引起的包丢失[17]。

通常，能耗动态点取决于操作频率和网络设备电压：

$$f(r) \propto r V_{dd}^2 \tag{7.19}$$

式中，V_{dd} 指的是设备电压[19]。

因此，可以通过根据它的工作量测量设备操作频率来减少两个状态下的

能耗。

众所周知，在目前网络设备的设计中普遍使用缓存作为处理任务的队列。如图7.5所示，在线路卡中的帧生成器和分组处理器都由缓存连接。直观地说，真实缓存的使用被认为是作为实时话务负载的指示器，MFS机理就是利用这个指示器来进行频率转变。假设硬件支持工作在一些不同的频率下，设备的操作频率是根据缓存的使用度动态变换的，范围的设置是用来估计设备的相关负荷。

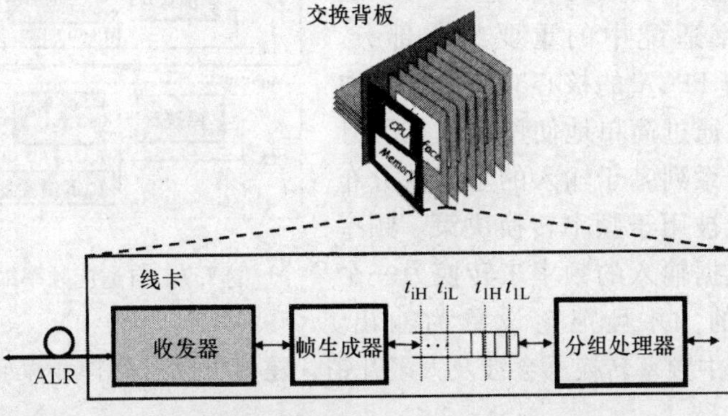

图7.5　线路卡中由缓存连接起来的组成实例

为了避免单边临界值的频率振荡，二元临界值方案被提出，这个方案使用了频率变换的最高临界值 t_H 和最低临界值 t_L，如图7.6a所示。当部件工作在低频率模式下，缓存的使用（在图7.6中表示为队列长度Q_ Length）应该随着话务负载的增加而增加。当内存使用量超过 t_H 时就会导致从低频率向高频率的转换，当话务负载减少时队列长度也会随之减少。与此类似，当队列长度下降到低于 t_L 时也会引起高频率向低频率的转变。

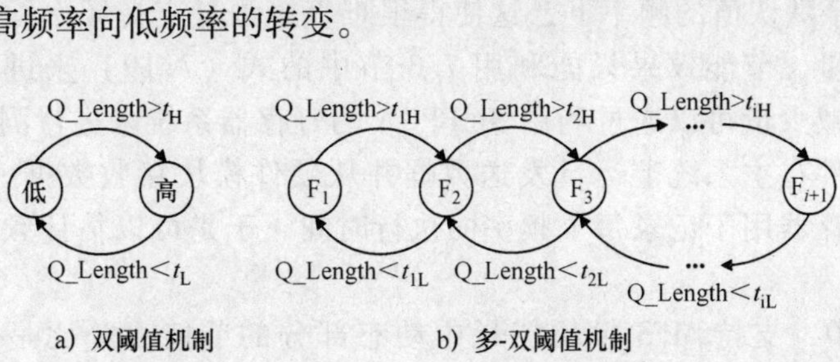

图7.6　基于频率缩放机制的缓存使用机器状态

现在，给出关于在NetFPGA（现场可编程门阵列）平台中MFS执行的详细描述。

NetFPGA是一个线性的、灵活的并且是开放平台，用于千兆速率网络交换和路由，研究人员和高校学生可以利用 NetFPGA 硬件平台搭建一个高效的网络系统。核心数据处理功能是以模块化实现的，设计者可以独立地设计和建力他们自己的功能组成部分而不需要修改源代码[15]。这里利用 NetFPGA-1G 卡来作为硬件原型，包括 Xilinx 公司的 Vietex Ⅱ-Pro 50 FPGA，NetFPGA-1G 的核心时钟频率应该运行在 125MHz 或者 62.5MHz 下。两个 SRAM（静态随机存取存储器）与这个芯片 FPGA 同步工作。在实现系统中，核心时钟频率被设置为 125MHz，这个是 NetFPGA-1G 的默认设置。

速率适配器（例如图 7.7 中的 CLK 适配器）是速率适配中的重要组成部分。CLK 适配器将 FPGA 的核心时钟频率读取为输入，并且通过简单地使用频率循环计算器会产生一系列基于输入的呈指数分布的频率。缓存被用于频率转换决策。频率转换是通过根据输入的频率来转换另一个频率而做到的，并且把它设置为输出。NetFPGA 执行中频率转换不会涉及太多开销，建议可以忽略掉频率转换对包延迟的影响。

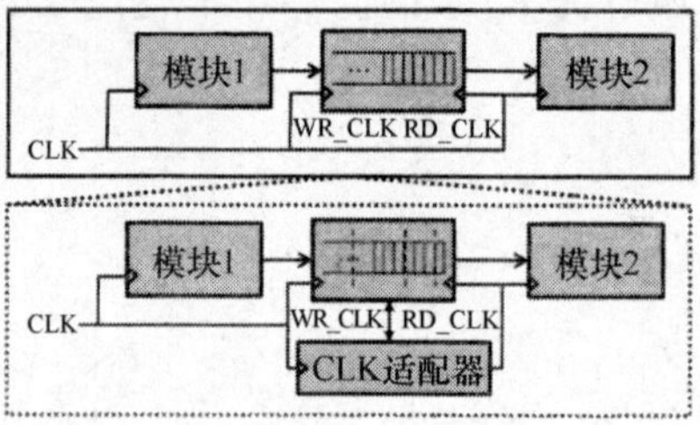

图 7.7 自适应频率缩放模块

如图 7.7 所示，输出用于驱动与输出缓存连接的模块。为了避免输入和输出时钟频率未对准问题，D flip-flop 技术用于暂存输出时钟。因此，实际频率变换是在决定频率变换之后的一个时钟周期。

在实现时，CLK 适配器嵌入在输入仲裁器和输出端口查找之间，还有一些输出队列的子模块中。在 3.096 ~ 125MHz 以 2 为指数级分配 6 个频次。核心处理速率是 250Mbit/s ~ 8Gbit/s。不是所有的 NetFPGA 的组成部分都支持运行在一个不同于默认值的频率下，这使得很难直接测量支持频率缩放组成部分的节能减少量。节能效果只能利用 7.3 节中的式（7.19）来进行估测。然而，频率的减少量可以通过利用 NetFPGA 的寄存器系统来进行测量。寄存器接口允许软件在主系统上运行发送数据并从硬件模块接收数据。在原型中，有少量的寄存器用于记录每个频率的执行时间，于是可以估计频率减少的平均值。

在原型中，支持 MFS 模块能耗中动态部分的节能百分比是通过应用式（7.19）用来估算的，并且在图 7.8 中也列出来了。最小节能比率在 50% 附近的原因也是因为饱和处理速率是 8Gbit/s。因此频率只对动态能耗产生影响，总的节能量可能比图 7.8 中列出来的要少。然而，当硬件中没有速率适配器时，动态能耗一般都比静态能耗高很多。所以 MFS 要达到好的节能效果就要支持模块化，特别是在平均利用率很低时。基于以上结果的显示，得出结论：MFS 机理在真实的系统中对于保持节能是行之有效的。

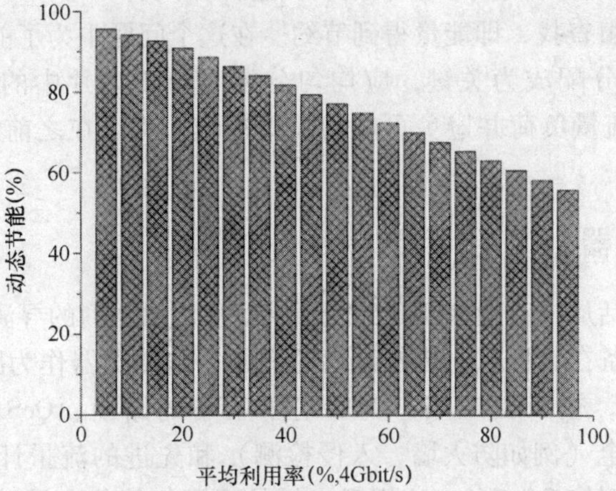

图 7.8　在 MFS 路由中支持 MFS 模块化的动态节能

7.5　路由器功能的高效体系结构

7.5.1　路由查找

通常，两种主要的路由查找算法通常都是基于使用无类别域间路由（CIDR）IP 地址：以三态内容寻址存储器（TCAM）为基础的方案和基于 trie 算法。TCAM 是关联存储器并且能够在一次存储访问中返回匹配结果。因此，它支撑着如今的高端路由器。虽然利用了动态随机存取存储器（DRAM）或静态随机存取存储器（SRAM）方法的基于 trie 机制的查找速度要比的基于（TCAM-based）机制的速度慢，但是它的花费和能耗比基于 TCAM 机制要低很多。估计表明，TCAM 每比特的能耗大约是 SRAM 的 150 倍。因此，当保持基于 TCAM 机制高性能的情况下有望降低能耗。

由于 TCAM 是完全并行的设备，所以它的能耗很高。当输入搜索关键字，所有词条都被触发执行匹配操作。当所有词条都能被搜索时，现代的高密度 TCAM 设备的每片芯片耗能多达 12 ~ 15W。然而，TCAM 的能耗是可以减少的。可以观察到，在查找操作中，并不是所有的词条都要同时触发。真正需要被查找的词条是那些与输入相匹配的。因此，有一个方法可以使基于 TCAM 机制能高效地防止不必要的词条在查找操作被触发。有两种方法可以减少在查找操作中词条被触发的数量：第一种是将存储词条的多个小芯片用单个的大芯片来替代；第二种是分隔一个 TCAM 到小数据块中，并且只在要进行查找操作时才触发它们。

探索两种节能可能性，使用多个小型 TCAM，而不是一个大型 TCAM 并且在每一个 TCAM 中的词条被分到若干个数据块。这样，只有一个 TCAM 中有一块数据块被激发进行路由查找，即能量得到节约。在这个问题中为了能与 TSAM 数据块适配，路由表的分配成为关键，应均匀分配 TCAM 芯片中的路由词条，平衡 TCAM 中查找的流量负荷并避免可能的前缀冲突。可以在之前工作[25]中发现一个详细的机制。

7.5.2 包分类器

包分类器包括从报头抽取匹配到若干字段形成一系列的寻源规则，这是为了决定通过网络设备在数据包上执行继续的操作。包分类器作为路由器/交换机中的一个重要功能，被广泛应用，例如基于策略的路由、QoS、虚拟专用网络（VPN）、网络安全（例如防火墙、入侵检测）和先进的流量计费。传输线路的速度持续增加，例如 OC-768，应用于光纤骨干网，倘若在最坏情况下也是每秒处理速度达 1250000000 个包。除了满足日益增加的线路速率，在下一代网络设备的设计中降低能耗日益受到关注，这使得数据包分类器有望需要尽可能少的能源消耗。

在数据包分类器中最常用的头字段是一个 5 元组，它包括为了前缀匹配的源 IP 地址和目标 IP 地址，距离匹配的源端口和目的端口，为精确匹配的协议号。根据应用和本地路由器/交换器，一个规则集合的典型尺寸为从数百到百万条的规则。由于数据包分类器的复杂性，TCAM 经常被用来保证针对每秒百万条的搜索同时检查所有的规则。

目标是设计一个数据包分类器，会面临高速和低功率消耗的挑战[13]。为了实现这个目标，选择在硬件上执行基于树的数据包分类器算法（HyperCuts），因此将 TCAM 被如 SRAM 或 DRAM 这样的节能存储设备所取代。这类算法递归地将由规则集代表的超空间削减到更小的超盒中，这称为沿已选择尺寸区域。这样可以形成一棵决策树，直到包含在产生的超盒的规则的数目小于一个预定义临界值。当收到一个包时，分类器基于报头的值，向下遍历决策树，直到一个叶节点被发现并且寻找匹配规则。包分类器参数和结构都是经过精心挑选的，为了保证吞吐量以确保只有少量的内存访问是需要的。

包分类器主要组成部分是由树遍历器和叶子节点查询组成的，如图 7.9 所示。每个内部节点包含分割方案都要在以这些节点描述的超空间和每个子节点的起始地址上进行。另外一种信息是，例如子节点是否是一个空节点这也是加密的。在每个叶节点，规则按照它们的 ID 号优先顺序存储。当切削方案被采用和解释时，与报头相符合的区域会被选中，例如子节点的源地址从存储器中读取并会运用到在下一轮的树遍历中。如果遇到一个非空叶，控制被传递到叶查询器中，那规则与数据包报头域一个接一个比较，直到找到匹配的规则或规则的研究或者所有的规则都已经检查过了。

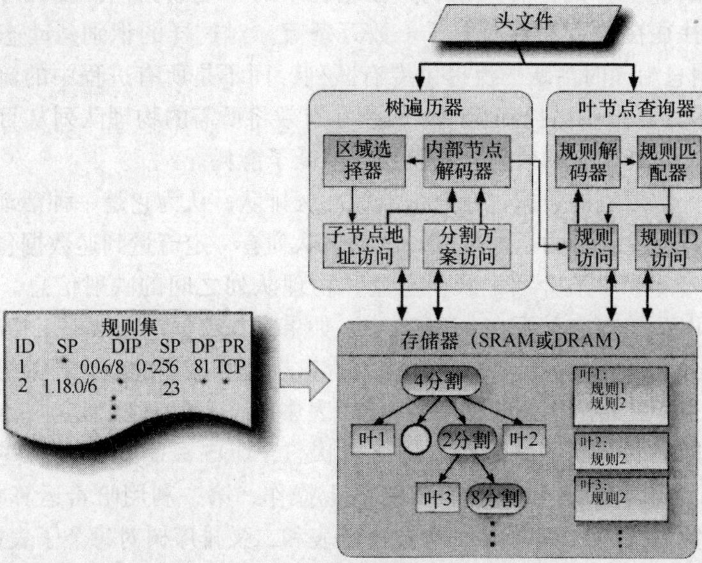

图 7.9　减少能量与队列数量㊀

包分类器的能耗可以利用网络流量波动进一步减少。在网络话务中观察到高水平的变化是常见的，比如在夜间的话务量少于高峰日的 1/3。这种现象意味着，数据包分类器不必总是以最高可能的时频速度运行。当数据包到达率低时，为了节约能源，数据包分类器可以将其工作频率降低到一个适当的水平。在这里的项目中，使用一个报头缓存来监控网络流量的变化，其中一些优秀的数据包报头等待分类作为需要数据包分类器的频率指示器。

包分类器可以在硬件上容易实现（FPGA 或者 ASCI），作为一个独立的组件工作在一个线路卡上或集成到一个网络处理器中。在 ALTERA 公司 FPGA 上进行的简单应用实验表明，与 TCAM 相比，包分类器达到实现包分类器吞吐量 OC-768 线路速率并且能耗显著降低。

7.5.3　数据包队列

之前在由于网络拥堵造成的不能被立即处理的数据包暂时存储在路由器中介绍过缓存中的队列。每个流的排队机制就是建议通过分离个体流到专用队列来保

㊀ 图 7.9 图名原书有误，应为封包分类器。——译者注

证先进的服务质量。商业产品采用“蛮力”，通过为每一个处于进程流部署分离的物理队列，实现每个流的排队。

参考文献［14］的作者观察到，在进程中的一个数据包调度程序中的一些活跃流测量往往在数百甚至有数千、数万条流。对这样的识别，动态队列共享（DQS）机制只为同时活跃的流提供专有队列，而不是所有进程中的流，这个在参考文献［9，11］中已提到。DQS 机制在有效将所需的物理队列从百万计数减少到百计数中体现了它的效果，并且因此降低了能耗。

如果一个数据流的数据包在路由器缓冲区排队，认为它是一种活动流并将专用物理队列分配给它。为了保持在一个物理队列有一定流量到达数据包，用一个动态流映射（APM）表介绍记录动态流和物理队列之间的映射信息。当一个数据流到达，DQS 检查它是否在 AFM 表中，如果是，数据包被推送至相应的队列；否则，队列分配器建立一个新的队列来缓存这个流和相应的一个新的流和队列之间的映射记录，并将这个记录添加到 AFM 表中。一旦物理队列变空，队列和流量映射将立即撤回，而不是保持流的所有状态，DQS 只需要管理一些小的物理队列的 AFM 表。为了更有效地在 AFM 表上操作，第一利用哈希运算将 AFM 表分割成若干数量的小 AFM 子表，再通过链表和二叉排序树对每个子表进行标记。

由于较少的队列要求，降低了数据包队列的峰值功率，为了检查能耗，应用了 DQS 原型和蛮力的每个流的数据包队列在 FPGA㊀。在 ALTERA 公司 stratix powerplay early power estimator 工具的帮助下，能够评估原型的功耗。考虑内部逻辑和芯片上内存支持 8000 流的功率消耗，估计的结果表明，DQS 的能耗要比蛮力的大约少 23.3%。如果旨在支持更多的流，通过 DQS 能够节约更多的能源。图 7.10 描述了利用 DQS 和蛮力的方法相比较可以减少多少能量。

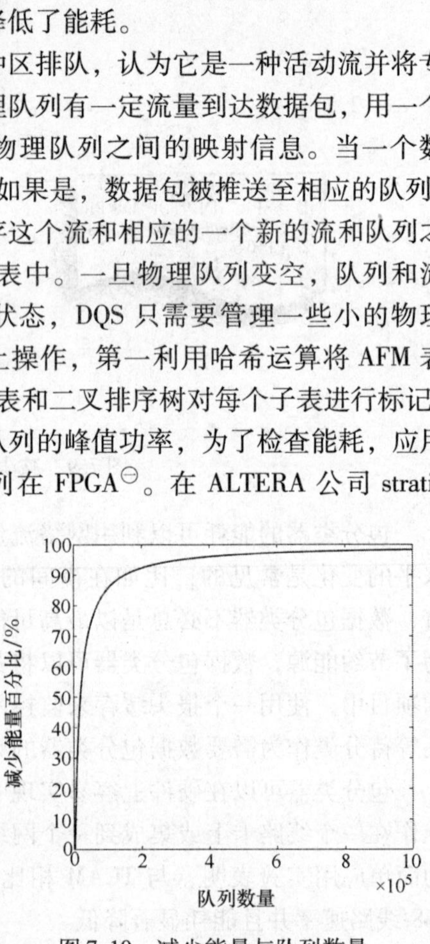

图 7.10 减少能量与队列数量

7.5.4 流量管理器

在一个高端路由器/交换器线路卡中，流量管理器（TM）在片外存储器存储了到达的数据包（例如 DDR-3 或 RLDDR-2 存储器）。即使只有存储器中的一小部分用于队列的大部分时间，TM 也不能为了降低能耗关掉剩余的存储部分。

㊀ 利用 ALTERA 公司工业网路 EP1S80F1508C5 来执行。

先前的研究认为，在互联网核心路由中的缓存器尺寸可以非常小[3]，如果在核心速度和接入链路之间有一个大的比率，并且如果愿意牺牲一小部分容量，那么缓存器的大小可以减少到 20 ~ 50 个包。因此，TM 可以利用小型芯片内存缓冲区的数据包的大部分时间，并且当在片上存储器要溢出时可以激活芯片外存储器存储数据包。在这种设计中，芯片外存储器和其相应的存储控制器是由时钟门控在没有或轻微的争夺时关闭的。有了这个想法，设计并实现了一个动态的芯片内和芯片外的调度方案，叫做 DPM，以降低 TM 功能的峰值和平均动态功耗。

一般来说，数据包在入口和出口都需要排队。为了便于说明，首先对如图 7.11 所示的在入口方向的 TM 架构进行描述。这里有 4 个关键模块：分割、每个流的管理、包管理器和调度器。对于给定的交换，结构可以优化转换成固定大小的数据单元（细胞），并且数据包到达流量管理器时通常是可变长度的数据包。分割模块可以为了之后的进程将数据包分割成适合的长度数据单元。数据包也能在它们到达 TM 之前进行分割，在这种情况下，流量就是适合长度的数据单元㊀。为了提供先进的服务质量（QoS）的数据包到达队列，到达的数据包都要有排列到每条流中的行为，并且来自同一条流的数据包要被排列到一个专有的队列中。每条流的管理器负责包被写入正确的队列，例如以确定在哪个队列传入的数据包将保存在缓冲区。调度程序的职责是从缓存中的某个队列中读取数据包。

TM 的工作流程描述如下。从 TM 上游模块㊁数据包首先分割为固定数据单位。同时，该数据包的流 ID 发送到每个流管理器中，在那里确定存储包的队列地址。然后数据包按照队列地址发送到 DPM（图中的 A 点），在那里进行数据包管理。DPM 操作两种数据包队列：芯片内存储队列和芯片外存储队列。如果自适应控制器（AC）在 DPM 检测到在片上有足够的空间存储刚收到的数据包，这些数据包都直接存储在芯片内存储（B 点）中。否则，这些数据包就被保存在芯片外存储器（C 点）中。详细的方案决定了芯片内存储和芯片外存储在描述后进行变换。在片内存储器队列，如前所述采用前述的 DQS[9] 技术，为了提高服务质量，让来自同一个流中的所有数据包都存储在相同的物理队列中。在芯片外存储器队列中，在为支持每个流队列的 DQS 技术或将流中的信息分类以执行基于分类队列管理这两种方法里面任选一个。调度器决定哪一个流队列将要从它的数据列发送到光纤交换机（点 D）。

转换机制之间的芯片内存储和芯片外存储是系统设计的关键部分，并且描述如下：

- 从芯片内转换到芯片外

㊀ 在包到达 TM 之前可以分割，这样流量就是固定长度的数据单元。

㊁ 在商业产品中它通常是网络处理器。

自适应控制器（见图 7.11）总是查询芯片内存储空闲内存的大小。如图 7.12 所示，如果自由尺寸小于 T_{on}（T_{on}是芯片内空闲存储大小的临界值），控制器将发送一个“无效输入?”消息到芯片内/外管理器中尝试使芯片内存储输入方向无效。管理器得到消息，它会使芯片内存储输入方向无效直到它收到了一个完整的包，然后管理器发出“无效输入!”消息给控制器使芯片外存储的输入方向有效。当所有的数据包在芯片内存储调度时，管理者发出一个“无效输出!”消息给控制器并且芯片内存储已被禁用。

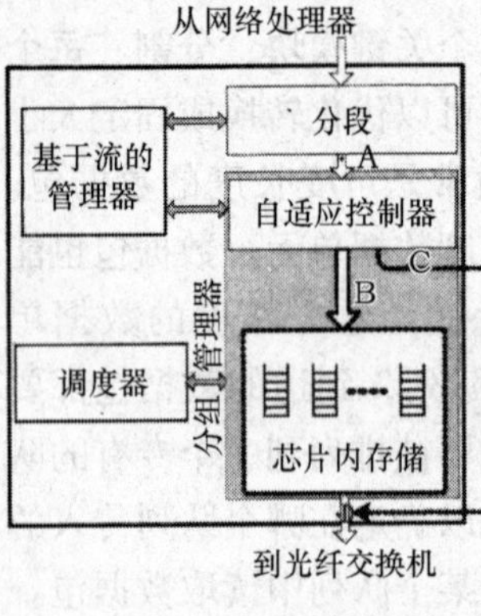

图 7.11 TM 简略系统图（入口方向）

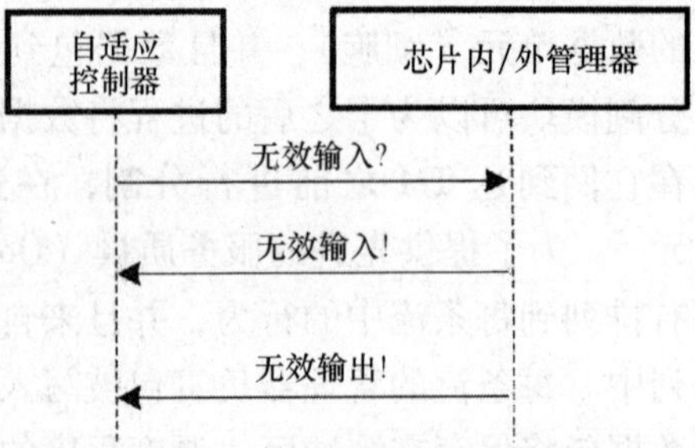

图 7.12 自适应控制器和芯片内/外管理器之间的调度

- 从芯片外到芯片内

自适应控制器保持在芯片外存储的未释放的内存大小查询。如果未释放存储的大小小于 T_{off}，DPM 启动转换操作。类似于从芯片内到芯片外的转换，芯片内/外管理器首先使芯片外存储的输入无效，使芯片内存储的输入有效，然后当芯片外存储为空时，芯片内存储输出有效。

如果芯片上的内存大小是 M_{on}，并且数据包管理器中的数据包缓存区域大小在 M_{on}-T_{on}之间振动，DPM 将在芯片内存储和芯片外存储之间频繁切换。为避免频繁切换，芯片外存储的临界值 T_{off}应该比 M_{on}-T_{on}更小。

在本节中，提出了一种能量有效的数据包管理架构，即 DMP。DMP 可以用来构建一个较小的峰值和平均动态功耗路由器的 TM 芯片，同时提供改进的延迟性能。与传统的商业 TM 芯片包管理方法相比，现实的原型展示了 DPM 的一些优点：第一，通过小规模的芯片内存原型测试证明了 DPM 的动态能量减少了 60%；第二，DPM 的峰值功率降低了 27.9%；第三，当所需的总内存和寄存器都相应减少时，有利于减少 DPM 的平均延迟。关于 DPM 的评价实验的细节请参考参考文献［4］。

7.6 小结

本章的研究对无线电通信领域的电池驱动设备的能效做出了一定贡献，而仅仅是近期潜在的网络基础建设的能耗问题才刚开始被更多的关注起来，因为我们开始意识到因特网的整个能源消耗是能耗的一个重要部分。

路由器是建设因特网的主要设备，本章讨论到的路由体系结构能够提高因特网的建设，这也是为了充分利用传输设备来节约能源。通过探索控制路由器能耗的方法，因特网将会变得节能。本章中所描述的绿色能效路由是寻找机会和方法来极大程度地减少网络层、节点层、功能层的能耗。

参考文献

[1] Raffaele Bolla, Roberto Bruschi, Franco Davoli, and Andrea Ranieri. Energy-aware performance optimization for next-generation green network equipment. In *PRESTO '09: Proceedings of the 2nd ACM SIGCOMM Workshop on Programmable Routers for Extensible Services of Tomorrow*, pages 49–54, New York, NY, USA, 2009. ACM.

[2] David Sarokin. Energy use of Internet, 2007, available at http://uclue.com/index.php?xq=724.

[3] M. Enachescu, Y. Ganjali, A. Goel, N. McKeown, and T. Roughgarden. Routers with very small buffers. In *INFOCOM 2006*, pages 1 –11, April 2006.

[4] Jindou Fan, Chengchen Hu, Keqiang He, Junchen Jiang, and Bin Liu. Reducing power of traffic manager in routers via dynamic on/off-chip scheduling. In *INFOCOM 2012*, Berkeley, CA, USA, Mar. 2012.

[5] C. Fraleigh, S. Moon, B. Lyles, C. Cotton, M. Khan, D. Moll, R. Rockell, T. Seely, and S.C. Diot. Packet-level traffic measurements from the sprint ip backbone. *Network, IEEE*, 17(6):6–16, Nov.-Dec. 2003.

[6] Chamara Gunaratne, Kenneth Christensen, Bruce Nordman, and Stephen Suen. Reducing the energy consumption of ethernet with adaptive link rate (alr). *IEEE Trans. Comput.*, 57(4):448–461, 2008.

[7] M. Gupta and S. Singh. Using low-power modes for energy conservation in ethernet lans. In *INFOCOM 2007*, pages 2451–2455, May 2007.

[8] Maruti Gupta and Suresh Singh. Greening of the Internet. In *SIGCOMM '03: Proceedings of the 2003 Conference on Applications, Technologies, Architectures, and Protocols for Computer Communications*, pages 19–26, New York, NY, USA, 2003.

[9] Chengchen Hu, Yi Tang, Xuefei Chen, and Bin Liu. Per-flow queueing by dynamic queue sharing. In *IEEE INFOCOM 2007*, pages 1613 -1621, May 2007.

[10] Chengchen Hu, Chunming Wu, Wei Xiong, Binqiang Wang, Jiangxing Wu, and Ming Jiang. On the design of green reconfigurable router toward energy efficient internet. *Communications Magazine, IEEE*, 49(6):83–87, June 2011.

[11] Chengchen Hu, Tang Yi, Kai Chen, and Bin Liu. Dynamic queuing sharing mechanism for per-flow qos control. *IET Communications*, 4(4):472–483, 2010.

[12] IBM. Ibm ilog cplex optimizer. http://www-01.ibm.com/software/integration/optimization/cplex-optimizer/.

[13] Alan Kennedy, Xiaojun Wang, Zhen Liu, and Bin Liu. Low power architecture for high speed packet classification. In *ANCS '08: Proceedings of the 4th ACM/IEEE Symposium on Architectures for Networking and Communications Systems*, pages 131–140, New York, NY, USA, 2008.

[14] A. Kortebi, L. Muscariello, S. Oueslati, and J. Roberts. Evaluating the number of active flows in a scheduler realizing fair statistical bandwidth sharing. In *SIGMETRICS '05: Proceedings of the 2005 ACM SIGMETRICS International Conference on Measurement and Modeling of Computer Systems*, pages 217–228, New York, NY, USA, 2005.

[15] J.W. Lockwood, N. McKeown, G. Watson, G. Gibb, P. Hartke, J. Naous, R. Raghuraman, and Jianying Luo. Netfpga–an open platform for gigabit-rate network switching and routing. In *IEEE International Conference on Microelectronic Systems Education, 2007.*

[16] Wei Meng, Chengchen Hu Yi Wang, Keqiang He, and Bin Liu. Greening the internet using multi-frequency scaling schemes. In *IEEE AINA 2012*, Fukuoka, Japan, Mar. 2012.

[17] Sergiu Nedevschi, Lucian Popa, Gianluca Iannaccone, Sylvia Ratnasamy, and David Wetherall. Reducing network energy consumption via sleeping and rate-adaptation. In *Proc. of NSDI, 2008*, pages 323–336, Berkeley, CA, USA. USENIX Association.

[18] Sergiu Nedevschi, Lucian Popa, Gianluca Iannaccone, Sylvia Ratnasamy, and David Wetherall. Reducing network energy consumption via sleeping and rate-adaptation. In *NSDI'08: Proceedings of the 5th USENIX Symposium on Networked Systems Design and Implementation*, pages 323–336, Berkeley, CA, USA, 2008. USENIX Association.

[19] Bo Zhai, David Blaauw, Dennis Sylvester, and Krisztian Flautner. Theoretical and practical limits of dynamic voltage scaling. In *DAC 04: Proceedings of the 41st Annual Conference on Design Automation*, 2004.

[20] Mingui Zhang, Cheng Yi, Bin Liu, and Beichuan Zhang. Greente: Power-aware traffic engineering. In *18th IEEE International Conference on Network Protocols (ICNP 2010)*, pages 21–30, Oct. 2010.

[21] Kai Zheng, Chengchen Hu, Hongbin Lu, and Bin Liu. A tcam-based distributed parallel ip lookup scheme and performance analysis. *IEEE/ACM Trans. Netw.*, 14(4):863–875, 2006.

第 8 章　可再生能源在聚合光纤网络和云端基础设施的 CO_2 排放的影响

Markos P. Anastasopoulos、Anna Tzanakaki 和 Dimitra Simeonidou

本章的重点是聚合光网络和适合支持云服务的信息技术（IT）基础设施。更具体地说，虚拟基础设施（Virtual Infrastructures, VI）指的是一个或者多个互相关联的物理基础设施（Physical Infrastructures, PI），包括网络和 IT 资源。考虑到信息和通信技术（ICT）和互联网的扩张对能耗级有影响，减少 CO_2 排放的节能基础设施成为至关重要的环节。为了解决这个问题，使用了一种混合能源的供电系统以满足高能量的 IT 资源。通过对物理基础设施上的虚拟基础设施使用能源感知计划，进一步减少 CO_2 的排放。为了量化地表示提出方法的益处的大小，提出了一个适合建设虚拟基础设施的混合整数线性规划模型。这个模型考虑了整合混合太阳能的 IT 和光网络基础设施中的多时段和多服务的注意事项，目的是最小化虚拟基础设施中计划的 CO_2 排放。模拟的结果显示对不同层次的需求，所有的 CO_2 排放量显著减少了 10%～50%。

8.1　简介

为满足现有的和将来的应用（比如超高清画质的网络电视、3D 游戏、虚拟世界）增加的量和需求，还有为了解决目前大规模计算机网络的限制，当前的趋势是在常用的、安全的、可伸缩的基于计算机网络环境中支持建立按需交付的基础设施、应用和企业流程。这个概念称作云计算（cloud computing），是从传统的数据中心（Data Centers, DC，其中计算资源作为基于标准的 Web 服务器，其中使用的价格模型是消费者的花费是由他们使用了多少计算机资源、存储空间，转移了多少数据决定的）自然演化而来。这引出了一个新的商业模型并且给各种商业部门在利用可用资源时增加可持续性和效率方面增加了机会。

在云计算中，基于基础设施、基于平台、基于应用程序的订阅分别被称为基础设施即服务（Infrastructure as a Service, IaaS）、平台即服务（PaaS）、软件即服务（SaaS）。在 IaaS 中，计算、存储和通信资源按需提供给用户并且按次收费。

另一方面，云计算需要数据中心特殊 IT 资源的支持。数据中心可能是远程的，并且数据中心之间和终端用户之间在地理上是分散的，需要连接，可以通过一个大容量、增加灵活性和动态性的传输网络连接。光网络是非常适合的，因为它能满足这些需求，因为其电信级的属性、丰富的容量、长距离的传输能力并且最新的技术优势包括控制飞机、弹性技术等。在这种背景下，基础设施包括聚合光网络和 IT 资源（支持基础设施即服务模型），引入一个范式转换来实现基础设施的设计和操作。为了得到最优化的方案，需要考虑对基础设施有整体观，联合考虑各种类型的资源的细节、特异性和相互作用。

为了最大化由基础设施支撑的聚合网络和 IT 资源的使用率和效率，最近提出了将网络分割为逻辑分区，这可以减少信令开销（signaling overhead）并且产生更加可扩展的方案。虚拟化（virtualization）是一个可以用来分层地组织分区的方法。基础设施虚拟化可通过拓扑学聚合和逻辑拓扑方法使网域间信息改变量减小，并且可以创造资源，最大化基础设施的使用率和效率。虚拟基础设施（Virtual Infrastructures，VI）促进不同的虚拟操作间的物理资源的分享，具有可以很好地适应自然和未来网络（Future Internet）的特点，并且能够利用机会处理物理基础设施的新商业模型。尽管使用了 VI 方案，光网络和 IT 资源也可以被配置并且作为逻辑服务，并不是物理资源。这个结果是可变大小并且按需计算的，并且网络容量可以提供服务按照现需现购原则（pay-as-you-go basis），在相关文献中叫做弹性云端（elastic cloud）。但是需要注意的是，支持这个弹性云端的范式对网络设计者来说具有挑战性，因为设计者既要有网络的知识又要有 IT 资源的知识。具体地，过低估计网络和 IT 资源可导致不能满足终端用户需求，反之过高的估计可能导致增加运营和资本支出（Operational and Capital Expenditures，OpEx 和 CapEx）。

设计和操作聚合光网络和云基础设施时，一个重要的考虑因素是它们在所需能源消耗和 CO_2 排放量方面的可持续性，这是关键要考虑的。由于 ICT 占全世界基本能源的 4%，并且这个比例是期望的 2020 年的两倍[3]。在这方面，光网络技术带来的一个额外好处是提高能源效率[4]。很明显，能源效率水平可以通过使用光学网络得到，也非常依赖于特定的架构方法[5-7]、技术的选择[8]以及算法的选择和配置方案[9]。认识到这些参数的重要性，本章提出了几种方法，旨在减少网络基础设施的能源消耗[10]。使用可再生能源（绿色能源）比如太阳能、风能、地热能或者生物质能这种类型的能源也成为一种减少 CO_2 排放的方法[11,12]。

本章提出通过对高能耗的 IT 服务使用混合能源供应系统来最小化聚合能源和云基础设施的 CO_2 排放。在这个系统中，传统能源和可再生能源（太阳能）共同为 IT 服务的运行提供必要的能源。此外，在这些基础设施实现虚拟化，能源效率可以进一步在 VI 规划和操作方面被处理[13]。本章着重于规划在 VI 中的节能计划。一般来说，VI 计划负责生成动态可重构的虚拟网络来满足终端用户或者虚拟基础设施提供者，并且满足一些特殊的需求比如能源效率。通过这个过程可以在拓扑学和能源方面，确定最少能源消耗的支持服务的 IT 资源配置。在优化过程中，联合考虑聚合网络和 IT 资源的能耗。因为操作 IT 资源要求非常高水平的能量，传统的操作窗口通常没有优化能源效率。通过低能耗的光网络实现互连的能源感知的方式分配 IT 资源，从而很有可能显著实现能源节约，并且减少 CO_2 排放。这与高 CO_2 排放的使用传统能源为 IT 资源供能的例子十分相关。

为了量化聚合基础设施的全部 CO_2 排放的减少量，提出了一个适合 VI 的混合整数线性规划模型。这个模型考虑了多阶段和多服务的聚合混合能源供能的 IT 和光网络基础设施。提出的方案目的在减少非可再生能源（not- green）在基于单一太阳能板模型的 IT 服务的消耗，考虑了瞬间变化的太阳能强度和 IT 服务的位置。到目前为止，已有的能量感知 VI 计划方案[13-16]中并没有考虑服务时间变化或者是可再生能源在 IT 服务中的影响。但是，这也可能导致无效的网络和 IT 资源的使用，并且因此增加 CO_2 的排放。详细的建模结果说明根据 VI 期望提出方案得到的净收益考虑 CO_2 排放方面减少了 10%~50%。

本章的其他部分组织如下：在 8.2 节给出一个简单的光网络和 IT 元素的能量消耗模型；然后在 8.3 节介绍能量感知的 VI 计划，这个计划考虑了各种优化和设计情况；在 8.4 节提出了 VI 计划在没有非可再生能源消耗和使用物理资源时的表现情况，作为比较其他类似的方案也在表现的分析中呈现；最后，8.5 节小结本章。

8.2 物理基础设施的能源消耗模型

PI 的能源消耗估计对体系结构和特定的技术部署是非常敏感的。在 8.2.1 节和 8.2.2 节详细地介绍了提出的光网络和 IT 资源能量的消耗模型。

如在 8.1 节已经介绍的，在这个工作中假设混合的能量提供系统 IT 资源，在这个系统中传统和可再生能源（太阳能）对 IT 服务器融合提供必需的能源。为了计算这种方法带来的好处，采用并提出一个供给数据中心进行 IT 服务器的操作的基于太阳能辐射的可再生能源模型。

8.2.1 光网络元素

PI 的能源消耗估计依赖于体系结构和特定的技术部署。本节重点研究基于波分复用（Wavelength Division Multiplexing，WDM）的光网络技术，在光层 WDM 使用光交叉连接节点实现转化和促进路由。整个网络能量消耗模型是基于网络的能量消散（活跃）元素，可以分成交换节点（OXC nodes）和传输线相关元素。更具体地说，OXC 假设是基于使用微机电系统（MEMS）的中心转换技术。而光纤连接了一个模型，这个模型由一系列可选择的单模光纤（SMF）、色散补偿光纤（DCF）横跨在一起和基于掺铒光纤放大器（EDFA）技术用来补偿与最后每个传输相关的损失的光放大器组成（见图 8.1）。在参考文献［4，17-19］中详细描述了这些模型，唯一不同的是参考文献［17］当前的工作是假设 OXC 节点具有波长转换能力。

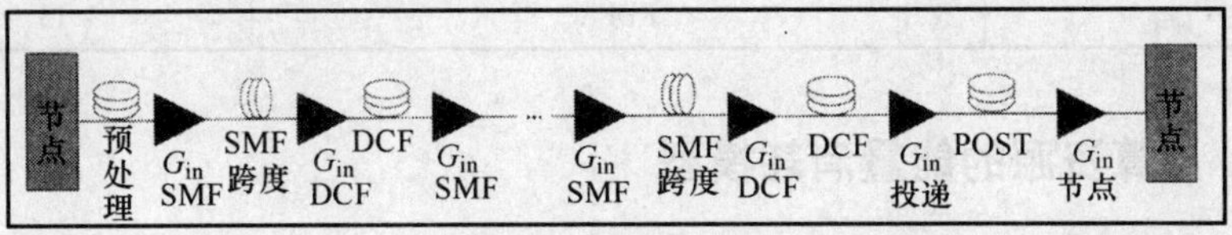

图 8.1　链接模型

图 8.2 说明了在工作中的 OXC 结构。每个 OXC 节点由一系列主动和被动的元素组成。这个被动的元素是多路复用器（MUX）和多路信号选择器（DEMUX），在图 8.2 中主动的元素是灰色的，包括光交换矩阵、每个光纤端口输出端的一个 EDFA、每个输出光长端口的光学电子光学应答器（OEO transponder）和 OXC 增加删除端口的每条光路上的一个发送器和接收器。假设每个网络节点具有全波长转换能力，由于 OEO 转发器可用于每一个波长光交叉连接的端口，因此这个 OXC 结构可以克服非波长转换方法中的波长连续性限制。另外还假定节点的添加/删除能力是通过（绕过）50% 的流量。

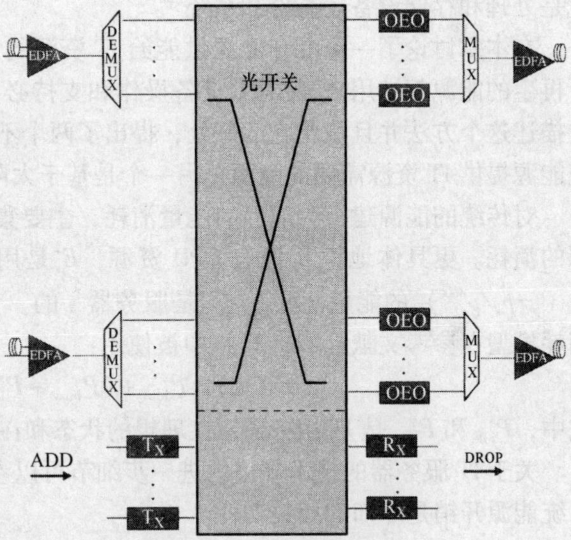

图 8.2　OXC 体系结构

总的网络能耗是由单个 OXC 的能耗和组成光网络连接的纤维决定的。表 8.1 列出了能耗值（W），假设功率耗散（有源）设备用来计算整个网络的能耗。典型的能耗图源于相关文献和数据手册的调查。此外由于激活装备产生能耗，所以也在能量估计模式中包含了冷却产生的能耗，并且假设冷却能耗是 100%[20]。需要注意的是，所有能耗计算只考虑了光网络的转化设备；电子电路的能耗，例如 OXC 控制板或者是实现协议功能的硬件能耗不在考虑范围。更多关于描述 OXC 能耗模型的细节信息的公式见参考文献［21］。

表 8.1 网络设备能源消耗表

物 理 量	描 述	功率/W
$P_{transponder}$	O/E/O：线边的 WDM 应答器（10G）	6
$P_{Tx/Rx}$	E/O，O/E：发送器和接收器	3.5
P_{Edfa}	EDFA	13

8.2.2 计算资源的能量消耗模型

物理的 IT 基础设施被认为是计算机系统和各部件的数据中心外壳。数据中心主要用来处理数据（服务器）和存储数据（存储设备）。这个过程的收集和存储设备被称为“IT 设备”，数据中心里一个大的能源消耗部分在 IT 设备中，也就是处理和存储设备还有冷却系统[22]。

在本章讨论了一个混合能源供能给 IT 资源的系统，在这个系统中传统的和可再生的能源都被用来提供 IT 设备操作和支持必要设备的必需能源。为了数学上描述这个方法并且量化它的好处，提出了两个不同的能量模型：一个是利用传统能源提供 IT 资源需要的能源；另一个是基于太阳能辐射的可再生能源模型。

对传统的能源建模为线性的能量消耗，主要集中考虑 CPU 下载 IT 资源时能源的消耗。更具体地说 p_s 代表 CPU 资源，E_s 是用来初始化最大 CPU 能力分配 u_s（$=p_s/p_s^{max}$）的能量消耗，p_s^{max} 是服务器 s 的。为简单起见，下面的线性能源消耗模型在参考文献［22，23］中被使用：

$$E_s(u_s)=P_{idle}^s+(P_{busy}^s-P_{idle}^s)u_s \tag{8.1}$$

式中，P_{idle}^s 和 P_{busy}^s 是 IT 服务器 s 在理想的状态和在满负载时的能量消耗。

关于 IT 服务器的技术规格的进一步细节可以参考文献［24］。注意，50% 的系统能源开销是冷却的相关功耗。

为了描述一个双重系统 IT 服务器的能量提供，使用传统的电能资源和可供选择的基于太阳辐射的能量，假设每个 IT 服务器是直接连接单个靠近的光伏电站。太阳能子系统的效果由地球表面接收到的太阳能决定，主要受到大气条件和太阳能板的位置、太阳赤纬角、每天的时间等的影响。日晒（单位：W/m^2）通过下式描述：

$$I=S\cos(Z) \tag{8.2}$$

式中，S 是在晴朗的天空条件并且垂直的太阳辐射；Z 是天顶角（顶端的点到太阳位置的角度），Z 通过下式计算：

$$Z=\cos^{-1}(\sin\phi\sin\delta+\cos\phi\cos\delta\cos H) \tag{8.3}$$

式中，ϕ 是 IT 服务器位置的维度；δ 是太阳赤纬角，取值范围为［-23.45° 23.25°］，通过下式计算：

$$\sigma = \sin^{-1}\left\{\sin(23.45°)\sin\left[\frac{360}{365}(d-81)\right]\right\} \tag{8.4}$$

式中，d 是每年的第几天，1月1号 $d=1$。

在春分和秋分（3月22日和9月22日）倾斜是0，北半球是夏天时是正值，冬天时是负值。在6月22日（北半球的夏至）倾斜（赤纬）最大值是23.45°，在12月22日（北半球的冬至）最小为-23.45°[26]。最后，H 是辐射角，取决于每天的时间。一个典型的数值的例子如图8.3所示，对两个不同的IT服务器位置进行了描述，测量在春分或者秋分每一天的每小时的太阳辐射变化。如预期的一样，太阳能系统在正午能量最大，在日出前和日落后辐射几乎为0。在实际系统中，这个问题可以通过存储能量解决，能量在白天存储在电池中，晚上能量不足时使用。这里，能量存储单元没有在公式中，假设在夜晚IT服务器通过传统的非可再生能源供能。

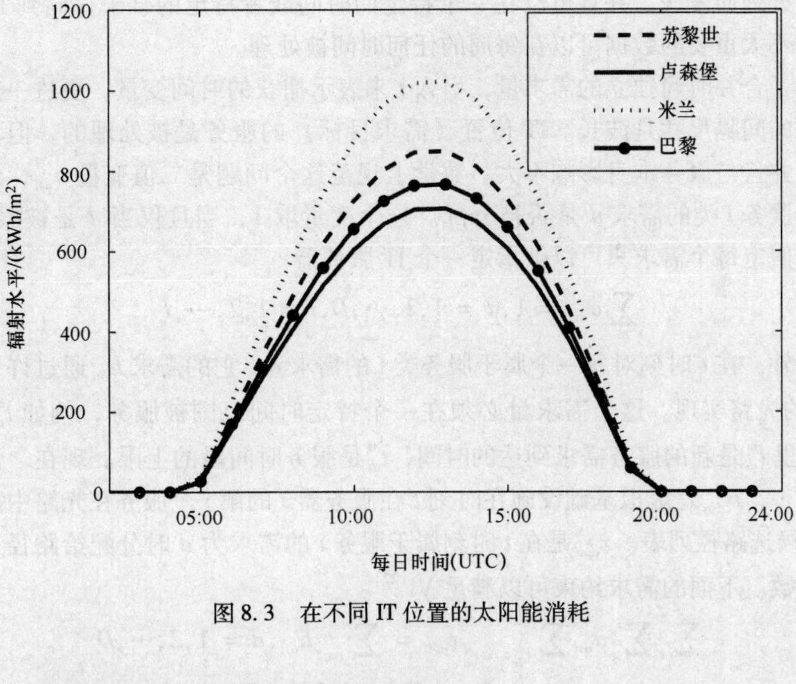

图8.3　在不同IT位置的太阳能消耗

8.3　能量感知虚拟基础设施计划

能量感知虚拟基础设施计划（VI计划）使用历史操作数据和估计将来的虚拟能源（Virtual Resource，VR）需求，来决定最佳的VI设计。VI计划的目标是识别拓扑和决定虚拟资源在实施动态配置时的需求，这个需求与光网络和 IT 资源有关。这不仅仅可以满足客户的特定要求，并且可以满足 VI 提供者的需要，在这里的例子中可以实现最小化能源消耗。能量感知 VI 计划问题是通过整数线性规划模型计算的，这个模型的目标是使总的光网络组件消耗的不可再生能源最小化，光网络组件包括 WDM 应答器、放大器、转换器和 IT 资源。

8.3.1 虚拟基础设施问题的公式

VI 计划的问题是通过网络计算的，这个网络由一个包括 PI 并且可以产生一个虚拟层输出的资源层组成，如图 8.1 所示。这个 PI 是通过一个 11 个节点的拓扑描述，这个拓扑对应全欧洲的光网络，其中随机选择节点产生属于服务类 $i(i=1,2,\cdots,I)$ 的需求 $d(d=1,2,\cdots,D)$，被一组服务器 $s(s=1,2,\cdots,S)$ 服务。每一个服务类与一个特定的延时优先有关，其中严格或更放松延迟边界被分配到服务延迟敏感或延迟宽容服务。在目前的研究中，假定优先级高的服务必须在严格的时间框架中被服务，而优先级低的这个限制就比较放松。例如，临界数据可以因为处理而发送，并且可以在一个特定的时间或者特定的日子存储到 IT 服务器，而不太重要的数据可以在每周的任何时间被处理。

为了合并时间独立的需求量，引入 t 来表示捕获的时间变量。更进一步，假设需求的间隔尺寸是波长。IT 位置（需求目标）的服务是被处理的，但不是规定的，并且与服务本身影响不大。数学上规范这个问题是二值变量 a_{dsi}，用来说明属于服务 i 类的需求 d 是否被分配。这个变量取 1，当且仅当 d 是被服务器 s 处理。假定每个需求只可以被指定一个 IT 服务器：

$$\sum_{s} a_{dsi} = 1, d = 1,2,\cdots,D, i = 1,2,\cdots,I \tag{8.5}$$

此外，在 t 时刻对每一个属于服务类 i 的需求 d，它的需求 h_{dti} 通过许多分配给 VI 的光路实现。这个需求量必须在一个特定时间范围被服务，例如 $t_{di}^{m} \leqslant t \leqslant t_{di}^{M}$，这里 t_{di}^{m} 是新的服务需求到达的时间，t_{di}^{M} 是服务时间段的上限。现在，让 $p_s = 1, 2, \cdots, P_{dsti}$ 是虚拟基础设施在时刻 t 在服务器 s 的第 i 个服务在光路中需求为 d 时的候选路径列表。x_{dpti} 是在 t 时刻属于服务 i 的需求为 d 时分配给路径 p 的光路非负数。下面的需求约束可以满足 VI[27]：

$$\sum_{s}\sum_{p} a_{dsi} \sum_{t_{di}^{m} \leqslant t \leqslant t_{di}^{M}} x_{dpi} = \sum_{t \leqslant T} h_{dti}, d = 1,2,\cdots,D$$
$$i = 1,2,\cdots,I, t = 1,2,\cdots,T \tag{8.6}$$

将 VI 中通过每个链路 e（$e=1, 2, \cdots, E$）的光路相加，可以决定在 t 时刻链路 e 需要的链路容量 y_{et}[28,29]：

$$\sum_{d}\sum_{i}\sum_{s}\sum_{p} \delta_{edpti} x_{dpti} \leqslant y_{et}, e = 1,2,\cdots,E, t = 1,2,\cdots,T \tag{8.7}$$

式中，δ_{edpti}是二值变量，定义如下[28,29]：

$$\delta_{edpti}=\begin{cases}1,\text{如果 VI 中的链路 } e \text{ 属于路径 } p \text{ 在服务 } s \text{ 中的}\\ \quad \text{服务类 } i \text{ 在时间 } t \text{ 需要 } d\\ 0,\text{其他}\end{cases} \tag{8.8}$$

使用同样的基本原理，在 VI 中每条链路 e 在时刻 t 的容量分配依据在 PI 中的需求光路得到。PI 光路的结果 z 决定了 PI 中每个链路 g(g = 1, 2, …, G) 的负荷，并且决定了它的容量 u_{gt}。假定 q = 1, 2, …, G 用来表示 PI 的候选路径名单，可以用来实现的链路 e，然后下面的链路 e 的需求约束应该满足[28,29]：

$$\sum_q z_{eqt} = y_{et}, e = 1,2,\cdots,E \tag{8.9}$$

其中总和接收了在链路 e 路由表 Q_e 中所有的路径 q。下面介绍 PI 的链接路径关联系数：

$$\gamma_{geqt}=\begin{cases}1,\text{如果 PI 的链路 } g \text{ 属于路径 } q,\text{并且在时间 } t \text{ 实现链路 } e\\ 0,\text{其他}\end{cases} \tag{8.10}$$

指定 PI 容量约束的一般公式可以表示为

$$\sum_e \sum_q \gamma_{geqt} z_{eqt} \leqslant u_{gt}, g = 1,2,\cdots,G,\ t = 1,2,\cdots,T \tag{8.11}$$

式中，G 是 PI 中的链路的总和并且每个链路 g 的总和包括了 PI 层的所有光路。

除了 VI 和 PI 中的链路容量约束式（8.7）和式（8.11），分配给每个服务器的总的需求不应该超过它的容量 p_s，s = 1, 2, …, S。这个容量表示底层物理资源，例如 CPU、内存、闪存等。指定服务器的容量约束的不对等性如下：

$$\sum_d \sum_i \sum_p a_{dsi} c_{dsi}(x_{dpti}) \leqslant p_s, s = 1,2,\cdots,S, t = 1,2,\cdots,T \tag{8.12}$$

其中总和表示到达服务器 s 的所有需求，$c_{dsi}(x_{dpti})$表示在服务 s 的服务类 i 中需求 d 的计算需求的参数。实际上，这个参数是由一系列相关的由标准性能评估机构（standard performance evaluation corporation，SPEC）[30] 提供的计算机系统的基准决定。

目前问题公式的目标是最小化与 CO_2 排放量相关的总的消耗，也就是最终网络配置中能源消耗元素产生的 CO_2 值。这个消耗包括以下部分：

1）k_{gt}表示在 t 时刻，PI 中的链路 g 在容量 u_{gt}时的消耗。它包括每条光路由于传输和接收光信号、每个光纤段的光学放大和转换的能量消耗。

2）E_{st}是 t 时刻，在 IT 服务器 s 中处理 u_{st}波长的能量消耗。由于 IT 服务器是由混合能源系统供能，就是说可再生能源的 CO_2 排放的影响是可以忽略的。

这里，最小化 VI 中的能量消耗是通过最小化下面的消耗函数得到的：

$$F = \sum_t \left(\sum_g k_g u_{gt} + \sum_s \left(E_{st}(u_{st}) - E_{st}^R(u_{st})\right)\right) \tag{8.13}$$

式中，$E_{st}^R(u_{st})$是 t 时刻 IT 服务 s 中可再生能源处理 u_{st}波长使用的能量。

8.4 数值结果

为了研究提出的 VI 设计框架的能量效率，研究图 8.5 中的多层网络：下层描述了 PI，上层描述了 VI。对于 PI 使用了 COST239 全欧洲参考拓扑[31]，其中 4 个随机选择的节点产生的需要由两个 IT 服务器提供服务，服务器在巴黎、米兰、卢森堡和苏黎世。为简单起见，服务时间的粒度根据亚马逊公司的弹性计算云的定价策略对 DT 和 DS 服务以小时计算，即使“不到一小时”（instance-hour）将消耗整整 1h[32]。DT 和 DS 服务的主要区别是前者必须及时的在需求点分配到一个 IT 服务，但是后者可以安排在一天中的任意时间。并且假设每个链接一个单一的光纤，每个光纤 40 个波长，并且每个波长通道 10Gbit/s。还假设，每个 IT 服务可以放大到 1Tbit/s，并且分别在理想和满载两种情况下，它的能量消耗为 6.6 ~ 13.2kW[8]。必要的输入能量由混合能源提供，其中可再生能源由基于晶体硅的光伏电池板提供，效率是 29%，表面积是 $100m^2$[33]。在数值计算中，假设能量系统没有能量存储装置，例如电池。

每个 IT 服务器的太阳能输出如图 8.4 所示。

优化的 VI 拓扑学设计方案中 4 个源节点分别位于伦敦、维也纳、哥本哈根和巴黎，每个产生相当于 40 个波长的需求。如图 8.5 所示。在提出的数值例子

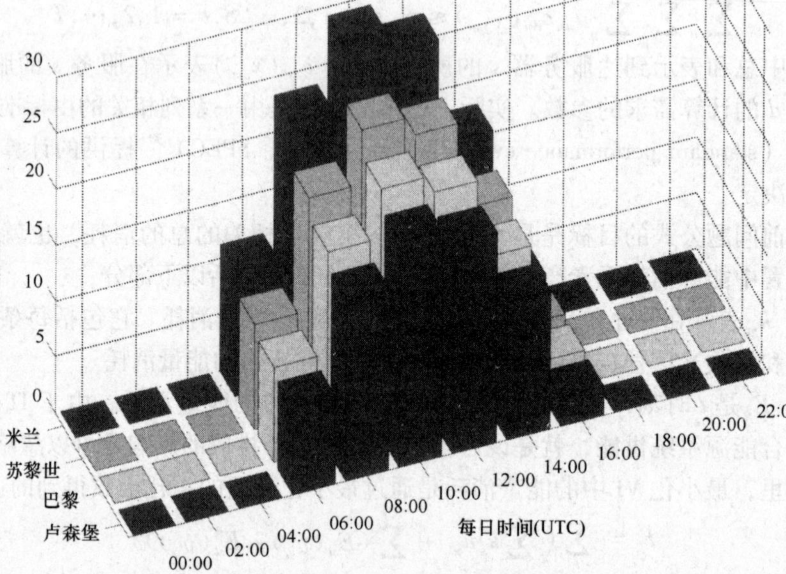

图 8.4 每个 IT 服务器的太阳能输出

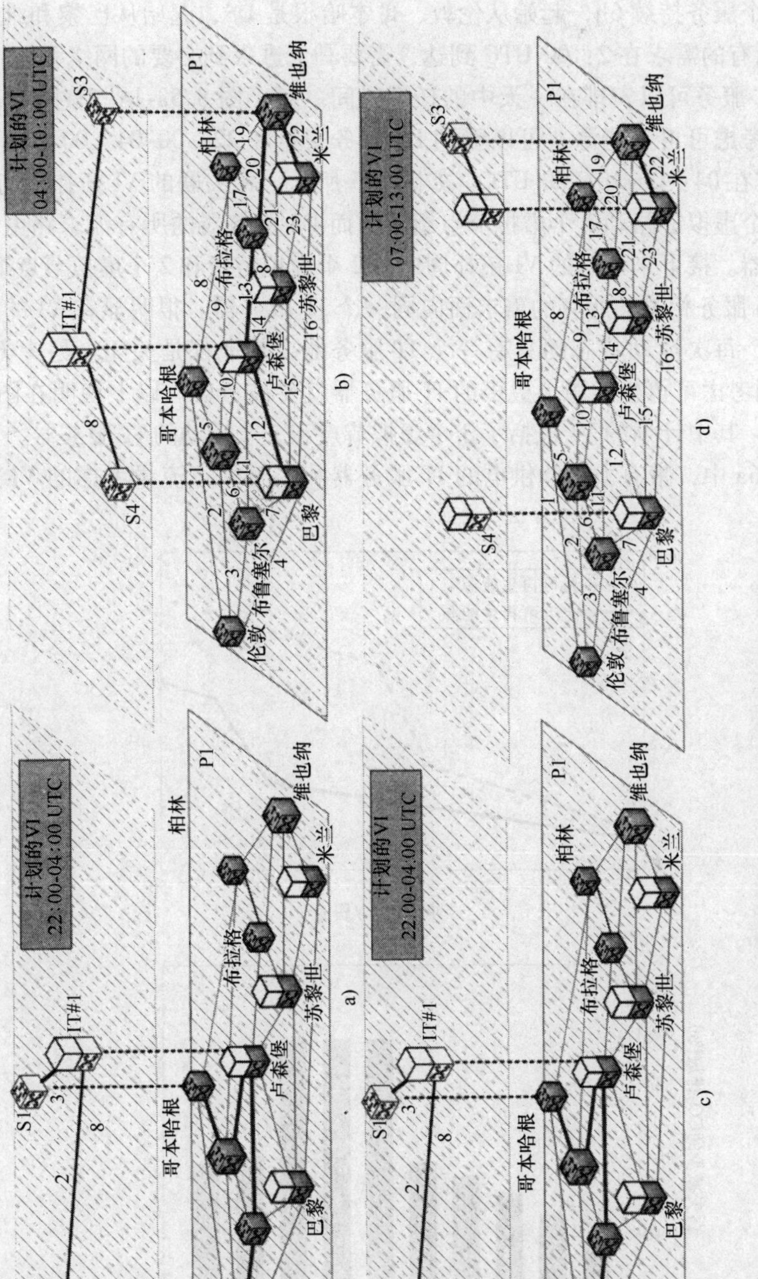

图 8.5　多时期流量的 PI 可视化例子

a、b）没有可再生能源　c、d）有可再生能源中，假设每个服务持续6h，起始从伦敦、哥本哈根是DS，起始从巴黎和维也纳的是DT。所有的需求在2：00 UTC到达，需要马上进入到必要的网络和IT资源中。但是DT服务可以安排在一天中的任意时间。对于图8.5a-b，其中VI是计划的，没有考虑可再生能源，可以看到DS服务安排在22：00-04：00 UTC，而DT服务安排在04：00-10：00 UTC。如图8.5所示，相关联的VI拓扑最初的2次周期由2个虚拟链路和3个虚拟节点组成，而DS服务器的所有需求路由到卢森堡的服务器。接下来计划的VI拓扑周期由2个虚拟链接和2个虚拟节点组成。同样的与DS服务相关的所有的需求面向同一个IT服务器。很明显在VI的整个规划周期中，每次活动状态的只有一个IT服务器，其他都是关闭。另一方面，如果VI计划考虑可再生能源，更多的IT服务器就要被考虑。以上说明在图8.5中可以看到，其中计划的VI包括了3个虚拟节点和2个活动的IT服务器。

在图8.6a中，带有太阳能供电的IT服务器和多时间点流量考虑的VI规划

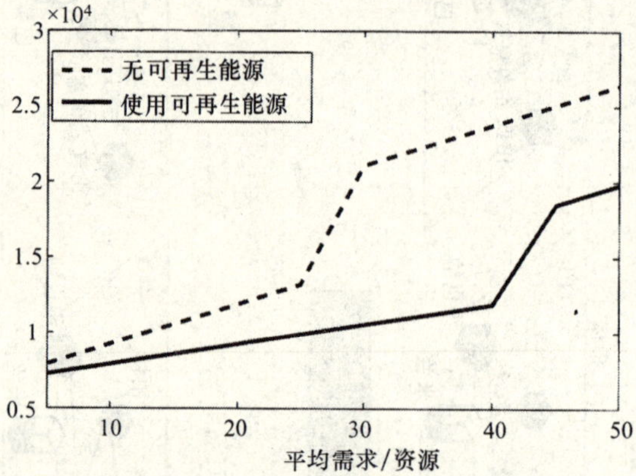

a)

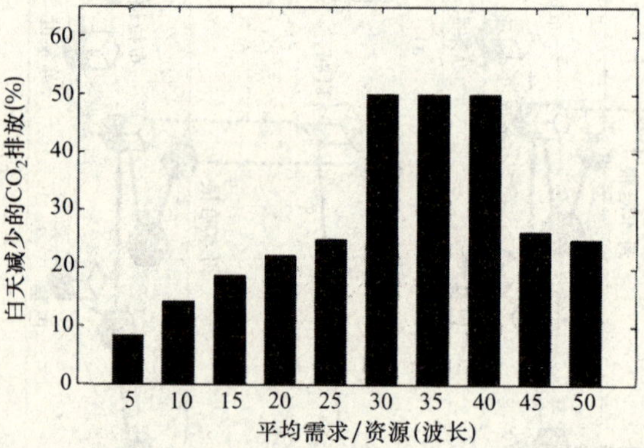

b)

图8.6 a）无太阳能供能时，IT服务器的总的非可再生能源消耗；b）当使用太阳能时，白天减少的CO_2排放

方案的性能与参考文献［27］中没有使用可再生能源的方案性能进行比较。比较这两个方案可以看出，对于宽范围需求，使用太阳能供能的方案在每次操作中消耗更少的非绿色能源。并且，太阳能供能的 IT 服务器的平均不可再生的能源消耗随着需求的增加几乎 40wv/资源的线性增加，相比之下，非可再生能源设计逐步增加的功耗是 20wv/资源以上。

对于流量需求在 20wv/资源以上，有可再生能源的多周期的 VI 设计比非多层的 VI 设计消耗少得多的非可再生能源来服务同样数量的需求，大约 50%：前者对于同样的需求可以由更少的 IT 服务器在夜间服务。减少 CO_2 排放的好处在图 8.6b 中有说明，其中在白天总共的 CO_2 排放对于低流量和高流量需求分别减少了8%～50%。假定 IT 服务器操作的能源消耗在本网络中是主要的，通过适当的调整需要和关闭不需要的 IT 资源可以达到显著地减少能源消耗的目的。

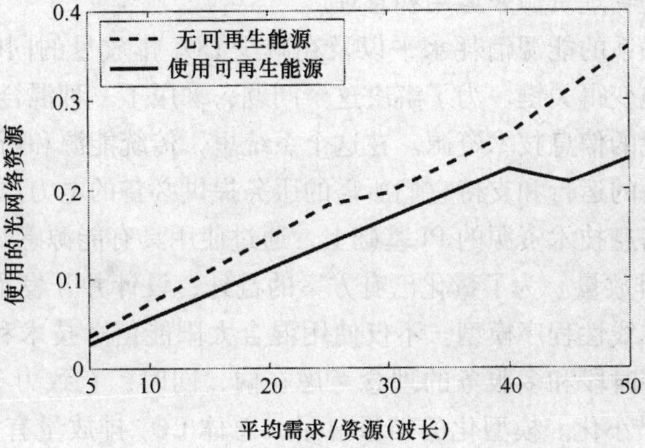

a)

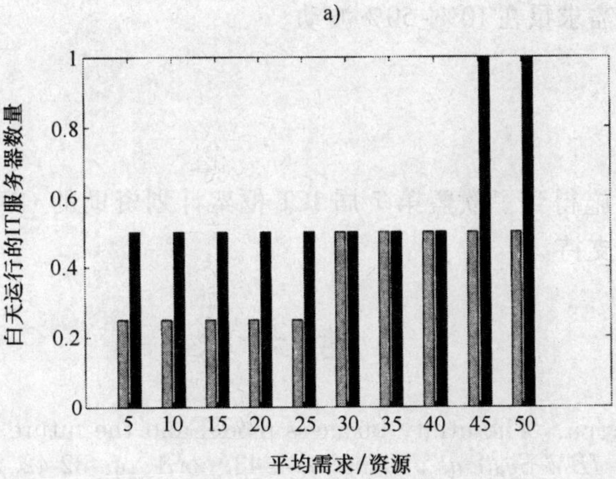

b)

图 8.7　a）光网络资源利用；b）白天运行的 IT 服务器数量

以上观察可以在图 8.7 中证实，使用这两种方法后平均利用的光网络资源和平均的非绿色活动的 IT 服务器绘制成一个平均值的函数，单位是需求/资源。可以看到当 VI 利用可再生能源时，对于同样数量的需求更多的 IT 服务器是活动的，这是由于不计算它们对 CO_2 排放的影响。相比非可再生能源的构架，由于数据传输更短的距离就可以到达目的地，因此使用更少的光网络资源就可以。

8.5 小结

本章主要围绕着适用于支持云服务的聚合光网络和信息技术基础设施。VI 被应用来最大化这些设施的效用及效率。VI 就是一个或多个包括了网络和信息技术资源的相互联系的 PI。通过采用 VI，光纤网络和信息技术资源可以被作为逻辑服务而不是物理资源来运用和管理。

与 ICT 相联系的能源消耗水平以及在减少 CO_2 排放量的同时增加有效利用能源的网络设施变得关键。为了解决这个问题，采用了一种混合电力能源供应系统服务于高能耗的信息技术资源。在这个系统里，传统能源和新能源被共同用于为信息技术设备的运行和支持它们所需的服务提供必备的电力。

在网络和信息技术资源的 PI 基础上，通过使用具有能源感知的 VI 技术来进一步减少 CO_2 排放量。为了量化已有方案的益处，设计并开发了与计划的 VI 相匹配的混合整体线性程序模型。不仅使用混合太阳能信息技术和光纤网络设施，这个模型还把多时段和多服务的理念考虑在内，同时，它致力于将计划好的 VI 的 CO_2 排放量最小化。模型化的结果显示，总体 CO_2 排放量有显著的减少，减少量基于不同的需求量在 10%-50% 波动。

致谢

该研究的实施得到了欧盟第 7 届 ICT 框架计划资助的 GEYSERSCFP7-ICT-248657）项目的支持。

参考文献

[1] M. A. Rappa, “The utility business model and the future of computing systems,” *IBM Systems Journal*, vol. 43, no. 1, pp. 32-42, 2004.

[2] A. Buyya, J. Broberg, and A.Gociski, *Cloud Computing Principles and Paradigms*, John Wiley & Sons, 2011.

[3] M. Pickavet, W. Vereecken, S. Demeyer, P. Audenaert, C. Develder, D. Colle, B. Dhoert, and P. Demeester, "Worldwide energy needs of ICT: the rise of power-aware networking," *Proceedings IEEE ANTS 2008*, Mumbai (India), pp. 15-17, Dec. 2008.

[4] A.Tzanakaki et al., "Dimensioning the future Pan-European optical network with energy efficiency considerations," *Journal of Optical Communications and Networking* 3, 272-280, 2011.

[5] G. Shen, and R. S. Tucker, "Energy-minimized design for IP over WDM networks," *Journal of Optical Communications and Networking*, vol. 1, no. 1, pp. 176-186, June 2009.

[6] A. Stavdas, C. (T) Politi, T. Orphanoudakis, and A. Drakos, "Optical packet routers: how they can efficiently and cost-effectively scale to petabits per second," *Journal of Optical Networking*, vol. 7, no. 10, pp. 876-894, October 2008.

[7] E. Yetginer, and G. Rouskas, "Power efficient traffic grooming in optical WDM networks," in *Proc. of IEEE GLOBECOM 2009*, pp. 1-6, Nov.-Dec. 2009.

[8] S. Aleksic, "Analysis of power consumption in future high-capacity network nodes," *Journal of Optical Communications and Networking*, vol. 1, no. 3, pp. 245-258, August 2009.

[9] L. Chiaraviglio, M. Mellia, and F. Neri, "Reducing power consumption in backbone networks," in *Proc. of IEEE ICC 2009*, pp. 1-6, Jun. 2009.

[10] IEEE 802.3 Energy Efficient Ethernet Study Group, [Online]. Available: `http://grouper.ieee.org/groups/802/3/eee_study/index.html`.

[11] Y. Zhang, Y. Wang, and X. Wang, "GreenWare: greening cloud-scale data centers to maximize the use of renewable energy," the 12th ACM/IFIP/USENIX International Middleware Conference (Middleware 2011), Lisbon, Portugal, December 2011.

[12] X. Dong, I. El-Gorashi, and J.M.H. Elmirghani, "Green IP over WDM networks: solar and wind renewable sources and data centres," *Global Telecommunications Conference (GLOBECOM 2011)*, 2011 IEEE, pp. 1-6, 5-9 Dec. 2011.

[13] A. Tzanakaki et al.,"Energy efficiency in integrated IT and optical network infrastructures: the GEYSERS approach," in *Proc. of IEEE INFOCOM 2011, Workshop on Green Communications and Networking* (2011).

[14] M.P. Anastasopoulos, A. Tzanakaki, and K. Georgakilas, "Stochastic virtual infrastructure planning in elastic cloud deploying optical networking," in *Proc. of OFC 2012*, Pres. number: OW1A.3.

[15] A. Tzanakaki, M.P. Anastasopoulos, K. Georgakilas, et al., "Energy efficiency considerations in integrated IT and optical network resilient infrastructures," in *Proc. of ICTON 2011*.

[16] A. Tzanakaki, M.P. Anastasopoulos, K. Georgakilas, D. Simeonidou, "Energy aware planning of multiple virtual infrastructures over converged optical network and IT physical resources," in *Proc. of ECOC 2011*.

[17] A. Tzanakaki et al., "Power considerations towards a sustainable pan-European network," JWA061, OFC2011.

[18] S. Aleksic, "Analysis of power consumption in future high-capacity network nodes," *Journal of Optical Communications and Networking*, vol. 1, no. 3, p. 245, 2009.

[19] K. M. Katrinis, and A. Tzanakaki, "On the dimensioning of WDM optical networks with impairment-aware regeneration," *IEEE/ACM Transactions on Networking*, vol. 19, no. 3, pp. 735-746.

[20] J. Baliga, R. Ayre, K. Hinton, W. V. Sorin, and R. S. Tucker, "Energy consumption in optical IP networks," in *IEEE/OSA Journal of Lightwave Technology*, vol. 27, no. 13, pp. 2391-2403, 2009.

[21] A. Tzanakaki, "Energy efficient VI planning over converged optical networks and IT resources," *Green Communications*, CRC Press, edited by Jinsong Wu, Sundeep Rangan, Honggang Zhang, 2012.

[22] Z. Davis, "Power consumption and cooling in the data center: a survey," `http://www.greenbiz.com/sites/default/files/document/Custom016C45F77410.pdf`

[23] V. Valancius et al., "Greening the Internet with nano data centers," *Proceedings of the 5th International Conference on Emerging Networking Experiments and Technologies (CoNEXT '09)*, ACM, New York, NY, USA, 37-48, 2009.

[24] Oracle Data Sheet, "Sun Oracle DataBaseMachine," Online: `http://www.oracle.com/us/products/database/database-machine-069034.html`

[25] NASA, Solar radiation and the earth system, Online: `http://www.nasa.gov/centers/goddard/education/index.html`

[26] `http://www.pveducation.org/pvcdrom/properties-of-sunlight/declination-angle`

[27] M.P. Anastasopoulos, A. Tzanakaki and K. Georgakilas, "Virtual infrastructure planning in elastic cloud deploying optical networking," in *Proc. of 3rd IEEE CloudCom 2011*, pp. 685-689, Nov. 29 - Dec. 1, 2011.

[28] E. Kubilinskas, P. Nilsson, and M. Pioro, "Design models for robust multi-layer next generation Internet core networks carrying elastic traffic," in *Proc. of DRCN 2003*, 61-68, 2003.

[29] E. Kubilinskas, F. Aslam, M. Dzida and M. Pioro, "Recovery, routing and load balancing strategy for an IP/MPLS network," *Managing Traffic Performance in Converged Networks, Lecture Notes in Computer Science*, vol. 4516/2007, 65-76, 2008.

[30] Standard Performance Evaluation Corporation (SPEC), Online: `www.spec.org`

[31] P. Batchelor et al., "Study on the implementation of optical transparent transport networks in the European environment-Results of the research project COST 239," *Photonic Network Communications*, vol. 2, no. 1, pp. 15-32, 2000.

[32] Amazon Elastic Compute Cloud (Amazon EC2), `http://aws.amazon.com/ec2/`

[33] R.M. Swanson,"Approaching the 29% limit efficiency of silicon solar cells," Photovoltaic Specialists Conference, 2005. *Conference Record of the Thirty-First IEEE*, pp. 889- 894, 3-7 Jan. 2005.

第 9 章　计算系统的低功率动态调度

Michael J. Neely

在本章中，作者认为在一个计算系统中对能量感知的控制包括两个阶段：动作（active）和静止（idle）。在动作阶段，控制器选择用一个多任务处理模式来实现一个单一的任务。然后，控制器通过选择一段让系统处于静止状态的时间来节省能量。这种处理方式会影响处理时间、能量的消耗和可以用作衡量其他利益标准（例如处理质量或者失真）的一种抽象的特征矢量（attribute vector）。其目标是优化时间平均系统的性能。这种模型的应用包括能做节能计算和传送决定的智能手机，能处理面向速率、质量和功率限制的任务的计算机，并且可以根据随时间变化的电能价格来分配资源的智能电网能量管理器。

本章的解决方法参考了参考文献［25］和［29］中的更新系统的优化理论。9.1 节主要讲解寻求平均功率的最小化的计算系统，平均功率易受不同种类的任务的处理速率限制的影响；9.2 节概括介绍了较大系统的处理优化问题；9.3 节扩展了这个模型以允许对一个在每个动作阶段的开始观察到的随机的事件给出控制指令，例如现在无线电信道条件的矢量或者电能价格。

9.1　带有处理速度限制的任务调度

为了证实这种方法，本节考虑了一个特定的系统，并且考虑一个重复处理任务的计算机系统。在这个系统中，共有 N 类任务（N 为正整数）。简单来说，假定每个类总有一个待执行的新任务（这涉及在 9.2.3 节中随机出现的任务），这个系统运行时间间隔称为窗口（frame）。每一个窗口 $k(k\in\{0,1,2,\cdots\})$ 开始于一个维持长度为 $D[k]$ 的动作时间段（active period），结束于长度为 $I[k]$ 的静止时间段（idle period）（见图 9.1）。在每个动作时间段 k 开始时，控制器选择一种新的任务类型 $c[k]\in\{1,\cdots,N\}$，并从一个有限的可能处理选项集 M 中选择一种处理模式（processing mode）$m[k]$。这些控制决策影响动作时间段的持续时间 $D[k]$ 和引起的能量 $e[k]$。然后，控制器选择一段 $I[k]$ 的静止时间段，$I[k]$ 满足 $0\leqslant I[k]\leqslant I_{\max}$，其中 $I_{\max}$ 为一个正数。选择 $I[k]=0$ 实际上表示跳过了静止时间段，所以动作时间段是连续的。简单来说，这意味着在静止时间段没有能量消耗。

假设 $D[k]$ 和 $e[k]$ 是窗口 k 关于类型和模型决策的随机函数（random func-

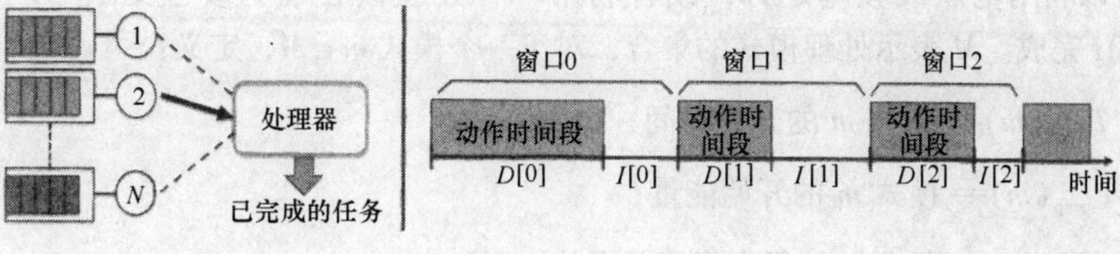

a)　　　　　b)

图 9.1　a）从一个窗口 k 的 N 种任务中选择任务的处理器；
b）说明窗口的动作和静止时间段的时间线

tion）。具体来说，给定所用的（$c[k]$，$m[k]$），假设 $D[k]$ 和 $e[k]$ 有条件地独立于过去，平均值由定义在（c,m）$\in\{1,\cdots,N\}\times M$ 的函数 $\hat{D}(c,m)$ 和 $\hat{e}(c,m)$ 给出：

$$\hat{D}(c,m)\triangleq\mathbb{E}[D[k]\,|\,(c[k],m[k])=(c,m)],\hat{e}(c,m)\triangleq\mathbb{E}[e[k]\,|\,(e[k],m[k])=(c,m)]$$

在这里，符号“$a\triangleq b$”表示“a 被定义为与 b 相等”。本章用 $\hat{D}(c[k],m[k])$ 和 $\hat{e}(c[k],m[k])$ 表示窗口 k 的一个特定的决策 $(c[k],m[k])$ 下的解释：

$$\hat{D}(c[k],m[k])=\mathbb{E}[D[k]\,|\,c[k],m[k]],\hat{e}(c[k],m[k])=\mathbb{E}[e[k]\,|\,c[k],m[k]]$$

假设存在一个正数 $D_{\min}$，满足在所有的 $(c[k],m[k])$ 决策中，对于所有的窗口 k，有 $D[k]\geqslant D_{\min}$。因此，所有的窗口大小都至少有若干个 $D_{\min}$ 单位。此外，因为技术原因，$D[k]$ 和 $e[k]$ 的二阶矩被一个有限的常数约束，所以：

$$\mathbb{E}[D[k]^2]\leqslant\sigma^2,\mathbb{E}[e[k]^2]\leqslant\sigma^2 \tag{9.1}$$

式（9.1）满足所有选择 $(c[k],m[k])$ 的规则。给定 $(c[k],m[k])$，$(D[k],e[k])$ 的条件联合分布是任意的。对于每一个 $c\in\{1,\cdots,N\}$ 和 $m\in M$，只有平均值 $\hat{D}(c,m)$ 和 $\hat{e}(c,m)$ 是已知的。在一个确定系统的特例中，函数 $\hat{D}(c,m)$ 和 $\hat{e}(c,m)$ 可以被看作从一个给定的控制指令 $(c[k],m[k])=(c,m)$ 到实际时延 $D[k]=\hat{D}(c,m)$ 的确定映射和窗口 k 消耗的能量 $e[k]=\hat{e}(c,m)$，而不是这些值的期望值。

9.1.1　节能感知处理的例子

考虑一个进行不同任务计算的计算系统的例子。假定这个系统利用一个可以为每一个任务从多个处理模式中选择合适的处理模式的单芯片多处理器。例如，这可以利用电压或频率定标，或者利用一种处理核心（见参考文献［9］和［2］）完成。M 表示处理模式的集合，对于一个模式 $m \in M$，定义：

$T_{\text{setup}}(m) \triangleq$ 模式 m 的开始时间；

$e_{\text{setup}}(m) \triangleq$ 模式 m 的开始能量；

$\text{DPI}(m) \triangleq$ 模式 m 的每个指令的平均时延；

$\text{EPI}(m) \triangleq$ 模式 m 的每个指令的平均能量。

再假定类型 $c \in \{1,\cdots,N\}$的任务中的指令平均量为 $\overline{S}_c$。简单来说，假定任务中指令的数量独立于能量和每个单独指令的延迟。然后，平均能量 $\hat{e}(c,m)$和延迟函数 $\hat{D}(c,m)$成为

$$\hat{e}(c,m) = e_{\text{setup}}(m) + \overline{S}_c \text{EPI}(m)$$

$$\hat{D}(c,m) = T_{\text{setup}}(m) + \overline{S}_c \text{DPI}(m)$$

在不能用 $\text{DPI}(m)$和 $\text{EPI}(m)$对系统进行建模的情况下，用模式 m 处理类型 c 的任务时，期望 $\hat{e}(c,m)$和 $\hat{D}(c,m)$可以被估计为测得的能量和延迟的经验平均值。当这个例子假定所有的类型具有相同的处理模式选项集 M 时，可以很容易地将每个类型 c 的处理模型选项限制在子集 M_c 中。

另一个例子考虑了无线数据传输的问题。在这个例子中，每个任务表示必须要传输的数据包，M 表示无线数据传输选项集（例如模块化和编码策略）。对于每个模式 $m \in M$，定义 $\mu(m)$ 为模式 m 下的传输速率（bit/单位时间），$\text{power}(m)$为所用的功耗。简单来说，在这里假设不存在传输错误。$\overline{B}_c$ 表示类型 $c \in \{1,\cdots,N\}$的数据包的平均大小，单位为 bit，因此有

$$\hat{e}(c,m) = \text{power}(m)\overline{B}_c / \mu(m)$$

$$\hat{D}(c,m) = \overline{B}_c / \mu(m)$$

在每个传输模式 $m \in M$ 都有已知的错误概率的情况下，函数 $\hat{e}(c,m)$和$\hat{D}(c,m)$可以重新定义为有关重新传输的函数。重要的备选方案是随时间变化的信道状态可以在每个窗口开始时被测出来。9.3 节介绍的扩展理论可以处理这个问题。

9.1.2 作为窗口平均比率的时间平均

设计一个控制策略的目的是已知一些期望的处理速率(λ_1，…，λ_N)，在以至少 λ_n 的速率的约束下处理每个类型 $n \in \{1,\cdots,N\}$，做窗口的决策时将平均功率最小化。在以数学优化和规范这个问题之前，本节介绍如何依据窗口平均来写时间平均。假定对于窗口 $k \in \{0,1,2,\cdots\}$，存在产生一系列的能量$\{e[0],e[1],e[2],\cdots\}$和相应的窗口大小$\{D[0]+I[0],D[1]+I[1],D[2]+I[2],\cdots\}$的控制策略。窗口平均

$\bar{e}$、$\bar{D}$、$\bar{I}$ 可以定义为

$$\bar{e} \triangleq \lim_{K\to\infty} \frac{1}{K}\sum_{k=0}^{K-1} e[k],\ \bar{D} \triangleq \lim_{K\to\infty} \frac{1}{K}\sum_{k=0}^{K-1} D[k],\ \bar{I} \triangleq \lim_{K\to\infty} \frac{1}{K}\sum_{k=0}^{K-1} I[k] \tag{9.2}$$

简单来说，上式假定极限以 1 的概率收敛于常数。注意，$\bar{e}$ 不表示这个系统的时间平均功率，因为它没有考虑一个窗口消耗的时间。时间平均功率考虑总的时间下积累的能量，可以写成如下形式：

$$\lim_{K\to\infty} \frac{\sum_{k=0}^{K-1} e[k]}{\sum_{k=0}^{K-1}(D[k]+I[k])} = \lim_{K\to\infty} \frac{\frac{1}{K}\sum_{k=0}^{K-1} e[k]}{\frac{1}{K}\sum_{k=0}^{K-1}(D[k]+I[k])} = \frac{\bar{e}}{\bar{D}+\bar{I}}$$

因此，时间平均功率等于被平均窗口大小分割出来的窗口的平均能量。这个简单的观测常被用于参考文献［6］和［35］中的更新报酬理论（renewal- reward theory）。

对于每个类型 $n \in \{1,\cdots,N\}$ 和每个窗口 k，定义指示变量（indicator variable）为 $1_n[k]$，当控制器在窗口 k 选择类型 n 的任务时，指示变量为 1，否则为 0：

$$1_n[k] \triangleq \begin{cases} 1, c[k]=n \\ 0, c[k]\neq n \end{cases}$$

于是，$\bar{1}_n \triangleq \lim_{K\to\infty} \frac{1}{K}\sum_{k}^{K-1} 1_n[k]$ 是选择部分类型 n 的窗口，比率 $\bar{1}_n/(\bar{D}+\bar{I})$ 是处理类型为 n 的任务（在单位时间内的任务）的平均时间比率。

在以至少 λ_n（任务数/单位时间）的速率的约束下处理每个类型 $n \in \{1,\cdots,N\}$，将平均功率最小化的问题在数学上表达如下：

最小化：
$$\frac{\bar{e}}{\bar{D}+\bar{I}} \tag{9.3}$$

约束条件：
$$\frac{\bar{1}_n}{\bar{D}+\bar{I}} \geqslant \lambda_n \quad \forall n \in \{1,\cdots,N\} \tag{9.4}$$

$$(c[k],m[k]) \in \{1,\cdots,N\} \times \mathcal{M} \quad \forall k \in \{0,1,2,\cdots\} \tag{9.5}$$

$$0 \leqslant I[k] \leqslant I_{\max} \quad \forall k \in \{0,1,2,\cdots\} \tag{9.6}$$

其中，目标式（9.3）是平均功率，约束式（9.4）确保每个类型 n 的处理速率至少为 λ_n，约束式（9.5）、式（9.6）确保对每个窗口 k 满足 $c[k] \in \{1,\cdots,N\}$、$m[k] \in M$ 和 $0 \leqslant I[k] \leqslant I_{\max}$。

9.1.3　关于窗口平均期望

式（9.3）~式（9.6）由窗口平均定义。本节介绍窗口平均与窗口平均期望相关，因而和期望函数 $\hat{D}(c,\ m)$ 及 $\hat{e}(c,\ m)$ 相关。考虑一个（可能是随机的）

选择窗口的($c[k]$, $m[k]$)的控制算法，假定这会引起窗口 k 的定义明确的期望 $\mathbb{E}[e[k]]$。按照迭代期望规则，对于一个已知的窗口 $k\in\{0,1,2,\cdots\}$，它的表达如下：

$$\mathbb{E}[e[k]]=\mathbb{E}[\mathbb{E}[e[k]\mid c[k],m[k]]]=\mathbb{E}[\hat{e}(c[k],m[k])] \tag{9.7}$$

而且，因为一个窗口 k 的二阶矩受到常数 σ^2 的约束，有界矩收敛定理（在附录1中给出）确保了如果窗口平均功率以1的概率收敛于常数 $\bar{e}$，如式（9.2）定义，$\bar{e}$ 就是窗口平均期望：

$$\lim_{K\to\infty}\frac{1}{K}\sum_{k=0}^{K-1}e[k]=\bar{e}=\lim_{K\to\infty}\frac{1}{K}\sum_{k=0}^{K-1}\mathbb{E}[\hat{e}(c[k],m[k])]$$

参数 $\overline{D}$、$\bar{I}$ 和 $\bar{1}_n$ 也是一样。因此，可以用窗口平均期望，而不仅仅是窗口平均，来解释式（9.3）~式（9.6）。

9.1.4 一个任务类型的例子

考虑一个只有一种类型的任务的简单例子，这个系统在每一个忙碌期间处理这种类型的新任务。能量和延迟函数可以单纯地依据处理模式 $m\in\mathcal{M}$ 表达，因而可以得出 $\hat{e}(m)$ 和 $\hat{D}(m)$。假定只存在两种处理模型选项，即 $\mathcal{M}=\{1,2\}$，因而每个选项引出确定的能量和延迟，如下所示：

$$m[k]=1\Rightarrow(e[k],D[k])=(\hat{e}(1),\hat{D}(1))=(1,7) \tag{9.8}$$

$$m[k]=2\Rightarrow(e[k],D[k])=(\hat{e}(2),\hat{D}(2))=(3,4) \tag{9.9}$$

选项 $m[k]=1$ 要求1个单位的能量和7个单位的处理时间。选项 $m[k]=2$ 需要的能量更多（要求3个单位的能量），不过速度更快（只用了4个单位的时间）。一个窗口的静止状态时间 $I[k]$ 从区间[0, 10]中选取，因此，$I_{\max}=10$。

9.1.4.1 没有约束的情况

对于这个系统，假定在没有处理速率的约束时，寻求平均功率 $\bar{e}/(\overline{D}+\bar{I})$ 的最小化。考虑3个可能的算法：

1）对所有窗口总是选择 $m[k]=1$ 和 $I[k]=I$，$I\in[0,10]$；

2）对所有窗口总是选择 $m[k]=2$ 和 $I[k]=I$，$I\in[0,10]$；

3）对所有窗口总是选择 $I[k]=I$，$I\in[0,10]$。但是，对窗口 k，以 p 的概率单独选择 $m[k]=1$，以 $1-p$ 的概率单独选择 $m[k]=2$（p 满足 $0\leqslant p\leqslant 1$）。

很明显，第3种算法当 $p=1$ 和 $p=0$ 时分别包括了前两种。每种算法的时间平均功率为

$$\text{总是选择 } m[k]=1\Rightarrow\frac{\bar{e}}{\overline{D}+\bar{I}}=\frac{\hat{e}(1)}{\hat{D}(1)+I}=\frac{1}{7+I}$$

$$\text{总是选择 } m[k]=2 \Rightarrow \frac{\bar{e}}{\bar{D}+I}=\frac{\hat{e}(2)}{\hat{D}(2)+I}=\frac{3}{4+I}$$

$$\text{概率规则} \Rightarrow \frac{\bar{e}}{\bar{D}+\bar{I}}=\frac{p\,\hat{e}(1)+(1-p)\hat{e}(2)}{p\hat{D}(1)+(1-p)\hat{D}(2)+I}=\frac{1p+3(1-p)}{7p+4(1-p)+I}$$

很明显，在 3 种情况中，应该选择 $I=10$ 以将平均功率最小化，并且总选择 $m[k]=1$ 比总是选择 $m[k]=2$ 更佳。然而，是否一个随机的模式选择规则可以更好，这并不明确。答案为否时，在这种情况下，对于所有的窗口 k，选择功率 $m[k]=1$ 和 $I[k]=10$ 时功率最小，最小的平均功率为 1/17。

这一事实更普遍：令 $a(\alpha)$ 和 $b(\alpha)$ 为确定的实值函数定义在从一个抽象的指令空间（action space）$\mathcal{A}$ 中选取的多种指令（action）α。假定函数是被约束的，并且存在 $b_{\min}>0$ 因而 $b(\alpha)\geqslant b_{\min}$，$\alpha\in\mathcal{A}$。考虑设计一个随机选择的 α 来将 $\mathbb{E}[a(\alpha)]/\mathbb{E}[b(\alpha)]$ 最小化，这里的期望与 α 选择的随机性有关。下一个引理表示通过确定性地选择一个指令 $\alpha\in\mathcal{A}$，将 $a(\alpha)/b(\alpha)$ 最小化。

引理 1：在之前的假设下，对一个随机选择的 $\alpha\in\mathcal{A}$ 有

$$\frac{\mathbb{E}[a(\alpha)]}{\mathbb{E}[b(\alpha)]}\geqslant \inf_{\alpha\in\mathcal{A}}\left[\frac{a(\alpha)}{b(\alpha)}\right]$$

确定决策的类型比率的下确界引起一个小于或等于一个随机选择的值。

证明：考虑一个随机策略引出的期望 $\mathbb{E}[a(\alpha)]$ 和 $\mathbb{E}[b(\alpha)]$。不失一般性地，假定这些期望通过以 p_1，…，p_M 的概率从 $\mathcal{A}$ 中 M 个动作集 α_1，…，α_M 随机选择的规则[⊖]：

$$\mathbb{E}[a(\alpha)]=\sum_{m=1}^{M}p_m a(\alpha_m),\ \mathbb{E}[b(\alpha)]=\sum_{m=1}^{M}p_m b(\alpha_m)$$

然后，因为对于所有的 α_m 都有 $b(\alpha_m)>0$，有

$$\begin{aligned}\frac{\mathbb{E}[a(\alpha)]}{\mathbb{E}[b(\alpha)]}&=\frac{\sum_{m=1}^{M}p_m a(\alpha_m)}{\sum_{m=1}^{M}p_m b(\alpha_m)}\\&=\frac{\sum_{m=1}^{M}p_m b(\alpha_m)[a(\alpha_m)/b(\alpha_m)]}{\sum_{m=1}^{M}p_m b(\alpha_m)}\\&\geqslant\frac{\sum_{m=1}^{M}p_m b(\alpha_m)\inf_{\alpha\in\mathcal{A}}[a(\alpha_m)/b(\alpha_m)]}{\sum_{m=1}^{M}p_m b(\alpha_m)}\\&=\inf_{\alpha\in\mathcal{A}}[a(\alpha)/b(\alpha)]\end{aligned}$$

⊖ 实际上，因为集合 $\mathcal{S}=\{(a(\alpha),b(\alpha))$ 因而 $\alpha\in\mathcal{A}\}$ 被约束，期望 $(\mathbb{E}[a(\alpha)],\mathbb{E}[b(\alpha)])$ 是有限的，并且被包含在凸包 $\mathcal{S}$ 中。因此，$(\mathbb{E}[a(\alpha)],\mathbb{E}[b(\alpha)])$ 是一个拥有 $\mathcal{S}$ 中有限个点的凸组合。

9.1.4.2 一个约束条件

9.1.4.1 节介绍了没有约束条件的问题可以通过确定的指令来解决，而在有约束条件的问题中行不通。本节介绍只增加一个约束条件常常需要使用随机指令。考虑与之前相同的问题，$m[k]$有两个选择，式（9.8）和式（9.9）给出的$\hat{e}(m)$和$\hat{D}(m)$也相同。想要在约束条件$1/(\overline{D}+\overline{I})\geqslant 1/5$下，将$\overline{e}/(\overline{D}+\overline{I})$最小化，这里的$1/(\overline{D}+\overline{I})$是处理速率。约束条件也可表达为$(\overline{D}+\overline{I})\leqslant 5$。

假设算法选择窗口的$I[k]$产生的平均值$\overline{I}$在区间$0\leqslant\overline{I}\leqslant 10$。现在考虑不同的选择$m[k]$的算法。如果总选择$m[k]=1$［因此，$(\hat{e}(1),\ \hat{D}(1))=(1,\ 7)$］，于是有

$$\text{总选择}\ m[k]=1\Rightarrow\frac{\overline{e}}{\overline{D}+\overline{I}}=\frac{1}{7+\overline{I}},\overline{D}+\overline{I}=7+\overline{I}$$

所以它有可能满足约束条件$(\overline{D}+\overline{I})\leqslant 5$，因为$7+\overline{I}>5$。

如果总选择$m[k]=2$［因此，$(\hat{e}(2),\ \hat{D}(2))=(3,\ 4)$］，于是有

$$\text{总选择}\ m[k]=2\Rightarrow\frac{\overline{e}}{\overline{D}+\overline{I}}=\frac{3}{4+\overline{I}},\overline{D}+\overline{I}=4+\overline{I}$$

很明显，可以通过选择$\overline{I}$来满足约束条件，所以$0\leqslant\overline{I}\leqslant 1$，并且当$\overline{I}=1$时，功率最小。例如，所有窗口$k$都满足$\overline{I}=1$就可以将此实现。用等式来表达满足处理速率的约束条件：$\overline{D}+\overline{I}=4+1=5$。从而，引出平均功率$\overline{e}/(\overline{D}+\overline{I})=3/5=0.6$。

然而，降低平均功率也可能通过使用下面的随机定则（最佳的表达方式）来满足约束条件：所有窗口k都选择$I[k]=0$，因此$\overline{I}=0$。然后每个窗口k独立地以1/3的概率选择$m[k]=1$，以2/3的概率选择$m[k]=2$，有

$$\overline{D}+\overline{I}=(1/3)7+(2/3)4+0=5$$

所以这个等式满足处理速率的约束条件。然而，平均功率为

$$\frac{\overline{e}}{\overline{D}+\overline{I}}=\frac{(1/3)1+(2/3)3}{(1/3)7+(2/3)4+0}=7/15\approx 0.466667$$

这比确定规则中的平均功率0.6少了很多。

9.1.5 任务调度的线性分式规划

现在考虑在N个类型的处理速率的约束条件下，将平均功率最小化的常见问题式（9.3）~式（9.6）。假定问题是可行的，因此选择窗口的指令$(c[k],\ m[k],\ I[k])$可能可以满足要求的约束条件式（9.4）~式（9.6）。最佳的解决方法可以通过固定的和随机的定则（stationary and randomized policies）来实现，其结构如下：每个窗口以$p(c,m)=\Pr[(c[k],m[k])=(c,m)]$的概率独立

地选择矢量$(c[k], m[k])$。并且，对于所有的窗口 k 用一个固定的静止状态时间 $I[k]=I$，常数 I 满足 $0\leqslant I\leqslant I_{\max}$。于是，可以用未知的 $p(c,m)$ 和 I 以及已知的常数 $\hat{e}(c,m)$、$\hat{D}(c,m)$、λ_n 和 $I_{\max}$ 写出这个问题，即下面的线性分式规划（linear fractional program）：

$$\text{最小化：}\quad \frac{\sum_{c=1}^{N}\sum_{m\in\mathcal{M}}p(c,m)\hat{e}(c,m)}{I+\sum_{c=1}^{N}\sum_{m\in\mathcal{M}}p(c,m)\hat{D}(c,m)} \tag{9.10}$$

$$\text{约束条件：}\quad \frac{\sum_{m\in\mathcal{M}}p(c,m)}{I+\sum_{c=1}^{N}\sum_{m\in\mathcal{M}}p(c,m)\hat{D}(c,m)}\geqslant\lambda_n\quad \forall n\in\{1,\cdots,N\} \tag{9.11}$$

$$0\leqslant I\leqslant I_{\max} \tag{9.12}$$

$$p(c,m)\geqslant 0\quad \forall c\in\{1,\cdots,N\},\ \forall m\in\mathcal{M} \tag{9.13}$$

$$\sum_{c=1}^{N}\sum_{m\in\mathcal{M}}p(c,m)=1 \tag{9.14}$$

根据随机算法，式（9.10）中的分子和分母分别与 $\overline{e}$ 和 $\overline{D}+\overline{I}$ 相等，式（9.11）左边的分子与 $\overline{1}_n$ 相同，式（9.13）和式（9.14）规定了 $p(c,m)$ 必须是一个有效的概率分布函数。

线性分式规划可以用多种方法解决。其中一种方法用变量的非线性变化来将这个问题映射到一个凸程序上[3]。然而，这种方法不支持在线实现，因为时间平均不能通过变量的非线性变化保存下来。接下来，给每个窗口 k 做决策的在线程序可以被保存下来。这个算法不像之前描述的是一个固定的随机算法。然而，由它得出的时间平均可以满足问题式（9.3）~式（9.6）所要求的约束条件，时间平均功率消耗可以任意接近最佳值。这种方法的最大优势是它随着随机的任务到达来处理事件，而不需要获取$(\lambda_1, \cdots, \lambda_N)$的到达比率，用观测到的随机事件来处理其他问题，也不需要获取这些事件的概率分布。之后的内容将介绍这些扩展。

用更简单的形式表达式（9.10）~式（9.14）将会帮助到后续的分析。令 $\text{power}^{\text{opt}}$ 为上述的线性分式规划的最佳事件平均功率，可以通过概率分布 $p^*(c,m)$ 和静止状态时间 I^* 得出，I^* 满足 $0\leqslant I^*\leqslant I_{\max}$。根据固定的随机定则，$(c^*[k], m^*[k], I^*[k])$ 表示窗口 k 的决策，于是有

$$\frac{\mathbb{E}[\hat{e}(c^*[k],m^*[k])]}{\mathbb{E}[I^*[k]+\hat{D}(c^*[k],m^*[k])]}=\text{power}^{\text{opt}} \tag{9.15}$$

$$\frac{\mathbb{E}[1_n^*[k]]}{\mathbb{E}[I^*[k]+\hat{D}(c^*[k],m^*[k])]}\geqslant\lambda_n\quad \forall n\in\{1,\cdots,N\} \tag{9.16}$$

式中，$1_n^*[k]$是指示函数，如果 $c^*[k]=n$，它为1，否则为0。

式（9.15）的分子和分母与式（9.10）相同。同样地，约束条件式（9.16）与式（9.11）相同。

9.1.6 虚拟队列

为了解决式（9.3）~式（9.6）的问题，首先考虑约束条件式（9.4），它与下面的约束等同：

$$\lambda_n(\overline{D}+\overline{I})\leqslant\overline{1}_n \quad \forall n\in\{1,\cdots,N\} \tag{9.17}$$

对每个约束 $n\in\{1,\cdots,N\}$和窗口 $k\in\{0,1,2,\cdots\}$，定义虚拟队列（virtual queue）$Q_n[k]$：

$$Q_n[k+1]=\max[Q_n[k]+\lambda_n(D[k]+I[k])-1_n[k],0] \tag{9.18}$$

初始条件 $Q_n[0]$可以是任意一个非负值。简单来说，对所有 $n\in\{1,\cdots,N\}$，假定 $Q_n[0]=0$ 自始至终都成立。改进式（9.18）可以看作离散时间队列等式，其中 $Q_n[k]$是窗口 k 的待完成量，$\lambda_n(D[k]+I[k])$是“新到达任务”的有效量，$1_n[k]$是“提供的服务”的数量（见图9.2）。很直观，如果所有的虚拟队列 $Q_n[k]$是稳定的，那么平均“到达比率”$\lambda_n(\overline{D}+\overline{I})$一定小于或等于平均“服务比率”$\overline{1}_n$，这确保了要求的约束式（9.17）。这一点在下面的引理中被明确地表示出来。

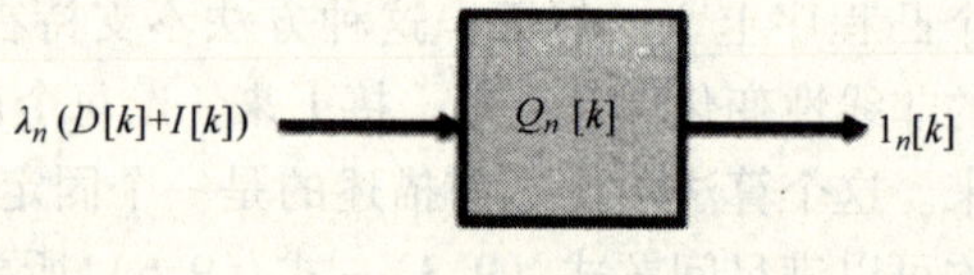

图9.2 式（9.18）中虚拟队列 $Q_n[k]$的图解

引理2：（虚拟队列）假定在任意非负初始值的条件下，$Q_n[k]$有改进式（9.18）。

1）对任意 $K\in\{1,2,3,\cdots\}$有

$$\frac{1}{K}\sum_{k=0}^{K-1}[\lambda_n(D[k]+I[k])-1_n[k]]\leqslant\frac{Q_n[K]-Q_n[0]}{K} \tag{9.19}$$

2）如果以1的概率满足 $\lim_{K\to\infty}Q_n[K]/K=0$，于是有

$$\limsup_{K\to\infty}\frac{1}{K}\sum_{k=0}^{K-1}[\lambda_n(D[k]+I[k])-1_n[k]]\leqslant 0 \quad （概率为1） \tag{9.20}$$

3）如果 $\lim_{K\to\infty}\mathbb{E}[Q_n[k]]/K=0$，于是有

$$\limsup_{K\to\infty}[\lambda_n(\overline{D}[K]+\overline{I}[K])-\overline{1}_n[K]]\leqslant 0 \tag{9.21}$$

在这里，定义 $\overline{D}[K]$、$\overline{I}[K]$、$\overline{1}_n[K]$为

$$\overline{D}[K] \triangleq \frac{1}{K}\sum_{k=0}^{K-1}\mathbb{E}[D[k]],\ \overline{I}[K] \triangleq \frac{1}{K}\sum_{k=0}^{K-1}\mathbb{E}[I[k]],\ \overline{1}_n[K] \triangleq \frac{1}{K}\sum_{k=0}^{K-1}\mathbb{E}[1_n[k]]$$

证明：从式（9.18）可以得到对于所有 $k\in\{0,1,2,\cdots\}$：

$$Q_n[k+1] \geqslant Q_n[k] + \lambda_n(D[k]+I[k]) - 1_n[k]$$

确定一个正整数 K，在 $k\in\{0,\cdots,K-1\}$的范围内将上式全部相加，得到

$$Q_n[K] - Q_n[0] \geqslant \sum_{k=0}^{K-1}[\lambda_n(D[k]+I[k]) - 1_n[k]]$$

将上式除以 K 可证明第 1 点。通过求式（9.19）的上极限可以得到第 2 点。第 3 点可以通过先求式（9.19）的期望再求上极限证明。

不等式（9.19）说明值 $Q_n[K]/K$ 限制开始 K 个窗口的时间平均不满足类型 n 要求的约束条件。假定 $D[k]$、$I[k]$和 $1_n[k]$的窗口平均以 1 的概率收敛于常数 $\overline{D}$、$\overline{I}$、$\overline{1}_n$。引理 2 的第 3 点指出如果对所有的 $n\in\{0,\cdots,N\}$，都满足 $\lim_{K\to\infty}\mathbb{E}[Q_n[k]]/K=0$，那么对所有的 $n\in\{0,\cdots,N\}$，也就满足$\lambda_n(\overline{D}+\overline{I})\leqslant\overline{1}_n$。

在队列理论的语言中，如果以 1 的概率满足 $\lim_{k\to\infty}Q[k]/k=0$，离散时间队列 $Q[k]$被认为是速率稳定（rate stable）的，并且如果满足 $\lim_{k\to\infty}\mathbb{E}[Q[k]]/k=0$[25]，$Q_n[k]$即平均速率稳定（mean rate stable）的。有了这个术语，上述的引理表明，如果 $Q_n[k]$是速率稳定的，那么式（9.20）成立；如果 $Q_n[k]$是平均速率稳定的，那么式（9.21）成立。

9.1.7　漂移加罚比率

为了在最小化时间平均功率时稳定队列，利用李雅普诺夫优化理论（Lyapunov optimization theory），这个理论提出了漂移加罚比率算法（Drift-plus-penalty ratio algorithm）[25]。首先，定义 $L[k]$为窗口 k 的所有队列平方和（为了便于后续计算，除以 2）：

$$L[k] \triangleq \frac{1}{2}\sum_{n=1}^{N}Q_n[k]^2$$

$L[k]$作为队列长度的标量测量，常被称为李雅普诺夫函数（Lyapunov function）。直观地，保持小的 $L[k]$可以得到稳定的序列。应该采取可以从一个窗口到下一个窗口缩小 $L[k]$的方法。定义 $\Delta[k]$为李雅普诺夫漂移，即从一个窗口到下一个窗口的李雅普诺夫函数的微分：

$$\Delta[k] \triangleq L[k+1] - L[k]$$

用于最小化每个窗口的 $\Delta[k]$的方法可以确保满足要求的约束条件，无论何时都可以满足它们，但是不包括实现功率最小化。为了实现功率最小化，观测每个窗口 k 的当前队列矢量 $\boldsymbol{Q}_n[k]=(Q_1[k],\cdots,Q_N[k])$，并选择控制指令

$(c[k],m[k],I[k])$来最小化下面的漂移加罚比率的界限：

$$\frac{\mathbb{E}[\Delta[k]+Ve[k]\,|\,\boldsymbol{Q}[k]]}{\mathbb{E}[D[k]+I[k]\,|\,\boldsymbol{Q}[k]]}$$

式中，V是一个非负参数，加大了强调的功率最小化。

直观地，分子同时包含了漂移和能量。平均功率必须同时包括能量和窗口大小，故分母通过期望的窗口大小将此“归一化”。很快就能表明，这种直观是正确的，满足所有要求的时间平均约束条件，并且时间平均功率在最佳值 $\text{power}^{\text{opt}}O(1/V)$之内。因此，给$V$赋以一个足够大的值，平均功率可以无限逼近最佳值。折衷的方法是平均队列的大小随着V增大而增大，从而影响到要求满足约束条件的收敛时间。

漂移加罚比率方法最先在参考文献［18］和［19］中的不安分的强盗系统中被发展。折衷方法被用于参考文献［18］和［19］中的更新系统的优化中，这和本章所考虑的处理问题方法相似。在这个特殊的例子中，当确定所有窗口的大小与一个单位的时间（一段时间）相同，并且当$V=0$时，这种方法减少了每段k的观测队列$\boldsymbol{Q}[k]$，并采取方法来最小化$\mathbb{E}[\Delta[k]\,|\,\boldsymbol{Q}[k]]$的界限。参考文献［38］和［39］指出，这是为队列稳定性而生成的经典重值调度算法（没有进行性能优化）的规则。对于$V>0$的单位时间段，漂移加罚技术简化为参考文献［24］、［8］和［28］介绍的漂移加罚比率技术，即在单位时间段的系统中，处理联合队列稳定性和惩罚最小化的方法。

9.1.7.1 约束漂移加罚比率

为了构造一个显式算法，先要约束漂移加罚比率。

引理 3：对于所有窗口$k\in\{0,1,2\cdots,\}$，所有可能的$\boldsymbol{Q}[k]$，在$(c[k],m[k],I[k])$的决策下有

$$\begin{aligned}\frac{\mathbb{E}[\Delta[k]+Ve[k]\,|\,\boldsymbol{Q}[k]]}{\mathbb{E}[D[k]+I[k]\,|\,\boldsymbol{Q}[k]]}\leqslant&\frac{B}{\mathbb{E}[D[k]+I[k]\,|\,\boldsymbol{Q}[k]]}\\&+\frac{\mathbb{E}[V\hat{e}(c[k],m[k])\,|\,\boldsymbol{Q}[k]]}{\mathbb{E}[\hat{D}(c[k],m[k])+I[k]\,|\,\boldsymbol{Q}[k]]}\\&+\frac{\sum_{n=1}^{N}Q_n[k]\,\mathbb{E}[\lambda_n(\hat{D}(c[k],m[k])+I[k])-1_n[k]\,|\,\boldsymbol{Q}[k]]}{\mathbb{E}[\hat{D}(c[k],m[k])+I[k]\,|\,\boldsymbol{Q}[k]]}\end{aligned}\tag{9.22}$$

式中，B是对所有可能的$\boldsymbol{Q}[k]$和所有规则都满足下面的式子的常数：

$$B\geqslant\frac{1}{2}\sum_{n=1}^{N}\mathbb{E}[(\lambda_n(D[k]+I[k])-1_n[k])^2\,|\,\boldsymbol{Q}[k]]$$

B是二阶矩有界性假设式（9.1）下的常数。

证明：注意再次写出的期望公式（与式（9.7）相似）[⊖]：

$$\mathbb{E}[D[k] \mid \boldsymbol{Q}[k]] = \mathbb{E}[\hat{D}(c[k],m[k]) \mid \boldsymbol{Q}[k]]$$
$$\mathbb{E}[e[k] \mid \boldsymbol{Q}[k]] = \mathbb{E}[\hat{e}(c[k],m[k]) \mid \boldsymbol{Q}[k]]$$

因此，对不等式（9.22）的所有项，分母是共同的，并且它足以证明：

$$\mathbb{E}[\Delta[k] \mid \boldsymbol{Q}[k]] \leqslant B + \sum_{n=1}^{N} Q_n[k]\mathbb{E}[\lambda_n(\hat{D}(c[k],m[k]) + I[k]) - 1_n[k] \mid \boldsymbol{Q}[k]] \tag{9.23}$$

为了这个目的，通过平方式（9.18），并考虑到 $\max[x, 0]^2 \leqslant x^2$，对每个 n 有

$$\begin{aligned}\frac{1}{2}Q_n[k+1]^2 &\leqslant \frac{1}{2}(Q_n[k] + \lambda_n(D[k]+I[k]) - 1_n[k])^2\\ &= \frac{1}{2}Q_n[k]^2 + \frac{1}{2}(\lambda_n(D[k]+I[k]) - 1_n[k])^2\\ &\quad + Q_n[k](\lambda_n(D[k]+I[k]) - 1_n[k])\end{aligned}$$

在 $n \in \{1,\cdots,N\}$ 的范围内，将上式累加，结合 $\Delta[k]$ 的定义有

$$\Delta[k] \leqslant \frac{1}{2}\sum_{n=1}^{N}(\lambda_n(D[k]+I[k]) - 1_n[k])^2 + \sum_{n=1}^{N}Q_n[k](\lambda_n(D[k]+I[k]) - 1_n[k])$$

采取有条件的期望 $\boldsymbol{Q}[k]$ 并利用界限 B 可以证明式（9.23）。

9.1.7.2　任务调度算法

这里的算法对每个窗口采取方法来最小化式（9.22）右边最后的两项。这两项中，对窗口 k（以观测到的 $\boldsymbol{Q}[k]$ 给出），可以控制的唯一部分如下：

$$\frac{\mathbb{E}\left[V\hat{e}(c[k],m[k]) - \sum_{n=1}^{N}Q_n[k]1_n[k] \mid \boldsymbol{Q}[k]\right]}{\mathbb{E}[\hat{D}(c[k]+m[k]) + I[k] \mid \boldsymbol{Q}[k]]}$$

从引理 1 得知，最小化上式比率的期望通过对 $(c[k], m[k], I[k])$ 确定性地选择而完成。因此，对每个窗口 k，进行如下操作：

- 观察队列 $\boldsymbol{Q}[k] = (Q_1[k],\cdots,Q_N[k])$。然后选择 $c[k] \in \{1,\cdots,N\}$、$m[k] \in \mathcal{M}$ 和 $I[k]$（满足 $0 \leqslant I[k] \leqslant I_{\max}$）来最小化：

$$\frac{V\hat{e}(c[k],m[k]) - Q_{c[k]}[k]}{\hat{D}(c[k]+m[k]) + I[k]} \tag{9.24}$$

- 通过式（9.18），对 $n \in \{1,\cdots,N\}$ 利用最小化的式（9.24）$c[k]$、$m[k]$ 和 $I[k]$ 决策得到的 $D[k]$、$I[k]$ 和 $1_n[k]$ 来更新队列 $Q[k]$。

9.1.7.3　最小化式（9.24）的步骤

在这里，详细描述如何对窗口 k 进行式（9.24）的最小化。对于任意

⊖ 事实上，通过迭代的期望，有 $\mathbb{E}[D[k] \mid \boldsymbol{Q}[k]] = \mathbb{E}[\mathbb{E}[D[k] \mid (c[k], m[k]), \boldsymbol{Q}[k]] \mid \boldsymbol{Q}[k]]$，还有 $\mathbb{E}[D[k] \mid (c[k], m[k]), \boldsymbol{Q}[k]] = \mathbb{E}[D[k] \mid (c[k], m[k])]$，因为 $D[k]$ 是有条件地独立于之前给出的当前 $(c[k], m[k])$。

$c \in \{1,\cdots,N\}$和 $m \in \mathcal{M}$，已知$(c[k],m[k])=(c,m)$，定义 idle(c,m)作为最小化式（9.24）的$I[k]$的值。可以很容易地得到

$$\text{idle}(c,m)=\begin{cases}0, V\hat{e}(c,m)-Q_c[k]\leqslant 0\\ I_{\max}, \text{其他}\end{cases}$$

现在定义 val(c,m)：

$$\text{val}(c,m)=\frac{V\hat{e}(c,m)-Q_c[k]}{\hat{D}(c,m)+\text{idle}(c,m)}$$

然后，在 $c \in \{1,\cdots,N\}$和 $m \in \mathcal{M}$ 的范围内任意打破关联，选择$(c[k],m[k])$作为 val(c,m)的最小值，并选择$I[k]=\text{idle}(c[k],m[k])$。注意这个算法对每个窗口 k 选择$I[k]=0$ 或者 $I[k]=I_{\max}$。然而，这样得到了对于大值的 V 可以接近最优值的窗口平均（frame average）$\bar{I}$。

9.1.8 任务调度算法的性能

简单来说，性能定理以零初始条件的形式给出。假定问题式（9.3）~式（9.6）是可行的，故有可能满足约束条件。

定理 1 对任意 $n \in \{1,\cdots,N\}$，设定 $Q_n[0]=0$，并且问题式（9.3）~式（9.6）是可行的。然后，根据上述的任务调度算法：

1）对所有窗口 $K \in \{1,2,3,\cdots\}$有㊀

$$\frac{\bar{e}[K]}{\bar{D}[K]+\bar{I}[K]}\leqslant \text{power}^{\text{opt}}+\frac{B}{V(\bar{D}[K]+\bar{I}[K])} \tag{9.25}$$

在这里，B 已经在引理 3 中被定义，power^{opt}表示问题式（9.3）~式（9.6）的最小功率表达式，$\bar{e}[K]$、$\bar{D}[K]$和 $\bar{I}[K]$的定义如下：

$$\bar{e}[K]\triangleq\frac{1}{K}\sum_{k=0}^{K-1}\mathbb{E}[e[k]],\ \bar{D}[K]\triangleq\frac{1}{K}\sum_{k=0}^{K-1}\mathbb{E}[D[k]],\ \bar{I}[K]\triangleq\frac{1}{K}\sum_{k=0}^{K-1}\mathbb{E}[I[k]]$$

2）对任意 $n \in \{1,\cdots,N\}$，满足要求的约束条件式（9.20）和式（9.21）。并且，对每个窗口 $K \in \{1,2,3,\cdots\}$有

$$\frac{\mathbb{E}[\|\boldsymbol{Q}[k]\|]}{K}\leqslant\sqrt{\frac{2(B+V\beta)}{K}} \tag{9.26}$$

式中，$\|\boldsymbol{Q}[k]\|\triangleq\sqrt{\sum_{n=1}^{N}Q_n[k]^2}$ 是队列矢量（至少和每个分量 $Q_n[k]$一样大）的范数；β 是对所有窗口 k 满足下式的常数：

$$\beta\geqslant\mathbb{E}[\text{power}^{\text{opt}}(D[k]+I[k])-e[k]]$$

㊀ 式（9.25）中的右边式子可以简化为 power$^{\text{opt}}+B/(VD_{\min})$，因为所有的窗口大小必须至少是 $D_{\min}$。

存在常数 β 是因为二阶矩（从而一阶矩）有极限。

在这个确定系统的特殊例子中，上述定理的所有期望可以被移除，对所有的窗口 K，结果都是相同的。定理 1 指出，参数 V 会影响式（9.25）中的性能差异 $O(1/V)$，平均功率可以无限接近 $\text{power}^{\text{opt}}$。$V$ 增大了式（9.26）中的 $\mathbb{E}[Q_n[K]]/K$ 的期望值的大小，这是种折衷，这限制了最初 K 个窗口［见引理 2 的式（9.19）］中第 n 个约束条件的期望偏差。在一个轻微附加的“Slater 类型”的假设（确保用“ϵ-slackness”满足所有约束条件）下，虚拟队列的更强的结果可以被显示出来，也就是说，相同的算法产生了平均窗口大小 $O(V)$[25]。这代表性地确保了比式（9.26）中更紧密的约束折衷。9.2.3 节将细致地探讨一个相关的改进的折衷。

证明：（定理 1 的第 1 部分）给定窗口 k 的 $\boldsymbol{Q}[k]$，这里的控制策略将漂移加罚比率极限式（9.22）的右边式子的最后两项最小化，因此：

$$\frac{\mathbb{E}[\Delta[k]+Ve[k]\,|\,\boldsymbol{Q}[k]]}{\mathbb{E}[D[k]+I[k]\,|\,\boldsymbol{Q}[k]]}\leqslant\frac{B}{\mathbb{E}[D[k]+I[k]\,|\,\boldsymbol{Q}[k]]}+\frac{\mathbb{E}[V\hat{e}(c^*[k],m^*[k])\,|\,\boldsymbol{Q}[k]]}{\mathbb{E}[\hat{D}(c^*[k],m^*[k])+I^*[k]\,|\,\boldsymbol{Q}[k]]}+\frac{\sum_{n=1}^{N}Q_n[k]\mathbb{E}[\lambda_n(\hat{D}(c^*[k],m^*[k])+I^*[k])-1_n^*[k]\,|\,\boldsymbol{Q}[k]]}{\mathbb{E}[\hat{D}(c^*[k],m^*[k])+I^*[k]\,|\,\boldsymbol{Q}[k]]}\tag{9.27}$$

在这里，$c^*[k]$、$m^*[k]$、$I^*[k]$、$1_n^*[k]$ 均来自于供选择的（可能是随机的）窗口 k 的决策。现在，回想产生式（9.15）和式（9.16）的固定随机的决策的存在性。尤其，这些决策独立于队列的待完成量 $\boldsymbol{Q}[k]$，因此产生［由式（9.15）］：

$$\frac{\mathbb{E}[\hat{e}(c^*[k],m^*[k])\,|\,\boldsymbol{Q}[k]]}{\mathbb{E}[\hat{D}(c^*[k],m^*[k])+I^*[k]\,|\,\boldsymbol{Q}[k]]}=\frac{\mathbb{E}[\hat{e}(c^*[k],m^*[k])]}{\mathbb{E}[\hat{D}(c^*[k],m^*[k])+I^*[k]]}=\text{power}^{\text{opt}}$$

对于所有 $n\in\{1,\cdots,N\}$，有［由式（9.16）］

$$\begin{aligned}&\mathbb{E}[\lambda_n(\hat{D}(c^*[k],m^*[k])+I^*[k])-1_n^*[k]\,|\,\boldsymbol{Q}[k]]\\&=\mathbb{E}[\lambda_n(\hat{D}(c^*[k],m^*[k])+I^*[k])-I_n^*[k]]\leqslant 0\end{aligned}$$

将上式插入式（9.27）的右边式子可得

$$\frac{\mathbb{E}[\Delta[k]+Ve[k]\,|\,\boldsymbol{Q}[k]]}{\mathbb{E}[D[k]+I[k]\,|\,\boldsymbol{Q}[k]]}\leqslant\frac{B}{\mathbb{E}[D[k]+I[k]\,|\,\boldsymbol{Q}[k]]}+V\text{power}^{\text{opt}}$$

重新整理上式的项得

$$\mathbb{E}[\Delta[k]+Ve[k]\,|\,\boldsymbol{Q}[k]]\leqslant B+V\text{power}^{\text{opt}}\mathbb{E}[D[k]+I[k]\,|\,\boldsymbol{Q}[k]]$$

求上式（关于随机的 $\boldsymbol{Q}[k]$）的期望，利用如下的迭代期望规则：

$$\mathbb{E}[\Delta[k]+Ve[k]]\leqslant B+V\text{power}^{\text{opt}}\mathbb{E}[D[k]+I[k]]\tag{9.28}$$

上式满足所有的 $k\in\{0,1,2,\cdots\}$。固定一个正整数 K，并定义 $\Delta[k]=$

$L[k+1]-L[k]$将式（9.28）在$k\in\{0,1,\cdots,K-1\}$的范围内累加，得

$$\mathbb{E}[L[k]-L[0]]+V\sum_{k=0}^{K-1}\mathbb{E}[e[k]]\leqslant BK+V\text{power}^{\text{opt}}\sum_{k=0}^{K-1}\mathbb{E}[D[k]+I[k]]$$

考虑到$L[0]=0$和$L[K]\geqslant 0$，利用$\bar{e}[K]$、$\bar{D}[K]$和$\bar{I}[K]$的定义，得

$$VK\bar{e}[K]\leqslant BK+VK\text{power}^{\text{opt}}(\bar{D}[K]+\bar{I}[K])$$

重新整理式子得到第1部分的结果。

证明：（定理1的第2部分）证明第2部分，从式（9.28）可得

$$\mathbb{E}[\Delta[k]]\leqslant B+V\mathbb{E}[\text{power}^{\text{opt}}(D[k]+I[k])-e[k]]\leqslant B+V\beta$$

在$k\in\{0,1,\cdots,K-1\}$的范围内，将上式累加得

$$\mathbb{E}[L[K]]-\mathbb{E}[L[0]]\leqslant(B+V\beta)K$$

利用$L[K]$的定义，考虑到$L[0]=0$得

$$\sum_{l=0}^{K}\mathbb{E}[Q_n[K]^2]\leqslant 2(B+V\beta)K$$

因此，有$\mathbb{E}[\|\boldsymbol{Q}[K]\|^2]\leqslant 2(B+V\beta)K$。Jensen关于$f(x)=x^2$的不等式确保了$\mathbb{E}[\|\boldsymbol{Q}[k]\|]^2\leqslant\mathbb{E}[\|\boldsymbol{Q}[k]\|^2]$，因此对所有正整数$K$：

$$\mathbb{E}[\|\boldsymbol{Q}[k]\|]^2\leqslant 2(B+V\beta)K \tag{9.29}$$

对式（9.29）的两边同时求平方根，再同除以K，即可证明式（9.26）。从式（9.26）可得，对于$n\in\{1,\cdots,N\}$：

$$\lim_{K\to\infty}\frac{\mathbb{E}[Q_n[k]]}{K}\leqslant\lim_{K\to\infty}\frac{\mathbb{E}[\|\boldsymbol{Q}[K]\|]}{K}\leqslant\lim_{K\to\infty}\frac{\sqrt{2(B+V\beta)}}{\sqrt{K}}=0$$

因此，根据引理2，可知约束式（9.21）成立。并且，在参考文献［30］中，指出式（9.29）和队列变化的二阶矩有极限，这表明以1的概率满足$\lim_{k\to\infty}Q_n[k]/k=0$。因此，式（9.20）成立。

9.1.9 仿真

先来仿真只有一种类型和一个约束的简单确定系统的任务调度算法，如9.1.4节描述的系统。$\hat{e}(m)$和$\hat{D}(m)$函数在式（9.8）和式（9.9）中被定义，目标是在满足处理速率约束$1/(\bar{D}+\bar{I})\geqslant 0.2$的条件下，最小化平均功率。已知最优功率是$\text{power}^{\text{opt}}=7/15\approx 0.466667$，希望算法可以随着$V$的增长接近这个最优功率，通过满足所有的$k$都有$I[k]=0$，满足约束条件等式及满足对1/3的窗口有$m[k]=1$来实现这个期望目标。事实确实是这样，虽然在这个简单的例子中，这个算法似乎对参数V不敏感，即使是很小（但是是正数）的V值，也能锁定一个要求的周期调度。当$V=1$并有一百万个窗口时，这个算法可以得到0.466661的平均功率。当$m[k]=1$，时间为0.333340时，有平均静止时间$\bar{I}=0.000010$，并且产生0.199999的处理速率（几乎等于要求的约束0.2）。增大V可以产生类似的效果。增大V的

值仍然满足约束，但是平均功率下降了（当 $V=0$ 时，平均功率为 0.526316）。

然后，考虑一个有 10 种类型的任务和两种处理模式的系统。每种类型 $i\in\{1,\cdots,10\}$和模式 $m\in\{1，2\}$的能量和延迟特性为

$$\text{模式 1：}\quad (\hat{e}(i,1),\hat{D}(i,1))=(1i,5i) \tag{9.30}$$

$$\text{模式 2：}\quad (\hat{e}(i,2),\hat{D}(i,2))=(2i,3i) \tag{9.31}$$

因此，模式 1 消耗了较少的能量，比模式 2 花费的时间长，对每种类型计算的要求随着 $i\in\{1,\cdots,10\}$的增大而增加。假定对于 $i\in\{1,\cdots,10\}$，要求的速率由 $\lambda_i=\rho/(30i)$给出，其中 ρ 为正数。当 $\rho\leqslant1$ 时，问题可行。给定 $\rho=0.8$，并进行 1000 万个窗口的仿真。图 9.3 显示结果的平均功率 V 为 0～3，在 $V=0.3$ 后收敛于接近最佳的值。1000 万个窗口之后，所有 10 种处理速率的约束在 5 位小数的精度下被满足。图 9.4 显示了收敛时间如何受参数 V 影响，说明与要求约束 $\lambda_{10}=\rho/300$ 相比，类型 10 的平均处理速率为 $\overline{1}_{10}/\overline{T}$。例如，$V=0.05$ 的收敛速度比 $V=1$ 快。利用非零初始队列待完成量和参考文献［25］中的占位符积压理论（place holder backlog），可以改善收敛时间。由于篇幅所限，省略了这一部分。

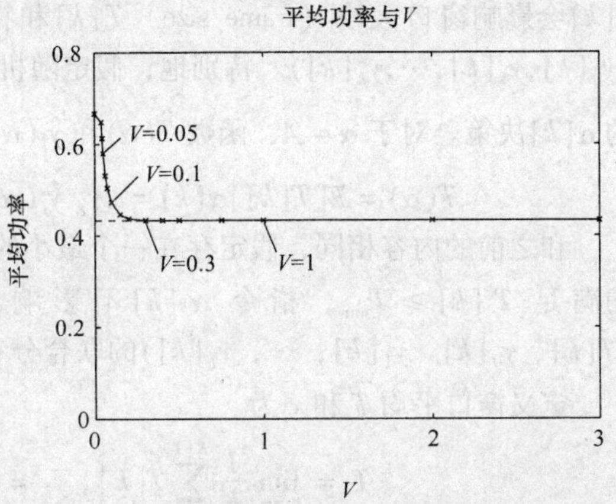

图 9.3　平均功率与 V 的关系

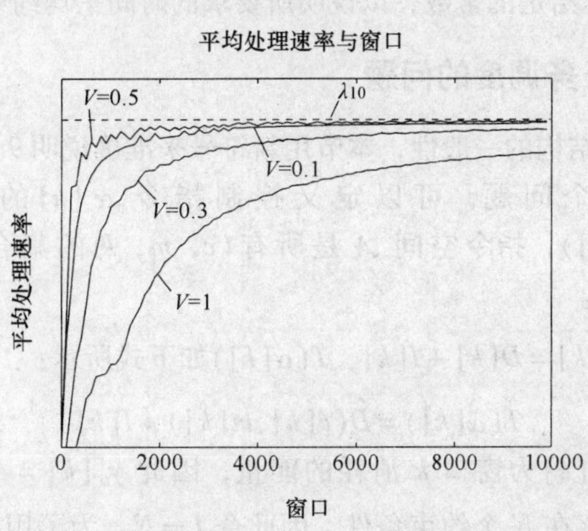

图 9.4　处理速率 $\overline{1}_{10}/\overline{T}$ 与窗口参数的关系

9.2 通用特征的优化

本节将问题一般化以允许对抽象特征（attribute）的时间平均优化。再次考虑窗口参数 $k \in \{0,1,2,\cdots\}$的基于窗口的系统。对于每个窗口 k，控制器从抽象的容许指令集合 $\mathcal{A}$ 中选择给出一个控制指令（control action）$\alpha[k]$。这个指令 $\alpha[k]$会影响窗口大小（frame size）$T[k]$和特征矢量（attribute vector）$\boldsymbol{y}[k]=(y_0[k],y_1[k],\cdots,y_L[k])$。特别地，假定随机函数有条件地独立于之前给的当前的 $\alpha[k]$决策。对于 $\alpha \in \mathcal{A}$，函数 $\hat{T}(\alpha)$和 $\hat{y}_l(\alpha)$给出的平均值：

$$\hat{T}(\alpha)=\mathbb{E}[T[k] \mid \alpha[k]=\alpha], \hat{y}_l(\alpha)=\mathbb{E}[y_l[k] \mid \alpha[k]=\alpha]$$

和之前的内容相同，假定存在一个最小的窗口大小 $T_{\min}>0$，因此对所有的 k 均满足 $T[k] \geqslant T_{\min}$，指令 $\alpha[k]$不影响二阶矩收敛于常数 σ^2。否则，$(T[k],\ y_0[k],\ y_1[k],\ \cdots,\ y_L[k])$的联合分布是随意的。

定义窗口平均 $\overline{T}$ 和 $\overline{y}_l$为

$$\overline{T}=\lim_{K \to \infty} \frac{1}{K} \sum_{k=0}^{K-1} T[k],\ \overline{y}_l=\lim_{K \to \infty} \frac{1}{K} \sum_{k=0}^{K-1} y_l[k]$$

如 9.1.2 节讨论的一样，$\overline{y}_l/\overline{T}$ 表示联合特征 $y_l[k]$的时间平均（time average）。常见的问题为

最小化： $\overline{y}_0/\overline{T}$ (9.32)

约束条件： $\overline{y}_l/\overline{T} \leqslant c_l \quad \forall l \in \{1,\cdots,L\}$ (9.33)

$\alpha[k] \in \mathcal{A} \quad \forall k \in \{0,1,2,\cdots\}$ (9.34)

式中，c_1，…，c_L是给定的常数，以说明所要求的时间平均约束。

9.2.1 映射到任务调度的问题

为了说明窗口结构的一般性，本节用新符号来准确说明 9.1 节提出的任务调度问题。对于这个问题，可以定义控制指令 $\alpha[k]$的形式为 $\alpha[k]=(c[k],\ m[k],\ I[k])$，指令空间 $\mathcal{A}$ 是所有$(c,\ m,\ I)$的集合，$c \in \{1,\cdots,N\}$，$m \in \mathcal{M}$，$0 \leqslant I \leqslant I_{\max}$。

窗口大小为 $T[k]=D[k]+I[k]$，$\hat{T}(\alpha[k])$如下式所示：

$$\hat{T}(\alpha[k])=\hat{D}(c[k],m[k])+I[k]$$

然后，定义 $y_0[k]$为窗口 k 消耗的能量，因此 $y_0[k]=e[k]$，$\hat{y}_0(\alpha[k])=\hat{e}(c[k],\ m[k])$。存在 N 个约束条件，因此令 $L=N$。为了用 $\overline{y}_n/\overline{T} \leqslant c_n$的形式表达要求的约束 $\overline{1}_n/\overline{T} \geqslant \lambda_n$，对每个 $n \in \{1,\ \cdots,\ N\}$可以定义 $y_n[k]=-1_n[k]$，$c_n=$

$-\lambda_n$以及 $\hat{y}_n(\alpha[k]) = -1_n[k]$。或者，可以定义 $y_n[k] = \lambda_n T[k] - 1_n[k]$，对所有 $n \in \{1, \cdots, N\}$强制约束 $\bar{y}_n \leqslant 0$。

这个常见的设置提供了更强的灵活性。简单来说，假定静止状态不消耗能量，但是以低功率 p_{idle}运行着，在窗口 k 中消耗的总能量为 $p_{\text{idle}} I[k]$。然后窗口 k 的总能量可以被定义为 $y_0[k] = e[k] + p_{\text{idle}} I[k]$，这里的 $e[k]$是在忙碌期间消耗的能量。这个设置也可以用多种静止模式选择来处理系统，每一种都提供了不同的节省能量的方式，只不过会引发不同的醒来时间。

9.2.2　常用算法

解决一般问题式（9.32）~式（9.34）的算法描述如下，式（9.33）中的每个约束 $\bar{y}_l \leqslant c_l \bar{T}$ 都用更新的虚拟队列 $Q_l[k]$处理：

$$Q_l[k+1] = \max[Q_l[k] + y_l[k] - c_l T[k], 0] \quad \forall l \in \{1, \cdots, L\} \tag{9.35}$$

如之前（在 9.1.7 节中）定义的 $L[k]$和 $\Delta[k]$，得到漂移加罚比率的界限，如下所示，这可以用引理 3 中相似的方法来证明：

$$\frac{\mathbb{E}[\Delta[k] + V y_0[k] \mid \boldsymbol{Q}[k]]}{\mathbb{E}[T[k] \mid \boldsymbol{Q}[k]]} \leqslant \frac{B}{\mathbb{E}[T[k] \mid \boldsymbol{Q}[k]]} + \frac{\mathbb{E}[V \hat{y}_0(\alpha[k]) + \sum_{l=1}^{L} Q_l[k] \hat{y}_l(\alpha[k]) \mid \boldsymbol{Q}[k]]}{\mathbb{E}[\hat{T}(\alpha[k]) \mid \boldsymbol{Q}[k]]} \tag{9.36}$$

这里的 B 是一个常数，对所有的 $\boldsymbol{Q}[k]$ 和所有可能的指令 $\alpha[k]$ 都满足：

$$B \geqslant \frac{1}{2} \sum_{l=0}^{L} \mathbb{E}[(y_l[k] - c_l T[k])^2 \mid \boldsymbol{Q}[k]]$$

每个窗口，控制器观测队列 $\boldsymbol{Q}[k]$，并选择指令 $\alpha[k] \in \mathcal{A}$ 以最小化式（9.36）右边式子的第 2 项。从引理 1 可知，对 $\alpha[k] \in \mathcal{A}$ 的确定性选择，即可最小化期望的比率。生成的算法如下：

- 观测 $\boldsymbol{Q}[k]$，选择 $\alpha[k] \in \mathcal{A}$ 以最小化（任意关联）：

$$\frac{V \hat{y}_0(\alpha[k]) + \sum_{l=0}^{L} Q_l[k] \hat{y}_l(\alpha[k])}{\hat{T}(\alpha[k])} \tag{9.37}$$

- 通过式（9.35），对每一 $l \in \{1, \cdots, L\}$更新虚拟队列 $Q_l[k]$。

一个微妙之处是，表达式（9.37）在常用（可能是无限的）集可能不存在一个可以达到的最小值（例如，在开区间 $0 < x < 1$，函数 $f(x) = x$ 的下确界是无法实现的）。这不成问题：事实上，这里的算法适用于任何近似的最小值，这个最小值是一个远离任一窗口 k 的确切下确界的附加常数 C（对任意大的常数 $C \geqslant 0$）。实际上，这在执行过程中改变了受限于新常数“$B + C$”[25] 的常数“B”。

ratio^{opt}表示问题式（9.33）和式（9.34）的最佳比率 $\overline{y}_0/\overline{T}$。如之前所述，如果问题是可行的［因此存在可以实现约束式（9.33）和式（9.34）的算法］，于是上述算法的任意附加常数 C 的近似值满足所有要求的约束，并得出 $\overline{y}_0/\overline{T} \leqslant \text{ratio}^{opt} + O(1/V)$，这和队列大小（和收敛时间）中 V 的折衷一样，可以随着 V 的增长而无限接近 ratio^{opt}。这个证明和定理 1 的证明类似，由于篇幅要求，在这里省略证明过程（完整的证明可参看参考文献［25］和［29］）。

9.2.3 随机的任务到达和流控制

再一次考虑带有 N 种任务类型的系统，如 9.1 节一样。如图 9.1 所示，每个窗口 k 也会有忙碌时间段 $D[k]$ 和静止时间段 $I[k]$。然而，本节讨论的问题并不是总有待处理的任务，而是假设任务会以（λ_1，…，λ_N）的比率随机出现，这里的 λ_N 是每个单位时间任务到达的比率（见图 9.5）。在每个忙碌阶段的开始，控制器选择可变的 $c[k]$ 来说明执行哪种类型的任务。然而，现在 $c[k]$ 的取值来自于$\{0，1，…，N\}$。$c[k]=0$ 是一个空（null）选择，表示在窗口 k 没有任务。如果 $c[k]=0$，忙碌阶段有正的时间长度 D_0，可能会消耗一小部分能量来驱动电子设备，但是不会处理任何任务。模式选择变量 $m[k]$，像之前一样从相同的集合 $\mathcal{M}$ 中选择数值。静止时间变量 $I[k]$ 从区间 $[0，I_{max}]$ 中取值。

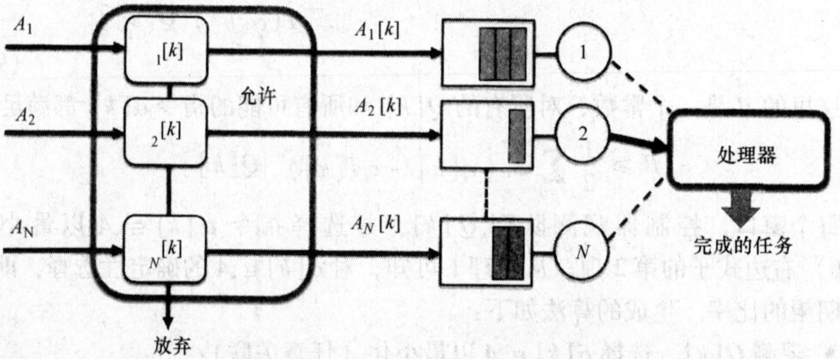

图 9.5 带有随机到达和流控制的任务处理系统

进一步地，对每个 $n \in \{1,2,\cdots,N\}$，引入流控制变量（flow control variable）$\gamma_n[k]$，该变量从区间 $0 \leqslant \gamma_n[k] \leqslant 1$ 取值。变量 $\gamma_n[k]$ 表示允许窗口 k 每个新随机出现的类型 n 中任务的可能性（见图 9.5）。这使系统在任务到达比率（λ_1，…，λ_N）不能被支持时，可以放弃任务。令 $\boldsymbol{\gamma}[k]=(\gamma_1[k],\cdots,\gamma_N[k])$ 为这些变量的矢量。

因此，有 $\alpha[k]=(c[k],m[k],I[k],\gamma[k])$，指令空间 $\mathcal{A}$ 是所有$(c，m，I，\gamma)$ 的集合，因此对于 $n \in \{1,\cdots,N\}$，满足 $c \in \{0,1,\cdots,N\}$，$m \in \mathcal{M}$，$0 \leqslant I \leqslant I_{max}$ 和

$0 \leqslant \gamma_n \leqslant 1$。定义 $e[k]$ 和 $D[k]$ 为窗口 k 的能量和忙碌阶段持续时间。假定 $e[k]$ 只取决于 $(c[k],m[k],I[k])$，$D[k]$ 只取决于 $(c[k], m[k])$，平均值由函数 $\hat{e}(c[k],m[k],I[k])$ 和 $\hat{D}(c[k],m[k])$ 给出：

$$\hat{e}(c[k],m[k],I[k]) = \mathbb{E}[e[k] \mid c[k],m[k],I[k]]$$

$$\hat{D}(c[k],m[k]) = \mathbb{E}[D[k] \mid c[k],m[k]]$$

最后，对于每个 $n \in \{1,\cdots,N\}$，定义 $A_n[k]$ 为窗口 k 的被允许新到达的随机数量，它取决于窗口的总大小 $D[k]+I[k]$ 和允许可能性 $\gamma_n[k]$。在形式上，假定到达矢量 $(A_1[k],\cdots,A_N[k])$ 是有条件地独立于之前给出的当前使用的 $\alpha[k]$，其期望如下：

$$\mathbb{E}[A_n[k] \mid \alpha[k]] = \lambda_n \gamma_n[k][\hat{D}(c[k],m[k]) + I[k]] \tag{9.38}$$

独立于过去的假定认为，无论何时，任务的到达都是独立的并且遵循泊松分布，或者说，当所有窗口大小是固定大小的整数倍，并且任务的到达在一些常见分布的位置中是独立的且是恒等分布的（independent and identically distributed, i. i. d.）。

设法将进入率的加权总和最大化以满足支持所有的接收任务，并且将平均功率维持低于一个给定的正常数 P_{av}：

最大值：
$$\frac{\sum_{n=1}^{N} w_n \overline{A}_n}{\overline{D} + \overline{I}} \tag{9.39}$$

约束条件：
$$\overline{A}_n/(\overline{D}+\overline{I}) \leqslant \overline{1}_n/(\overline{D}+\overline{I}) \quad \forall n \in \{1,\cdots,N\} \tag{9.40}$$

$$\frac{\overline{e}}{\overline{D}+\overline{I}} \leqslant P_{av} \tag{9.41}$$

$$\alpha[k] \in \mathcal{A} \quad \forall k \in \{0,1,2,\cdots\} \tag{9.42}$$

式中，$\{w_1,\cdots,w_N\}$ 是在优化目标中划定不同类型的优先级的正权重集合。

因此，有 $L=N+1$ 个约束条件。为了解决这个问题，定义 $T[k]=D[k]+I[k]$，所以有 $\hat{T}(\alpha[k]) = \hat{D}(c[k],m[k]) + I[k]$。更进一步地，定义在 $n \in \{1,\cdots,N\}$ 的范围内，$y_0[k]$、$y_n[k]$ 和 $x[k]$ 为

$$\begin{aligned}
y_0[k] &= -\sum_{n=1}^{N} w_n A_n[k] \Rightarrow \hat{y}_0(\alpha[k]) \\
&= -\sum_{n=1}^{N} w_n \lambda_n \gamma_n[k][\hat{D}(c[k],m[k]) + I[k]] \\
y_n[k] &= A_n[k] - 1_n[k] \Rightarrow \hat{y}_n(\alpha[k]) \\
&= \lambda_n \gamma_n[k][\hat{D}(c[k],m[k]) + I[k]] - 1_n[k] \\
x[k] &= e[k] - [D[k]+I[k]]P_{av} \Rightarrow \hat{x}(\alpha[k]) = \hat{e}(c[k],m[k],I[k])
\end{aligned}$$

$$-[\hat{D}(c[k],m[k])+I[k]]P_{av}$$

于是：

- 将 $\overline{y}_0/\overline{T}$ 最小化和式（9.39）是等价的；
- $n\in\{1,\cdots,N\}$范围内的约束条件 $\overline{y}_n\leqslant 0$ 和式（9.40）是等价的；
- 约束条件 $\overline{x}\leqslant 0$ 和式（9.41）是等价的。

注意上述的问题没有对随机到达的任务指定任何明确的队列。事实上，这个算法将会构造明确的队列（因此虚拟队列可以被视为实际队列）。同时还要注意基于队列的状态，约束条件 $\alpha[k]\in\mathcal{A}$ 不允许指令的约束，比如当队列是否是空集时。因此，原则上，即使没有这种任务，也允许存在处理 n 种类型中的一个任务的可能性。在这个例子中，假设这种处理仍然是代价很高的，它需要等同于 $\hat{D}(c[k],m[k])$ 的时间和等同于 $\hat{e}(c[k],m[k],I[k])$ 的能量。这里的算法将会自然地学习来避免与这种指令相关的低效率。

9.2.3.1 适用于随机任务到达的动态算法

为了对于每个 $n\in\{1,\cdots,N\}$ 都满足约束条件 $\overline{y}_n\leqslant 0$，定义迭代的队列 $Q_n[k]$：

$$Q_n[k+1]=\max[Q_n[k]+A_n[k]-1_n[k],0] \tag{9.43}$$

为了满足 $\overline{x}\leqslant 0$，定义一个迭代的虚拟队列 $Z[k]$：

$$Z[k+1]=\max[Z[k]+e[k]-[D[k]+I[k]]P_{av},0] \tag{9.44}$$

可以看出，队列迭代式（9.43）和 n 种任务的实际队列的迭代式是相同的，包括随机任务到达 $A_n[k]$ 和任务服务 $1_n[k]$。于是，式（9.37）的最小化如下：对于每个窗口 k，观测队列 $\boldsymbol{Q}[k]$ 和 $Z[k]$。然后，在 $n\in\{1,\cdots,N\}$ 的范围内，选择 $c[k]\in\{0,1,\cdots,N\}$，$m[k]\in\mathcal{M}$，$I[k]\in[0,I_{\max}]$ 和 $\gamma_n[k]\in[0,1]$，以便最小化：

$$\frac{-V\sum_{n=1}^{N}w_n\lambda_n\gamma_n[k][\hat{D}(c[k],m[k])+I[k]]}{\hat{D}(c[k],m[k])+I[k]}$$
$$+\frac{\sum_{n=1}^{N}Q_n[k](\lambda_n\gamma_n[k][\hat{D}(c[k],m[k])+I[k]]-1_n[k])}{\hat{D}(c[k],m[k])+I[k]}$$
$$+\frac{Z[k](\hat{e}(c[k],m[k],I[k])-[\hat{D}(c[k],m[k])+I[k]]P_{av})}{\hat{D}(c[k],m[k])+I[k]} \tag{9.45}$$

对上式的项进行化简相消之后，可以很容易地看出，$\gamma_n[k]$决策可以与所有其他的决策（见练习 2）分离。于是，由此产生的算法观测每个窗口 k 的队列 $\boldsymbol{Q}[k]$和 $Z[k]$，并按照以下步骤进行：

- （流控制）对每个 $n\in\{1,\cdots,N\}$，选择 $\gamma_n[k]$如下：

$$\gamma_n[k]\begin{cases}1, Q_n[k]\leqslant Vw_n\\ 0,\text{其他}\end{cases} \tag{9.46}$$

- （任务调度）选择 $c[k]\in\{0,1,\cdots,N\}$，$m[k]\in\mathcal{M}$，$I[k]\in[0, I_{\max}]$以最小化：

$$\frac{Z[k]\hat{e}(c[k],m[k],I[k]) - \sum_{n=1}^{N} Q_n[k]1_n[k]}{\hat{D}(c[k],m[k]) + I[k]} \tag{9.47}$$

- （队列迭代）对每个 $n\in\{1,\cdots,N\}$，利用式（9.43）将 $Q_n[k]$迭代更新，利用式（9.44）将 $Z[k]$迭代更新。

最小化问题式（9.47）与式（9.24）类似，正如在 9.1.7 节讨论的一样，可以用相同的方式实现。上述算法的关键观测问题是它不需要任务的到达比率 $(\lambda_1,\cdots,\lambda_N)$。事实上，$\lambda_n$ 项取消了最小化，因此式（9.46）中的流控制变量 $\gamma_n[k]$作出"继电器式"的决策，即可在 $Q_n[k]\leqslant Vw_n$的条件下，允许窗口 k 所有新到达的 n 种类型的任务，而在其他条件下则不允许。这个特性使得该算法能够自然地适应任务到达比率改变（如 9.2.4 节的仿真所示）的情况。

注意，如果对于所有 $c\in\{1,\cdots,N\}$，$m\in\mathcal{M}$，$I\in[0, I_{\max}]$都有 $\hat{e}(0,m,I) < \hat{e}(c,m,I)$，则处理零个任务相关的能量少于处理任何类型 $c\neq 0$ 的任务的能量，于是式（9.47）中的最小化过程不会选择类型 c，因此 $Q_c[k]=0$。也就是说，该算法不会自然地去选择没有可用的任务类型。

9.2.3.2　确定性的队列界限和约束条件的违反界限

在满足所要求的约束条件及实现低于最优比率 $O(1/V)$的承认比率的加权总和以外，任务调度算法的流控制结构承认确定性的队列界限（deterministic queue bounds）。具体来说，假定所有窗口大小的界限是一个常数 $T_{\max}$，每个窗口类型 n 的任务到达的原始数量（在接纳控制之前）最多为 $A_{n,\max}$。通过流控制规则式（9.46），类型 n 的新任务到达只有在 $Q_n[k]\leqslant Vw_n$的条件下才被允许。因此，假设 $Q_n[0]\leqslant Vw_n + A_{n,\max}$，对所有窗口 $k\in\{0,1,2,\cdots\}$，有 $Q_n[k]\leqslant Vw_n + A_{n,\max}$。这说明最坏情况下的队列积压为 $O(V)$，这建立了一个明确的执行-积压折衷 $[O(1/V), O(V)]$，优于式（9.26）给出的折衷。

由于函数 $\hat{e}(c,m,I)$ 的微小附加结构，队列 $Q_n[k]$ 的确定性界限使得 $Z[k]$ 有确定性界限，因此可以计算 $O(V)$ 的数值 $Z_{\max}$，于是对所有 k 均满足 $Z[k]\leqslant Z_{\max}$。这将在练习 3 中探讨（也可参考文献［28］）。

9.2.4　随机任务调度的仿真与适应性

在这里，利用在 9.1.9 节中定义的带有 10 种类型的系统模型和式（9.30）和式（9.31）给出的函数 $\hat{e}(c, m)$，对动态的任务调度和流控制算法（9.46）

和式（9.47）进行仿真。为了与此模型保持一致，除去选项 $c[k]=0$，于是决策式（9.31）选择 $c[k]=1$、$m[k]=1$，在没有任务时会产生一个单位的能量。任务的到达来自于独立的伯努利过程，对每种类型 $i\in\{1,\cdots,10\}$，比率为 $\lambda_i=\rho/(30i)$，其中 $\rho=0.8$。对所有 n 的权重均为 $w_n=1$，因此，目标是最大化总通量，并且 $P_{av}=0.5$（可以知道，这从 9.1.9 节的图 9.3 的结果中看是可行的）。因此，希望算法可以通过学习来容许所有情况，于是随着 V 的增长，容许比率不断接近总的到达比率。利用 0~100 的 V 值对 1000 万个窗口进行仿真。仿真结果如图 9.6 和图 9.7 所示。图 9.6 表明对于很大的 V 值（100 或者更大），该算法可以通过学习来容许所有情况，图 9.7 绘制出了每个队列的平均队列长度（以任务的数量计），以及确定性的界限 $Q_n[k]\leqslant V+60$（在这里 $A_{n,\max}=60$，因为每个时间段中最多一个任务到达，最有可能的结构是 $D_{\max}+I_{\max}=50+10=60$）。所有情况都必须［不严格地（with slackness）］满足平均功率约束。图 9.7 中的平均队列长度随着 V 的增大而增长，直到 $V=100$，这时它达到饱和，可以容许所有情况。饱和值是平均队列长度，这和容许原始的到达比率直接相关。

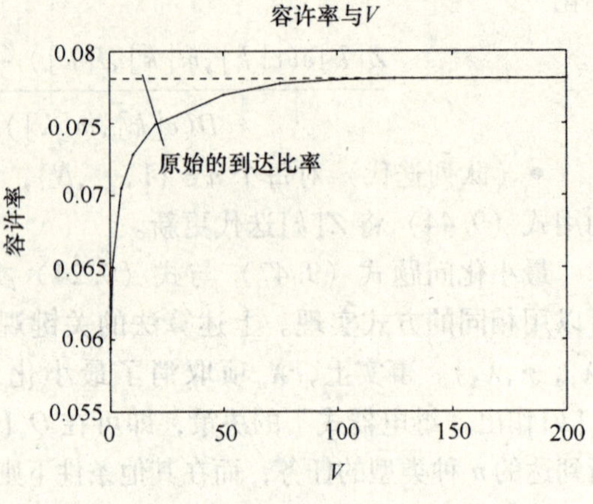

图 9.6 总容许率与 V 的关系

现在，已经阐明了这个算法对于突然的比率变化的鲁棒性是很好的。开始考虑与之前相同的系统，在 $V=100$ 的情况下，运行超过 1000 万个窗口。然而，将

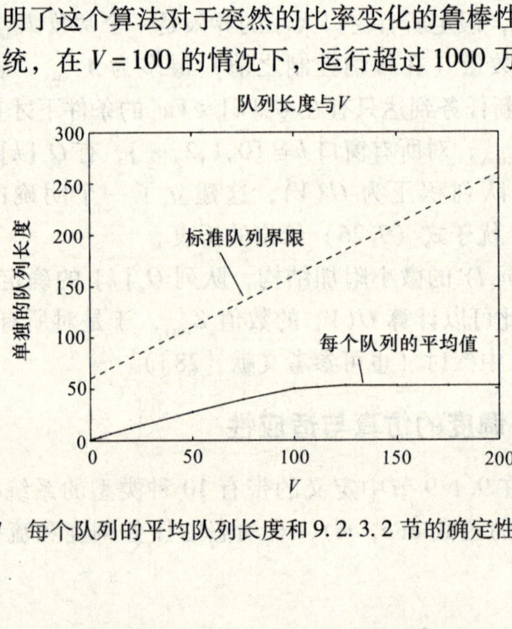

图 9.7 每个队列的平均队列长度和 9.2.3.2 节的确定性的界限

时间线分成 3 个等长的时间段。在第 1 和第 3 时间段，利用到达比率 $\lambda_i = \rho_1/(30i)$，$i \in \{1,\cdots,10\}$，这里的 $\rho_1 = 0.8$，如之前的实验一样。然后，在第 2（中间的）时间段，将比率加倍，即 $\lambda_i = \rho_2/(30i)$，这里的 $\rho_2 = 1.6$。因为 $\rho_2 > 1$，这些比率是不可行的，该算法必须通过学习以最佳方式丢弃任务来最大化容许比率，以满足功率约束条件。回想该算法的到达比率是未知的，必须适应现存的系统情况。结果如图 9.8 和图 9.9 所示。图 9.8 表明移动的平均容许比率和时间的关系。在仿真的第 1 和第 3 时间段，令 $\rho_1 = 0.8$，容许比率接近于原始的到达速率（如水平虚线所示）。在中间的时间段（$\rho_2 = 1.6$），该算法迅速地适应增多的到达数，并且得出的容许比率接近于总是带有负载 $\rho_2 = 1.6$ 的系统应该有的数值（如较高的水平虚线所示）。图 9.9 绘制了相应的移动的平均队列积压。较低的水平虚线说明平均积压值可以在总是带有负载 $\rho_1 = 0.8$ 的系统中实现。同时，它也说明确定性的队列界限 $V + 60 = 160$，无论原始的到达比率如何，这适用于所有窗口。

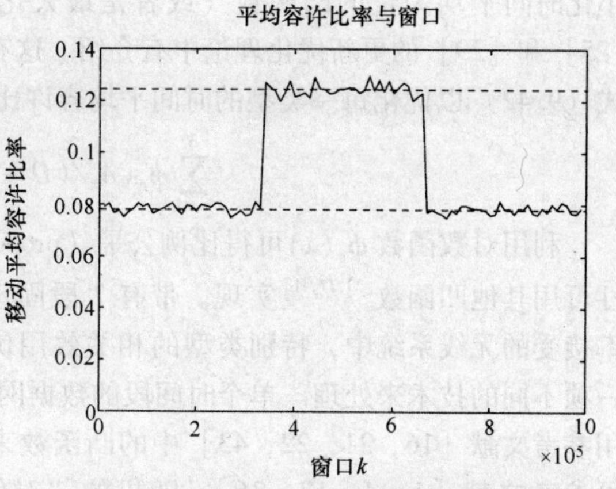

图 9.8　有突然比率变化的系统中移动的平均容许比率和窗口参数 k 的关系

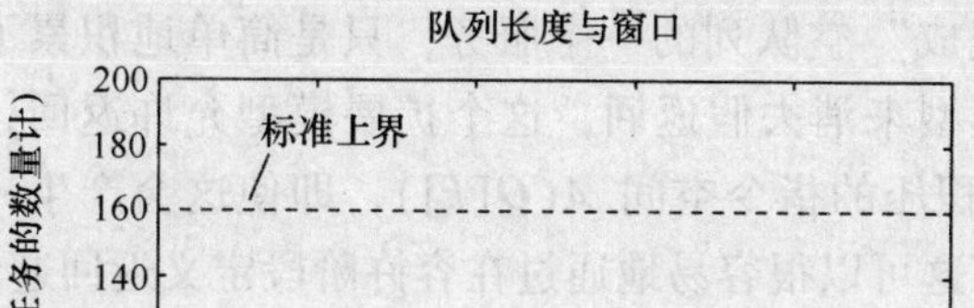

图 9.9　有突然比率变化的系统中单独的队列长度（平均和标准界限）和窗口参数 k 的关系

9.2.5　任务调度：扩展与延伸阅读

本节考虑在满足时间平均的约束下最小化时间平均。在满足类似的约束下最小化时间平均矢量的凸函数（或者是最大化凹函数）的扩展技术在参考文献［25］和［29］的更新优化理论中有介绍。这有利于扩展流控制问题式（9.39）~式（9.42）以优化每一类型的时间平均容许比率的凹型效用函数 $\phi_n(x)$之和：

$$\sum_{n=1}^{N} \phi_n(\overline{A}_n/(\overline{D}+\overline{I}))$$

利用对数函数 $\phi_n(x)$可得比例公平（proportional fairness）[15]，其他的公平特性可用其他凹函数[23,37,41]实现。带有 T 段固定大小的窗口，或者带有每段的概率接受的无线系统中，特别类型的相关效用优化可利用参考文献［10，11］中一项不同的技术来处理。单个时间段的数据网络的效用优化调度相关的工作可利用参考文献［16，21，22，43］中的凸函数来处理。随机的“原始对偶”算法可参考文献［1，4，17，36］，随机的“对偶”算法可参考文献［5，8，24，32，34］。

对于有随机到达的问题，队列延迟通常可以通过将约束 $\overline{A}_n \leqslant \overline{1}_n$ 改变为 $\overline{A}_n + \epsilon \leqslant \overline{1}_n$，$\epsilon>0$ 来改善。这说明输出处理速率 ϵ 应该比到达比率更大。然而与 $\epsilon=0$ 的情况不同，这样的约束会产生包含一些“假”任务的队列 $Q_n[k]$，也会导致当没有可用的实际任务时作出服务队列的决策。这一点可以利用参考文献［26，33］中的 ϵ 型持续服务队列（ϵ-persistent service queues）解决。

注意这里的流控制程序可以返回每个窗口对新数据的容许。这适用于本节的通用结构，即特征 $y_l[k]$是（可能是随机的）控制指令 $\alpha[k]\in\mathcal{A}$ 的函数。可以试着根据服务的完成情况下定义返回以解决这个问题。这不适用于此处的结构，因为算法可能“完成”空队列的一个服务，只是简单地积累了“假”返回。可以通过一个扩展模型来消去假返回，这个扩展模型允许返回 $\hat{y}_l(\alpha[k],\boldsymbol{Q}[k])$和（或）取决于当前积压的指令空间 $\mathcal{A}(\boldsymbol{Q}[k])$，即使这会产生一个更加复杂的马尔科夫决策模型，这可以很容易地通过在容许阶段定义返回避免。然而，仍然存在一些需要这样一个返回结构的问题，比如股票市场交易的问题，需要一支特定股票的优先所有权以获得以观测到的理想价格卖出的收益。这些问题可以通过修正的李雅普诺夫函数形式 $L[k]=\sum_{n=1}^{N}(Q_n[k]-\theta)^2$ 来解决，该形式将积压推至非空状态 θ。这个方法可应用于股票交易[27]、库存控制[31]、能量收集[13]以及智能电网能量管理[40]。优化能量收集的最初算法利用了参考文献［7］中的一项相关技术，参考文献［12，14］介绍了处理网络中结合不同子分量集合分量的相关问题。

9.2.6 9.2 节的练习

练习 1 考虑一个带有 N 种类型的系统，每种类型总有可获得的新任务。对

每个窗口 k，选择一种类型 $c[k]\in\{1,\cdots,N\}$，并选择处理那种类型的单一任务。可以利用模式 $m[k]\in\mathcal{M}$ 来处理。结果产生的窗口大小为 $\hat{T}(c[k],m[k])$，能量为 $\hat{e}(c[k],m[k])$，处理质量为 $\hat{q}(c[k],m[k])$。设计一个对每个窗口 k 选择 $c[k]$ 和 $m[k]$ 以最大化 $\overline{q}/\overline{T}$，并满足平均功率约束 $\overline{e}/\overline{T}\leqslant P_{av}$ 和每种类型 n 至少 λ_n 的处理速率约束。

练习 2　说明式（9.45）的最小化过程中如何得到可分的流控制和任务调度算法式（9.46）和式（9.47）。

练习 3　考虑流控制和任务调度算法式（9.46）和式（9.47），回想对所有的 $n\in\{1,\cdots,N\}$ 和窗口 k，均满足 $Q_n[k]\leqslant Q_{max}$，在这里定义 $Q_{max}\triangleq\max_{n\in\{1,\cdots,N\}}[Vw_n+A_n,\max]$。假设存在约束 $e_{min}>0$，因此对所有 $c\neq 0$ 满足 $\hat{e}(c,m,I)\geqslant e_{min}$，对所有 $m\in\mathcal{M}$ 和 $I\in[0,I_{max}]$ 满足 $\hat{e}(0,m,I)=0$。

1）说明每当 $Z[k]>Q_{max}/e_{min}$ 时式（9.47）的最小化过程中都会选择 $c[k]=0$；

2）假设存在约束 $e_{min}>0$，因此对所有 k 均满足 $e[k]\leqslant e_{min}$。考虑对所有窗口 k 是否满足 $Z[k]\leqslant Z_{max}\triangleq Q_{max}/e_{min}+e_{max}$。

3）利用队列式（9.44）说明对任意 K 个窗口 $\{j,j+1,\cdots,j+K-1\}$（从某个窗口 j 开始）的序列，总能量消耗满足：

$$\sum_{k=j}^{j+K-1}e[k]\leqslant P_{av}\sum_{k=j}^{j+K-1}T[k]+Z_{max}$$

式中，$T[k]$ 是窗口 k 的大小。提示：与引理 2 的证明类似，进行分类讨论。

练习 4　考虑 9.2 节中的相同通用特征 $y_l[k]$，以及满足 $\alpha[k]\in\mathcal{A}$ 的 $y_l(\alpha[k])$。写出解决满足约束 $\overline{y}_l/\overline{T}$ 的最小化 $\overline{y}_0$ 问题的算法。提示：对带有“有效”窗口大小为 1 的系统中定义合适的特征 $x_l[k]$，在 $l\in\{1,\cdots,L\}$ 的范围内最小化 $\overline{x}_0/1$，并满足 $\overline{x}_0/1\leqslant 0$。

练习 5　改进 9.1.7 节的任务调度算法，以允许控制器在每个窗口服务多个任务。具体来说，在每个窗口 k 中，控制器从可能的指令集合 $\mathcal{S}$ 中选择服务指令 $s[k]$。每个服务指令 $s\in\mathcal{S}$ 决定一个清空矢量 $\boldsymbol{c}(s)=(c_1(s),\cdots,c_N(s))$，这里的 $c_i(s)$ 是指指令 s 被用于指定窗口的情况下被服务的类型 i 的任务数量。

练习 6　考虑一个线性可分的问题，即寻找矢量 $(x_1,\cdots,x_M)$ 以最小化 $(a_0+\sum_{i=1}^{M}a_ix_i)/(b_0+\sum_{i=1}^{M}b_ix_i)$，并对 $l\in\{1,\cdots,L\}$ 满足 $\sum_{i=1}^{M}c_{il}x_i\leqslant d_l$，对所有 $i\in\{1,\cdots,M\}$ 满足 $0\leqslant x_i\leqslant 1$。假定已知约束 a_i、b_i、c_{il}、d_l，于是 $b_0>0$，并且对所有 $i\in\{1,\cdots,M\}$ 满足 $b_i\geqslant 0$。将此作为一个时间平均问题，其中指令 $\alpha[k]=(x_1[k],\cdots,x_M[k])$，指令空间 $\mathcal{A}=\{(x_1,\cdots,x_M)|0\leqslant x_i\leqslant 1\ \forall i\in\{1,\cdots,M\}\}$，窗口大小 $T[k]=b_0+\sum_{i=1}^{M}b_ix_i[k]$，这里的目的是最小化 $(a_0+\sum_{i=1}^{M}a_i\overline{x}_i)/(b_0+$

$\sum_{i=1}^{M} b_i \bar{x}_i$)，并对所有 $l \in \{1, \cdots, L\}$满足 $\sum_{i=1}^{M} c_{il} \bar{x}_i \leqslant d_l$。

1）写出上述问题的漂移加罚比率算法式（9.37），并总结出以下关系式：

$$\lim_{K\to\infty} \frac{a_0 + \sum_{i=1}^{M} a_i \bar{x}_i[K]}{b_0 + \sum_{i=1}^{M} b_i \bar{x}_i[K]} \leqslant \text{ratio}^{\text{opt}} + B/V$$

$$\lim_{K\to\infty} \sum_{i=1}^{M} c_{il} \bar{x}_i[K] \leqslant d_l \quad \forall l \in \{1,\cdots,L\}$$

对于某个有限常数 B，$\text{ratio}^{\text{opt}}$ 表示目标函数的最优值，并且 $\bar{x}_i[K] \triangleq \frac{1}{K}\sum_{k=0}^{K-1} x_i[k]$。因此，限制的时间平均满足约束，并在最优值 B/V 之内。答案应该要求出 $\phi_i[k]$ 的值，于是对窗口 k，可以在集合 $\mathcal{A}$ 中选择 $(x_1[k],\cdots,x_M[k])$以最小化 $\frac{\phi_0[k] + \sum_{i=1}^{M} \phi_i[k] x_i[k]}{b_0 + \sum_{i=1}^{M} b_i x_i[k]}$。注意：以下可以是一种解决方法：定义 $\mathcal{L} \triangleq \{i \in \{1,\cdots,M\} | b_i = 0\}$，$\mathcal{J} \triangleq \{j \in \{1,\cdots,M\} | b_j > 0\}$。对所有 $i \in \mathcal{L}$，如果 $\phi_i[k] \geqslant 0$ 选择 $x_i[k] = 0$，如果 $\phi_i[k] < 0$ 选择 $x_i[k] = 1$。接着，对所有 $j \in \mathcal{J}$，暂时选择 $x_j[k] = 0$。然后，按照 $\phi_j[k]/b_j$对指数 $j \in \mathcal{J}$进行从小到大排序，并利用这个排序，在改善这个解决方法的情况下，将 $x_j[k]$从 0 改为 1。

2）注意 $b_0 = 1$ 和 $b_i = 0$（$i \neq 0$）的情况是一个线性程序。在这种情况中，对每个 $x_i[k]$ 给出明确的决策（解决方法对任意 $i \in \{1,\cdots,M\}$应该是可分的）。

9.3 对随机观察事件做出反应

如 9.2 节所述，考虑一个带有通用特征 $y_0[k], y_1[k], \cdots, y_L[k]$ 和每个窗口 k 的大小 $T[k]$的问题。然而现在假定，在窗口 k 的开始阶段，控制器观察到随机事件 $\omega[k]$，这会影响特征和窗口大小。$\omega[k]$的值可以表示信道状态和（或）对窗口 k 观测到的价格的矢量。假定$\{\omega[k]\}_{k=0}^{\infty}$在窗口上是独立且是恒等分布的（i. i. d.）。控制器选择一项指令 $\alpha[k] \in \mathcal{A}(\omega[k])$，这里的指令空间 $\mathcal{A}(\omega[k])$ 可能取决于观测到的 $\omega[k]$。$(T[k], y_0[k], \cdots, y_L[k])$ 的值有条件地独立于之前给出的当前 $\omega[k]$和 $\alpha[k]$，平均值如下：

$$\hat{y}_l(w[k],\alpha[k]) = \mathbb{E}[y_l[k] | \omega[k],\alpha[k]], \hat{T}(\omega[k],\alpha[k]) = \mathbb{E}[T[k] | \omega[k],\alpha[k]]$$

目的是解决以下优化问题：

$$\text{最小化:} \quad \bar{y}_0/\bar{T} \tag{9.48}$$

约束条件：　$\overline{y}_l/\overline{T} \leqslant c_l \quad \forall l \in \{1,\cdots,L\}$ (9.49)

$$\alpha[k] \in \mathcal{A}(\omega[k]) \quad \forall k \in \{0,1,2,\cdots\} \tag{9.50}$$

如之前所述，约束 $\overline{y}_l \leqslant c_l\overline{T}$ 经由虚拟队列 $Q_l[k]$实现，$l \in \{1,\cdots,L\}$：

$$Q_l[k+1] = \max[Q_l[k] + y_l[k] - c_l T[k], 0] \tag{9.51}$$

随机 $\omega[k]$的观察使得这个问题比本章之前部分考虑的要更复杂。参考文献［25，29］，提出两个不同的算法。

9.3.0.1　算法 1

对于每个窗口 k，观察 $\boldsymbol{Q}[k]$ 和 $\omega[k]$，并选择 $\alpha[k] \in \mathcal{A}(\omega[k])$以最小化如下的期望比率：

$$\frac{\mathbb{E}[V\hat{y}_0(\omega[k],\alpha[k]) + \sum_{l=0}^{L} Q_l[k]\hat{y}_l(\omega[k],\alpha[k]) \mid \boldsymbol{Q}[k]]}{\mathbb{E}[\hat{T}(\omega[k],\alpha[k]) \mid \boldsymbol{Q}[k]]} \tag{9.52}$$

然后通过式（9.51）迭代虚拟队列。

9.3.0.2　算法 2

定义 $\theta[0]=0$，并且在 $k \in \{1,2,3,\cdots\}$ 的范围内定义 $\theta[k]$ 为窗口上的平均运行比率：

$$\theta[k] \triangleq \sum_{i=0}^{k-1} y_0[i] / \sum_{i=0}^{k-1} T[i] \tag{9.53}$$

然后在每个窗口 k 上，观测 $\boldsymbol{Q}[k]$、$\theta[k]$ 和 $\omega[k]$，并选择 $\alpha[k] \in \mathcal{A}(\omega[k])$以最小化如下函数：

$$V[\hat{y}_0(\omega[k],\alpha[k]) - \theta[k]\hat{T}(\omega[k],\alpha[k])] + \sum_{l=1}^{L} Q_l[k][\hat{y}_l(\omega[k],\alpha[k]) - c_l\hat{T}(\omega[k],\alpha[k])] \tag{9.54}$$

然后通过式（9.51）迭代虚拟队列。

9.3.0.3　算法 1 和算法 2 的比较

参考文献［25，29］介绍并分析了这两种算法，它们的出现是为了满足所要求的约束，并产生最优间隔 $O(1/V)$。算法 1 可以用一种类似于定理 1 的证明方法来分析，并具有与该定理给出的相同的折衷 V。然而，通过观测$\omega[k]$和选择 $\alpha[k] \in \mathcal{A}(\omega[k])$ 以最小化给出的确定性比率 $\omega[k]$，期望比率式（9.52）不一定能达到最小化。事实上，最小化规则取决于 $\omega[k]$的概率分布（通常是未知的）。为了改进需要一种更加复杂的二分算法，具体介绍可参考文献［25，29］。

算法 2 比较简单，包括了只基于 $\omega[k]$ 的 $\alpha[k] \in \mathcal{A}(\omega[k])$ 的贪心选择法，而不要求 $\omega[k]$的概率分布信息。然而，该算法的数学分析不会产生如算法 1 那样的关于收敛时间的明确信息。而且，它要求在窗口 0 时运行平均不停地被触发，因此，可能不能适应系统的统计变化。算法 2 更能适应的近似法在一些固定数量窗口的移动窗口上定义平均为 $\theta[k]$，或者利用以指数方式衰减的平均值。

在一种特殊情况中，即对于所有 $\omega[k]$、$\alpha[k]$，窗口大小 $\hat{T}(\omega[k],\alpha[k])$ 为固定常数 T，两种算法归纳为下述简化了的漂移加罚定律：对于每个窗口 k，观测 $\omega[k]$ 和 $\boldsymbol{Q}[k]$，并选择 $\alpha[k]\in\mathcal{A}(\omega[k])$ 以最小化：

$$V\hat{y}_0(\omega[k],\alpha[k])+\sum_{l=1}^{L}Q_l[k]\hat{y}_l(\omega[k],\alpha[k]) \tag{9.55}$$

然后，通过式（9.51）迭代虚拟队列。参考文献［28］将此特殊情况算法改进以处理带有固定大小时间段的系统。

参考文献［29］给出了算法的仿真比较。9.3.1 节将介绍无线智能手机中节能意识计算和传输的应用。练习 7 考虑机会型调度，即通过等待更加可取的信道来延迟无线传输。练习 8 考虑了用于网络服务器的有价格意识的能量消耗例子，该服务器可以处理计算的任务或者把它们外包给别的服务器。

9.3.1 无线智能装置的高效计算和传输

考虑一个总有任务要处理的无线智能装置（比如智能的手机或者传感器）。每个任务包括一个计算操作，跟在无线信道的传输操作之后。在每个窗口 k 上，装置取得一个新任务，查看它的元数据 $\beta[k]$，即表征计算和传输需求的任务的信息。令 d 为查看这个元数据所需的时间，然后装置选择一种计算处理模式 $m[k]\in\mathcal{M}(\beta[k])$，这里的 $\mathcal{M}(\beta[k])$ 是 $\beta[k]$ 中所有模式选项的集合。模式 $m[k]$ 和元数据 $\beta[k]$ 会影响计算时间 $D_{\text{comp}}[k]$、计算所需能量 $e_{\text{comp}}[k]$、计算质量 $q[k]$ 和在信道上为传输而产生 $A[k]$（bit）。$D_{\text{comp}}[k]$、$e_{\text{comp}}[k]$、$q[k]$ 的期望为

$$\hat{D}_{\text{comp}}(\beta[k],m[k])=\mathbb{E}[D_{\text{comp}}[k]\,|\,\beta[k],m[k]]$$

$$\hat{e}_{\text{comp}}(\beta[k],m[k])=\mathbb{E}[e_{\text{comp}}[k]\,|\,\beta[k],m[k]]$$

$$\hat{q}(\beta[k],m[k])=\mathbb{E}(q[k]\,|\,\beta[k],m[k])$$

举例来说，在一个无线传感器中，模式 $m[k]$ 可能代表一个特定的感知任务，而不同的任务具有不同的质量，因而会需要不同的能量、时间和为传输而产生的 $A[k]$bit。已知 $\beta[k]$ 和 $m[k]$，$A[k]$ 完整的条件分布在传输阶段发挥作用（而不只是它的条件期望）。

$A[k]$ 个单位的数据会在一条无线信道上传输。令 $S[k]$ 为窗口 k 的信道状态，假定 $S[k]$ 在一个窗口的持续时间中是固定的。选择一个传输模式 $g[k]\in\mathcal{G}$，产生传输时间 $D_{\text{tran}}[k]$ 和传输能量 $e_{\text{tran}}[k]$，它们的期望取决于 $S[k]$、$g[k]$ 和 $A[k]$。定义随机时间 $\omega[k]=(\beta[k],S[k])$ 和指令 $\alpha[k]=(m[k],g[k])$。然后，可以定义期望函数 $\hat{D}_{\text{tran}}(\omega[k],\alpha[k])$ 和 $\hat{e}_{\text{tran}}(\omega[k],\alpha[k])$ 为

$$\hat{D}_{\text{tran}}(\omega[k],\alpha[k]) = \mathbb{E}[D_{\text{tran}}[k] \mid \omega[k],\alpha[k]]$$

$$\hat{e}_{\text{tran}}(\omega[k],\alpha[k]) = \mathbb{E}[e_{\text{tran}}[k] \mid \omega[k],\alpha[k]]$$

已知元数据 $\beta[k]$ 和在计算阶段选择的计算模式 $m[k]$（这里的 $\beta[k]$ 和 $m[k]$ 包含在 $\omega[k]$ 和 $\alpha[k]$ 的信息中），上述的期望通过条件分布被定义，该条件分布与在计算输出的比特数 $A[k]$ 有关。因此，总窗口大小为 $T[k] = d + D_{\text{comp}}[k] + D_{\text{tran}}[k]$。

目标是最大化窗口每单位时间 $\overline{q}/\overline{T}$ 的处理质量，并满足处理速率约束 $1/\overline{T} \geqslant \lambda$ 和平均功率约束 $(\overline{e}_{\text{comp}} + \overline{e}_{\text{tran}})/\overline{T} \leqslant P_{\text{av}}$（$\lambda$ 和 P_{av} 是已知常数）。这适用于带有被观测的随机事件 $w[k] = (\beta[k], S[k])$、控制指令 $\alpha[k] = (m[k], g[k])$ 和指令空间 $\mathcal{A}(w[k]) = \mathcal{M}(\beta[k]) \times \mathcal{G}$ 的通用结构。可以定义 $y_0[k] = -q[k]$、$y_1[k] = T[k] - 1/\lambda$ 和 $y_2[k] = e_{\text{comp}}[k] + e_{\text{tran}}[k] - P_{\text{av}} T[k]$，解决满足 $\overline{y}_1 \leqslant 0$ 和 $\overline{y}_2 \leqslant 0$ 的最小化 $\overline{y}_0/\overline{T}$ 问题。于是，令 $Q[k]$ 和 $Z[k]$ 为这两个约束的虚拟队列：

$$Q[k+1] = \max[Q[k] + T[k] - 1/\lambda, 0] \tag{9.56}$$

$$Z[k+1] = \max[Z[k] + e_{\text{comp}}[k] + e_{\text{tran}}[k] - P_{\text{av}} T[k], 0] \tag{9.57}$$

利用算法 2，定义 $\theta[0] = 0$，以式（9.53）定义 $\theta[k]$，$k \in \{1, 2, \cdots\}$。算法 2 的最小化式（9.54）相当于在每个窗口 k 上观测（$\beta[k]$，$S[k]$）、$Q[k]$、$Z[k]$ 和 $\theta[k]$，并选择 $m[k] \in \mathcal{M}(\beta[k])$ 和 $g[k] \in \mathcal{G}$ 以最小化：

$$\begin{aligned}
&V[-\hat{q}(\beta[k],m[k]) - \theta[k](d + \hat{D}_{\text{comp}}(\beta[k],m[k]) + \hat{D}_{\text{tran}}(\omega[k],\alpha[k]))] \\
&\quad + Q[k][d + \hat{D}_{\text{comp}}(\beta[k],m[k]) + \hat{D}_{\text{tran}}(S[k],g[k]) - 1/\lambda] \\
&\quad + Z[k][\hat{e}_{\text{comp}}(\beta[k],m[k]) + \hat{e}_{\text{tran}}(\omega[k],\alpha[k]) - P_{\text{av}}(d + \hat{D}_{\text{comp}}(\beta[k],m[k]) \\
&\quad + \hat{D}_{\text{tran}}(\omega[k],\alpha[k]))]
\end{aligned}$$

计算和传输操作是接连完成的，不能分开完成。这产生了如下的算法，在每个窗口中：

- 观测 $\omega[k] = (\beta[k], S[k])$ 和 $Q[k]$、$Z[k]$、$\theta[k]$ 的值。然后，连带地选择指令 $m[k] \in \mathcal{M}(\beta[k])$ 和 $g[k] \in \mathcal{G}$，组成整个联合指令 $\alpha[k] = (m[k], g[k])$，以最小化：

$$\begin{aligned}
&-V\hat{q}(\beta[k],m[k]) + \hat{D}_{\text{comp}}(\beta[k],m[k])[Q[k] - V\theta[k] - P_{\text{av}} Z[k]] \\
&+ Z[k]\hat{e}_{\text{comp}}(\beta[k],m[k]) + \hat{D}_{\text{tran}}(\omega[k],\alpha[k])[Q[k] - V\theta[k] - P_{\text{av}} Z[k]] \\
&+ Z[k]\hat{e}_{\text{tran}}(\omega[k],\alpha[k])
\end{aligned}$$

- （迭代）通过式（9.56）、式（9.57）和式（9.53）迭代 $Q[k]$、$Z[k]$、$\theta[k]$。

练习 9 说明了，如果目标改成最大化 $\overline{q}$，而不是 $\overline{q}/\overline{T}$，那么即使没有 $\theta[k]$，算法也可以实施。而且如果系统被改善，那么从计算过程得到的比特可用于信道上最终传输的分离的传输层，而不需要同一个窗口的传输，于是计算和传输决策可以分离。

9.3.2　9.3 节的练习

练习 7　（能量意识的机会调度[28]）考虑一个在固定大小时间段 $k \in \{0,1,2,\cdots\}$操作的无线装置。在每个时间段 k，大小为 $A[k]$bit 的新数据到达，并被加到一个队列中。数据必须最终在时变信道上被传输。在每个时间段 k 的开始，控制器观测信道状态 $S[k]$和传输的分配权重 $p[k]$ 和 $\mu[k]$bit 的使能传输，由已知的函数 $\hat{\mu}(S, p)$ 可知这里的 $\mu[k]=\hat{\mu}(S[k],p[k])$。假定 $p[k]$已被选定，于是 $0 \leqslant p[k] \leqslant P_{\max}$，$P_{\max}>0$。希望最小化平均功率 $\bar{p}$，并满足支持的所有数据，于是 $\bar{A} \leqslant \bar{\mu}$。将此视为一个所有窗口等于一个时间段的问题，观测的随机事件为 $\omega[k]=(A[k],S[k])$，指令为 $\alpha[k]=p[k] \in [0,P_{\max}]$。利用策略结构式 (9.55)，设计一个合适的队列迭代和功率分配算法。

练习 8　（能量价格和网络外包）考虑一个在固定长度时间段 $k \in \{0,1,2,\cdots\}$ 操作的计算机服务器。在每个时间段 k，一个新任务到达，大小为 $S[k]$（没有任务到达，则 $S[k]=0$）。服务器决定是接受这个任务，或者是将它外包至另一个服务器（见图 9.10）。令 $\gamma[k]$ 为一个二进制的决策变量，如果服务器在时间段 k 接受这个任务为 1，否则为 0。定义 $A[k]=\gamma[k]S[k]$ 为时间段 k 允许的总工作量，这被加到需要处理的工作队列。令 $\phi[k]$为（可能是时变的）外包而每单位大小的消耗，所以外包消耗为 $c_{\text{out}}[k]=\phi[k](1-\gamma[k])S[k]$。在每个时间段 k，服务器又决定通过以每单位能量价格 $\psi[k]$购买能量 $e[k]$，以消耗 $c_{\text{energy}}[k]=\psi[k]e[k]$，服务 $\mu[k]=\hat{\mu}(e[k])$，以处理一些积压量，这里的 $\hat{\mu}[k]$ 为某一给定函数。假定 $e[k]$从区间 $0 \leqslant e[k] \leqslant e_{\max}$ 中选择。目标是最小化时间平均消耗 $\bar{c}_{\text{out}}+\bar{c}_{\text{energy}}$，并满足支持的所有任务，所以 $\bar{A} \leqslant \bar{\mu}$。将此视为一个所有窗口等于 1 个时间段的问题，观测的随机事件为 $\omega[k]=(S[k],\phi[k],\psi[k])$，指令为 $\alpha[k]=(\gamma[k], e[k])$，指令空间 $\mathcal{A}(\omega[k])$为所有(γ, e)的集合，所以 $\gamma \in$

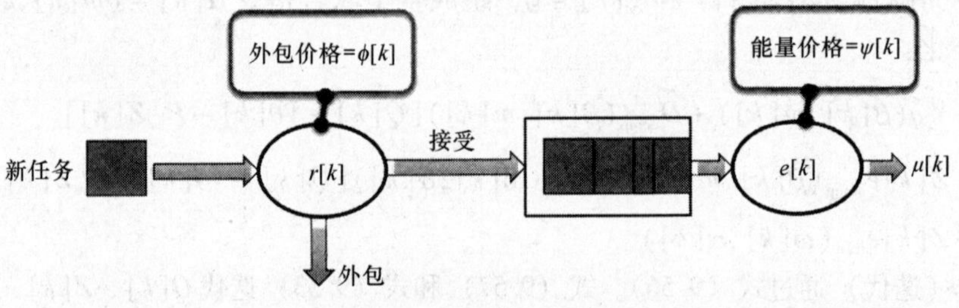

图 9.10　练习 8 的客户/服务系统，决策变量为$(\gamma[k], e[k])$，观测价格为$(\phi[k], \psi[k])$

$\{0,1\}$，$0 \leqslant e \leqslant e_{max}$。为解决这个问题，设计一个合适的队列并写出动态算法式(9.55)。说明即使没有（$S[k]$，$\phi[k]$，$\psi[k]$）的概率分布信息，该算法也可以被实施，并且 $\gamma[k]$ 和 $e[k]$ 决策是分离的。

练习 9　考虑 9.3.1 节中相同的问题，将目标改为最大化 $\overline{q}$，并满足 $1/\overline{T} \geqslant \lambda$ 和（$\overline{e}_{comp} + \overline{e}_{tran}$）$/\overline{T} \leqslant P_{av}$。利用练习 4 的观测，这可以视为“有效”固定窗口大小等于 1 的问题，由策略结构式（9.55）给出算法。

9.4　小结

本章介绍了在带有可变长度的窗口的系统中优化时间平均的方法论。应用包括在智能手机中的能量和质量任务调度、计算机服务器的成本有效的能量管理等。得出的算法是动态的，且通常不需要反映系统事件的概率信息。当在简单的 i. i. d. 假设下陈述本章的特性定理时，相同的算法通常在非 i. i. d. 的情况下，包括事件是非各态历经[25]的情况，有可证明的鲁棒性。9.2.4 节的仿真说明了此算法如何适应事件概率改变的例子。本章包含的练习帮助读者学会为他们自己的优化问题设计动态算法。

本章的解决技术利用了参考文献［25，29］中更新系统的优化理论，适用于通用问题。通过改进的技术，正如参考文献［25］和参考文献中讨论的，比如利用占位用的积压、指数的李雅普诺夫函数、LIFO 调度和 ϵ 型持续服务队列。然而，本章描述的漂移加罚方法论提供了许多这些更高级的技术需要了解的内容。该方法论也可以很简单地使用，特别是能得到满足需要的解决质量和收敛时间。

附录　有限时间收敛定理

本附录提供的有限时间收敛定理，通常比标准勒贝格控制收敛定理更加方便（比如，见参考文献［42］的标准勒贝格控制收敛定理）。这里不知道文献中的表述和证明，所以为了完整性，给出一种表述和证明。令 $X[t]$ 为随机处理，无论是定义在非负实数 $t \geqslant 0$，还是定义在离散时间 $t \in \{0,1,2,\cdots\}$ 上。回想 $X[t]$ 以某一概率收敛于 x，如果对所有 $\epsilon > 0$ 有

$$\lim_{t \to \infty} \Pr[\,|X(t) - x| > \epsilon] = 0$$

定理 2　假设存在实数 x，故 $X[t]$ 以某一概率收敛于 x。再假设存在有限常数 $C > 0$，$\delta > 0$，因此对所有 t，有 $\mathbb{E}[\,|X(t)|^{1+\delta}] \leqslant C$。然后，$\lim_{t \to \infty} \mathbb{E}[X(t)] = x$。

证明：不失一般性地，假定 $x = 0$（或者，可以定义 $Y(t) = X(t) - x$）。固定常数 $\epsilon = 0$。通过 $X[t]$ 以某一概率收敛于 0 的定义有

$$\lim_{t\to\infty}\Pr[\,|X(t)|>\epsilon]=0 \tag{9.58}$$

并且对所有 t，有 $\mathbb{E}[X(t)]\leqslant\mathbb{E}[\,|X(t)|\,]$，于是

$$\mathbb{E}[X(t)]\leqslant\epsilon+\mathbb{E}[\,|X(t)|\,|\,|X(t)|>\epsilon]\Pr[\,|X(t)|>\epsilon] \tag{9.59}$$

这里希望表明，当 $t\to\infty$ 时，上式的右边的最终形式收敛于 0。为此，注意对所有 t 有

$$\begin{aligned} C &\geqslant \mathbb{E}[\,|X(t)|^{1+\delta}] \\ &\geqslant \mathbb{E}[\,|X(t)|^{1+\delta}\,|\,|X(t)|>\epsilon]\Pr[\,|X(t)|>\epsilon] \\ &\geqslant \mathbb{E}[\,|X(t)|\,|\,|X(t)|>\epsilon]^{1+\delta}\Pr[\,|X(t)|>\epsilon] \end{aligned} \tag{9.60}$$

式（9.60）满足 Jensen 提出的应用于函数 $f(\,|X(t)|\,)$ 的条件期望的不等式，这里的 $f(x)=x^{1+\delta}$ 在 $x\geqslant 0$ 的范围内是凸函数。将 $\Pr[\,|X(t)|>\epsilon]^{\delta}$ 乘以不等式（9.60）得

$$C\Pr[\,|X(t)|>\epsilon]^{\delta}\geqslant(\mathbb{E}[\,|X(t)|\,|\,|X(t)|>\epsilon]\Pr[\,|X(t)|>\epsilon])^{1+\delta}\geqslant 0$$

随着 $t\to\infty$，求上式的极限，并利用式（9.58）得到

$$0\geqslant\lim_{t\to\infty}(\mathbb{E}[\,|X(t)|\,|\,|X(t)|>\epsilon]\Pr[\,|X(t)|>\epsilon])^{1+\delta}\geqslant 0$$

它满足：

$$\lim_{t\to\infty}\mathbb{E}[\,|X(t)|\,|\,|X(t)|>\epsilon]\Pr[\,|X(t)|>\epsilon]=0$$

利用这个等式，求式（9.59）的上下极限，可得 $\limsup_{t\to\infty}\mathbb{E}[X(t)]\leqslant 0$。类似地，它可以表达成 $\liminf_{t\to\infty}\mathbb{E}[X(t)]\geqslant 0$。因此，$\lim_{t\to\infty}\mathbb{E}[X(t)]=0$。

回想以 1 的概率的收敛比以某一概率的收敛要强，所以如果 $\lim_{t\to\infty}X(t)=x$ 以 1 的概率成立，那么上述的结果也成立。定理 2 可以应用于以下例子，$\lim_{K\to\infty}\frac{1}{K}\sum_{k=0}^{K-1}e[k]=\bar{e}$ 以 1 的概率成立，$\bar{e}$ 为某一有限常数，并且存在常数 C，于是对所有 k 有 $\mathbb{E}[e[k]^2]\leqslant C$。事实上，可以定义 $X[K]=\frac{1}{K}\sum_{k=0}^{K-1}e[k]$，$K\in\{1,2,3,\cdots\}$，利用柯西-施瓦兹不等式来说明 $\mathbb{E}[X(K)^2]\leqslant C$，$K\in\{1,2,3,\cdots\}$，所以 $\lim_{K\to\infty}\frac{1}{K}\sum_{k=0}^{K-1}\mathbb{E}[e[k]]=\bar{e}$。

参考文献

[1] R. Agrawal and V. Subramanian. Optimality of certain channel aware scheduling policies. *Proc. 40th Annual Allerton Conference on Communication, Control, and Computing, Monticello, IL*, Oct. 2002.

[2] M. Annavaram, E. Grochowski, and J. Shen. Mitigating amdahl's law through epi throttling. *Proc. 32nd International Symposium on Computer Architecture (ISCA)*, pp. 298-309, June 2005.

[3] S. Boyd and L. Vandenberghe. *Convex Optimization.* Cambridge University Press, 2004.

[4] A. Eryilmaz and R. Srikant. Joint congestion control, routing, and mac for stability and fairness in wireless networks. *IEEE Journal on Selected Areas in Communications, Special Issue on Nonlinear Optimization of Communication Systems*, vol. 14, pp. 1514-1524, Aug. 2006.

[5] A. Eryilmaz and R. Srikant. Fair resource allocation in wireless networks using queue-length-based scheduling and congestion control. *Proc. IEEE INFOCOM*, March 2005.

[6] R. Gallager. *Discrete Stochastic Processes.* Kluwer Academic Publishers, Boston, 1996.

[7] M. Gatzianas, L. Georgiadis, and L. Tassiulas. Control of wireless networks with rechargeable batteries. *IEEE Transactions on Wireless Communications*, vol. 9, no. 2, pp. 581-593, Feb. 2010.

[8] L. Georgiadis, M. J. Neely, and L. Tassiulas. Resource allocation and cross-layer control in wireless networks. *Foundations and Trends in Networking*, vol. 1, no. 1, pp. 1-149, 2006.

[9] E. Grochowski, R. Ronen, J. Shen, and H. Wang. Best of both latency and throughput. *Proc. IEEE Conf. on Computer Design (ICCD)*, pp. 236-243, Oct. 2004.

[10] I. Hou, V. Borkar, and P. R. Kumar. A theory of qos for wireless. *Proc. IEEE INFOCOM*, April 2009.

[11] I. Hou and P. R. Kumar. Utility maximization for delay constrained qos in wireless. *Proc. IEEE INFOCOM*, March 2010.

[12] L. Huang and M. J. Neely. Utility optimal scheduling in processing networks. *Proc. IFIP, Performance*, 2011.

[13] L. Huang and M. J. Neely. Utility optimal scheduling in energy harvesting networks. *Proc. Mobihoc*, May 2011.

[14] L. Jiang and J. Walrand. *Scheduling and Congestion Control for Wireless and Processing Networks.* Morgan & Claypool, 2010.

[15] F. Kelly. Charging and rate control for elastic traffic. *European Transactions on Telecommunications*, vol. 8, no. 1 pp. 33-37, Jan.-Feb. 1997.

[16] F.P. Kelly, A. Maulloo, and D. Tan. Rate control for communication networks: Shadow prices, proportional fairness, and stability. *Journ. of the Operational Res. Society*, vol. 49, no. 3, pp. 237-252, March 1998.

[17] H. Kushner and P. Whiting. Asymptotic properties of proportional-fair sharing algorithms. *Proc. of 40th Annual Allerton Conf. on Communication, Control, and Computing*, 2002.

[18] C. Li and M. J. Neely. Network utility maximization over partially observable markovian channels. *Arxiv Technical Report: arXiv:1008.3421v1*, Aug. 2010.

[19] C. Li and M. J. Neely. Network utility maximization over partially observable markovian channels. *Proc. Intl. Symposium on Modeling and Optimization in Mobile, Ad Hoc, and Wireless Networks (WiOpt)*, May 2011.

[20] Q. Li and R. Negi. Scheduling in wireless networks under uncertainties: A greedy primal-dual approach. *Arxiv Technical Report: arXiv:1001:2050v2*, June 2010.

[21] X. Lin and N. B. Shroff. Joint rate control and scheduling in multihop wireless networks. *Proc. of 43rd IEEE Conf. on Decision and Control, Paradise Island, Bahamas*, Dec. 2004.

[22] S. H. Low. A duality model of TCP and queue management algorithms. *IEEE Trans. on Networking*, vol. 11, no. 4, pp. 525-536, August 2003.

[23] J. Mo and J. Walrand. Fair end-to-end window-based congestion control. *IEEE/ACM Transactions on Networking*, vol. 8, no. 5, Oct. 2000.

[24] M. J. Neely. *Dynamic Power Allocation and Routing for Satellite and Wireless Networks with Time Varying Channels.* PhD thesis, Massachusetts Institute of Technology, LIDS, 2003.

[25] M. J. Neely. *Stochastic Network Optimization with Application to Communication and Queueing Systems.* Morgan & Claypool, 2010.

[26] M. J. Neely. Opportunistic scheduling with worst case delay guarantees in single and multi-hop networks. *Proc. IEEE INFOCOM*, 2011.

[27] M. J. Neely. Stock market trading via stochastic network optimization. *Proc. IEEE Conference on Decision and Control (CDC)*, Atlanta, GA, Dec. 2010.

[28] M. J. Neely. Energy optimal control for time varying wireless networks. *IEEE Transactions on Information Theory*, vol. 52, no. 7, pp. 2915-2934, July 2006.

[29] M. J. Neely. Dynamic optimization and learning for renewal systems. *Proc. Asilomar Conf. on Signals, Systems, and Computers*, Nov. 2010.

[30] M. J. Neely. Queue stability and probability 1 convergence via lyapunov optimization. *Arxiv Technical Report, arXiv:1008.3519v2*, Oct. 2010.

[31] M. J. Neely and L. Huang. Dynamic product assembly and inventory control for maximum profit. *Proc. IEEE Conf. on Decision and Control (CDC)*, Atlanta, GA, Dec. 2010.

[32] M. J. Neely, E. Modiano, and C. Li. Fairness and optimal stochastic control for heterogeneous networks. *Proc. IEEE INFOCOM*, March 2005.

[33] M. J. Neely, A. S. Tehrani, and A. G. Dimakis. Efficient algorithms for renewable energy allocation to delay tolerant consumers. *1st IEEE International Conference on Smart Grid Communications*, Oct. 2010.

[34] A. Ribeiro and G. B. Giannakis. Separation principles in wireless networking. *IEEE Transactions on Information Theory*, vol. 56, no. 9, pp. 4488-4505, Sept. 2010.

[35] S. Ross. *Introduction to Probability Models.* Academic Press, 8th edition, Dec. 2002.

[36] A. Stolyar. Maximizing queueing network utility subject to stability: Greedy primal-dual algorithm. *Queueing Systems*, vol. 50, no. 4, pp. 401-457, 2005.

[37] A. Tang, J. Wang, and S. Low. Is fair allocation always inefficient. *Proc. IEEE INFOCOM*, March 2004.

[38] L. Tassiulas and A. Ephremides. Stability properties of constrained queueing systems and scheduling policies for maximum throughput in multihop radio networks. *IEEE Transacations on Automatic Control*, vol. 37, no. 12, pp. 1936-1948, Dec. 1992.

[39] L. Tassiulas and A. Ephremides. Dynamic server allocation to parallel queues with randomly varying connectivity. *IEEE Transactions on Information Theory*, vol. 39, no. 2, pp. 466-478, March 1993.

[40] R. Urgaonkar, B. Urgaonkar, M. J. Neely, and A. Sivasubramaniam. Optimal power cost management using stored energy in data centers. *Proc. SIGMETRICS*, June 2011.

[41] W.-H. Wang, M. Palaniswami, and S. H. Low. Application-oriented flow control: Fundamentals, algorithms, and fairness. *IEEE/ACM Transactions on Networking*, vol. 14, no. 6, Dec. 2006.

[42] D. Williams. *Probability with Martingales.* Cambridge Mathematical Textbooks, Cambridge University Press, 1991.

[43] L. Xiao, M. Johansson, and S. P. Boyd. Simultaneous routing and resource allocation via dual decomposition. *IEEE Transactions on Communications*, vol. 52, no. 7, pp. 1136-1144, July 2004.

第3部分

智能电网通信与网络

第 10 章　智能电网通信网络及其应用

Zhao Li、Dmitry Ishchenko、Fang Yang 和 Yanzhu Ye

摘要

本章简要地回顾了最近的电力通信网络的发展，包括高级计量体系（AMI）和监控和数据采集（SCADA）系统。AMI 和 SCADA 系统的通信协议标准化是本章的研究重点。除此之外，本章还将讨论一些通过实时通信机制和使其有效的电网运营促进的潜在的电网管理应用。

10.1　简介

在全球能源需求上涨、基础设施老化、燃料消耗成本增加和可再生能源配额限制的情况下，智能电网是解决气候变化问题具有前景的解决方案[1]。从技术上来说，智能电网是将监测和控制技术集成应用于电网，其主要目标是从环境和价格方面优化消费者能源使用。智能电网对用户来说提供了可持续的选择和提高服务的安全性、可靠性和效率[2,3]。

由于智能电网的主要目标之一是提高能源效率，它通常被称为绿色电网。智能电网的两个绿色特征是把可再生资源（如核能和风能）的利用率最大化和通过动态定价提高能效。然而，由于可再生资源的间歇性和动态价格驱动的电力消耗，能源生产和消耗是动态和不可预知的，造成电网管理更复杂。为了更好地管理智能电网，电力公司控制中心必须能够实时监视和控制电网。因此，建立一个大范围实时通信系统成为建设智能电网的重要基础条件之一[4]。

智能电网被认为是互联网的延伸，是所谓的物联网[5,6]，智能电网机器和设备通过社会基础设施相互通信。智能电网不仅是信息传输系统，而且也是一个闭环在线监测和控制系统。它的职责是在电能生产和消耗都是动态的环境下，根据基尔霍夫定律平衡电网中的电力生产和消耗。因此，智能电网包括两种信息流：监测流和控制流。通过监测流，电力公司控制中心收集终端设备的测量数据（例如住宅智能电表和传感器）。通过控制流，电力公司控制中心向单个终端设备发送控制命令。由于所传输的消息经常携带重要信息，尤其是当电网受到巨大干扰影响时，电力通信网络应该保证瞬时传输这些重要信息。如果控制中心不能传输信息或允许信息的延迟，那就失去了管理这样一个扰动的机会并导致电网系统的不稳定和不可靠。

现在，电力通信网络大致分为两类：SCADA 系统[7,8]是一个实时通信网络[9]；另一类是 AMI 和先进的计量读取（AMR）网络，是一种非实时通信网络。在过去的几十年里，SCADA 系统在电网系统的在线监测和控制中具有非常重要的作用。然而，在实际中，SCADA 系统一直因为工程造价高，所以它只在为实时监控重要设备被部署在电网系统的一小部分（例如电力传输系统）。相反的，由于相对较低的工程建造成本，AMI 在电网系统被广泛部署，到达馈线和住宅客户的水平。而不是作为监测和控制网络的功能，AMI 主要通过住宅智能仪表每个月自动收集能源使用情况数据并回传给控制中心。因此，它改善了数据收集进程的效率和收集测量质量，进一步改善了客户服务质量。

正如上述讨论的，建立一个大规模和实时通信网络来达到馈线和住宅水平是智能电网的重要目标之一。为了达到这个目标，研究者在智能电网通信领域开展了以下两个方面的研究：扩展网络监控的应用范围和加强 AMI 系统的实时性能。为了监测网络达到馈线和住宅的水平，监控数据点的数量明显增加，达到上百万个。因此，对于这两种方法，处理如此大量的数据是巨大的挑战。

本章将回顾在过去几十年里建立和接近实时智能电网通信网络。总体来说，主要关注拓展现有的 SCADA[11]系统的应用范围和提升 AMI[12]的实时性能。10.2 节主要阐述扩大 AMI 的基础设施、介绍 AMI 的系统组成、讨论 AMI 协议的标准化和回顾一些 AMI 基础设施的实时或接近实时的潜在分布式管理应用[10]。10.3 节讨论 SCADA 系统，旧的实时电力通信系统、在智能电网领域的标准化进程，以及基于 SCADA 系统的配电自动化的应用。10.4 节是本章的小结。

10.2 AMI 及其应用

10.2.1 背景

AMI[12]包括测量、通信、数据管理功能，提供消费者和电力公司控制中心之间的两路数据传输，用户使用能量数据和测量仪表的控制信号。AMI 起初从 AMR 发展起来[14-18]，AMR 是一种单向通信基础设施，用来实现自动收集住宅智能电表的仪表测量数据并传输给电力公司控制中心，用以计算每月的账单和完成其他相关活动。由于部分认为是 AMR 的下一代产品，AMI 不仅提高了传统的数据采集功能（改善每月的计量数据采集达到实时或接近实时计量数据采集），而且开发了从控制中心远程控制智能电表的功能。

在过去的几年里，受美国政府的经济刺激计划，美国多数州已经开始在 AMI 基础设施部署智能电表。在 2009 年开始，举例来说，德克萨斯州发起了一个部署六百万台智能计量电表的项目，预计在 2012 年完成。并且截至 2012 年，加利福尼亚州计划安装一千万台智能电表。不仅在美国而且在全世界都在部署智能电表。根据现行估计值，到 2015 年预计在全世界范围安装的智能电表可以达到 2.5 亿台[19]。

10.2.2　AMI 基础设施

本节简要回顾了 AMI 基础设施的组成，包括计量系统、通信网络和计量数据管理系统。

10.2.2.1　AMI 计量系统

作为 AMI 基础设施的终端设备，AMI 计量系统指的是已经安装在客户端执行测量和通信功能的所有电力仪表。AMI 计量系统分为两类：机械式电能表和数字固态电能表（见图 10.1）。机械式电能表目前已经比较陈旧，正在被数字固态电能表取代。

a) 机械式电能表

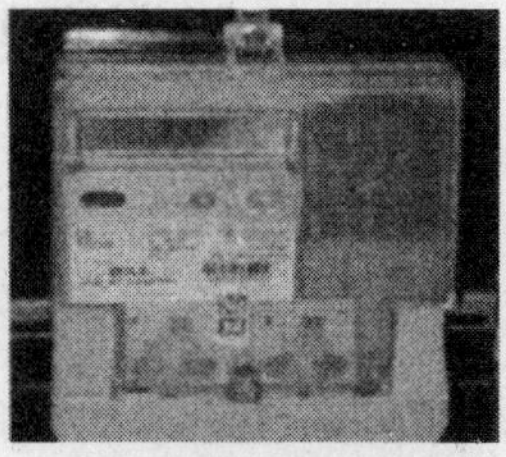

b) 固态电能表

图 10.1　机械式电能表和固态电能表[20]

由数字信号处理技术构造的数字固态电能表在本质上是一个计算机系统，利用微处理器将模拟信号转换为数字信号并进一步地把这些信号加工成用户友好的结果。给固态电能表增加新的功能就像给一台普通的计算机安装一个新应用程序一样容易。因此，它的功能很容易被扩展去适应不同的应用场景。举个例子来说，除了传统千瓦时的能耗测量，一个固态电能表提供电力需用时限信息、用时时间（TOU）、负载档案记录、电压监测、回流和篡改检测、停电通知、服务控制开关和其他应用。

为了和其他智能电表和电力公司控制中心通信，智能电表通常配有一个通信模块。当前市场流行的通信模块是低功率无线电、全球移动通信系统（GSM）、通用分组无线业务（GPRS）、蓝牙和其他通信技术（见表 10.1）。一般来说，在大部分情况下每个 AMI 供应商开发自己专有的通信模块，与其他供应商生产的通信模块互不兼容。

10.2.2.2　AMI 通信网络

AMI 通信网络是一个双向的数据传输信道，用于在单个电能表和电力公司控制中心之间来回传输电能表测量数据和电能表控制信号。一般来说，一个传统的 AMI 通信网络可以分为 3 个层次：家庭区域网（HAN）、仪表局域网（LAN）和广域网（WAN）[6]。

表 10.1 AMI 供应商支持的通信模块

AMI 供应商	通信模块
Landis + Gyr	未经许可的 RF、PLC
Itron	ZigBee、未经许可的 RF、公共载波网络（开放化途径）
Elster	未经许可的 RF、公共载波网络
Echelon	PLC、RF、以太网
GE	PLC、公共载波网络、RF
Sensus	许可的 RF（FlexNet）
Eka	未经许可的 RF（EkaNet）
SmartSynch	公共载波网络
Tantalus	RF（TUNet）
Trilliant	ZigBee、公共无线网络

WAN

作为 AMI 网络中的最高层次的集合体，WAN 处理高层电能表数据采集器和电力公司控制中心之间或者高层次电能表数据收集器之间的连接问题。WAN 是通过众多的 AMI 的测量和控制信号运输的骨干通信网络。

仪表 LAN

这种配电网络处理数据集中器、一些配电自动化设备（例如显示器、自动继电器、开关、电容控制器）和高级的数据收集器之间的连接。和 WAN 相比较，仪表 LAN 有着更大的地理范围，但是在数据传输方面会稍弱。

HAN

对公共设备来说，HAN 被定义为或是被视为一个家用电器和消费电子设备的群组，允许远程接口、分析、控制和连接。电能表作为 HAN 的网关：收集测量数据（例如电、水和气）并传输给电力公司控制中心，也执行从电力公司控制中心传输来的控制命令。

WAN、LAN 和 HAN 一般来说由有线和无线网络技术构成。在现在的 AMI 通信网络，广泛应用的有线通信技术包括电话通信系统、以太网、电力线载波、电力线宽带，广泛应用的无线通信技术包括移动通信系统、蜂窝网络、无线网状网络等。表 10.2 给出了在现代市场中上述网络技术的特点。

AMI 的各层网络需要不同的性能、覆盖范围和安全性。所以它们由不同的有线或无线通信技术构成。对 HAN 来说，需要自我修复、即插即用、低功耗和低成本，ZigBee 是较好的技术。对 LAN 来说，需要更好的覆盖范围和相对较低性能，PLC、未经授权的频谱广播和 WiFi 是更好的选择。对 WAN 来说，需要高性能和好的覆盖范围，BPL、WiMAX 和许可/未经许可的频谱广播更合适。

表 10.2　一些传统通信技术的特点

	名　称	数据频率	范　围
有线	PLC	100kbit/s	和电力网络相同
	BPL	<200Mbit/s	和电力网络相同
	光纤技术	10~40Gbit/s	30~50mile 的中继器
无线	WiMAX	<70Mbit/s	30mile
	WiFi	11~54Mbit/s	<100m
	ZigBee（802.15.4）	20k~250kbit/s	<1mile

关键词：PLC：电力线通信；BPL：电力线宽带[20]。

10.2.2.3　计量数据管理系统

AMI 的计量数据管理系统（MDMS）提供一系列先进的软件工具来管理庞大的电能表数据。它收集、验证和存储在中央数据存储系统并允许电力公司充分利用 AMI 的信息开展以下活动：网络监控、载荷研究、运算分析和决策。除此之外，它同样可以使电能表数据共享到终端用户，使其决定如何以及何时使用能源时访问这些数据。

当 MDMS 在一定的时间间隔（如 15min）中从百万计的电能表中收集读数，电能表数据的数量将会呈指数增加。因此，MDMS 的挑战是存储并管理大量的数据，并从其中提取有用的信息来支持不同的应用，传统数据技术无法完成这项任务。然而，一个定义良好的、能够提供足够的可伸缩性来管理这样一个巨大的电能表数据集的解决方案在理论和实践方面仍处于发展阶段。

10.2.3　AMI 基础设施的标准化

对于目前的市场，来自不同供应商的智能电表一般来说是不能彼此兼容的。然而，对大多数的公共事业单位来说，部署数以百万计的智能电表确实是长期投资，一旦一个公共事业单位采用一个 AMI 供应商的智能电表，为了确保兼容性必须从相同的供应商中购买相关的产品。然而，由于公共事业单位不愿意承诺某一电能表供应商，特别是在智能电网发展的早期阶段。实现 AMI 产品和不同供应商之间的智能电表的兼容性是保护公共事业单位投资最有效的方法。因此，世界上最重要的标准制定委员会（例如 AEIC、ANSI、EPRI 和 NIST）现在尝试着满足公共事业单位的兼容性的需要。表 10.3 列出了现在市场上流行的通信标准协议和电能表信息模型，分别是 ANSI、IEC 和 IEEE 定义的标准和信息模型。在智能电网中，大多数上述标准最近已经被修改（例如 C12.18 和 C12.19）或是被重新定义（例如 C12.22）来支持新的需要（如需求响应）[13]。

表 10.3 主流标准信息模型和通信协议

	名称	进入市场时间/年	种类	内容	领域
ANSI	C12.19[22]	2005	信息模型	公用事业行业终端设备数据表	石油、水和电力
	C12.22[24]	2008	通信协议	数据通信网络接口协议规范	石油、水和电力
	C12.18[21]	2005	通信协议	ANSI 2 类光端口协议规范	石油、水和电力
	C12.21[24]	2005	通信协议	电话现代通信协议	石油、水和电力
IEC	61968-9[25]	2009	信息模型	电力分布系统仪表数据模型	电力
	62065-53[27]	2007	通信协议	COSEM 应用层协议	石油、水和电力
	62056-61[28]	2007	信息模型	仪表目标识别系统	石油、水和电力
	62056-62[29]	2007	信息模型	数据交换接口	石油、水和电力
IEEE	1701[30]	2011	通信协议	光端通信协议（兼容 C12.18 标准）	石油、水和电力
	1702[31]	2011	通信协议	电话现代通信协议（兼容 C12.21 标准）	石油、水和电力
	P1377/D9[32]	2011	信息模型	终端设备数据表（兼容 C12.19 标准）	石油、水和电力
	P1703/D8[33]	2011	通信协议	局域网/广域网节点通信协议（兼容 C12.22 标准）	石油、水和电力

注：ANSI：美国国家标准学会；IEC：国际电工委员会；IEEE：电气和电子工程师协会。

一般来说，AMI 基础设施的标准化包括 AMI 通信协议的标准化和 AMI 信息模型的标准化。

10.2.3.1 AMI 通信协议的标准化

在过去的两年里，AMI 通信协议标准化的重点逐渐从物理层（如 ANSI C12.18[21]）和设备层（如 ANSI C12.21[23]）转到应用层（如 ANSI C12.22[24]），因为应用层面通信协议有效地隔离底层物理网络配置和实现的细节。

在接下来的内容中，介绍两种在美国（如 C12.19[22] 和 C12.22）和欧洲市场（如 IEC 62056-53 和 IEC 62056-62）应用层的通信协议。

ANSI C12.22

从历史的观点来说，在 ANSI C12.19（C12.19 的细节方面将在后面讨论）确定了一系列标准表的格式和样式，建立了一个通过光连接传输表格数据的标准协议（ANSI C12.18）。后来，建立了通过电话调制器通信传输表格的电话调制器通信协议规范（ANSI C12.21）。拓展了 ANSI C12.18 和 C12.21 的概念后，C12.22 的标准允许任何可信任的网络通信系统传输表格数据。

ANSI C12.22 标准的目标是为 AMI 应用定制网状网络基础设施的标准。标准包括以下功能：

1）定义一个数据报，能够通过任何网络将传递 ANSI C12.19 数据表，必须包括 AMI 网络和因特网。

2）提供一个七层通信的基础设施来与带有 C12.22 通信模块的 C12.22 设备交互。

3）提供可用于局部端口（如光端口和调制解调器）的点对点通信的基础设施。

4）提供有效单向报文发送的基础设施。

ANSI C12.22 网状网络由 C12.22 节点和网络组成。一个 C12.22 网络所属的 C12.22 节点由 C12.22 设备和通信模块构成。C12.22 通信模块是一个将 C12.22 设备与 C12.22 网络连接的硬件模块。C12.22 设备包含 C12.19 所定义的表格形式的电能表数据。在 C12.22 的标准中完整定义了从通信模块到设备的接口。

C12.22 网络定义了一个 AMI 特定的网状通信基础设施，其由一个或者多个 C12.22 网段（子网）或 C12.22 LAN（见图 10.2）组成。在一个网段（子网）中，没有通过 C12.22 继电器或 C12.22 网关转发消息的通信节点集合中电能表可以彼此通信。

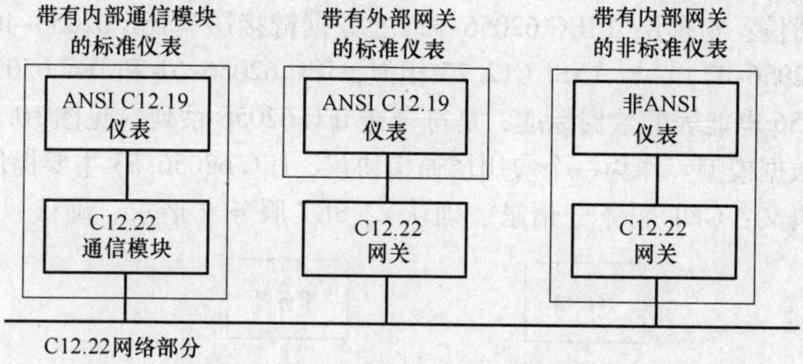

图 10.2　C12.22 网状通信网络

和开放系统互连（OSI）模型相似，C12.22 通信协议由七层组成（见图 10.3）：应用层（第 7 层）、表示层（第 6 层）、会话层（第 5 层）、传输层（第 4 层）、网络层（第 3 层）、数据链接层（第 2 层）和物理层（第 1 层）。和 OSI 不同，C12.22 定制的是电能表数据传输协议。举个例子来说，C12.22 的应用层仅仅支持 ANSI C12.19 的表格、EPSEM 和 ACSE（EPSEM 和 ACSE 是压缩 C12.19 电能表数据的语言）。由 C12.22 的七层提供的标准服务包括识别服务、读服务、写服务、安全服务、轨迹服务等。层 1 ~ 层 6 支持电能表行业各种物理网络连接以及标准的互联网连接。

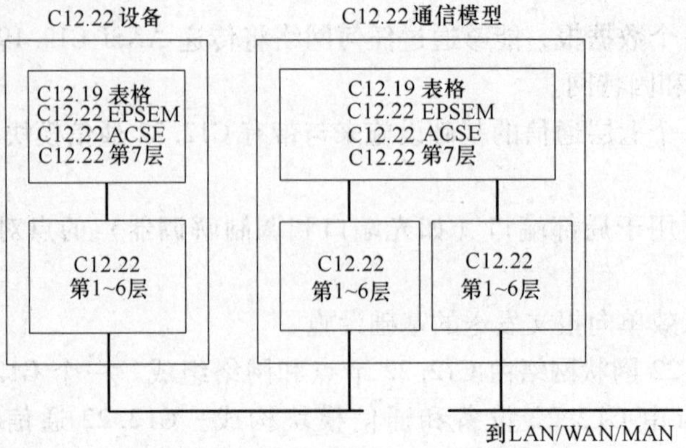

图 10.3　C12.22 通信协议的连接模型

IEC 62056[26]

IEC 62056 为能源计量模型共同规程（COSEM）定义了接口类，包括电能表读取、价格表和负荷控制数据交换等一系列标准。和 ANSI C12.22 类似，IEC 62056-53，COSEM 模型的应用层通信协议是在一些系列 IEC 62056 其他协议的基础上定义的，包括 IEC 62056-21、42、46 和 47。除了用于手持设备电能表进行本地数据交换的 IEC 62056-21 外，其余的协议定义了通信网络的各层来支持应用级通信：物理层（IEC 62056-42）、数据链接层（IEC 62056-46）和传输层（IEC 62056-47）。与 ANSI C12.22 相似，IEC 62056-61 和 IEC 62056-62 定义了 IEC 62056 电能表的数据标准，是符合在 IEC 62056 系列（见图 10.4）中专用的电能表数据模型。作为一个应用层通信协议，IEC 62056-53 主要提供了 3 个服务应用层语义：GET 服务（请求、确认）、SET 服务（请求、确认）和ACTION

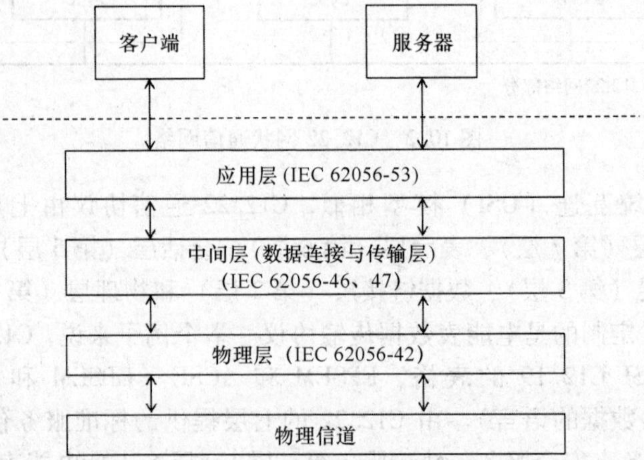

图 10.4　IEC 62056 通信协议的层结构

服务（请求、确认）。

虽然 IEC 62056 和 ANSI C12. 22 都提供一种建设高级网状 AMI 网络的方式，每一个都有一种独特的市场重点：IEC 62056 主要注重于欧洲市场，ANSI C12. 22 注重于北美市场。现在北美市场，大多数的供应商支持 C12. 18 和 C12. 21 协议，但是因为 C12. 22 最近才被定义，很少有供应商支持 C12. 22 协议。Itron[35]、Elstor[36] 和 Trilliant[37] 是支持 C12 通信协议的先锋。因为 C12. 22 的优点，可以预言，在不久的未来，在北美市场大多数的供应商都会支持 C12. 22 标准通信协议。

10. 2. 3. 2　标准 AMI 信息模型

一个信息模型表示的指定数据语义选择域的概念、关系、约束、规则和操作。在 AMI 通信基础设施，所有通信参与者达到一定程度语义理解的信息模型可以继续维持是非常有必要的。

本节简要讨论了当前市场上主要标准的信息模型：ANSI C12. 19 和 IEC 62056-62。前者主要用于北美市场，后者主要用于欧洲市场。

ANSI C12. 19-2008

ANSI C12. 19 是公用事业单位、仪表制造商、自动化仪表服务公司、ANSI、加拿大计量局（对于加拿大工业）、NEMA、IEEE、Utilimetrics 和其他利益相关团体全面合作努力的结果。现在，它有两个版本：ANSI C12. 19-1997 和 ANSI C12. 19-2008。后者旨在适应最近提出的高级计量基础设施的概念，这也是本章的重点。

ANSI C12. 19 的核心是一组定义的标准仪表和程序：前者是存储收集表数据和控制参数的方法；后者是针对上述数据和参数调用特定的操作[22]。C12. 19 的标准表通常分类成几个区段，被称为“decades”。每个“decade”属于一个特定的特性集和相关的函数。尽管 C12. 19 标准囊括了更广范围的表格和程序，任何智能电表能够嵌入所有的表或是大部分在 ANSI C12. 19 中被定义的表格和程序是不可能的。因此，鼓励标准的实现者选择一个合适的标准子集来满足自己的需要。

C12. 19 标准是一个普通的仪表信息模型，支持包括电力、液体、天然气等领域。例如，图 10. 5 所示是从在 C12. 19 标准的 Decade 1 所定义的表格的电力信息。除此之外，C12. 19 中的表能够通过一些标准操作来定制。

IEC 62056-62

与 ANSI C12-19 使用表格来封装仪表测量信息不同，IEC 62056-62 通过接口类来建立仪表信息模型。通过 C12. 19 和 IEC 62056-62 建模的信息模型几乎是相同的，这里不重复介绍 IEC 62056-62 的内容。和 ANSI C12. 19 相似，作为一个综合的仪表数据模型，IEC 62056 不仅支持电力仪表还支持天然气和水仪表。

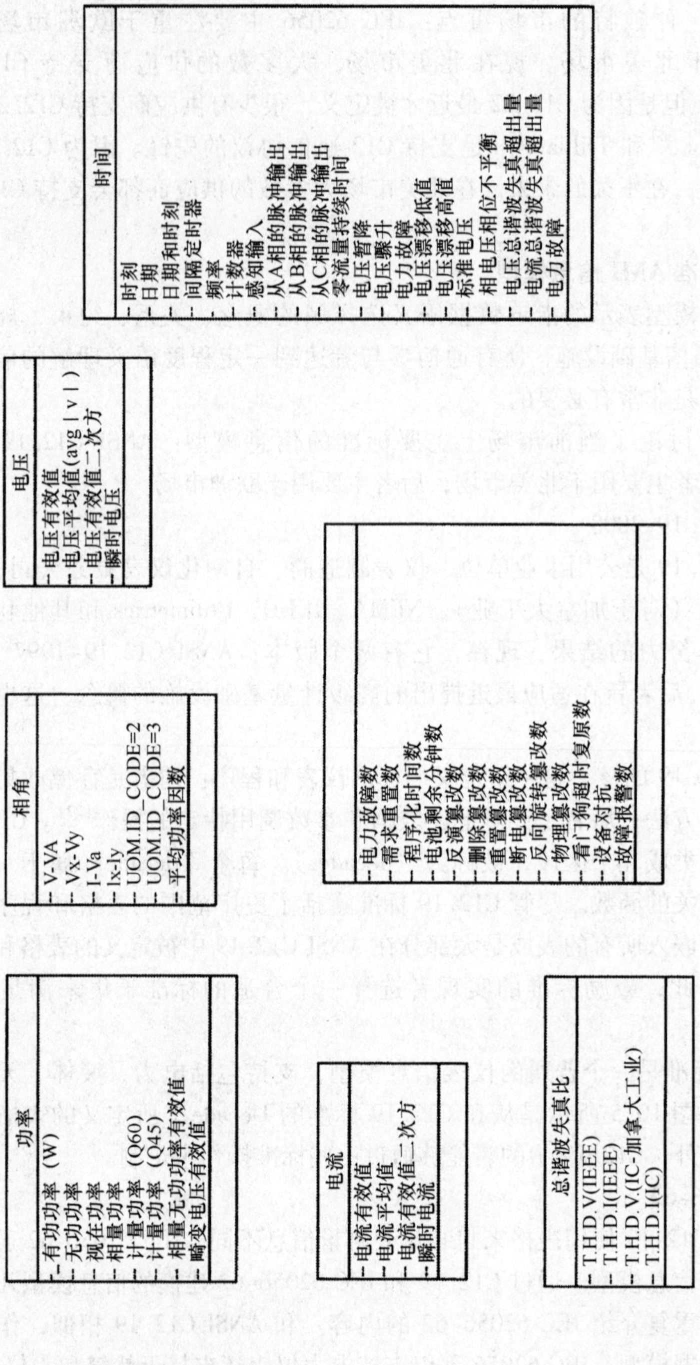

图 10.5 ANSI C12.19 信息模型

对 AMI 供应商来说，优先支持某些标准揭示了一个强大的地域偏好。举例来说，大多数的智能仪表供应商在北美市场更愿意选择 ANSI 系列的标准（例如 C12. 19 和 C12. 22）但是那些在欧洲市场的供应商更愿意选择 IEC 标准。直到今天，只有 Elaster 完全支持包括 IEC 62056- 42、46、53、61 和 62 在内的 IEC 62056 系列标准。像 Itron 一样的其他供应商只是支持一部分的 IEC 62056 标准，还有一些像 GE 和 Sensus 之类的供应商完全不支持这系列的协议。

被飞速发展的智能电网激励，大多数的 AMI 供应商除了支持适当的通信协议，也开始支持标准通信协议和仪表数据模型。直到今天，大多数的 AMI 供应商为了未来的 AMI 网络接受了 C12. 19 和 C12. 22（见表 10. 4）标准。

表 10. 4　AMI 供应商支持标准信息模型和通信协议

	C12. 8	C12. 21	C12. 22	C12. 19	IEC 61968/CIM	IEC 62056/DLMS/COSEM
Landis + Gyr	√	√	√	√	√	IEC 62056-21 和 DLMS
Itron	√	√	√	√	√	IEC 62056-21，DLMS/ COSEM
Elster	√	√	√	√	√	IEC 62056-42、46、53、61、62 和 DLMS/COSEM
Echelon	√			√	√	IEC 62056-21
GE	√	√	√	√	√	N/A
Sensus	√	√		√		N/A
Eka	√			√		N/A
SmartSynch			√	√		N/A
Tantalus	√	√		√		N/A
Trilliant	√	√	√	√	√	N/A

总结来说，AMI 是一个从住宅到控制中心范围双向的通信网络。AMI 作为一个信息供应者，能够给 DMS 在一定程度上提供实时的或接近实时的国家信息系统。并且作为一个命令执行器，从电力公司控制中心到住宅智能电表发送控制命令。由于实时或者近实时的国家信息系统能够显著改善 DMS 应用的质量，将 AMI 与 DMS 集成或许可以成为一个可行、有效的改善 DMS 应用质量的解决办法。

10. 2. 4　先进的 DMS 应用

在从传统的被动系统发展到一个更积极的智能电网中，AMI 是配电系统技术推动者之一。特别是，AMI 系统可以提供大量的测量算法和双向通信系统。其中双向通信系统能够帮助改善现有的配电管理应用，促进新智能应用的发展。一些通过 AMI 改善的应用包括配电系统状态评估、故障管理和需求响应。这些先进的应用对于分配系统监控、分析和自动控制技术是非常必要的。本节讨论这些先进应用的功能以及它们对 AMI 系统的需求。

10.2.4.1 配电系统状态评估

配电系统状态评估指的是能够最佳评估系统状态的程序，该程序采用系统三相模型和一组冗余系统测量。一般来说，一个 DSSE 解决方法尝试着提供以下信息：①决定是否能够用现有的测量数据来监测系统状态；②识别，确定并拒绝错误的测量数据信息；③滤掉测量错误，以最小的误差计算系统状态；④评价状态评估结果的质量。

从历史的观点来说，被经济和其他因素驱使，像 RTU 和其他传感器一样的测量设备不能在每个需要测量的地方被安装。结果是配电系统没有足够的度量设备来实行 DSSE。在这种情况下，配电管理系统（DMS）被用来应用负荷分配和潮流函数作为替代解决方案评估分布式电网的运营状态。负荷分配假定每个运行变压器上的负荷水平正比于其额定值，并且相应地分配在每一个运行变压器的馈线头测量的总电力需求到每一个运行变压器上。事实上负荷分配的假设可能不是那么准确。因此，可替代的解决办法可能产生的结果不能最好地呈现系统的运行状态。

在最近几年里，受智能电网趋势的刺激，很多电力公司安装或是升级先进的智能测量基础设施去改善它们的通信机制。在客户现场安装有数以百万计电能表AMI 系统可以提供大量客户级的测量，能够全面观测配电网络。由于可以获得大量测量资料，DSSE 可以对电网运营状态做出最好的评估。直到今天，尽管大范围的智能电表可以为 DSSE 提供多余的测量，由于在通信频道的性能局限性，大部分的仪表数据不能实时或者是接近实时地传递给电力公司控制中心。事实上，延时可能长达 24h，和 SCADA 系统数据与其他有最快通信传输能力传感器比较，当前的 DSSE 研究考虑到电能表数据仅仅进行低质量伪测量。

一个 DSSE 应用经常每 5～15min 定期执行。为了在 DSSE 中采取最优势的仪表数据，AMI 通信系统必须能够实时或近实时传输大量的仪表测量量，包括电压、功率、能量消耗和时间标识。AMI 通信系统的最高表现可以向 DSSE 应用提供高质量促进及时、准确监测配电系统操作条件的仪表测量量。除此之外，它建立了一个不同的智能电网技术，例如在线电压/无功控制、负荷平衡和服务恢复可以实施的实体基础。

10.2.4.2 先进的停电管理

80%～90% 的电力系统故障发生在配电系统中。故障发生后，且在工作人员被派遣到现场对受影响的客户进行故障修复和服务恢复前（故障电路在修理时），故障的位置（保护装置或断开的导体）断供区域的范围必须要先确定。这个过程通常被看作停机范围分析（OSA），作为一个故障管理系统（OMS）的基本功能，OSA 的执行性和准确性决定了工作人员在对特定位置故障补偿和服务恢复的高效性和有效性。

由于在配电网中获取实时信息（SCADA 系统）的有限性，OSA 的主要信息源是传统的客户故障通话（断电区域的客户可能给电力公司打电话报告断电信息）。然而，因为客户缺席，这种基于电话的断电报告通常会导致 OSA 过程的延长。除此之外，故障范围分析结果的准确性受客户报告电话数量的影响。在实际情况中，电网公司派遣工作人员到故障区域所花费的时间取决于对故障的确认，可能需要好几个小时。

通过在配电网当中配置 AMI，其 OSA 功能将得到极大的增强。AMI 系统当中的智能仪表数据能够向 OSA 传送额外的停电信息。尤其是停电事故当中智能仪表失电前的“濒死喘息”，其不仅包含有更为精确的停电信息（例如停电位置报告），而且能比客户的报障电话更早地到达功能控制中心。换言之，控制中心不需要等接到足够多的报障电话以后再去启动 OSA。此外，AMI 系统的双向通信信道使得控制中心能够依照需求实行仪表现状轮询来进行停电事故确认。

当某一故障导致了一次大范围停电时，停电区域内的众多仪表将同时发送出各自的“濒死喘息”信息，这将在 AMI 通信系统当中引起一次爆发性的通信负载。因此，基于仪表“濒死喘息”信息的 OSA 功能增强在很大程度上依赖于 AMI 通信系统的性能。这就要求 AMI 通信系统必须有能力在极短时间内向控制中心传输大量的高优先级仪表数据。

10.2.4.3　需求响应

电力公司（或需求响应服务提供商）可以采取所谓“需求响应”（DR）的半紧急预防措施，通常应用于高峰负荷期间，电力系统接近满容量运行时。实行 DR 能够使终端用户为响应电力系统负荷和/或电价的变化，自行改变能源消费水平。在这种情况下，电力公司能够平移（推迟）能源消费至不同的时间段，从而减少高峰负荷时的总体需求。这样电力公司就能够避免从现货市场购买电或对用户采取强制限电。

在这种背景下，实行 DR 的客户可分为被动性的（即响应电力企业给出的调控信号）和主动性的（即单方面主动跟随电价变化）两种。本节将详细介绍这两种响应模式。被动响应，指的是“基于激励措施的 DR”；在此种案例当中，一组 DR 信号将由电力公司发布，并通知给参与响应的客户。这种信号将通过请求及强制命令的方式来削减负荷需求。电力公司可利用多种类型的资源，包括直控负荷（多位于居民用户地区）以及通过接收电力公司信号而可干预或削减的负荷（多位于商业及工业用户地区）。

DR 的成功实施需要在电力公司和单个客户之间建立一条有效的双向通信系统。电力公司需要对客户用电数据进行轮询，通过 DR 运行工具进行处理，并生成能够对应地给适当客户电能表发送信号。

10.2.4.4 AMI 系统依赖性

前面所述用于智能配电系统的几个典型高级应用程序存在一个共同的特点：其实施在很大程度上依赖于由 AMI 系统提供的实时或接近实时的电能表信息。

就 DSSE 而言，电能表数据占所需求测量值的大部分。这种电能表数据一般包括住宅的有功与无功功率以及电压幅值。理想情况下，这些电能表数据测量值应当在 DSSE 应用中实时更新。但对实际配电线路而言，这一过程可能涉及数百万台电能表的通信。因此，为确保有效、高效的停电管理，该过程需要“濒死喘息”功能来通知 DMS 系统停电事故的发生；同时，其还需要针对单台电能表的按需轮询功能用于验证停电边界。这两种功能的实现均依赖于 AMI 系统。大规模停电事故将触发爆发性的电能表“濒死喘息”信息发送至 DMS 系统。

10.3 SCADA 系统——电力公司监测和控制网络及其应用

10.3.1 背景

电力公司最成熟的通信技术应用之一是遥测和遥控，这项技术应用通常通过 SCADA 系统实现。具体地，SCADA 系统的主要目的是在远程监测电网的电器量，传输所测量的数据到电网控制中心，并且传送控制命令从控制器（或操作者）到更远的设备。SCADA 历来只被应用在输电级。在智能电网的促进下，近来已经被应用到配电级。

在美国，智能电网通常与更智能和先进的 SCADA 系统算法相关联，主要应用于配电系统（例如馈线自动化、变电站自动化）。类似于 AMI 系统，SCADA 系统由现场/终端设备、通信网络以及所述 SCADA 数据存储系统组成。更重要的是，SCADA 系统主要侧重于实时通信。

作为 SCADA 系统的传输功能已经从 20 世纪 60 年代后期实施，并经过几代的通信技术和协议的过渡。其中，通信技术和协议的合理演变是下面内容的重点。此外，对基于现代的 SCADA 系统中的一些智能应用程序（例如馈线自动化）进行了讨论。

10.3.2 SCADA 系统组件

本节回顾了基于典型的 SCADA 系统的现场设备或终端设备。通常，智能电子装置（IED）和高精度电能表作为终端设备被广泛地部署在 SCADA 系统上。因为电能表已在 10.2 节介绍，本节只重点介绍 IED。

10.3.2.1 IED

IED 是典型的用于监测和控制主电力设备的微处理器装置，当电力系统的操作条件不正常或者不采取控制动作会对高功率、高压发电机和变压器等系统昂贵的部件造成极大损害时产生相应的控制动作。IED 通常用于输电和配电保护继电器，也用于重合器、开关、调压器、电容器组和变压器分触头的标准控制单元。

在功能上，IED 可以被认为是一个工业嵌入式控制器，控制主要的高压/高功率的设备。它可以安装在变电站室内或现场室外（例如，在配电线电线杆的顶部）。类似智能电表，所述 IED 通常配备有一个标准的通信模块（例如 RS-232、RS-485、Modbus、DNP3 和 IEC 60870-5-101），这使得它易于与 SCADA 系统集成。

10.3.2.2　RTU

远程终端单元（RTU）是串联现场设备的主要装置，位于现场设备和 SCADA系统主站之间，目的是最大限度地减少 SCADA 系统主站到现场设备的点对点连接的数目。因此，RTU 下游是大量现场设备，上游是 SCADA 系统主站。该 RTU 功能是作为中间设备或数据采集器，主要采用串行通信协议在 SCADA 系统主站和现场设备之间（例如 IED 和智能电表）来回传输信息。

10.3.2.3　自动化控制器

近年来，传统的 RTU 正在被配备有嵌入式 Windows 或 Linux 操作系统的工业计算系统，即自动化控制器取代。自动化控制器主要使用以太网而不是串行通信协议，与基于 IP 的现场设备，如变电站的 IED[41] 进行通信。此外，无线通信也常与这些控制器一起集成在远程设备上，例如安装在工人很难到达的电线杆上的重合器控制。

由于这些自动化控制器能够在大量的电力公司通信协议中转换数据和服务，来满足与 SCADA 系统集成的灵活性，因此它们也被称为“变电站通道”或“协议转换器”。

10.3.3　SCADA 系统中的通信协议

本节简要回顾通信协议的发展，然后将重点介绍两个最常用的协议：在美国被大多数电力公司采用的 DNP3 和 IEC 61850。IEC 61850 目前在欧洲和包括北美在内的世界其他地区取代 IEC 60870-5。

最初，RS-232 和 RS-485 在 SCADA 系统中作为物理接口，该接口用Modbus、DNP 或 IEC 60870-5-101[42] 作为通信协议。然而，从 20 世纪 90 年代后期，以太网接口事实上对于大多数智能电子装置已经成为标准，传统的基于串行的协议已经开始在物理层面上支持以太网接口。例如，Modbus 和 IEC 60870 演变成的 Modbus TCP 和 IEC 60870-5-104[43]。在上述的过渡中，DNP3 已经成为美国最重要的电力行业通信协议，并在 2010 年发展成 IEEE 标准 IEEE1815[44]。

此外，基于网络的通信协议 IEC 61850，在 2010 年由美国联邦能源监管委员会（FERC）确定为未来智能电网架构奠定基础的关键标准之一。自 2003 年发布以来，这些年 IEC 61850 经历了快速的发展，并且被电力公司、供应商和研究界广泛接受。与传统的 SCADA 系统通信协议不同，IEC 61850 不仅定义了通信规范，而且界定了一个与公共信息模型（CIM）[34]兼容的信息模型。由于 CIM 是在电力系统领域流行的信息模型，基于 IEC 61850 的应用与最先进的大部分电力系统应用具有强互操作性。

以下部分简要回顾在目前市场最流行的两个通信协议 DNP3 和 IEC 61850。

10.3.3.1 分布式网络协议 3（DNP3）

在美国市场，DNP3 被认为是一个特别重要的电力公司通信协议。同时，DNP3 也是一个对供应商和电力公司开放的社区，由 DNP3 用户组开发和维护。尽管 DNP3 在其物理层上支持以太网，它仍保持在其应用层的串行特性。因此，从应用的角度来看，DNP3 仍然是一个串行通信协议。由于节省通信带宽是该 DNP 系列协议试图达到的最关键目标之一，因此 DNP3 适于在通信资源（例如通信带宽）是有限的情况下。从技术上讲，DNP3 的构建基于简化的七层 OSI 模型，仅包括 3 个层：应用层、数据链路层和物理层。

图 10.6 给出了 DNP3 主站的通信模型，其中包括一个主设备或信息收集器（例如 RTU 或 SCADA 系统主站）和 SCADA 系统（如 IED）中由以太网链路连接的一个或多个分站的设备或终端设备。这里，输入是由分站收集的测量数据，输出是主站发出的命令。通常，一个分站包含不同类型的多个阵列数据点，映射到在分站固件的各种内部设备参数。

DNP3 定义了几个类来组织数据：0 类：静态数据，分站目前的点值的快照；1，2，3 类-分站的事件缓冲区的历史点数据。这些类被分配给分站一定范围内的数据点。此外，数据点可以支持不同的对象的变化，使得除了参数的实际值，一些附加信息如事件的时间戳也有报告。

为达到减少网络通信量的目的，将引入死区的概念，来考虑生成在监测模拟输入量背离阈值（死区）基础上的事件。只有当模拟输入绝对值的变化超过预定阈值（死区）时才会生成事件，这就使得映射到模拟输入的模拟值的微小波动将被过滤掉而不会被上报。

在 DNP3 中，一个完整通信实例通常是由主站依照顺序给各个分站发送数据汇报请求，这被称为轮询。主站可以基于不同类别的事件向分站发起轮询。此外，DNP3 中还加入了一种自发性主动上报机制，分站可借此向主站推送数据。如此一来，一旦分站中积累的类别事件达到预设数目，其可在主站未发送请求的情况下上报事件。如果最初的主动上报尝试失败了，分站将不断发起重试，直到收到主站应用层的确认信息或请求超时。出于节省带宽的目的，DNP3 还支持唯异常汇报（RBE）功能，这种功能方式下分站仅上报上次轮询后发生变动的数

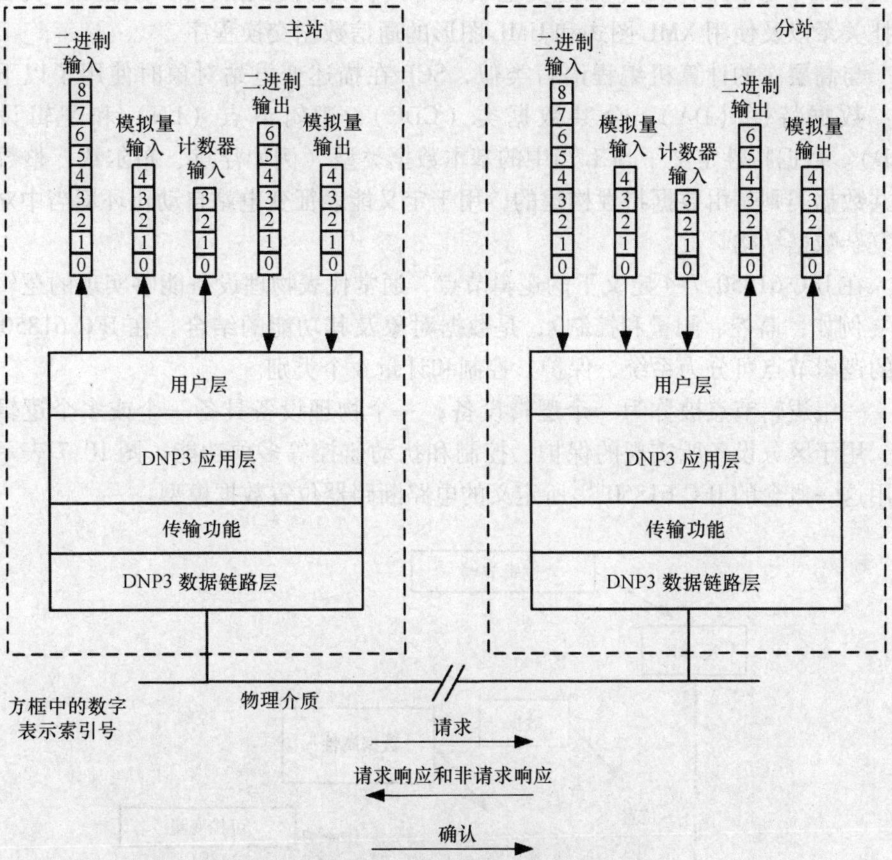

图 10.6　DNP3 通信模型

据。RBE 功能能够显著减少需要传输的数据量，从而节省带宽。

10.3.3.2　IEC 61850

IEC 61850 是由国际电工委员会第 57 技术委员会所执行的标准。从技术上讲，IEC 61850 是基于电力公司通信体系结构（UCA）开发的，该体系结构是一种在 19 世纪 90 年代由美国电力研究协会（EPRI）提出、应用于电力供应企业的开放性通信标准。IEC 61850 的设计初衷是用于变电站站内通信，但随后其概念和应用原则得到了拓展，不再局限于原始版本中限定的变电站范围。

IEC 61850 是包含 10 个部分主要内容的一系列规范，其内容主要包括基础通信架构（IEC 61850-7）、映射到 MMS 的特定通信服务（IEC 61850-8）、特定通信服务映射采样值（IEC 61850-9）和配置描述语言（IEC 61850-6）。

基于可延伸标记语言（XML），IEC 61850 能够针对多种电力自动化系统的现场设备进行建模。这一过程需要利用到由 IEC 61850-6 所规定的变电站配置语言（SCL），该语言可用于描述变电站设备（例如变电站的 IED 设置）、设备间拓扑关系以及使用 XML 图式和 UML 图形的通信数据交换程序。

与高层次的计算机编程语言类似，SCL 在描述变电站对象时使用了以下概念：数据特性（DA）、公共数据类（CDC）、逻辑节点（LN）和逻辑设备（LD）。数据特性定义了 SCL 当中的基本数据类型（例如浮点、布尔数、整数）。公共数据类则是由数据特性构建的，用于定义能表征变电站自动化环境当中对象的复杂数据结构。

在 IEC 61850-7-4 定义下的逻辑节点，通常代表物理设备能够实现的逻辑功能（例如，监控、测量和控制），是数据对象及其功能的结合。在 IEC 61850 当中的逻辑节点可分为系统、保护、控制和计量 4 个类别。

一组逻辑节点被称为一个逻辑设备。一个物理设备具备一个或多个逻辑设备，用于区分设备所实现的保护、控制和扰动监控等多项功能。图 10.7 表示了使用这一概念的 IEC 61850[45] 所定义的电路断路器位置数据模型。

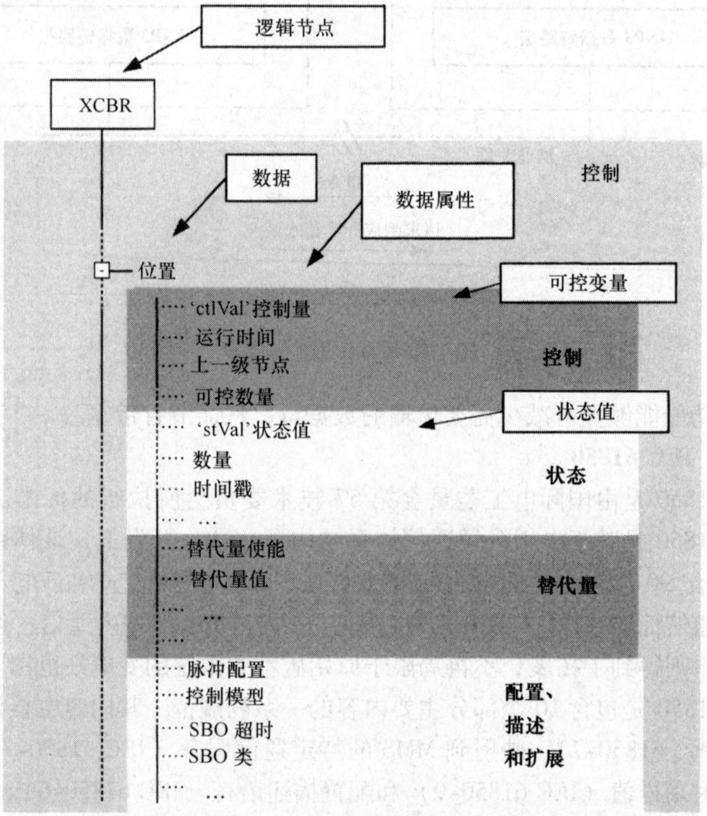

图 10.7 IEC 61850 对象模型的层次结构

在 IEC 61850 标准中，SCL 当中所描述的标准对象模型可由抽象通信服务接口（ACSI）来访问。ACSI 定义了作为特定通信服务映射的应用层级别服务。对一些典型 IEC 61850 基本服务的描述如下：

- 设置组控制块使现场设备能够从一组预设的控制参数切换到另一组。
- 报告控制块，日志控制块定义了报告和记录事件数据的机制，包括立即实时报告、轮询报告、完整性扫描、缓冲及无缓冲报告。该数据将通过特定数据集合来报告，此类数据集合是由根据功能限制对数据属性（即状态或测量）进行分组而构成的。
- 通用变电站事件（GSE）和面向通用对象的变电站事件（GOOSE）使现场设备之间快速的点对点通信成为可能，也使基于本地智能分散式控制方案能够得到实施。其中，GSE 只能传送二进制数据，而 GOOSE 也可以发送配置在一个数据集合当中的模拟信息。
- 控制类模型，用于进行控制操作，同时支持直接控制和具有更强安全性的操作前选择控制。

IEC 61850 的协议配置文件由制造报文规范（MMS）协议、互联网和 OSI 协议栈定义，其中主要包括带有关联开销的全 OSI 七层配置文件。此外，以太网（IEEE 802. 3x）LAN 的直接应用还被指定用于高速保护功能，如 GOOSE 和高采样率（采样值）的数字化波形的处理。

10. 3. 3. 3　讨论

DNP3 是一种串行通信协议，适用于低带宽通信情况。即使在物理层上支持以太网，DNP3 仍保持在其逻辑电平的串行方式。而 IEC 61850 是广泛用于变电站局域网环境中基于网络的通信协议。相比 IEC 61850，DNP3 具有低通信开销，并且更适合低带宽网络通信。

不像 DNP3 中数据点根据类型分组，IEC 61850 具有定义良好的信息模型，该模型与在电力系统领域中使用的最流行的信息模型 CIM 兼容。不过，在 DNP3 中的数据集增强了该模型。此外，DNP3 的最新发展能够创建一个基于 XML 的设备和实现基于 XML 的信息模型到实时数据的映射。为了简化协议转换，在 DNP3 中的 XML 设备还允许 IEC 61850 对象和 DNP3 点之间的交叉映射。

10. 3. 4　配电自动化

配电自动化（DA）的目的是提供使电力公司能够远距离实时模式监测、协调和操作配电组件的一系列技术[46]。DA 系统由单独的设备、智能决策系统和通信系统组成。通信基础设施是重要的，因为它使得自动化系统中的系统远程监测和控制功能成为可能。两个配电自动化应用的例子是故障检测、隔离、供电恢复（FDIR）和电压与无功控制（VVC）。本节讨论这两种应用和它们对通信系统的依赖性。

10.3.4.1 故障检测、隔离和恢复供电

如前所述，电力公司往往依靠一个故障呼叫系统，即客户可以向电力公司报告故障的工具。通常，在故障发生和客户遇到停电时，客户可给电力公司打电话并报告停电。接到停电报告后，电力公司可以派一名员工去故障现场。电力公司员工首先进行故障定位、制定故障切换方案来隔离故障，然后在故障馈线部分正在修理的同时让以尽可能多的受影响的客户恢复服务。这个过程可能需要几小时。

如今，许多电力公司部署了配备 IED 的馈线切换设备（例如重合器、断路器和分段器），这些智能电子设备具有监测、保护、控制和通信功能。在网络通信和分布式控制设备的连接中用 IED，能够自动故障检测、隔离和恢复供电服务。

结合自动 FDIR 的应用，配电系统的操作条件可以被监测并且由 FDIR 控制器和与变电站和沿馈线开关连接的多个 IED 来控制[47]。IED 将系统信息传送到控制器，在产生永久故障发时自动重合器进行一定次数的重合，重合器从一个常闭状态进入闭锁与断开状态，并且与重合器相连的 IED 实时地将状态变化以及如电压和电流幅度等其他测量数据发送到控制器。作为响应，控制器执行 FDIR 逻辑，其中①确定引起该重合器锁定的故障位置；②确定开关设备是否应打开，使得故障馈线部分进一步隔离；③选择适当的切换恢复没有故障区域而处于断电状态区域的供电服务。FDIR 逻辑的输出包括一系列开关设备状态变化和切换与 IED 相连设备的命令，实现相应开关状态变化。

通过使用自动 FDIR 技术，在无需人工干预的闭环环节中可以实现故障检测、隔离和供电服务恢复。整个过程中，FDIR 逻辑在实时或接近实时的双向通信系统的帮助下，通过改变开关的打开/关闭状态自动地改变馈线系统的拓扑结构。现场的 IED 和控制器之间的通信可以用 Modbus、NDP、IEC 61850 或其他协议来实现。与通过派工作人员到现场排除故障需要几分钟和几小时相比，自动 FDIR 技术通过这种方式减少断电的持续时间，并且显著提高了配电系统的可靠性水平。

10.3.4.2 电压和无功控制

电压和无功控制是配电管理系统（DMS）的关键应用之一。传统上，它的主要目的是减少系统的能量损耗和总需求。能量损耗的降低通过控制电容器组和其他无功功率资源优化配电网络中的无功控制来实现。需求的减少通过控制变电站抽头变换器（LTC）、线路电压调节器和电容器等来平坦和降低整体电压分布来实现。

一般在每个可控设备中电压和无功控制是自治的，每个可控设备配备有局部

控制器和测量局部电压、电流、潮流和其他电气参数的传感器，并且局部控制器根据局部测量数据确定最好的控制动作。在这种类型的控制中，控制逻辑和设置都基于操作经验预先确定，并且各种设备控制动作之间的协调是纯粹由预定时间延迟设置确定的。其结果是，电压和无功控制不需要用于发送测量数据以及控制命令的实时通信机制。

目前，如风力和太阳能资源的可再生分布式能源（DER）日益增加，这些类型的分布式能源的间歇功率输出和分布式能源的并网带来的双向潮流可能显著地影响系统的电压和无功控制。例如，因为附加的 DER 控制设备以及潮流方向的频繁改变使双向潮流无功控制变得更复杂。此外，因为间歇 DER 的特性，系统电压可能出现波动的增加，甚至是电压稳定问题，并且电压控制装置更频繁地操作以减轻这些负面影响。

在这些新的情况下，传统的自主局部控制方法不能够满足系统运行的要求。因此，可以有效地处理更具挑战性运行条件的集中协调电压和无功控制方法成为必然。相应地，对于通信系统的要求也随之增加。所有有关测量数据和控制设备状态的信息应该实时地被发送到位于控制中心或变电站的中心控制器上，同样地，从中心控制器发出的控制命令，应实时地发送到可控设备上。这个过程要求每个控制设备及任何测量点配备通信模块，并建立了现场设备、测量点和控制中心之间的实时通信机制。

10.4　小结

本章简要回顾了电力通信网络，包括 AMI 系统和 SCADA 系统的最新发展。

在电力公司的大规模通信网络中，AMI 系统最近受到广泛关注。如今，对于许多电力公司来说，AMI 系统的部署使得客户级的实时或近实时监测和控制成为可能，并加速了先进的电网管理应用的出现，如配电状态估计、需求响应和断电管理，这将提高电网系统运营的效率。另一方面，作为电力公司的实时监测和控制网络，SCADA 系统不易被进一步拓展到馈线和客户级的水平，因为其带宽有限和基于串行的通信基础设施无法支持由这种拓展造成数据点数量的增加。在未来的多年，SCADA 系统和 AMI 系统将会相互补充地共存。

为了保护电力公司投资，并使来自不同厂商的设备之间具有互操作性，为使 AMI 系统和 SCADA 系统取代原有的专有通信协议，已经定义了许多通信协议的新标准。新标准不仅概括了标准的通信基础设施（例如，由 ANSI C12. 12 定义的网状网络基础设施），而且概括了标准的信息模型（例如，ANSI C12. 19 和 IEC 61850）。尽管新定义的通信协议比传统协议更有优势，但是因为目前有大量原来的设备在电网系统上运行，支持这些设备的传统通信协议（例如串行通信协议）将继续存在相对长的时间。

参考文献

[1] Cupp, J. and Beehler, M.E., "Implementing Smart Grid Communications," *TECHBriefs*, no. 4, 2008.

[2] Apel, R., "Energy Automation, Enabling the Intelligent Grid," Next Generation Utilities: Technology Summit, Evian, France, 10/02/2008.

[3] Dugan, R. C. and McGranaghan, M., "Sim City," *IEEE Power & Energy* Magazine, vol. 9, no. 5, Sept./Oct. 2011.

[4] Roy, S., Nordell, D., and Venkata, M. "Lines of Communication," *IEEE Power & Energy Magazine*, vol. 9, no. 5, Sept./Oct. 2011.

[5] Internet of things, http://www.greenbang.com/internet-of-things-is-energys-future_15342.html

[6] Conner, M., "*Sensors empower the "Internet of Things,"* pp. 32–38. ISSN 0012-7515.

[7] Girotti, T.B. Tweed, N.B., and Houser, N.R. "Real-time Var control by SCADA", IEEE Transactions on Power Systems, vol. 5, no. 1, Feb. 1990.

[8] Marihart, D.J. "Communications technology guidelines for EMS/SCADA systems," *IEEE Transactions on Power Delivery*, vol. 16, Apr. 2001.

[9] Bennett, C. and Wicker, S.B. "Decreased time delay and security enhancement recommendations for AMI smart meter networks," *Innovative Smart Grid Technologies* (ISGT), Jan. 2010.

[10] Cassel, W.R., "Distribution management systems: functions and payback," *IEEE Transactions on Power Systems*, vol. 8, issue 3, 1993.

[11] "Supervisory Control and Data Acquisition (SCADA) Systems," Office of the Manager, National Communication System, October 2004.

[12] Yang, F. "Advanced Metering Infrastructure Technology," Technical Report, No. PT-07045, ABB US Corp. Research Center, 2007.

[13] "NIST Framework and Roadmap for Smart Grid Interoperability Standards," Release 1.0 (Draft), Office of the National Coordinator for Smart Grid Interoperability, NIST, 2009.

[14] Fischer, R. A., Laakonen, A. S., and Schulz, N., N., "A Generation Polling Algorithm Using a Wireless AMR System for Restoration Confirmation," *IEEE Transactions on Power Systems.*, vol. 16, no. 2, pp. 312-316, 2001.

[15] Dorey, H., "Advanced Metering in Old and New Worlds," *Power Engineering Journal*, vol. 10, no. 4, pp.146-148, August, 1996.

[16] Jin, Y., and Cox, M. D. "A Pipelined Automatic Meter Reading Scheme," Instrumentation and Measurement Technology Conference, pp. 715-720, 1993.

[17] Mak, S. and Radford, D. "Design Considerations for Implementation of Large Scale Automatic Meter Reading Systems," *IEEE Transactions on Power Delivery*, vol. 10, no. 1, pp. 97-103, 1995.

[18] Clay, M. R. J. and McEntee, A. J. "Advanced Meter Reading Tokenless Prepayment," *Power Engineering Journal*, vol. 10, no. 4, pp. 149-153, August 1996.

[19] "SmartMeter™Installation Progress," PG&E, April 2010, http://www.pge.com/myhome/customerservice/meter/smartmeter/deployment/

[20] Electromechanical meter and solid-state meter http://en.wikipedia.org/wiki/Electric_energy_meter

[21] ANSI C12.18-2006, "American National Standard Protocol Specification for ANSI Type 2 Optical Port," ANSI Inc. 2006.

[22] ANSI C12.19-2008, "American National Standard - Utility Industry End Device Data Tables," ANSI Inc. 2009.

[23] ANSI C12.21-2006, "American National Standard Protocol Specification for Telephone Mode," ANSI Inc. 2006.

[24] ANSI C12.22-2008, "American National Standard - Protocol Specification for Interfacing to Data Communication Networks," ANSI Inc. 2009.

[25] IEC61968-9: "Application integration at electric utilities - System interfaces for distribution management - Part 9: Interfaces for meter reading and control," IEC, 2009.

[26] IEC62056: Electricity metering – Data exchange for meter reading, tariff and load control, IEC62056.

[27] IEC 62056-53: Electricity metering – Data exchange for meter reading, tariff and load control – Part 53: COSEM application layer, IEC 2006.

[28] IEC 62056-61: Electricity metering – Data exchange for meter reading, tariff and load control – Part 61: Object Identification System, IEC 2006.

[29] IEC 62056-62: Electricity metering – Data exchange for meter reading, tariff and load control – Part 62: Interface classes, IEC 2006.

[30] IEEE 1701-2011: IEEE Standard for Optical Port Communication Protocol to Complement the Utility Industry End Device Data Tables, IEEE, 2011.

[31] IEEE 1702-2011: IEEE Standard for Telephone Modem Communication Protocol to Complement the Utility Industry End Device Data Tables, IEEE, 2011.

[32] IEEE P1377/D9, IEEE Draft Standard for Utility Industry Metering Communication Protocol Application Layer (End Device Data Tables), IEEE, 2011.

[33] IEEE P1703/D8, IEEE Draft Standard for Local Area Network/Wide Area Network (LAN/WAN) Node Communication Protocol to complement the Utility Industry End Device Data Tables, IEEE, 2011.

[34] IEC61970, Energy management system application program interface, part 301, common information model (CIM) base, IEC, 2011.

[35] The AMI/AMR solution from Itron Inc. http://www.itron.com/pages/products_category.asp?id=itr_000238.xml

[36] EnergyAxis from Elster Electricity LLC http://www.elsterelectricity.com/internet_Content_1.nsf/SResults/D72B4A78CC3B0A1B85256DFF006EF2C3

[37] "Trilliant – A Trusted Solution Partner," Solution Brief, Trilliant Incorporated, 2009 http://www.trilliantinc.com/4_Rsrcs/_PDFs/TSB_TrustedPartner.pdf

[38] Lee, Y. T. "Information modeling from design to implementation" National Institute of Standards and Technology, 1999.

[39] Venkata, S.S., Uluski, R.W. and McGranahan, M. "Critical Elements – Distribution Management Systems," *IEEE Power and Energy Magazine*, vol. 9, no. 5, September/October 2011.

[40] Clarke, G., and Reynders, D. "Practical Modern SCADA Protocols: DNP3, 60870.5 and Related Systems," Elsevier, 2004.

[41] Olovson, H.-E., Werner, T., and Rietman, P. "Next Generation Substations. Impact of the Process Bus," *ABB Review*, Special Report IEC 61850, 2010.

[42] IEC 60870-5-101: Telecontrol equipment and systems - Part 5-101: Transmission protocols - Companion standard for basic telecontrol tasks, Second edition, IEC, 2003-02.

[43] IEC 60870-5-104: Telecontrol equipment and systems – Part 5-104: Transmission protocols – Network access for IEC 60870-5-101 using standard transport profiles, Second Edition, IEC, 2006-06.

[44] Distributed Network Protocol (DNP3). IEEE Standard 1815-2010, July 2010.

[45] IEC61850, Part 1~10, International Standard, Communication networks and systems for power utility automation, 2003-04.

[46] IEEE PES DA Tutorial, 1998.

[47] Yang, F., Li, Z., Vaibhav, D., Wang, Z., and Stoupis, J. "Graph Theory-Based Feeder Automation Logic for Low-End Controller Application," IEEE PES Generation Meeting, July, 2009.

第 11 章　智能电网需求响应

智能电网是国家输电和配电系统的现代化，可以满足未来需求，融合可再生资源，来维持可靠、安全的电力基础设施，面临重要的新挑战。需求响应是动态电能需求管理机制对供电情况的响应，是智能电网最重要的作用之一。需求响应有很多优点，包括降低峰值需求、参与者经济收益、可再生资源的整合和辅助服务的提供。本章研究整理了当下具有代表性的需求响应方法，并对未来发展趋势进行了讨论。

11.1　需求响应概述

事实上，传统的需求响应机制在传统电网中是相对成熟的，例如实时电价[1]、峰值电价[2]、需求侧竞价[3]和紧急需求响应[4]。本节介绍了需求响应的重要性、电网中传统需求响应方法和未来智能电网的需求响应。

11.1.1　需求响应重要性

需求响应是指用户根据电网供电情况、批发商或零售商竞争性的价格这种经济信号来调整用电[5]。参考文献［6］对需求响应做了更具体的定义：终端消费者消费模式随着电价的改变而改变，或者因电力系统可靠性差或者批发商定价高时降低电力使用而推出的奖励金而改变。举几个需求响应的例子：对短期高价格的响应是提高恒温器的温度；电能受限时关闭部分灯；当电网系统的可靠性受到破坏时，降低或停止工业运营产量。

需求响应得到了广泛关注，不仅是因为它反应降低用户在批发商定价高或者系统可靠性受到威胁时较少电量使用的能力，而且是因为它可以改善电量的资源效率，实现社会福利最大化。需求响应可以实现社会福利最大化是由于它可以在用户所交的电费和用电量之间更准确地校正。需求响应包括如下优点：

1）降低峰值需求。电网通常需要具备提供额外的发电、输电和配电的能力来应对几小时的峰值需求。例如，在西班牙，每年需要 4000MW 来满足 300h 的峰值消耗[7]。这不仅增加了运营成本，而且导致能量的浪费。通过需求响应项目的实施，电力负载可以从高需求状态调整到其他状态，因此负载需求变得更加平滑。它提高了电网的可靠性和操作安全，降低了维护成本。

2）参与者经济收益。参与者可以通过调整用电来节省电费，调整用电是跟据实时变化的电价，或者获得特定奖励项目的奖励金。另外，需求响应有利于降低了峰值需求。从长远角度来看，可持续的需求响应降低了聚合系统的电量需求，让电力公共设施和其他零售商可以购买和制造更小的新电容。最终这些节省下来的钱可以让大部分零售消费者受益。

3）可再生资源的整合。由于多种可再生资源越来越多地并入到电力系统，需求响应在提高这些可再生资源利用效果上起到了非常重要的作用。需求和可再生能源的供应都是动态波动的。参考文献［8］指出，智能电网的目标不是让供应满足需求，相反，通过用需求响应技术，让需求满足供应。

4）辅助服务的提供。用需求响应来为辅助设备服务，例如整流、负载跟踪、频率响应的旋转备用和补充备用，有很多优点。优点包括降低输电和配电损耗、提高输电能力和提高电压崩溃的裕度[9]。

11.1.2　传统电网的需求响应

传统电网的需求响应有两种[10]：基于价格的需求响应和基于奖励的需求响应。每种需求响应都有很多种方法，如图 11.1 所示。传统电网的需求响应算法也有多种，只简单地介绍典型方法。感兴趣的读者可以参考文献［6，11，12］，获取更详细的介绍。

在基于价格的需求响应项目中，用户自愿根据实时变化的价格信号来调整用电量[13]，实时变化的价格信号主要包括分时计价、实时定价和关键峰值计价。如果用户在价格较低时充分用电，在价格较高时避免用电，可以减少电费。3 种典型的基于价格响应的方法总结如下：

1）分时计价。电价在不同时间段是波动的，但是在特定的时间内是固定的。价格事先定好让用户知道，让他们可以根据价格调整用电来管理他们的电费。分时价格反映了不同时间段发电和输电的平均成本，促使用户可以改变用电模式来让负载曲线平稳。然而，能源的价格主要是基于供电商的效用成本而没有考虑用户的反馈[14]。

2）实时计价[1]。这是一种理想化的动态定价策略。实际上，电价可能每小时都不一样（甚至更频繁），反映了效用发生成本的变化或者电力批发商价格的变化。实时价格以天或小时为基准提供给用户，让用户根据能源市场做出用电计划。然而，这增加了安装通信和控制设备的成本。

3）关键峰值计价[2]。在电力系统，关键峰值负载由于天气或系统情况会发生数次，对于整个电力系统来说一旦发生，是巨大威胁。为了避免关键峰值，关键峰值计价的方法是分时计价和实时计价设计的结合。事实上，它是改进的分时计价，不同点在于关键峰值计价在特殊情况下的事件价格（例如，当系统可靠性降低时，供应成本提高）高于普通峰值价格。用户不但可以在这些时间降低

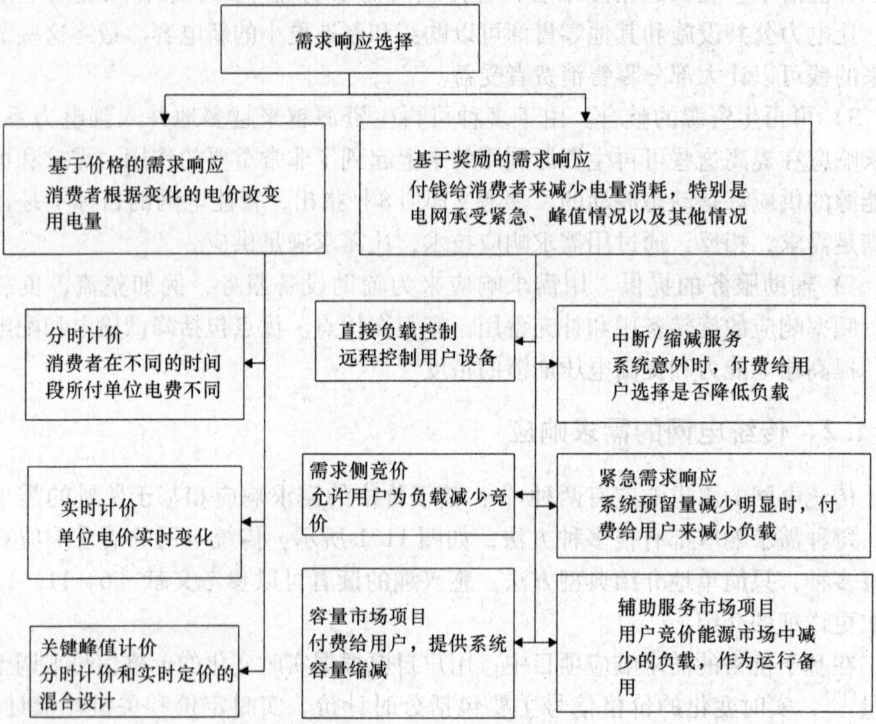

图 11.1 传统需求响应方法

用电来节约钱，也可以减少温室气体的排放，推迟额外电站的建造。

其他基于奖励的需求响应项目是在电网操作者认为可靠性较差时，用户减少用电让用电量到对应的设立的基线时，给予用户奖励。部分需求响应项目甚至处罚参与了但没有履行合约的用户。典型的需求响应方法如下[13]：

1）直接负载控制。这个方法是在需求峰值期间远程控制用户电力设备关闭或者开启[15]。签订合约的用户可以得到奖励金，通常以电费信贷的形式给予。直接负载控制项目主要针对居民住宅或小的商业消费者。需要控电的设备是不会影响用户短期生活的设备，例如空调、热水器、蓄水池泵和干洗机等。

2）需求侧竞价[3]。这种方法鼓励消费者参与到批发商市场。消费者提供竞价，这个竞价使特定时间的需求减少，他们可以接受的最低奖励。一旦竞价确定，用户会得到以较低的电价的形式的奖励，或者直接为他们付电费。需求侧竞价是未来能源市场一个重要的特点，有助于人们对运营了解更多。与直接负载控制不同，需求侧竞价主要给广大用户提供方便。

3）中断负载。用户和电力公司签署的缩减选择收费协议[16]。如果用户在系统意外时降低负载，用户可以享受一定的折扣和票据信贷。然而，如果降低负载失败可能需要赔偿。中断负载项目只对大型工业或商业用户有效。

4）紧急需求响应项目。紧急需求响应项目是当电力可靠性出问题时，比如输电限制、发电限制或者用电高需求提供给用户奖励金，鼓励用户减少负荷[4]，例如自愿项目和容量项目。在自愿项目中，用户可以选择参与。奖励金是根据用户在系统紧急情况时降低的量来定的。在容量项目中，用户被期望参与，根据参与的实用性获得奖励，尽管公共消耗不一定降低。

5）容量市场项目。用户承诺在系统意外出现时承担降低负载的任务。参与者按照指示完成降低负载的任务会收到保证金。用户如果在被告知要降低负载时没有成功，会受到惩罚。容量市场项目是一种保证机制，例如在很多年份用户没有被要求降低负载但是还是会收到钱来保证需要降低负载时用户会配合。

6）辅助服务市场项目[10]。用户在输电网络运营市场或区域输电运营市场竞标切负荷作为营业准备。如果用户的出价被接受，他们会因为同意作为备用而获得奖励，如果需要缩减，他们会被输电网络运营商和区域输电运营商召唤，而且根据他们的出价或市场价格得到奖励。

11.1.3　智能电网新需求

上面介绍的传统需求响应方法是相对成熟的，但是它们很难应用在未来智能电网中。参考文献［18］中，理想的需求响应范式，电力消耗应该与产量对应，需求方用户需要是全额参与人。然而，对于大部分传统需求响应方法，用户可以根据行政基准线降低消耗来获得奖励，或者被告知高能源价格来降低能源使用。换句话说，消费者根据他们的意愿选择消费模式和获取信息。人类的自私以及用户与发电者之间缺乏沟通导致提高能量效率和处理电网紧急故障。智能电网的特点和优点需要需求响应中更多的用户参与。可以从以下两个方面解释。

多种可再生能源，例如太阳能和风能的应用在智能电网领域越来越多。2008年，美国加利福尼亚州 11.8% 的电力来自于可再生能源[19]。根据加利福尼亚州的可再生能源项目，2020 年，33% 的电力来自于可再生能源。2005 年，在欧洲，8.5% 的电力来自于可再生能源，他们的目标是到 2020 年 20% 的能量来自于可再生能源[20]。可再生能源可以用在不同地区，甚至到每家每户，这样能量用户可以既是电力消费者也可以是生产者。这可以让电网从单一能量传送到双路能量输电网络，来满足用户上传额外能量到电网和与其他用户共享能量。需求响应的解决可以实现能量生产者与消费者的和谐。

另外，智能电网技术，例如数字通信设备和先进计量设备的出现促进了用户和生产者之间分享信息和为数据提供了更好的环境。

11.2 智能电网代表性的需求响应算法

11.2.1 分类

智能电网有许多需求响应结果，可以分成几类。根据需求管理方法，需求响应算法分为集中管理和分散管理。

- 集中需求管理。电力公司根据复杂的集中算法控制家用设备。大量的信息流、集中方案的社会和法律困难限制了这种方法在智能电网的应用[7]。
- 分散需求管理。终端用户局部的、直接的决定需求。许多理论，如对策论、同意法和次梯度最优算法为分散需求响应提供了解决办法。

需求响应可以根据调度变量大体分为两类：

- 何时开启电气用具。参考文献［23，24］中的团队，旨在根据有效能量、事先设定的期限等因素控制设备何时运转。例如，冰箱在制冷周期开始的时间延后或提前一定的时间。这个团队的大部分文献中，能量价格是动态变化的而不是由能量市场提供的。
- 在一定时间内分配多少能量给用户。这种分类的目标是在规定时间内估计用户的能量需求，包括用户的最低能量消耗量、最大发电容量。例如，在夏天，如果空调温度设定在22℃，人们会感觉更凉爽，但是人们可以容忍28度以下的温度。因此，在这个时间段，需求可以与发电匹配。通常，在这种情况，它把调度变量和能量价格一起计算，能量价格与特定时间的能量消耗相关。参考文献［22，25-27］中，一系统边际电价获得市场均衡点，随着潮流平衡约束相关的拉格朗日乘子出现。

然而，不考虑如何处理需求响应问题，目的是提高收益、降低用电成本。根据优化目标，将需求响应算法分为三类，分类如图11.2所示。

- 用户利润优化类型。需求响应方法目的是在发电容量范围内提高用户福利。福利是用户利润减去用电费用[28]，或者相似的方法。
- 减少用电成本类型。这类需求响应方法的目标是在保证用户最低需求的同时，降低电气公司运营成本。在这种情况下，电气公司需要给愿意降低能量功耗的用户折扣[29]。
- 社会福利最大化类型。这类需求响应方法目的在于优化地匹配需求和最大化社会福利目标下的供应[27]。社会福利是指用户效益和生产者运营成本之间的差距。目前这类方法的能量价格是动态变化的，这样可以优化用户和生产者之间的收益。

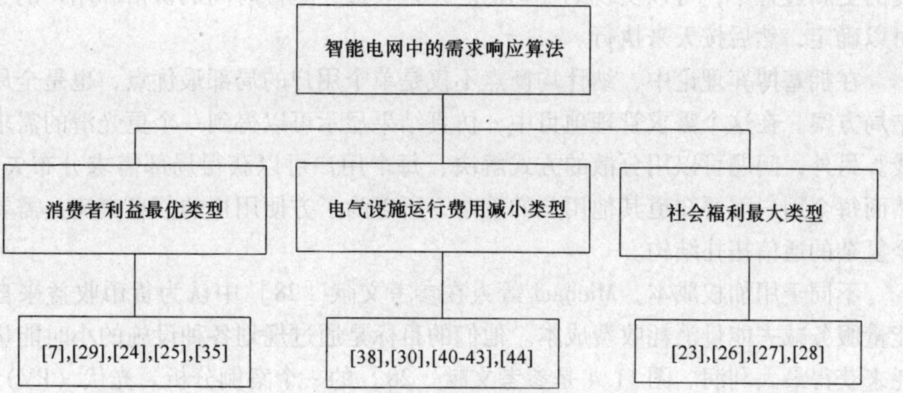

图 11.2　智能电网中的需求响应算法分类

11.2.2　用户利润优化算法

Christian 等人在参考文献［7］中用网络拥塞博弈[30]来获得分布负载管理。每个用户被认为知道日常总用电需求量，并且决定在这个博弈中的 24h 内的需求分配，目标是考虑到自身喜好的情况下，最小化需要付给能量供应商的花费。

电网是由一个能量供应商和 M 个用户组成的。$\boldsymbol{d}_i$ 代表用户 i 的需求分布矢量，$\boldsymbol{d}_i=[d_1^i,\cdots,d_N^i]$，$N=24$。首先，系统模型有向图如图 11.3 所示。用户在时间 j 内的能量需求流经边缘 e^j，这个边缘内的总的负载用 x^j 表示，$x^j=\sum_{i=1}^{M}d_j^i$。在时间 j 内的能量价格是 $c(x_j)$。将需求管理放在一个拥塞博弈 $\{P,E,\{s_i\}_{i\in M},\{c_e\}_{e\in E}\}$，$P$ 是一系列参与者，E 是一系列资源，s_i 是参与者 i 的策略空间，c_e 是与资源对应的成本函数。需求管理和拥塞博弈的关系更具体可以表述为：①参与者：M 个；②资源：N 个边缘，N 个时间间隔；③参与者 i 的策略空间：$\boldsymbol{d}_i=[d_1^i,\cdots,d_N^i]$；④资源 j 的成本：每个时间间隔 j 的能源价格 $c(x_j)$。

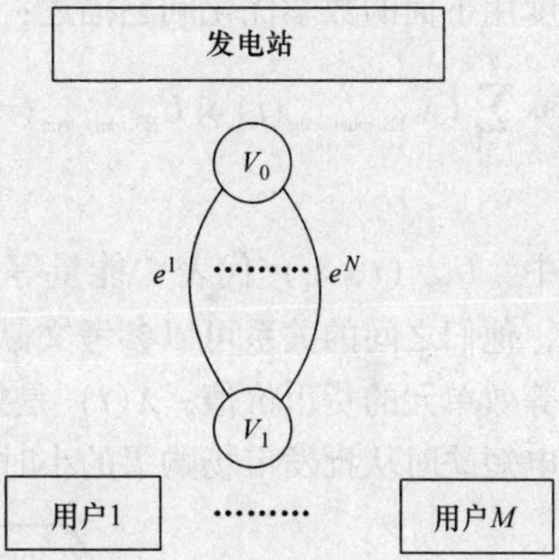

图 11.3　电网系统模型有向图

在博弈过程中，每个用户为了最小化其加权成本，在其他用户的策略的基础上更新自己的策略。用户 i 的成本函数 $c_i(s_i,s_{-i})=\sum_{e^j\in s_i}w_j^i c(x_j)$，$s_{-i}$ 代表其他用户的现行策略，w_j^i 代表用户 i 根据他的喜好在时间 j 内的成本权重。在这种重复的更新过程中，可以实现纳什均衡。一旦收敛，单位时间的价格和用户的分布可以确定，然后按天来执行。

在拥塞博弈理论中，纳什均衡点不仅是单个用户的局部最优点，也是全局的结局方案。在这个需求管理项目中，仿真结果显示可以得到一个更光滑的需求曲线。另外，问题可以用分散的方式解决，每个用户可以获得局部需求分布矢量。然而每个用户需要知道其他用户的策略，所以为了方便用户的信息交流，需要一个复杂的通信拓扑结构。

不同于用加权成本，Michael 等人在参考文献［28］中认为货币收益来自于能量服务减去能量消耗收费成本。他们的目标是通过规划各种设施的小时能量消耗来获得最大利润。图 11.4 是参考文献［28］的一个案例分析。光伏（PV）电压系统发电供地方使用。为了防止能量不足，能量需要从批发商购买。能量服务包括给插电式混合动力汽车（PHEV）充电、运行取暖器、加热存储热水器、操作池泵，以及除了上述 4 种的其他强制运行的服务。强制运行的服务需求每天都是固定的。调度器决定每小时为 PHEV 充电的时间、取暖器的加热时间、热水器何时开启、池泵何时运转。操作调度用 $x=\{x_i \mid i=\text{car}, \text{heat}, \text{water}, \text{pool}\}$表示，调度用下面的数学优化问题描述：

$$\text{Max}\sum_{t=1}^{T}\left(\lambda_{\text{ES,must-run}}(t)\times U_{\text{ES,must-run}}(t)+\sum_{i}\left(\lambda_{\text{ES},i}(t)\times U_{\text{ES},i}(t,x_i)\right)-\lambda(t)\times P(t,x)\right) \tag{11.1}$$

式中，$U_{\text{ES},i}(t,\ x_i)$ 代表“能量等效”，即设备 i 消耗 x_i 个单位能量所提供的服务，他们之间的关系可以参考文献［28］；$\lambda_{\text{ES},i}(t)$ 是分配给时间 t 内的每个能量等效单元的货币价值；$\lambda(t)$ 是批发市场的能量价格；$P(t,\ x)$ 是当局部光伏发电短缺时从批发市场购买的小时能量。

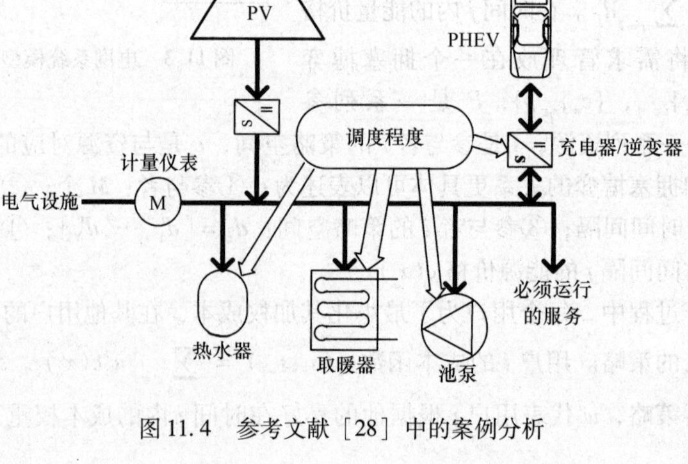

图 11.4　参考文献［28］中的案例分析

这个数学优化问题已经解决，并且已与粒子群优化（PSO）算法和它的变量比较[31]。

结果容易扩展到更多设备的情况。然而，需要考虑一个家庭的最大有效能量容量，在下面的需求响应算法中会讨论。

Shalinee 和 Lawrence[23]重点研究了居民在智能电网电量需求的控制机制。他们首先分析了家用调度，然后考虑了一种分散的方法来支持社区调度。

首先，在家用调度问题方面，他们提出了一种简单的优化模型来决定多种设备的优化运行时间。规划周期离散成 T 个时间间隔。当用户在时间 t 请求 n 个设备，何时开启它的决定就是找到 s：

$$\min_{t \leqslant s \leqslant t+d_n} (s-t)\psi_n^1 + \sum_{r=s}^{T}\left(\prod_{i=s}^{r-1}(1-\mu_{ni})\right)\pi_r c_n \tag{11.2}$$

式中，d_n和ψ_n^1分别代表最大允许延迟和每个延迟引起的用户的不方便；c_n是设备 n 运行时消耗的能量；π_t代表时间 t 内的电价，由批发市场决定。

另外，如果设备 n 在时间 t 内运行，那么它可能在 $t+1$ 停止运行，可能性用 u_{nt}表示，因此在时间间隔 r 内，设备还在运行，第二个期限计算可能性。第一项代表延迟成本，第二项代表设备运行时预期的能量成本。因为用户是自私的，他们不想考虑功率限制。每个设备可以通过式（11.2）优化。对于每个用户是有好处的，但是不可能降低峰值负载，可能产生更坏的峰值。

其次，他们提出了一种分散调度机制来降低局部家庭的峰值需求。假设时间 t 内社区的有效最大功率用 $P_{\max,t}$表示。每户安装的能量管理控制器（EMC）传输/接收控制通道的信息。第一，他们设计了通道竞争机制来与其他能量管理控制器竞争有效能，这发生在新的需求产生时，没有考虑其他的最小需求。这可能导致一些用户在特定时间内接收特别少或几乎接收不到能量。为了克服这个问题，每个家庭分配了一个基准功率 P_b。如果用户的需求比 P_b低，能量管理控制器就作为备用。另外，能量管理控制器尽可能多的用这个基准功率。最后，他们介绍了动态编程（DP）[32]算法来优化设备运行时间，服从用户有效功率限制。

在这个机制下，优化用户用电消耗成为可能，而且可以降低社区的峰值需求。但是 DP 有一些计算方面的困难，这仅仅对小型问题适用。

Safer 和 Massoud 在参考文献［24］中研究了设备运行的调度算法，在满足调度限制和有效功率容量的前提下最小化电力账单，这个算法依靠拟动力学价格模型，这个价格由依靠基价的 TOU 组成，惩罚措施是当他们在一定时间的峰值消耗超过一个预定的阈值时，惩罚用户。不可中断的和可中断的情况都考虑在内了。

假设两个连续的功率模式有 K 个设备。$I_{k,m}$和 $P_{k,m}$分别代表需要的运行时间和功率模式 m 状态下设备 k 的功率消耗。时间 t 的总功率消耗用 $p(t)$ 表示。在

不可中断的情况下，$p(t)$ 可以表示为

$$p(t) = \sum_{k=1}^{K} (P_{k,0} f(t, a_k, a_k + I_{k,0}) + P_{k,1} f(t, a_k + I_{k,0}, a_k + I_{k,0} + I_{K,1})) \tag{11.3}$$

式中，a_k是设备 k 的起始时间；$f(t,a,b)$ 是脉冲函数，当设备时间 $a \leqslant t \leqslant b$ 时，设备运行时，$f(t,a,b)=1$，其余情况 $f(t,a,b)=0$。

准动态能量价格定义为 $C(t)R(p(t))$，$C(t)$ 是基于 TOU 的价格，$R(p(t))$ 是惩罚函数，α 和 p_0是预先确定的常量：

$$R(p(t)) = \begin{cases} 1+\alpha, p(t) > p_0 \\ 1, p(t) \leqslant p_0 \end{cases} \tag{11.4}$$

因此，任务是调整不同设备的启动时间来获得：

$$\mathrm{Min}\left\{ \sum_{k=1}^{K} \left(\int_{a_k}^{a_k+I_{k,0}} P_{k,0} C(t) R(p(t)) \mathrm{d}t + \int_{a_k+I_{k,0}}^{a_k+I_{k,0}+I_{k,1}} P_{k,1} C(t) R(p(t)) \mathrm{d}t \right) \right\} \tag{11.5}$$

需要满足：

$$s_k \leqslant a_k,\ a_k + I_{k,0} + I_{k,1} \leqslant e_k,\ p(t) < P_{\max} \tag{11.6}$$

式中，s_k和 e_k分别代表设备 k 的启动时间和截止时间；$P_{\max}$代表功率容量。

这类非线性优化问题可以用序列二次规划（SQP）法解决[33]。

在可间断的情况下，设备 k 可以完成 L_k区间内功率模式 1 的任务。L_k区间是非重叠任务段。当设备 k 继续其任务工作时，需要重新启动的时间 $I_{k,2} \leqslant I_{k,0}$。从另一个角度，设备 k 分成 L_k段。这相当于将设备数从 K 增加到 $\sum_{k=1}^{K} L_k$，增加了对设备 k 的子任务 L_k的内部订单限制。通过 SQP 也可以解决。另外，作者仅考虑到每个设备的单一功率模式，将优化问题离散化。动态编程可以解决问题。

解决方案具备两个优点：第一个优点是能量价格中的惩罚项目有助于平缓需求曲线；第二个优点是这类调度算法容易扩展到多功率模式的设备情况。然而，需要事先知道所有需要调度的设备的特点。很难了解哪些设备是需要用的，因为用户是随意选择一个设备的。下面详细介绍的算法研究了这个问题。

消费者自动能量管理系统（CAES）在参考文献［34］中提出，灵感来源于几乎没有用户愿意连续做一系列决定来推迟或提前使用设备，尤其是当它对他们的财政影响有限时。用户只选择满足他们需要的设备运行，CAES 调度何时启动设备、分配多少能量，目标是最小化单位时间的消耗能量的财政成本和单位时间的延迟操作所选设备的负效用。图 11.5 所示是 CAES 的示意图。时间是离散的，用户有 M 个设备，需求请求矢量 $z(t) \in R_+^M$ 和能量价格 $\boldsymbol{p}(t) \in R_+$ 作为输入。这

两个矢量通过未知的过渡概率分布的马尔科夫链建模。在时间 t，如果设备 m 被选中，则 $z_m(t)=\gamma_m$，γ_m 是操作需要的能量。否则 $z_m(t)=0$。输出是 $\boldsymbol{u}(t)\in R_+^M$。$u_m(t)$ 的大小是时间 t 内分配给设备 m 的能量，它可能比即将需要的能量少。即将使用的能量滞后 $\boldsymbol{x}(t)\in R_+^M$ 可以表示为

$$\boldsymbol{x}(t+1)=\boldsymbol{x}(t)+\boldsymbol{z}(t)-\boldsymbol{u}(t) \tag{11.7}$$

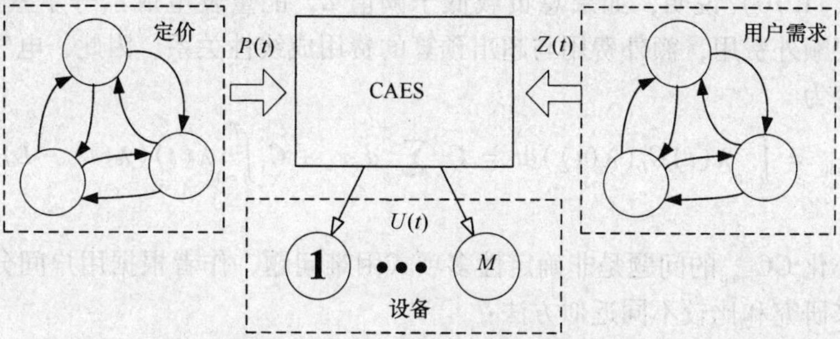

图 11.5　CAES 能量管理系统

下一步，定义一个辅助矢量，满足 $\boldsymbol{y}(t+1)=\boldsymbol{\theta y}(t)+(\boldsymbol{I}-\boldsymbol{\theta})\boldsymbol{x}(t)$，其中 $\boldsymbol{I}$ 是单位矩阵，$0\leqslant\boldsymbol{\theta}\leqslant\boldsymbol{I}$ 是对角矩阵。另外，定义一个负效用函数 $\overline{U}_m(\gamma_m(t))\in R_+$，反映用户对等待设备 m 的不满意度。所以 $\boldsymbol{\theta}$ 参数化了负效用函数，用户关心 $\theta\approx I$ 时完成设备的平均延时，介意 $\boldsymbol{\theta}=0$，设备目前的延时。状态矢量用 $\boldsymbol{\Omega}(t)=[\boldsymbol{x}(t);\boldsymbol{y}(t);\boldsymbol{z}(t);\boldsymbol{p}(t)]$ 表示，目标是找到最优的 $\boldsymbol{u}(t)$，达到最小化有限时间成本的目的，初始状态 $\boldsymbol{\Omega}_0$ 表示为

$$V_u(\boldsymbol{\Omega}_0)=\lim_{T\to\infty}E\left[\sum_{t=1}^{T}\gamma^t\left\{\sum_{m=1}^{M}(\boldsymbol{p}(t)u_m(t)+\lambda\,\overline{U}_m(\gamma_m(t)))\right\}\right] \tag{11.8}$$

$\lambda>0$ 保证财务成本与负效用成本均衡。$0\leqslant\gamma\leqslant1$ 说明用户更关心立即的支出。贝尔曼方程描述了这种马尔科夫决定过程的优化情况，提供了解决方法。然而，马尔科夫过渡可能性 $\boldsymbol{z}(t)$ 和 $\boldsymbol{p}(t)$ 是未知的。贝尔曼方程的值函数很难解。CAES 用称之为 Q 学习的在线学习方法来估计它。

CAES 是未来价格统计影响和用户选择设备的相关性的因素。然而，$\boldsymbol{z}(t)$ 和 $\boldsymbol{p}(t)$ 是马尔科夫链的假设在一些应用中是非常严格。

11.2.3　降低电力公司运营成本

Stephane 和 George 在参考文献［37］中为了降低时间 T 内的电力公司运营成本，调度了用户需求启动时间。假设用户 n 有一个需求，特点用 (d_n,τ_n,s_n) 表示，d_n 和 τ_n 表示瞬时功率消耗和完成需求的时间，$0\leqslant s_n\leqslant T-\tau_n$ 是可变动的启动时间。如果需求服务启动，直到停止它都不能中断。所以时间 t

的总瞬时负载是

$$\lambda(t) = \sum_{n} d_n 1_{\{s_n \leqslant t \leqslant s_n+\tau_n\}} \tag{11.9}$$

考虑电力公司的坡道成本函数：

$$C_L(\lambda(t)) = C_0 + C_1(\lambda(t) - L)^+ \tag{11.10}$$

式中，C_0和C_1代表基准费用和超出预算的费用。

式（11.10）说明，如果总负载低于阈值L，能量发电成本等于基准费用。否则需要额外费用，额外费用与超出预算的费用成线性关系。因此，电气设备的总费用变为

$$\mathrm{GC}_{\mathrm{ramp}} = \int_{t=0}^{T} \lambda(t) C_L(\lambda(t))\,\mathrm{d}t = C_0 \sum_{n} d_n \tau_n + C_1 \int_{t=0}^{T} \lambda(t)(\lambda(t) - L)^+\,\mathrm{d}t \tag{11.11}$$

最小化$\mathrm{GC}_{\mathrm{ramp}}$的问题是非确定性多项式困难问题，作者根据用户间分享的信息多少来研究和比较不同近似方法：

1）用户了解互相之间的需求特性，及时交换观察报告。根据博弈论，如果电力公司向用户收费用b_i表示，b_i与消耗的能量和总费用成比例关系，例如，$b_i = d_i\tau_i / \sum_{n} d_n \tau_n \times \mathrm{GC}_{\mathrm{ramp}}$，用户可以根据其他用户的策略来更新策略来最小化$\mathrm{GC}_{\mathrm{ramp}}$。作者证明了用户$i$的最佳策略是在最小化的时间$\int_{s_i}^{s_i+\tau_i} \sum_{i \neq j} d_j \Phi_j(t)\,\mathrm{d}t$调度任务。$\Phi_j(t)$是工作$j$在时间$t$工作的可能性。

2）用户出于私人原因不分享信息，但是他们知道瞬时的总负载。受ALOHA拓扑的启发[38]，在每个时间内，没有调度的用户首先决定它是不是他最后可能的调度区间。如果是，就马上启动需求。如果不是，当总的瞬时负载加上它瞬时功率消耗低于阈值L时，启动可能性为p_i的需求，否则可能性是q_i，$0 < q_i < p_i < 1$。作者也讨论了ALOHA策略的两个变量。

3）用户间没有交流，但是假设所有用户有相同的需求特性。在这个条件下，每个用户最好的策略就是一致随意选择需求的启动时间。

仿真结果证实有更多信息的策略效果更好，特别是人们的直觉。这个文献为解决问题提供了说明方法。然而，在成本函数中的阈值L是固定的，这意味着可再生能源的整合是不考虑的。由于可再生能源的不确定性，研究随时间变化的阈值$L(t)$很有趣。

Soumyadip 等人在参考文献［29］中从另一角度研究降低电力公司运营成本。他们认为电力公司有基本发电容量，为了避免能量短缺，能量需要从批发商购买。通过给用户返利来降低他们的用电需求，因此电力公司运营成本包括给用户的返利和付给批发商的费用。Soumyadip 等人不是为所有用户提供简单的返利合约，而是设计一个定制的、随时间变化的返利计划，来为每个用户实现最小化

运行成本。

首先，研究了单个时间情况。每个用户根据需求降低函数 $f_i(a_i, r_i)$ 降低需求，r_i 表示用户 i 的单位需求降低折扣，a_i 反映了用户 i 降低需求的意愿。其次，他们考虑了一个更复杂的多时间段情况。与单个时间情况类似，但是多时间段情况根据特定的规则允许了从一个时间段到下一个时间段改变一些需求。因此实际需求等级在时间 t 折扣之前需要考虑需求从时间 1 到 $t-1$ 的需求改变。

实际上，需求降低等同于虚拟发电。另外，需求波动对应着可再生能源发电的不确定性，虽然它们可能不相等。这个解决方案为安装了可再生能源的用户之间的交易提供了思路。

Albert 等人用三步法在需求端负载管理方面取得了一系列成果，这三步如下：

第一步：预测。设置在每户的系统根据历史消费模式和天气这种外部因素，预测未来一天的能量消耗型线。

第二步：全局计划。收集所有的预测信息，包括调度每户的需求分布来在诸如一天的计划周期平等地分担能量消耗。

第三步：局部控制。根据第二步的导引信号，一个实时的控制算法决定设备的开和关，何时、有多少能量流入缓冲区，何时、哪个发电器需要开。

这三步的关系如图 11.6 所示。参考文献［41］对第二步进行了重点研究。为了传递计算和通信，计划的方法是用树状结构组织。根计划者分解需求的能量型线成子部分给子计划者。再者，子需求型线委任给更低的计划者。树的底层的计划者直接连接到用户的控制器。为了实现委任简况，底层计划者服从局部限制和价格矢量，用局部动态编程。价格矢量受所有其他计划者的迭代计划影响，然后导引信号传到居家控制器。之后居家控制器为第二天制定计划，反馈给计划者。在每一个阶段，数据整合，传给树的上一层。根据计划和需求型线的不匹配，与计划者调整型线的分解，再次处理启动。用迭代的过程组织，确保多次迭代后，结果型线落在低和高范围之间。

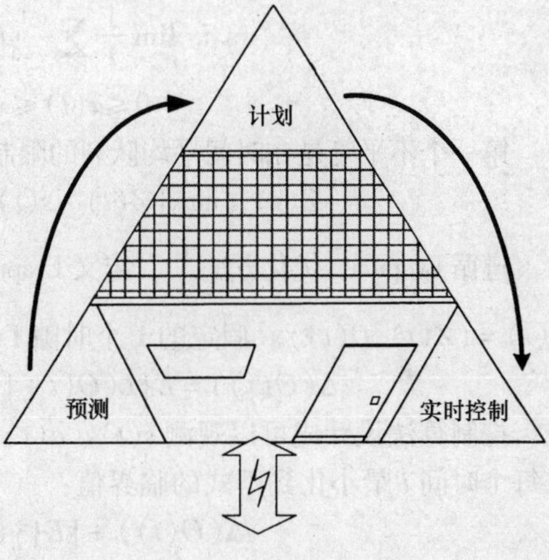

图 11.6　需求端负载管理三步优化方法

用树状结构，复杂的需求计划问题分为更小的、实际中可以通过动态编程来计算的更易管理的问题。

Michael 等人在参考文献［43］中研究了分配波动可再生能源给延迟忍耐需求的问题，他们用的方法是 Lyapunov 优化方法[44]，这个优化方法最先是Lyapunov提出的用在无线网络中的序列系统的动态控制。

时间是离散的。在每个时间段 t，可再生资源提供 $s(t)$ 个单位能量，需要的能量是 $a(t)$，从批发市场购买能量的价格为 $\gamma(t)$。这 3 个量都假设是随时间变化而且不可预测，限值分别为 $s_{\max}$、$a_{\max}$、$\gamma_{\max}$。假设不考虑能量存储，即 $s(t)$ 被利用或者被浪费。能量需求按序列存在缓冲区，以先进先出的方式作用。$x(t)$ 代表从批发市场购买的能量，请求的总能量在时间 t 即将被需求的队列里根据下式更新：

$$Q(t+1)=\max[Q(t)-s(t)-x(t),0]+a(t) \tag{11.12}$$

目标是选择可以最小化电力公司时间平均成本的 $x(t)$，即

$$\begin{aligned} &\min \quad \lim_{t\to\infty}\frac{1}{t}\sum_{\tau=0}^{t-1}E\{\gamma(t)x(t)\} \\ &\text{s.t.} \ \lim_{t\to\infty}\frac{1}{t}\sum_{\tau=0}^{t-1}E\{Q(\tau)\}<\infty \\ &0\leqslant x(t)\leqslant x_{\max} \quad \forall t \end{aligned} \tag{11.13}$$

第一个不平等是在时间平均队列的限制。引入一个虚拟队列 $Z(t)$，$Z(0)=0$：

$$Z(t)=\max[Z(t)-s(t)-x(t)+\alpha 1_{\{Q(t)>0\}}] \tag{11.14}$$

遵循 Lyapunov 优化方法[44]，定义 Lyapunov 函数 $L(\Theta(t))=\frac{1}{2}[Z(t)^2+Q(t)^2]$，$\Theta(t)=(Z(t),Q(t))$。假定的 1 个时隙 Lyapunov 漂移是

$$\Delta(\Theta(t))=E\{L(\Theta(t+1))-L(\Theta(t))|\Theta(t)\} \tag{11.15}$$

控制算法设计成可以观测 $s(t)$、$a(t)$、$\gamma(t)$、$Q(t)$ 和 $Z(t)$，然后让 $x(t)$ 在每个时间 t 最小化到下式的临界值：

$$\Delta(\Theta(t))+VE\{\gamma(t)x(t)|\Theta(t)\} \tag{11.16}$$

式中，V 是正参数，可以影响时间平均成本和延迟。

计算：

$$\begin{aligned} \Delta(\Theta(t))+VE\{\gamma(t)x(t)|\Theta(t)\} \leqslant & B+VE\{\gamma(t)x(t)|\Theta(t)\} \\ &+Q(t)E\{a(t)-s(t)-x(t)|\Theta(t)\} \\ &+Z(t)E\{\partial-s(t)-x(t)|\Theta(t)\} \end{aligned} \tag{11.17}$$

式中，$B=\frac{(s_{\max}+x_{\max})^2+a_{\max}^2}{2}+\frac{\max[(s_{\max}+x_{\max})^2,\alpha^2]}{2}$。

很明显，最小化边界相当于解决下面这个优化问题：

$$\begin{aligned} &\min x(t)[V\gamma(t)-Q(t)-Z(t)] \\ &\text{s.t.} \quad 0\leqslant x(t)\leqslant x_{\max} \end{aligned} \tag{11.18}$$

因此 $x(t)$ 的解是

$$x(t)=\begin{cases}x_{\max}, Q(t)\geqslant \max[s(t)+x(t), V\gamma(t)-Z(t)]\\ \min[Q(t)-s(t),0], \text{其他}\end{cases} \tag{11.19}$$

已经证实，所有能量请求可以通过最大延迟 $D_{\max}=(2V\gamma_{\max+}a_{\max}+\partial)/\partial$实现，电力公司预期的时间平均成本满足 $\frac{1}{t}\sum_{\tau=0}^{t-1}E\{\gamma(t)x(t)\}\leqslant c^{*}+B/V$，$c^{*}$是不考虑延迟限制的时间平均成本下确界。参数 V 可以调整平均成本任意接近最优，权衡延迟。

Lyapunov 优化可以不需要知道供应、需求和市场价格的先验统计知识。智能电网有不可预期的需求和可再生能源发电，这个优化在其中很有用。而且它为研究提供了更广阔的空间，因为这个模型的一些假设可以改进，例如能量需求可以最高级首先进行，而不是先进先出的模式。

11.2.4　社会福利最大化

Pedram 等人在参考文献［22］中不仅考虑了用户和电力公司的利润，而且关注了社会福利。从社会公平角度出发，让所有用户-设备的总和最大化，让能量提供商的成本最小化，这个方式可以让能源利用令人满意。

假设有 N 个能量用户和一个能量提供者。计划的时间可以分成 K 段。用 x_i^k 代表用户 i 在时间段 k 的耗能，L^k代表供应商的能量。x_i^k和 L^k要落在事先规定的区间。而且，最小发电容量应该满足所有用户的最低需求，即 $L_k^{\min}=\sum_{i\in N}m_i^k$，$\forall k\in K$。社会福利优化可以表示为

$$\underset{\substack{m_i^k\leqslant x_i^k\leqslant M_i^k,\\ L_k^{\min}\leqslant L^k\leqslant L_k^{\max}}}{\text{maximize}}\sum_{k\in K}\left\{\sum_{i\in N}U(x_i^k,w_i^k)-C_k(L^k)\right\} \tag{11.20}$$

$$\text{服从}\sum_{i\in N}x_i^k\leqslant L^k,\ \forall k\in K$$

式中，$C_k(L^k)$ 是成本函数，它表示能量提供商提供单位能量 L^k所需要的费用；$U(x_i^k, w_i^k)$ 是效用函数，表示在满足喜好 w_i^k时，消耗 x_i^k能量，用户的满意度。

这里用到了二次效用函数和二次成本函数。显然，式（11.20）可以在每个时间段独立解出。让 λ^k作为拉格朗日算子，时间段 k 的双优化问题可以写成：

$$\underset{\lambda^k>0}{\text{minimize}}\,D(\lambda^k)=\sum_{i\in N}B_i^k(\lambda^k)+S_k(\lambda^k) \tag{11.21}$$

$$B_i^k(\lambda^k)=\underset{m_i^k\leqslant x_i^k\leqslant M_i^k}{\text{maximize}}\,U(x_i^k,w_i^k)-\lambda^k x_i^k \tag{11.22}$$

$$S_k(\lambda^k)=\underset{L_k^{\min}\leqslant L^k\leqslant L_k^{\max}}{\text{maximize}}\,\lambda^k L^k-C_k(L^k) \tag{11.23}$$

$D(\lambda^k)$ 可以分解成 N 个如式（11.22）的子问题，式（11.22）可以由每个用户解决，式（11.23）可以由能量提供商解决。用次梯度方法[45]，在每个时间

段 k，每个用户 i 通过迭代计算可以估计其能量消耗 x_i^k，能量提供者可以决定发电量 L^k 和拉格朗日算子 λ^k：

第一步：能量提供者任意初始化 L^k 和 λ^k，将 λ^k 广播给用户。

第二步：每个用户通过式（11.22），根据收到的 λ^k 值，更新消耗值 x_i^k，然后将 x_i^k 的估计值传给能量提供者；能量提供者根据 λ^k 的值，通过解式（11.23）计算发电量 L^k。

第三步：能量提供者根据 $\lambda^k = \left[\lambda^k - \gamma \frac{\partial D(\lambda^k)}{\partial \lambda^k}\right]^+$ 和从用户那收到的 x_i^k，更新 λ^k 的值，γ 是事先确定的步长。然后将更新的 λ^k 传给用户。

第四步：再次重复第二步和第三步，直到达到事先确定的精确度。

有趣的是，式（11.22）是用户寻找的利益，式（11.23）是能量供应者试图达到的利益。事实上，如果能量供应者向用户收费 λ^{k*}，即双重问题的解，计算的最优消耗量 x_i^{k*} 最大化用户 i 的福利，L^{k*} 最大化能量提供者的利益。

Mardavij 等人在参考文献［25］中研究了相似的问题。不同于他们认为分散的能量供应商有不同的零售价格，而不是单一的能量供应者。而且，能量传输也考虑在内。

假设能量系统由 n 条总线（节点）、r 条传输线、m 个能量供应者构成。所有连接到一个节点的负载被认为是有均匀的需求。目标是找到优化需求矢量 $\boldsymbol{d} = [d_1, \cdots, d_n]^{\mathrm{T}}$，供应矢量 $\boldsymbol{s} = [s_1, \cdots, s_m]^{\mathrm{T}}$ 和电流线矢量 $\boldsymbol{I} = [I_1, \cdots, I_r]^{\mathrm{T}}$，这样社会福利 $W(\boldsymbol{s}, \boldsymbol{d})$ 最大化为

$$\text{Maximize} \quad W(\boldsymbol{s},\boldsymbol{d}) = \sum_{j=1}^{n} u_j(d_j) - \sum_{i=1}^{n} c_i(s_i) \tag{11.24}$$

$$\text{服从} \quad \boldsymbol{Ks} + \boldsymbol{EI} = \boldsymbol{d}, \boldsymbol{RI} = 0$$

$$-I_{\max} \leqslant I \leqslant I_{\max}, \; s_{\min} \leqslant s \leqslant s_{\max}$$

式中，$\boldsymbol{K} \in \{0,1\}^{n \times m}$，$\boldsymbol{E} \in \{-1,0,1\}^{n \times r}$，$\boldsymbol{R} \in \mathcal{R}^{p \times r}$，这些矩阵是描述输电网的，分别是整合了连接到一个节点的几个用户的输出矩阵、图关联矩阵和回线阻抗矩阵。因此，$\boldsymbol{Ks} + \boldsymbol{EI} = \boldsymbol{d}$，$\boldsymbol{RI} = 0$ 分别符合基尔霍夫电流和电压定律（KCL 和 KVL）。用类似式（11.21）~式（11.23）的对偶表示法，可以简单的得出，由于拉格朗日算子与 KCL 限制对应，一系列节点边际电价（LMP）浮现。为了管理计算 LMP，引进独立系统算子（ISO），用户和供应商在收到 LMP 消息后，为了最大化他们各自的利益，需要采取行动。然而，ISO 可能由于私人原因不知道用户效用函数。另一方面，如果 $\boldsymbol{d}$ 是固定值，社会福利函数变为 $W(\boldsymbol{s},\boldsymbol{d}) = \sum_{i=1}^{n} c_i(s_i)$。另一个情况是，ISO 源自 LMP，不需要了解用户效用函数。这激发作者提出一种新方法解决问题：

第一步：在每个阶段 t，根据预测需求，形式是 $d_{l,t}=\widehat{D}_t(d_{l,t-1},\cdots,d_{l,t-1-T})$，$l=1$，…，$n$，ISO 计算 LMP，$\boldsymbol{\lambda}_t=[\lambda_{1,t},\cdots,\lambda_{n,t}]^{\mathrm{T}}$。然后 ISO 宣布零售价格 $\boldsymbol{\pi}_t=[\pi_{1,t},\cdots,\pi_{n,t}]^{\mathrm{T}}$，对应着下式：

$$\boldsymbol{\pi}_t=\prod_t(\tilde{\boldsymbol{\lambda}}_t,\tilde{\boldsymbol{\pi}}_{t-1})$$
$$\tilde{\boldsymbol{\lambda}}_t=[\lambda_t,\cdots,\lambda_{t-T}] \tag{11.25}$$
$$\tilde{\boldsymbol{\pi}}_{t-1}=[\boldsymbol{\pi}_{t-1},\cdots,\boldsymbol{\pi}_{t-1-T}]$$

第二步：从 ISO 收到 $\pi_{1,t}$，用户 l 在时间［t，$t+1$］调整能量消耗，根据：

$$d_{l,t}=\arg\max_{x\in\mathcal{R}^+}u_j(x)-\boldsymbol{\pi}_{l,t}x,\ l=1,\cdots,n \tag{11.26}$$

第三步：在时间［t，$t+1$］，生产者匹配所有需求。

第四步：为下一个阶段，重复第一步和第三步。

作者证明了这个方法聚集到式（11.24）的小邻域解。

以上两个文献的结果实现了市场均衡，满足了以下标准：①最大化福利每个发电单元；②最大化每个消费者利润；③最大化社会福利。

显然，市场平衡很重要。另一个研究团队在参考文献［26］中讨论了两个类似的市场模型。一个模型通过调整消费者实时价格，引导他们改变或降低负载，与参考文献［22］中方法类似，来考虑需求调节。另一个模型设计了一种需求响应算法，通过分散用户能量消耗，匹配供应不足。在这个模型中，用户分离能量消耗，这个量等同于发出的能量，供应的不足被视为需求。相似的市场均衡分析方法被提出。

另外，Arman 等人在参考文献［27］中重点做了在可再生能源和需求波动中市场平衡的扰动分析，他们首先分析了通常状态下的市场平衡的规划。

他们将整个电力市场模拟成类似以上参考文献［22，25］中的模型，包括三部分：

1）发电建模。有 N_G 个发电单元，单元 i 的产量分为 N_{G_i} 个能量块。用 $P_{G_{ib}}$ 和 $\lambda^C_{G_{ib}}$ 分别表示单元 i、功率块 b 的产量和相关的线性运营成本。对于发电单元，目标是最大化总功率 p_g，可以表示为

$$p_g=\sum_{i=1}^{N_G}\sum_{b=1}^{N_{G_i}}(\rho_{n(i)}-\lambda^C_{G_{ib}})P_{G_{ib}} \tag{11.27}$$

式中，$\rho_{n(i)}$ 是每个单元 i 的 LMP，单元 i 在功率网络节点 n，产生功率需要顺应最大有效限制。

2）消耗建模。有 N_D 个用户，每个用户有几个消费者。$P_{D_{jk}}$ 和 $\boldsymbol{\lambda}^U_{D_{jk}}$ 分别代表用户 i 的消费者 k 的消耗功率和对应的线性效用。消耗建模的目的是最大化用户福利 u：

$$u = \sum_{j=1}^{N_D} \sum_{k=1}^{N_{D_j}} (\lambda_{Djk}^{U} - \rho_{n(j)}) P_{D_{jk}} \quad (11.28)$$

适用于用户能量消耗需求的最小和最大情况。

3）ISO 建模。最大化社会福利 s，即

$$s = \sum_{j=1}^{N_D} \sum_{k=1}^{N_{D_j}} \lambda_{Djk}^{U} P_{D_{jk}} - \sum_{i=1}^{N_G} \sum_{b=1}^{N_{G_i}} \lambda_{G_{ib}}^{C} P_{G_{ib}} \quad (11.29)$$

服从多个限制，包括每个节点和功率线容量的功率流平衡。

在上述能量市场模型，决定变量是 $P_{G_{ib}}$、$P_{D_{jk}}$ 和 $\rho_{n(i)}$。前面提到，LMP 涉及拉格朗日算子，拉格朗日算子与 ISO 模型中的功率流平衡限制对应。$\rho_{n(i)}$ 在发电建模和消耗建模中被视为固定量，所以 3 个模型是线性编程问题。因此，对于描述总市场平衡，三套 KKT 优化情况是重要和充足的。另外，三套 KKT 导致混合线性互补问题（MLCP）。

而且，他们引入不确定量 ΔG_{ib} 到发电部分，$\overline{P}_{G_{ib}} = P_{G_{ib}}(1 - \Delta G_{ib})$。对于需求波动，让控制参数满足 $0 < \kappa_{D_{jk}} < 1$，表示消费者对实时价格变化的反馈，因此 $\overline{P}_{D_{jk}} = P_{D_{jk}}(1 - \kappa_{D_{jk}})$。在三种 KKT 最优情况，用 $\overline{P}_{G_{ib}}$ 和 $\overline{P}_{D_{jk}}$ 分别代替 $P_{G_{ib}}$ 和 $P_{D_{jk}}$。用 MLCP 特性，作者证实了这些扰动导致工作状态有限制地偏离常态。

11.3 需求响应分析方法总结与未来趋势

本节总结了表 11.1 中最近的需求响应结果，方法各有优缺点，分析了强处和弱处，讨论了未来研究方向。

表 11.1 需求响应算法总结

	优化目标	调度变量	能量价格	限制	解决方案
[7]	加权电费（用户）	需求分布	与总负载成比例	无	拥塞博弈
[28]	电费与效用的差别（用户）	每小时设备的能量消耗	能量市场提供	无	颗粒群优化
[23]	电费与延迟费的和（用户）	请求设备的运行时间	能量市场提供	竞争有效能量，需求限制	动态编程
[24]	电费（用户）	请求设备的运行时间	与总负载成比例	有效能量，需求限制	序列二次规划编程
[34]	系统电费和延迟费用的和（用户）	分配给将用的设备的能量	没有预知传输可能性的马尔科夫链	无	动态编程，Q 学习
[37]	能量发电成本（电力公司）	请求设备的运行时间	没考虑	需求截止值	博弈论，ALOHA，任意选择

（续）

	优化目标	调度变量	能量价格	限制	解决方案
[29]	能量购买费用和给用户的折扣的和（电力公司）	每个用户随时间变化的折扣	能量市场提供	无	最速下降法
[41]	平缓需求曲线（电力公司）	需求分布	与总负载成比例	局部限制	树形结构
[43]	购买能量的时间平均成本（电力公司）	购买的能量	不可预知	需求，可再生资源，供应和能量价格的限制	Lyapunov 优化
[22]	社会福利	能量消耗和产生	拉格朗日算子	发电能力；需求限制	次梯度方法
[25]	社会福利	能量消耗和产生	拉格朗日算子	电力线的能力；发电能力；KCL 和 KVL	基于次梯度方法的交流解决方案
[26]	社会福利	需求降低量	拉格朗日算子	固定的总需求降低	次梯度方法
[27]	社会福利	供应和需求波动的扰动分析	拉格朗日算子	发电能力；需求限制；KCL 和 KVL；电力线的能力	KKT 优化条件

消费者利润优化团队的优势主要有两方面：第一个是，在这个分类下，决定变量调度请求设备的运行时间，或者计算需求分布。都揭示功率消耗随时间传递，有助于避免需求峰值。第二个是，虽然目标是优化消费者利润，用户总是自私的，可以采取合理的措施来限制自私，例如参考文献［24］中的作者限制用户的最大可用能量。然而，大部分结果仅考虑多个设备的单个用户。事实上，消费者之间的联系对于消费者和整个系统都非常重要，特别是当分散的可再生资源越来越综合时。例如，有多余能量的用户可以更新他多余的能量给电网，与其他用户一起用。参考文献［23］中的作者设计了渠道竞争机制，与社区竞争能量，是一个很好的例子。

可以观察到需求响应算法在减少电力公司运营成本方面，在消费者利润优化团队中是最有优势的。参考文献［43］中的结果可以处理供应和需求是随机的情况，虽然模型简单。因为他们重点放在电力公司成本，消费者的利润不能保证。如前面所述，社会福利最大化分类中的需求响应方法可以实现市场平衡。他们还考虑用户和生产者之间的联系。不足是，只考虑了单个时间段的社会福利。实际上，长期的社会福利更有意义。

根据上述分析，一个理想的需求响应算法需要包括以下优点：①消费者之间可以实现电力传输；②随时可以传递能量消耗；③平衡用户和电力公司的福利。因此，未来研究可以着重两方面：

1）快速分布需求响应解决方案。由于私人原因和集中解决方案的巨大信息流，有剩余能量的用户可以局部决定是否上传多余的能量给电网，与其他用户共享，或者提前满足其他需求。类似的，能量短缺的用户可以计算购买能量的时间和地点，这也与电网传输中的分布能量路由问题有关。此外，需求和可再生能源的供应的波动需要分布需求响应算法有快速收敛的能力，这也有助于快速稳定功率系统，避免当一条输电线上出现问题引起的层叠出现问题。

2）长期平均社会福利优化。需求响应的最终目标是长期平缓需求曲线。所以需要考虑时间轴的需求改变，即延迟或提前启动设备。换句话说，在前面小节提到的社会福利是需求响应研究的重点问题。只有这样，能量生产者和消费者才能真正参与到需求响应中。因此，需求响应需要重点研究长期平均社会福利优化，这将是一个非常有关注度的话题。

11.4 小结

本章调查了智能电网中最新的需求响应。根据不同的分类方法，需求响应算法可以分成许多种。本章重点讲了基于优化目标的分类方法，介绍了几个有代表性的需求响应方法，这些需求响应方法属于消费者利润优化的范畴、电力公司降低运营成本的范畴和社会福利最大化的范畴。最后，根据每种需求响应算法的优缺点，可以认为快速分布需求响应解决方案和长期平均社会福利优化问题是智能电网的两个研究方向。

参 考 文 献

[1] G. Barbose, C. Goldman, and B. Neenan, “A survey of utility experience with real time pricing,” [Online]. Available: http://escholarship.org/uc/item/8685983c.

[2] K. Herter, “Residential implementation of critical-peak pricing of electricity,” *Energy Policy*, vol. 35, no. 4, pp. 2121-2130, April 2007.

[3] S. J. Rassenti, V. L. Smith, and B. J.Wilson, “Controlling market power and price spikes in electricity networks: Demand-side bidding,” in *Proc. National Academy Sciences*, pp. 29983003, Mar. 2003.

[4] How Does DR Work, [Online]. Available: http://www.rtpcontrols.com/public/dema1.html.

[5] Demand Response, [Online]. Available: http://www.pjm.com/markets-and-operations/demand-response.aspx.

[6] US Department of Energy, "Benefits of demand response in electricity markets and recommendations for achieving them," A report to the United States Congress pursuant to section 1252 of the Energy Policy Act of 2005, [Online]. Available: http://eetd.lbl.gov/ea/ems/reports/congress-1252d.pdf.

[7] C. Ibars, M. Navarro, and L. Giupponi, "Distributed Demand Management in Smart Grid with a Congestion Game," in *Proc. of the First IEEE Int'l. Conf. on Smart Grid Communications*, Gaithersburg, MD, pp. 495-500, Oct. 2010.

[8] S. Gormus, P. Kulkarni, and Z. Fan, "The POWER of Networking: How Networking Can Help Power Management," in *Proc. of the First IEEE Int'l. Conf. on Smart Grid Communications*, Gaithersburg, MD, pp. 561-566, Oct. 2010.

[9] J. D. Kueck, A. F. Snyder, F. Li, and I. B. Snyder, "Use of Responsive Load to Supply Ancillary Services in the Smart Grid: Challenges and Approach," in *Proc. of the First IEEE Int'l. Conf. on Smart Grid Communications*, Gaithersburg, MD, pp. 507-512, Oct. 2010.

[10] M. H. Albadi, and E. F. El-Saadany, "Demand Response in Electricity Markets: An Overview," in *IEEE Power Engineering Society General Meeting*, Tampa, FL, pp. 1-5, June 2007.

[11] Demand Response Guide for Small to Midsize Business Customers, [Online]. Available: http://www.ceati.com/freepublications/7047_Guide_Web.pdf.

[12] Time-based pricing, [Online]. Available: http://en.wikipedia.org/wiki/Time-based_pricing.

[13] M. H. Albadi, and E. F. El-Saadany, "A summary of demand response in electricity markets," *Electric Power Systems Research*, vol. 78, no. 11, pp. 1989-1996, Nov. 2008.

[14] Y. Q. He, and A. K. David, "Time-of-use electricity pricing based on global optimization for generation expansion planning," in *the Fourth International Conference on Advances in Power System Control, Operation and Management*, vol. 2, pp. 668-673, Nov. 1997.

[15] K. H. Ng, and G. B. Sheble, "Direct load control—A profit-based load management using linear programming," *IEEE Trans. on Power Systems*, vol. 13, no. 2, pp. 688-694, May 1998.

[16] C. S. Chen, and J. T. Leu, "Interruptible load control for Taiwan Power Company," *IEEE Trans. on Power Systems*, vol. 5, no. 2, pp. 460-465, May 1990.

[17] H. A. Aalami, M. P. Moghaddam, and G. R. Yousefi, "Demand response modeling considering Interruptible/Curtailable loads and capacity market programs," *Applied Energy*, vol. 87, no. 1, pp. 243-250, Jan. 2010.

[18] J. Bushnell, B. Hobbs, and F. A. Wolak, "When it comes to demand response, is FERC its own worst enemy," CSEM WP 191, Center for the Study of Energy Markets, August 2009, [Online]. Available: http://www.ucei.berkeley.edu/PDF/csemwp191.pdf.

[19] California's Renewable Energy Programs, [Online]. Available: http://www.energy.ca.gov/renewables/index.html.

[20] 20% of Renewable Energy by 2020, [Online]. Available: http: //www.our-energy.com/videos/eu_20_percent_of_renewable_energy_by_2020.html.

[21] G. Lu, D. De, and W. Z. Song, "SmartGridLab: A Laboratory-Based Smart Grid Testbed," in *Proc. of the First IEEE Int'l. Conf. on Smart Grid Communications*, Gaithersburg, MD, pp. 143-148, Oct. 2010.

[22] P. Samadi, A. Mohsenian-Rad, R. Schober, V. W.S. Wong, and J. Jatskevich, "Optimal Real-time Pricing Algorithm Based on Utility Maximization for Smart Grid," in *Proc. of the First IEEE Int'l. Conf. on Smart Grid Communications*, Gaithersburg, MD, pp. 415-420, Oct. 2010.

[23] S. Kishore, and L. V. Snyder, "Control Mechanisms for Residential Electricity Demand in SmartGrids," in *Proc. of the First IEEE Int'l. Conf. on Smart Grid Communications*, Gaithersburg, MD, pp. 443-448, Oct. 2010.

[24] S. Hatami, and M. Pedram, "Minimizing the Electricity Bill of Cooperative Users under a Quasi-Dynamic Pricing Model," in *Proc. of the First IEEE Int'l. Conf. on Smart Grid Communications*, Gaithersburg, MD, pp. 421-426, Oct. 2010.

[25] M. Rooabehani, M. Dahleh, and S. Mitter, "Dynamic Pricing and Stabilization of Supply and Demand in Modern Electric Power Grids," in *Proc. of the First IEEE Int'l. Conf. on Smart Grid Communications*, Gaithersburg, MD, pp. 543-548, Oct. 2010.

[26] L. Chen, N. Li, S. H. Low, and J. C. Doyle, "Two Market Models for Demand Response in Power Networks," in *Proc. of the First IEEE Int'l. Conf. on Smart Grid Communications*, Gaithersburg, MD, pp. 397-402, Oct. 2010.

[27] A. Kiani, and A. Annaswamy, "Perturbation analysis of market equilibrium in the presence of renewable energy resources and demand response," *IEEE Innovative Smart Grid Technologies Conference Europe*, Gothenburg, pp.1-8, Oct. 2010.

[28] M. A. A. Pedrasa, T. D. Spooner, and I. F. MacGill, "Coordinated Scheduling of Residential Distributed Energy Resources to Optimize Smart Home Energy Services," *IEEE Trans. Smart Grid*, vol. 1, no. 2, pp. 134-143, Sept. 2010.

[29] S. Ghosh, J. Kalagnanam, D. Katz, M. Squillante, X. Zhang, and E. Feinberg, "Incentive Design for Lowest Cost Aggregate Energy Demand Reduction," in *Proc. of the First IEEE Int'l. Conf. on Smart Grid Communications*, Gaithersburg, MD, pp. 519-524, Oct. 2010.

[30] D. Fuderberg, and J. Tirole, *Game Theory*, MIT Press, 1991.

[31] J. Kennedy, and R. Eberhart, "Particle swarm optimization," in *Proce. of IEEE International Conference on Neural Networks*, Perth, WA, Australia, vol. 4, pp. 1942-1948, Nov./Dec. 1995.

[32] R. A. Howard, "Dynamic Programming," *Management Science*, vol. 12, no. 5, pp. 317-348, January 1966.

[33] M. Bartholomew-Biggs, and M. Bartholomew Biggs, "Sequential quadratic programming," in *Nonlinear Optimization with Engineering Applications*, ser. Springer Optimization and Its Applications. Springer US, vol. 19, pp. 114, 2008.

[34] D. O'Neill, M. Levorato, A. Goldsmith, and U. Mitra, "Residential Demand Response Using Reinforcement Learning," in *Proc. of the First IEEE Int'l. Conf. on Smart Grid Communications*, Gaithersburg, MD, pp. 409-414, Oct. 2010.

[35] D. Bertsekas, *Dynamic Programming and Optimal Control*, Massachusetts: Athena Scientific, 2005.

[36] R. Sutton, and A. Barto, *Reinforcement Learning*, MIT Press, 1998.

[37] S. Caron, and G. Kesisdis, "Incentive-based Energy Consumption Scheduling Algorithms for the Smart Grid," in *Proc. of the First IEEE Int'l. Conf. on Smart Grid Communications*, Gaithersburg, MD, pp. 391-396, Oct. 2010.

[38] N. Abramson, "The ALOHA System: another alternative for computer communications," in *Proc. of the Fall Joint Computer Conference*, pp. 281-285, Nov. 1970.

[39] A. Molderink, V. Bakker, M. Bosman, J. Hurink, and G. Smit, "A three-step methodology to improve domestic energy efficiency," in *IEEE PES Conference on Innovative Smart Grid Technologies*, Gaithersburg, MD, pp. 1-8, Jan. 2010.

[40] V. Bakker, M. Bosman, A. Molderink, J. Hurink, and G. Smit, "Improve heat demand prediction of individual households," in *Conference on Control Methodologies and Technology for Energy Efficiency*, Mar. 2010.

[41] V. Bakker, M. G. C. Bosman, A. Molderink, J. L. Hurink, and G. J. M. Smit, "Demand side load management using a three step optimization methodology," in *Proc. of the First IEEE Int'l. Conf. on Smart Grid Communications*, Gaithersburg, MD, pp. 431-436, Oct. 2010.

[42] A. Molderink, V. Bakker, M. Bosman, J. Hurink, and G. Smit, "Domestic energy management methodology for optimizing efficiency in smart grids," in *Proc. of IEEE Conference on Power Technology, Bucharest*, pp. 1-7, June/July 2009.

[43] M. J. Neely, A. S. Tehrani, and A. G. Dimakis, "Efficient Algorithms for Renewable Energy Allocation to Delay Tolerant Consumers," in *Proc. of the First IEEE Int'l. Conf. on Smart Grid Communications*, Gaithersburg, MD, pp. 549-554, Oct. 2010.

[44] M. J. Neely, "Energy optimal control for time varying wireless networks," *IEEE Trans. on Information Theory*, vol. 52, no. 7, pp. 2915-2934, July 2006.

[45] L. T. Dos Santos, "A parallel subgradient method for the convex feasibility problem," *Journal of Computational and Applied Mathematics* vol. 18, pp. 307–320, 1987.

第12章　智能电网环境中的绿色无线蜂窝网络

Shengrong Bu、F. Richard Yu 和 Peter X. Liu

近来，蜂窝网络能源效率方面的研究引起了广泛的兴趣。在另一方面，为蜂窝网络提供电能的电网基础设施正在经历一个从传统电力网络到智能网络的重大变革。当蜂窝网络由智能电网供电时，仅考虑蜂窝网络的能源效率是不够的。在本章中，不仅考虑到节能通信还对绿色无线蜂窝网络设计中动态智能电网有所研究。特别是蜂窝网络的动态处理取决于传输量、实时电价和与发电量相关的污染水平。协同多点传输（CoMP）被用来在基站已关闭的蜂窝网络中确保可接受的业务质量。活跃的基站决定从哪些零售商获得电力及获得多少电力。将系统构想成有蜂窝网络和智能电网两个阶段的主从对策模型，仿真结果显示智能电网对绿色无线蜂窝网络有显著的影响。同时，本章提出的方案能够明显减少运营支出和在绿色无线蜂窝网络中 CO_2 的排放量。

12.1　简介

对无处不在的网络接入持续增长的需求使无线蜂窝网络迅速发展起来。近年来，越来越严格的环境标准和快速增长的能源价格引领了研究无线蜂窝网络能源效率方面问题的趋势。电费已经成为移动电话运营商运作支出的一个重要部分。由无线蜂窝网络产生的 CO_2 排放相当于八百多万辆车的排放量[1]。

在典型的无线蜂窝网络中，基站能量消耗占整个蜂窝网络的 60%～80%[2]。全世界每年约有 12 万个新基站建立服务于 4 亿个新手机用户[3]。因此，一个重要的节能方法是基于通信量的移动电话基站的动态运作。一个基站即使在通信量很小或为零时也会消耗超过 90% 的峰值能量[1]。为了提高能源效率，基站可动态调整，在通信量低时关断多余的基站。CoMP 通信是一种新的方法，它有助于在实际中动态基站协作的实现。CoMP 通信被看作未来移动网络的关键技术，并且其有望在未来配置于长期演进技术升级版（LTE-A）系统中以提高蜂窝网络的性能[4]。CoMP 通信能够提高能源效率，延伸活跃基站的覆盖范围和确保处于邻近网络的基站在低活动时期被关闭的情况下移动用户的服务质量在一个可接受的水平。

另一方面，为蜂窝网络提供电力的电网基础设施正在经历从传统电网到智能电网的重要转变。近年来，用户的电力需求急剧增长，而且为了减少温室气体的排放，人们对在电网中集成可再生资源的兴趣逐渐增加。另外，例如动态定价的需求侧管理和需求响应程序应该通过变化或转变电力消耗用来提高电网的可靠性。下一代的智能电网可以通过将智能控制算法和网络信息技术融合优化发电、传输、配送、减小电力供给峰值、检测和防止停电[5]。

当无线蜂窝网络由智能电网供电时，只考虑蜂窝网络的能源效率可能是不够的。事实上，在智能电网环境中，一些情况下消耗较多的能量比消耗少的能量好。这是因为大量再生能量会集中在未来的智能电网中，这些再生资源本质上有高度波动性且常常难以控制[6]。另外，一个发电厂的停工和产能提升可能会成本高昂，有时技术上也不可行，并且实际中电力存储的容量是有限的[6-8]。的确，电力生产者可能会采用倒贴的方式（用户按消耗电量取酬）来鼓励用户消耗更多电能[6,9]。因此，动态的智能电网将对绿色无线蜂窝网络产生重要影响。

在本研究中，不仅考虑到节能通信还对绿色无线蜂窝网络设计中动态智能电网有所研究。本研究的一些显著特征如下：

- 通信基站的动态运作取决于通信量、智能电网规定的实时电价和与电力生产有关的污染水平。
- CoMP 用来在为节约能量而被关闭基站的网络中保证可接受的服务质量。
- 在考虑每个零售商的污染水平和提供电价的情况下，活跃基站决定从哪些零售商获得电力及获得多少电力。
- 将系统构想成一个主从对策模型，该模型有蜂窝网络和智能电网两个阶段。提出方案的闭式解已经给出。
- 仿真结果表明智能电网对绿色无线蜂窝网络有重要影响，并且提出的方法能够显著减少绿色无线蜂窝网络中的运行支出及 CO_2 排放量。

本章其余部分如下：12. 2 节叙述了相关研究背景，包括绿色无线网络和智能电网；在 12. 3 节中描述了系统模型；在 12. 4 节中，问题用一个两阶段主从对策模型表示；在 12. 5 节中对提出的模型进行分析；12. 6 节对仿真结果进行展示和论述；最后，结合进一步的展望对本研究进行小结。

12. 2 背景

本节涵括了两个研究背景主题：绿色无线蜂窝网络和智能电网。

12. 2. 1 绿色无线蜂窝网络

增长的能源成本和运行蜂窝网络的碳排放量导致了提高网络能量效率的趋势。在本节中，3 个重要的节能解决方案将被提出，接下来是这个领域中的相关工作。最后，叙述了 4 个不同的权衡问题，因为它们对节能方案有重要影响。

12.2.1.1　节能方案

蜂窝网络的 3 个重要节能解决方案如下：

- 再生能源资源

利用可再生能源为基站提供能量，特别是离网条件下，可以减少温室气体排放和移动网络公司的大笔费用支出。采用风能、太阳能等可再生资源绿色环保，不会产生任何温室气体，同时可以减少电网的用电量。在柴油发电机被广泛应用的离网条件中，可再生资源能够成为减少全部网络支出的可行的方案[10]。另外，利用空气冷却和寒冷气候来冷却基站中的电子设备可以进一步减少电力消耗[11]。因此，大量解决方案由基站设备制造企业提供以减少电力消耗和利用可再生资源支持离网基站，例如诺基亚西门子公司的网络 Flexi Multiradio 基站和华为公司绿色基站[12,13]。然而，可再生资源不能作为基站唯一的电力来源，因为基站需要高的可靠性，任何电力短缺都将干扰网络服务的提供[14]。

- 异构网络

基于较小蜂窝的异构网络的配置是增加无线蜂窝网络能源效率的重要技术[10]。近年来，蜂窝数据通信量的需求随着 iPhone 和 iPad 等移动设备的引入显著增加。宏单元（Macrocell）用来提供大面积的覆盖和更好的在蜂窝网络中处理用户移动性。然而，它不能高效地提供高的数据传输速率。近来，小型基站被用来提供更高的数据速率和加强室内覆盖。由于他们覆盖区域小，小型基站所需传输能量比宏单元更少，所以它们的基站在提供宽带覆盖时更加节能[10]。但是，大量小型基站的配置可能增加移动用户在邻近单元中的切换率并且降低整个网络的能源效率[14]。因此，在节能网络中需要配置不同单元大小的基站。

- 能量感知的合作基站电源管理

由于用户的移动性和操作等因素，蜂窝网络中通信载荷可能存在明显的时间和空间上的波动[15]。因此可能一些单元通信量很低而一些单元通信载荷很大。由于运行一个基站消耗相当多的电能，有选择地关闭一些基站或关闭一些低载荷条件下活跃基站的资源能够节省大量的能源。当一些单元被关断或处于睡眠模式时，它们的无线电覆盖和服务供给可以通过其余活动单元保障。多个基站并行工作时需要进行网络级电源管理。蜂窝变焦是一项很重要的技术，基站可以通过它根据网络或通信状态调节单元大小，因此也减少了整个网络的能源消耗。

动态节能管理方案在参考文献［2，16］中进行了分析，其通信量随时间变化。参考文献［17］的作者提出了基站节能算法，该算法能够考虑时空通信量变化动态使基站的数量减到最少。Jardosh 等人提出了采用资源需求策略，基于用户需求量和位置动态的开关 WLAN 接入点（AP）[18]。Cao 等人分析了 CoMP 的节能性能和利用平均中断约束进行无线继电保护[19]。据人们所知，之前的工作均没有研究智能电网在蜂窝网络运行决策上的影响。

12.2.1.2 网络中关键的权衡问题

接下来的4个权衡问题需要在设计细胞网络节能方案时进行研究[20]。

效率配置（DE）和能量效率（EE）间的权衡用来平衡整个网络中的配置成本、通量和能量消耗[20]。DE定义为配置成本的单位系统通量，它是移动运营商网络性能的重要标准[20]。这两个度量标准在网络规划中常会引出相反的设计准则。比如，为节省基站设备和维护的支出，网络规划工程师倾向于使单个蜂窝覆盖率尽可能广。然而，无线资源管理工程师更倾向于配置小的单元来使能量辐射达到最小。

频谱效率（SE）和EE间的权衡用来平衡给定频带宽度的可达率和网络的能量消耗[20]。SE是单位带宽系统通量的标准，通常作为无线网络的优化目标[20]。SE和EE有时会有冲突，因此探讨如何平衡这两个重要的度量标准很重要。

频带宽度（BW）和功率（PW）间的权衡用来平衡给定数据传输速率使用的带宽和所需的功率[20]。在无线通信中，频带宽度和功率是两个重要的资源，但它们是非常有限的。频带宽度和功率间的根本关系表明，为了在给定数据传输速率下增加EE，传输功率必须减小，所以信号带宽需要经历一个相应的增加。

延时（DL）和功率间的权衡用来平衡端到端服务的平均延时和传输消耗的平均功率。DL也称为响应延迟，用来衡量网络服务质量和用户体验，它与上层通信类型有关。

12.2.2 智能电网

随着对气候变化的关注增加，人们对从像太阳能、风能等可再生能源中获取能量的兴趣也逐渐增加。智能电网技术可以促进将这些可再生资源集成到电力网络中，通过动态的协调和管理使电网中参与者相互作用[5]。这些可再生资源在自然中可能有高度的波动性且常常不可控制，这对电网的可靠性带来巨大挑战。另外，在智能电网中应用智能仪表和智能家电是新出现的一类能源用户，可能导致需求侧的不确定性。因此，保证电力需求载荷和电力生产间的平衡是具有挑战性的任务，它对于系统可靠性非常重要。供应和需求间的不协调会导致与标称值间的带状频率偏差，还可能出现动力故障和停电。

12.2.2.1 需求侧管理

需求侧管理（DSM）是提高智能电网可靠性的重要机制，它是由公共事业公司实施的一组程序，这些程序使用户在动态改变或转换电力消耗上发挥更大的作用[22]。多个DSM程序可以在实时系统中同时执行以在需求管理性能方面提供一个综合的提高。DSM可以使实用程序操作更加高效，减少了温室气体的排放，同时也降低了电力用户的成本。近来，因为DSM最重要的策略之一是鼓励用户更加理性和高效地使用电力，所以动态定价程序吸引了众多关注[23]。

在各种动态价格模型中，分时电价（TOU）、峰值电价（CPP）和实时电价（RTP）是 3 种重要模型[21]。TOU 模型中，变化电价由已划分好的时间段决定[24,25]。CPP 模型中，电价在需求时间的基础上事先定好。RTP 模型中，由供应商提供的电价不断改变来反映电力供应成本的变化。由于集成在智能电网中的可再生资源在自然中有高度波动性且常不可控（比如，可再生资源产生的电力能源随时间变化，并且严重依赖于如天气等随机因素），将可再生能源的一大部分集成于电网基础设施中是具有挑战性的工作，这需要有效的手段来协调能量的需求和生产。另外，电网电力能源存储在产量超过消耗量时存储剩余电能，其存储容量有限，且在实际中未必节约[68]，而且关闭发电厂或提升其产能成本很高。因此，电力生产者可能会采用负价的方式（用户按消耗电量取酬）来鼓励用户消耗更多电能。从经济学角度来看，负价是合理的，因为发电厂关闭或提升产能的成本可能超过负价带来的损失。市场参与者要履行其他合同时负价也可能出现，例如热电联产（CHP）发电厂的热力传递合同，所以尽管负价造成损失，发电厂也必须运转[7,9]。

12.3　系统模型

如图 12.1 所示，现在研究一个由智能电网供能的蜂窝网络。首先，介绍 CoMP 通信和服务阻塞概率模型，然后提出了基站的电力消耗模型。

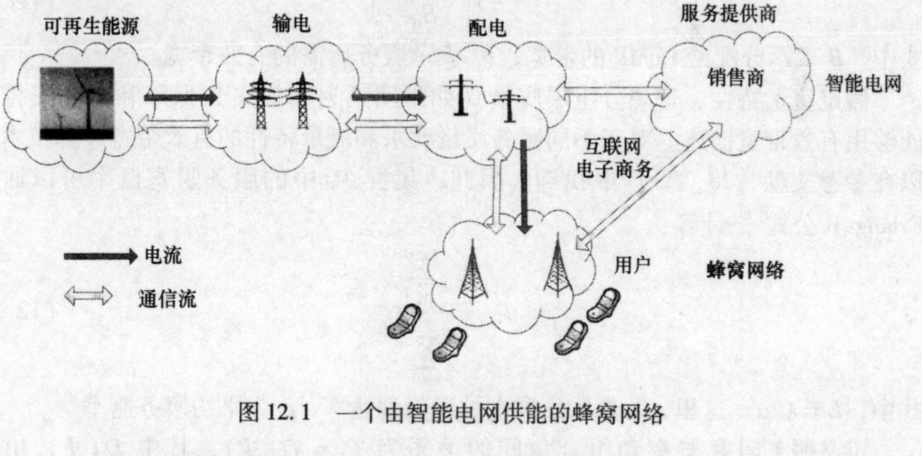

图 12.1　一个由智能电网供能的蜂窝网络

12.3.1　协同多点传输通信

在蜂窝网络中单元间存在干扰，这会影响频谱效率，特别是在城市蜂窝系统中。最初提出 CoMP 是为解决这个限制，现已被选作 LTE- A 的关键技术[4]。

CoMP 能够显著提高平均频谱效率，同时增加蜂窝边界和平均数据传输速率。

在这里的系统中，当通信量低、实时电价过高或电力销售商的污染水平过高时多余的基站会被关闭。CoMP 用于活跃基站来保证覆盖需求[4]。在下行链路中，邻近的活跃基站进行合作传输，因此它们的覆盖率提高了。在上行链路中，多个活跃基站相互配合进行接收，有效减少了每个单独基站接收信号功率的要求。同时，CoMP 能够为邻近单元基站在低活跃期被关闭的移动用户提供覆盖，且确保服务阻塞概率在可接受的水平内。

为了达到理论上的最大容量，所有网络中的基站应该在每个传输和接收过程中相互配合。然而，引入的复杂性在实际系统中是不可接受的。因此，标准规定了能够相互配合的最大的基站数量[26]。假定在每个 CoMP 合作集群中有 i 个基站，所有在这个集群中可能的基站组合被定义为协调集 Θ，其基数为 2^i。集群中的基站能够以任意组合转换，每个组合集 Ψ 是集 Θ 的一个元素。

12.3.2 蜂窝网络中的服务阻塞概率模型

对任意元素 $\Psi \in \Theta$，上行链路集群 $C(\Psi)$ 的容量总和可以用下式计算[27]：

$$C(\Psi) = \log_2 \det(\boldsymbol{I}_{|\Psi|} + P\boldsymbol{HH}^+) \tag{12.1}$$

式中，$\boldsymbol{I}_{|\Psi|}$ 表示一个 $|\Psi| \times |\Psi|$ 的单位矩阵；P 表示每个用户终端的传输功率；$\boldsymbol{H} \in \mathbb{C}^{|\Psi| \times |\Psi|}$ 表示信道矩阵。

集群中可利用的信道数量 m 可用下式计算：

$$m = \left[\frac{BC(\Psi)}{B_0} \right] \tag{12.2}$$

式中，B 表示分配给 CoMP 的带宽；B_0 表示服务所需的有效带宽。

假定流量特性、理想分组层质量（如封闭延迟和损失）保障和时序安排都能够用有效带宽描述。对于不同服务质量要求和流量特性的有效带宽计算技术可以在参考文献［28，29］中找到。因此，集群 $\mathcal{P}_b$ 中的服务阻塞概率可以通过 Erlang-B 公式[30]计算：

$$\mathcal{P}_b = \frac{\frac{E^m}{m!}}{\sum_{j=0}^{m} \frac{E^j}{j!}} \tag{12.3}$$

式中，$E = \lambda/\mu$，这里，λ 表示集群中的通信到达率，μ 为平均服务速率。

定义服务阻塞概率和组合集间的关系为 $\mathcal{P}_b = \mathcal{D}(\Psi)$，其中 $\mathcal{D}(\Psi)$ 由式（12.1）~式（12.3）构造。

12.3.3 基站电力消耗模型

每个活跃蜂窝基站 P_{BS} 的能量消耗包括三部分：由传输功率、信号处理和信号回传引起的电力消耗，可以用下式表示[31]：

$$P_{BS}=aP_{tx}+bP_{sp}+cP_{bh} \tag{12.4}$$

式中，P_{tx}、P_{sp}、P_{bh}分别表示每个基站的辐射功率、信号处理功率和回传功率；a、b和c表示比例系数，它们与相应供电类型有关，比如冷却和电池组备份。

每个基站的传输功率取决于传输信道的路径损耗。因此，每个基站的平均传输功率可以用下式表示[31]：

$$\log(P_{tx})=\log P_{min}-\log K+\phi\log(D/2) \tag{12.5}$$

式中，P_{min}表示用户终端所需的最小接收功率；K为解释包括基站天线设置、载波频率及传播环境等影响的一个参数；ϕ为路径损耗指数；D表示节点间距离。

由信号处理操作引起的能量消耗部分取决于采用的空中接口和基站间的合作量。上行信道评估操作大约消耗整个信号处理功耗的10%[31]。假定一个最小均方误差的滤波操作，在每个 CoMP 合作集群中总的 MIMO（多输入多输出）处理需要 Ψ^3 次操作。因此，每个基站的平均 MIMO 处理仅增加 Ψ^2，每个基站信号处理的能量消耗可用下式计算：

$$P_{sp}=p_{sp}(0.87+0.1|\Psi|+0.03|\Psi|^2) \tag{12.6}$$

式中，p_{sp}表示每个基站的基线信号处理功耗。

回传建模为无线微波链接的收集，匹配大多数蜂窝网络中目前最佳状态。每个链接有 100Mbit/s 容量，消耗 50W 功耗。对于给定每个基站的平均回传要求c_{bh}，其回传功率可以计算[31]：

$$P_{bh}=\frac{50c_{bh}}{10^8} \tag{12.7}$$

将式（12.5）~式（12.7）代入式（12.4），可以得到

$$P_{BS}=\frac{aP_{min}\left(\frac{D}{2}\right)^{\phi}}{K}+bp_{sp}(0.87+0.1|\Psi|+0.03|\Psi|^2)+\frac{50cc_{bh}}{10^8} \tag{12.8}$$

即

$$P_{BS}=U+V|\Psi|+W|\Psi|^2 \tag{12.9}$$

式中，$U=\frac{aP_{min}\left(\frac{D}{2}\right)^{\phi}}{K}+0.87bp_{sp}+\frac{50cc_{bh}}{10^8}$；$V=0.1bp_{sp}$；$W=0.03bp_{sp}$。

12.4 问题描述

智能电网中每个销售商向每个集群里的基站提供实时电价，然后每个集群将决定需要开启多少基站及为给集群中活跃基站提供足够电力需要从销售商获取多少电力。这个系统在图 12.1 中进行说明。每个销售商和每个基站的集群决定各

自最大效用。

这里使用了一个主从对策论方案来共同研究销售商和集群中基站的效用，提出的主从对策模型可以看作有多个主动方、一个或多个从动方的广义主从对策模型。主从对策模型分为两个水平：蜂窝网络水平对策和智能电网水平对策。一个集群中的基站作为从动方参与智能电网水平对策。另一方面，每个销售商作为主从对策中的主动方参与智能电网水平对策。价格和需要获取电量的信息在销售商和集群中基站间交换。提出的二水平对策论方法可以在分布式方式中实现。

12.4.1 蜂窝网络水平对策

集群中的基站目标在于以最低的成本得到最小的服务阻塞概率。阻塞概率集与基站成本间有一个权衡。所以，决定集群中有多少基站活跃及为了最大效用从每个销售商获取多少电力非常重要。

随着对环境保护关注的增加，更加严格的污染排放条例被提出，包括与排放（如碳信用额）相关的经济处罚和与环境损失相关的非经济成本。在这里的模型中，这种非经济成本也被描述为经济处罚。合理设计的污染排放成本使基站利用可再生能源从销售商获取电力成为可能，因此减少了二氧化碳的排放。假定这个成本由电力用户承担。

因此，集群中所有基站的网络效用函数可以定义为

$$\mathcal{U}_s = \xi\mathcal{F}(\mathcal{P}_b) - \sum_{n\in\mathcal{N}} p_n q_n - \sum_{n\in\mathcal{N}} \mathcal{I}_n(q_n) \tag{12.10}$$

式中，ξ 是权值；$\mathcal{F}(\mathcal{P}_b)$ 是考虑服务阻塞概率 $\mathcal{P}_b$ 的基站效用函数；$\mathcal{N}(\mathcal{N}=\{1,\cdots,N\})$ 表示销售商集合；p_n 表示由销售商 n 提供的电价；q_n 表示从销售商 n 获取的电量；函数 $\mathcal{I}_n(\,)$ 表示基站从销售商 n 获取电力时产生的总污染排放成本。

考虑服务阻塞概率的基站效用在阻塞概率临界值内时很高，当阻塞概率超过临界值时其效用很低。因此，效用函数 $\mathcal{F}(\mathcal{P}_b)$ 可以由下式计算：

$$\mathcal{F}(\mathcal{P}_b) = U_{\text{const}} - \rho\exp((\mathcal{P}_b - \delta P_{\text{th}} + G_{\text{bk}})K_{\text{bk}}) \tag{12.11}$$

式中，P_{th}表示服务阻塞概率临界值；U_{const}、ρ、δ、G_{bk}和 K_{bk}是为用户定义效用函数的参数，这些参数可能会随人和时间改变。

发电机组的排放可以用生产电量的二次函数描述[32-34]。所以，用下面的函数来建立当从销售商 n 获取电量 q_n 时基站的污染排放成本模型：

$$\mathcal{I}_n(q_n) = \alpha_n q_n^2 + \beta_n q_n \tag{12.12}$$

式中，$\alpha_n>0$，$\beta_n>0$，且 α_n 和 β_n 取决于销售商 n 的污染水平。

因此，集群中基站的优化问题可以表示为

$$\max_{\Psi,q_n}\mathcal{U}_s = \xi(U_{\text{const}} - \rho\exp((\mathcal{P}_b - \delta P_{\text{th}} + G_{\text{bk}})K_{\text{bk}})) - \sum_{n\in\mathcal{N}} p_n q_n - \sum_{n\in\mathcal{N}} (a_n q_n^2 + \beta_n q_n)$$

$$\text{s.t.} \sum_{n\in\mathcal{N}} q_n = U|\Psi| + V|\Psi|^2 + W|\Psi|^3 \tag{12.13}$$

12.4.2　智能电网水平对策

假定每个销售商是独立的且行为自私，其目的在于获得尽可能多的额外利润。零售商 n 的效用函数可以定义为

$$\mathcal{U}_n = (p_n - c_n) q_n \tag{12.14}$$

式中，c_n 表示销售商 n 的电力成本。销售商 n 的优化问题为

$$\max_{p_n} \mathcal{U}_n = (p_n - c_n) q_n,\ \forall n \tag{12.15}$$

每个销售商最优价格的选择受其他零售商价格和其本身污染水平的影响，所以销售商争取让基站选中。如果一个特定的零售商要了一个高价使其相比于其他零售商对基站来说不利，则基站会从该基站获取较少电量。另一方面，如果提出的价格过低，则该零售商的获利将会不必要得低。

12.5　对于提出的二水平对策的分析

对于主从对策来说，存在性和唯一性是斯坦科尔伯格均衡两个期望的性质。如果知道存在一个平衡，可以预测参与者和系统最终性能的平衡策略[35,36]。在本节中，首先获得提出对策的闭式解法，然后证明这些解是提出对策的斯坦科尔伯格均衡，最后证明提出对策的斯坦科尔伯格均衡是唯一的。

12.5.1　蜂窝网络水平对策的分析

对任意组合集合 Ψ，可以用拉格朗日算子表示式（12.13）如下：

$$L_{\text{bs}}(q_n, \nu) = \mathcal{U}_s + \nu\left(\sum_{n\in\mathcal{N}} q_n - U|\Psi| - V|\Psi|^2 - W|\Psi|^3\right) \tag{12.16}$$

式中，ν 为拉格朗日乘子。

令其倒数 $dL_{\text{bs}} = 0$，得出系统的方程：

$$\frac{\partial L_{\text{bs}}}{\partial q_1} = -p_1 - 2\alpha_1 q_1 - \beta_1 + \nu = 0 \tag{12.17}$$

$$\vdots$$

$$\frac{\partial L_{\text{bs}}}{\partial q_N} = -p_N - 2\alpha_N q_N - \beta_N + \nu = 0 \tag{12.18}$$

$$\frac{\partial L_{\text{bs}}}{\partial \nu} = \sum_{n\in\mathcal{N}} q_n - U|\Psi| - V|\Psi|^2 - W|\Psi|^3 = 0 \tag{12.19}$$

因此，对集合 Ψ，通过求解上述方程式可以得到优化的从零售商 n 获取的电量 $q^*_{n,\Psi}$协调集 Θ 的所有元素中，优化组合集 Ψ^* 是使集群中基站的网络效用达到

最大的一个元素。对于集合 Ψ^*，从零售商 n 获取的优化后的电量 q_{n,Ψ^*}^* 可按下式计算：

$$q_{n,\Psi^*}^* = \frac{1-2\alpha_n X}{4\alpha_n^2 X}p_n + \sum_{j\neq n}\frac{1}{4\alpha_n\alpha_j X}p_j + \frac{(1-2\alpha_n X)\beta_n}{4\alpha_n^2 X} + \sum_{j\neq n}\frac{\beta_j}{4\alpha_n\alpha_j X} + \frac{U|\Psi^*| + V|\Psi^*|^2 + W|\Psi^*|^3}{2\alpha_n X} \tag{12.20}$$

式中，$X = \sum_{n\in\mathcal{N}}\frac{1}{2\alpha_n}$，且 $n, j\in\mathcal{N}$。

性质 1：当其他零售商的电价固定时，从零售商 n 获取的优化电量 q_{n,Ψ^*}^* 随其电价 p_n 降低而减少。

证明：求 q_{n,Ψ^*}^* 的一阶导数，得到

$$\frac{\partial q_{n,\Psi^*}^*}{\partial p_n} = \frac{1-2\alpha_n X}{4\alpha_n^2 X} \tag{12.21}$$

由于 $X>0$，且 $1-2\alpha_n X<0$，$\frac{\partial q_{n,\Psi^*}^*}{\partial p_n}$ 小于 0。因此，q_{n,Ψ^*}^* 随 p_n 减小而减小。

12.5.2 智能电网水平对策的分析

将式（12.20）代入式（12.15），得到

$$\max_{p_n}\mathcal{U}_n = (p_n - c_n)\,q_{n,\Psi^*}^* \tag{12.22}$$

让 $\mathcal{U}_n$ 对 p_n 求导，并令其结果为 0，得到

$$\frac{\partial\mathcal{U}_n}{\partial p_n} = q_{n,\Psi^*}^* + (p_n - c_n)\frac{\partial q_{n,\Psi^*}^*}{\partial p_n} = 0 \tag{12.23}$$

由上述方程解出 p_n，将解表示为 p_n^*。

性质 2：零售商 n 的效用函数 $\mathcal{U}_n$ 关于其自身电价是凹函数，当其他零售商的电价固定时其提供的优化电量可以用式（12.20）计算。

证明：令 $\mathcal{U}_n$ 对 p_n 求导得

$$\begin{aligned}\frac{\partial\mathcal{U}_n}{\partial p_n} &= q_{n,\Psi^*}^* + (p_n - c_n)\frac{\partial q_{n,\Psi^*}^*}{\partial p_n}\\ &= \frac{1-2\alpha_n X}{2\alpha_n^2 X}p_n + \sum_{j\neq n}\frac{1}{4\alpha_n\alpha_j X}p_j + \frac{(1-2\alpha_n X)(\beta_n - c_n)}{4\alpha_n^2 X} + \\ &\quad \sum_{j\neq n}\frac{\beta_j}{4\alpha_n\alpha_j X} + \frac{U|\Psi^*| + V|\Psi^*|^2 + W|\Psi^*|^3}{2\alpha_n X}\end{aligned} \tag{12.24}$$

$$\frac{\partial^2\mathcal{U}_n}{\partial p_n^2} = \frac{1-2\alpha_n X}{2\alpha_n^2 X} \tag{12.25}$$

由于 $1-2\alpha_n X<0$，$X>0$，有 $\frac{\partial^2 \mathcal{U}_n}{\partial p_n^2}<0$。因此，$\mathcal{U}_n$ 对 p_n 是凹函数。

12.5.3　二水平对策的斯坦科尔伯格均衡的存在性

本节将证明 q_{n,Ψ^*}^* 和 $p_n^*(n\in\mathcal{N})$ 是提出对策的斯坦科尔伯格均衡。

定义 12.5.1：如果对于每个零售商 n，q_n^{SE} 和 p_n^{SE} 是提出二水平对策的斯坦科尔伯格均衡，当 p_n 固定时：

$$\mathcal{U}_n(\{q_n^{\mathrm{SE}}\}) = \sup_{\{q_n\}} \mathcal{U}_s(\{q_n\}) \tag{12.26}$$

当 q_n 固定时：

$$\mathcal{U}_n(\{p_n^{\mathrm{SE}}\}) = \sup_{p_n} \mathcal{U}_n(p_n) \tag{12.27}$$

接下来，证明式（12.20）中的解 q_{n,Ψ^*}^* 是使基站效用 $\mathcal{U}_s$ 最大化的总体最优值。换句话说，验证式（12.20）中的 q_{n,Ψ^*}^* 符合 Karush- Kuhn- Tucer（KKT）条件。基于式（12.16），得到

$$\nabla L_{\mathrm{bs}}(q_{n,\Psi^*}^*) = -p_n - 2\alpha_n q_{n,\Psi^*}^* - \beta_n + \nu = 0 \tag{12.28}$$

$$\nabla^2 L_{\mathrm{bs}}(q_{n,\Psi^*}^*) = -2\alpha_n < 0 \tag{12.29}$$

因此，式（12.20）中的 q_{n,Ψ^*}^* 是使基站效用 $\mathcal{U}_s$ 最大化的总体最优值[37]。q_{n,Ψ^*}^* 满足式（12.26）并且是斯坦科尔伯格均衡 q_n^{SE}。由于 $\mathcal{U}_n$ 的凹性，零售商 n 总能找到最优电价 p_n^*。综上，构造出下面的定理：

定理 1：q_{n,Ψ^*}^* 和 $\{p_n^*\}$ 是提出二水平对策的一对斯坦科尔伯格均衡，斯坦科尔伯格均衡在式（12.26）和式（12.27）中定义。

12.5.4　二水平对策的斯坦科尔伯格均衡的唯一性

可以说明提出对策的斯坦科尔伯格均衡是唯一的。换句话说，可以证明智能电网水平对策有唯一的纳什均衡。纳什均衡给出价格集合以致没有零售商可以通过选择一个考虑到其他零售商提供价格的不同价格来提高其个体的效用。

因为零售商是独立和理性的，他们的目标是使利润最大化，最好的响应函数可以被定义和用于获得智能电网水平对策价格问题中的解。当由除 n 外的零售商提供的价格策略 $\boldsymbol{p}_{-n}$ 给出后，零售商 n 的最佳响应函数 $\mathcal{B}_n(\boldsymbol{p}_{-n})$ 可以如下定义：

$$\mathcal{B}_n(\boldsymbol{p}_{-n}) = \underset{p_n}{\mathrm{argmax}}\, \mathcal{U}_n(p_n, \boldsymbol{p}_{-n}) \tag{12.30}$$

因此，将式（12.20）代入式（12.23），零售商 n 的最佳响应函数 $\mathcal{B}_n(\boldsymbol{p}_{-n})$ 如下：

$$\mathcal{B}_n(\boldsymbol{p}_{-n}) = \frac{\alpha_n}{2(2\alpha_n X - 1)}\left(\sum_{j\neq n}\frac{p_j}{\alpha_j}\right) + Y_n \tag{12.31}$$

其中

$$Y_n = \frac{\alpha_n}{2(2\alpha_n X - 1)}\left(\sum_{j\neq n}\frac{\beta_j}{\alpha_j}\right) + \frac{c_n - \beta_n}{2} + \frac{\alpha_n}{2\alpha_n X - 1}(U|\boldsymbol{\Psi}^*| + V|\boldsymbol{\Psi}^*|^2 + W|\boldsymbol{\Psi}^*|^3) \tag{12.32}$$

接下来，将说明任意一个零售商 n 的最佳响应函数 $\mathcal{B}_n(\boldsymbol{p}_{-n})$ 是一个标准函数。

定义 12.5.2：如果对所有 $\boldsymbol{p}_{-n}\geqslant 0$ 函数 $\mathcal{B}_n(\boldsymbol{p}_{-n})$ 是标准的，以下性质均满足[38]：

- 正性：$\mathcal{B}_n(\boldsymbol{p}_{-n})>0$。
- 单调性：若 $\boldsymbol{p}_{-n}\geqslant\boldsymbol{p}'_{-n}$，则 $\mathcal{B}_n(\boldsymbol{p}_{-n})\geqslant\mathcal{B}_n(\boldsymbol{p}'_{-n})$。
- 可扩展性：对于所有 $\omega>1$，$\omega\mathcal{B}_n(\boldsymbol{p}_{-n})>\mathcal{B}_n(\omega\boldsymbol{p}_{-n})$。

命题 12.5.1：任意一个零售商 n 的最佳响应函数 $\mathcal{B}_n(\boldsymbol{p}_{-n})$ 是标准的。

1. 正性

在式（12.31）中：

$$\mathcal{B}_n(\boldsymbol{p}_{-n}) = \frac{\alpha_n}{2(2\alpha_n X - 1)}\left(\sum_{j\neq n}\frac{p_j}{\alpha_j}\right) + Y_n$$

由于 $\alpha_n>0$、$2\alpha_n X-1>0$、$\alpha_j>0$ 和 $p_j>0$，上式右侧的第一项大于0。由于 $Y_n>0$，最佳响应函数 $\mathcal{B}_n(\boldsymbol{p}_{-n})$ 是正的。

2. 单调性

假设 $\boldsymbol{p}_{-n}$ 和 $\boldsymbol{p}'_{-n}$ 是不同的价格矢量，矢量不等式 $\boldsymbol{p}_{-n}\geqslant\boldsymbol{p}'_{-n}$ 意味着 $p_j\geqslant p'_j, \forall j\in\{1,\cdots,N\}, j\neq n$。如果 $\mathcal{B}_n([p_1,\cdots,p_j,\cdots,p_N])\geqslant\mathcal{B}_n([p_1,\cdots,p'_j,\cdots,p_N])$，则单调性被表明是不变的。因此，问题归纳为提供 $\frac{\partial\mathcal{B}_n(\boldsymbol{p}_{-n})}{\partial p_j}\geqslant 0$。最佳响应函数 $\mathcal{B}_n(\boldsymbol{p}_{-n})$ 对 p_j 求导，得到

$$\frac{\partial\mathcal{B}_n(\boldsymbol{p}-n)}{\partial p_j} = \frac{\alpha_n}{2\alpha_j(2\alpha_n X - 1)} > 0 \tag{12.33}$$

3. 可扩展性

基于式（12.31），可以得到

$$\omega\mathcal{B}_n(\boldsymbol{p}_{-n}) = \frac{\alpha_n\omega}{2(2\alpha_n X - 1)}\left(\sum_{j\neq n}\frac{p_j}{\alpha_j}\right) + \omega Y_n \tag{12.34}$$

$$\mathcal{B}_n(\omega\boldsymbol{p}_{-n}) = \frac{\alpha_n\omega}{2(2\alpha_n X - 1)}\left(\sum_{j\neq n}\frac{p_j}{\alpha_j}\right) + Y_n \tag{12.35}$$

基于式（12.34）和式（12.35），可以得到

$$\omega\mathcal{B}_n(\boldsymbol{p}_{-n}) - \mathcal{B}_n(\omega\boldsymbol{p}_{-n}) = (\omega - 1)Y_n > 0 \tag{12.36}$$

因此，对所有 $\omega>1$，$\omega\mathcal{B}_n(\boldsymbol{p}_{-n})>\mathcal{B}_n(\omega\boldsymbol{p}_{-n})$。

定理 2：q^*_{n,Ψ^*} 和 $\{p^*_n\}$ 是提出二水平对策的唯一一对斯坦科尔伯格均衡，斯坦科尔伯格均衡在式（12.26）和式（12.27）中定义。

证明：由于任意一个零售商 n 的最佳响应函数 $\mathcal{B}_n(\boldsymbol{p}_{-n})$ 是标准的，智能电网水平对策有唯一的纳什均衡[39]。因此，提出对策有唯一的斯坦科尔伯格均衡。

12.6 仿真结果和讨论

在本节用计算机仿真来评价提出的动态基站运行方案（DBSOS）的性能。在动态基站运行方案中，通过 12.5.3 节，导出蜂窝网络最优解来决定集群中有多少基站活跃，为达到最大效用从零售商处获得多少电力，也得出零售商的最优解来决定电价。在仿真中，假设一个集群中有 3 个基站。这些基站可以从两个零售商获取电力。设置如下参数：$a=7.35$、$b=2.9$、$c=1$、$p_{sp}=58\text{W}$、$10\log(P_{min})=-120$、$K=0.0001$、$\phi=4.0$、$D=800\text{m}$、$c_{bh}=10^9\text{bit/s}$[31]。设定 λ 和 μ 分别为 1.1 和 1/180。选择 $P_{th}=0.1$[40,41]、$c_1=0.3$ 美分/kWh、$c_2=0.4$ 美分/kWh、$\beta=0.1$ 美分/kWh、$\alpha_1=2\times10^{-2}$ 和 $\alpha_2=5\times10^{-2}$。对提出的 DBSOS 和传统方法进行比较，比较时依据运行支出和 CO_2 排放，不考虑智能电网的动态和所有基站活跃。

首先研究动态基站运行方案中活跃基站间利用 CoMP 不同的协调如何影响集群中的服务阻塞概率和总的耗电量。图 12.2 表明了当集群中没有活跃基站时服

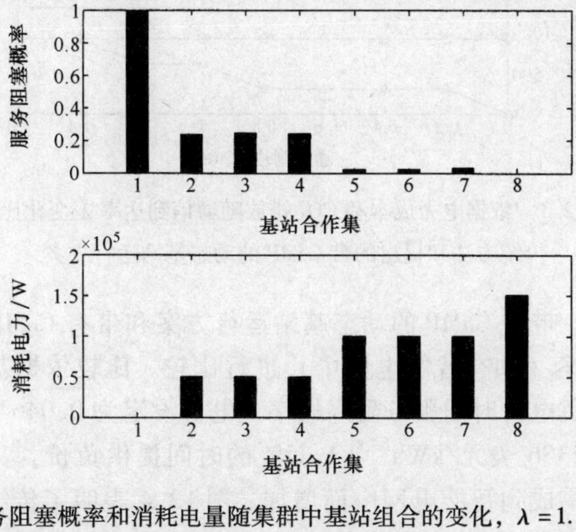

图 12.2　服务阻塞概率和消耗电量随集群中基站组合的变化，$\lambda=1.1$，$\mu=1/180$。x 轴数字代表合作集 Θ 不同元素的标号。在基站合作集 2、3 和 4 中有 1 个活跃基站。在合作集 5、6 和 7 中有 2 个活跃基站。在合作集 8 中，3 个基站全部是活跃的

务阻塞概率起始于1.0，逐渐递减，当3个活跃基站并行时最终达到0.0。每个基站活跃时约消耗5×10^3W电能。图12.2中也表示出消耗电量随着集群中活跃基站数量的增长而增长。在此情形中，如果集群中一个基站关闭，服务阻塞概率仍然小于临界值0.1。集群中的两个活跃基站可以用CoMP发送和接收扩大它们的覆盖。

图12.3表明使用传统方法，3个基站花费固定数量的资金来获取固定数量的电能，因此即使通信到达率λ变化也产生固定数量的CO_2。图中同时说明对于动态基站运行方案来说，需要激活的基站数量取决于通信到达率。比如，当通信到达率低于0.8时，一个基站足以满足服务阻塞概率的要求。CO_2排放取决于期间中有多少基站是活跃的。动态基站运行方案在电力成本和CO_2排放方面比传统方法有更好的性能，特别是在通信到达率低时。比如，动态基站运行方案在通信到达率处于0.2~0.8时，相比于传统方法在电力成本和CO_2排放上减少66.7%。

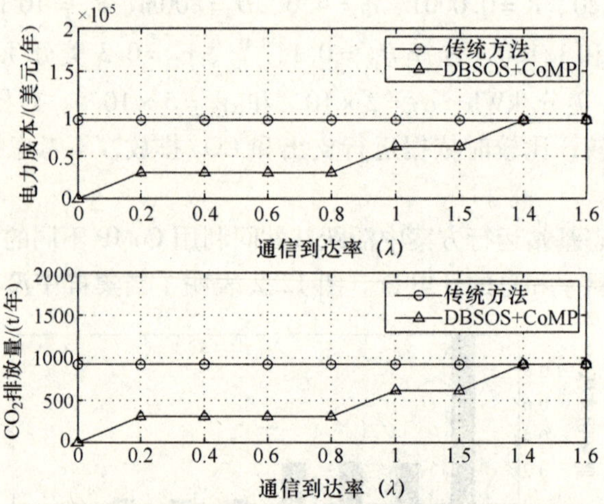

图12.3 依据电力成本和CO_2排放随通信到达率λ变化比较传统方法和提出的带CoMP的动态基站运行方案

将传统方法、带有CoMP的动态基站运行方案和带有CoMP及需求响应的动态基站运行方案（如在智能电网中）进行比较。比较依据基站的运作支出和智能电网提供负电价时的服务阻塞概率。电价设定为0.0464美元/kWh，平均负价设为-0.2356美元/kWh[6,8,9]。5%的时间提供负价，其价值可以随更多的可再生能源集成到智能电网中而增加。图12.4表明了传统方法有更高的运作支出。相比于带CoMP的动态基站运行方案，智能电网中带CoMP的动态基站运行方案减少了27.06%的运作支出，尽管很少提供负价。这种情况的原因为智能电网中带 CoMP 的动态基站运行方案，基站运行不仅取决于服务阻塞概率，还依赖于智能电网提供的电价。因此，电价低或负价时所有的基站都可能开启。

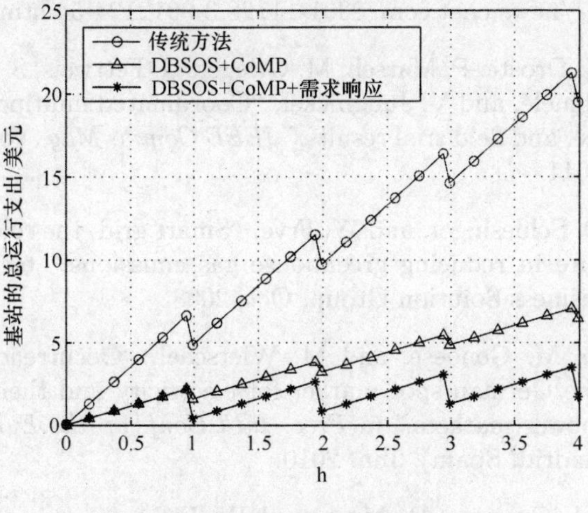

图 12.4　基站的总运行支出

12.7　小结

在本章中，讨论了基于通信到达率、智能电网提供的实时电价和电力零售商的污染水平的蜂窝基站的动态运行如何在绿色无线蜂窝网络中减少运行支出和 CO_2 排放。在提出的方案中，基站可以关断来节省能量。CoMP 用来扩大活跃基站的覆盖，因此移动用户的服务质量可以保证。活跃基站也需要决定从哪个零售商获取电力及从智能电网获取的电量。系统的决策问题建模为一个二水平主从对策，蜂窝网络是模型的从动方，电力零售商是模型的主动方。仿真结果显示智能电网对绿色无线蜂窝网络有重要影响，且提出的方案可以显著减少绿色无线蜂窝网络中的运行支出和 CO_2 排放。未来工作的进展是在提出的框架中考虑带小型基站的异构无线蜂窝网络。

参 考 文 献

[1] E. Oh, B. Krishnamachari, X. Liu, and Z. Niu, "Toward dynamic energy-efficient operation of cellular network infrastructure," *IEEE Comm. Mag.*, vol. 49, pp. 56–61, Jun. 2011.

[2] M. A. Marsan, L. Chiaraviglio, D. Ciullo, and M. Meo, "Optimal energy savings in cellular access networks," in *Proc. IEEE ICC'09 Workshops*, (Dresden, Germany), Jun. 2009.

[3] H. Sistek, "Green-tech base stations cut diesel usage by 80 percent," Apr. 2008. http://news.cnet.com/8301-11128_3-9912124-54.html.

[4] R. Irmer, H. Droste, P. Marsch, M. Grieger, G. Fettweis, S. Brueck, H.-P. Mayer, L. Thiele, and V. Jungnickel, "Coordinated multipoint: concepts, performance, and field trial results," *IEEE Comm. Mag.*, vol. 49, pp. 102–111, Feb. 2011.

[5] C. Feisst, D. Schlesinger, and W. Frye, "Smart grid, the role of electricity infrastructure in reducing greenhouse gas emissions," tech. rep., Cisco Internet Business Solution Group, Oct. 2008.

[6] F. Genoese, M. Genoese, and M. Wietschel, "Occurrence of negative prices on the German spot market for electricity and their influence on balancing power markets," in *Proc. Int'l Conf. on the European Energy Market*, (Madrid, Spain), Jun. 2010.

[7] D. Keles, M. Genoese, D. Most, and W. Fichtner, "Comparison of extended mean-reversion and time series models for electricity spot price simulation considering negative prices," *Energy Economics*, Aug. 2011. online, doi:10.1016/j.physletb.2003.10.071.

[8] M. Nicolosi, "Wind power integration and power system flexibility - an empirical analysis of extreme events in Germany under the new negative price regime," *Energy Policy*, vol. 38, pp. 7257–7268, Nov. 2010.

[9] C. Brandstatt, G. Brunekreeft, and K. Jahnke, "How to deal with negative power price spikes? - Flexible voluntary curtailment agreements for large-scale integration of wind," *Energy Policy*, vol. 39, pp. 3732–3740, Jun. 2011.

[10] Z. Hasan, H. Boostanimehr, and V. K. Bhargava, "Green cellular networks: a survey, some research issues and challenges," *IEEE Communications Surveys & Tutorials*, vol. 13, Fourth Quarter 2011.

[11] A. Bianzino, C. Chaudet, D. Rossi, and J. Rougier, "A survey of green networking research," *IEEE Communications Surveys and Tutorials*, vol. 14, pp. 3–20, First Quarter 2012.

[12] "Multiradio base station makes network evolution easier and greener than ever," http://www.nokiasiemensnetworks.com/sites/default/files/document/NokiaSiemensNetworks_2009_02_05_enFlexiMultiradioBTS.pdf, Press Release Feb. 2009, Nokia Siemens Networks [online access, 2 Feb. 2012].

[13] L. Silu, "The green cdma base station," Huawei Communicate, pp.42–42, Dec. 2008.

[14] M. Ismail and W. Zhuang, "Network cooperation for energy saving in green radio communications," *IEEE Wireless Communications*, vol. 18, pp. 76–81, Oct. 2011.

[15] Z. Niu, Y. Wu, J. Gong, and Z. Yang, "Cell zooming for cost-efficient green cellular networks," *IEEE Communications Magazine*, vol. 48, pp. 74–79, Nov. 2010.

[16] L. Chiaraviglio, D. Ciullo, M. Meo, and M. A. Marsan, "Energy-aware UMTS access networks," in *Proc. Int'l Symp. on Wireless Personal Multimedia Comm.*, (Lapland, Finland), Sept. 2008.

[17] S. Zhou, J. Gong, Z. Yang, Z. Niu, and P. Yang, "Green mobile access network with dynamic base station energy saving," in *Proc. Mobicom Poster*, (Beijing, China), Sept. 2009.

[18] A. P. Jardosh, K. Papagiannaki, E. M. Belding, K. C. Almeroth, G. Iannaccone, and B. Vinnakota, "Green WLANs: on-demand WLAN infrastructures," *Mobile Networks and Applications*, vol. 14, pp. 798–814, Dec. 2009.

[19] D. Cao, S. Zhou, C. Zhang, and Z. Niu, "Energy saving performance comparison of coordinated multi-point transmission and wireless relaying," in *Proc. IEEE Globecom'10*, (Miami, USA), Dec. 2010.

[20] Y. Chen, S. Zhang, S. Xu, and G. Y. Li, "Fundamental trade-offs on green wireless networks," *IEEE Communication Magazine*, vol. 49, pp. 30–37, Jun. 2011.

[21] M. Parvania and M. Fotuhi-Firuzabad, "Demand response scheduling by stochastic SCUC," *IEEE Trans. Smart Grid*, vol. 1, pp. 89–98, Jun. 2010.

[22] G. M. Masters, *Renewable and Efficient Electric Power Systems.* New York: Wiley, July 2004.

[23] P. Samadi, A. Mohsenian-Rad, R. Schober, V. W. S. Wong, and J. Jatskevich, "Optimal real-time pricing algorithm based on utility maximization for smart grid," in *Proc. First IEEE Conf. on Smart Grid Comm.*, (Gaithersburg, MD), Oct. 2010.

[24] M. Erol-Kantarci and H. T. Mouftah, "Tou-aware energy management and wireless sensor networks for reducing peak load in smart grids," in *Proc. IEEE VTC'10F*, (Ottawa, Canada), Sep. 2010.

[25] S. Shao, T. Zhang, M. Pipattanasomporn, and S. Rahman, "Impact of tou rates on distribution load shapes in a smart grid with PHEV penetration," in *Proc. IEEE PES Transmission and Distribution Conference and Exposition*, (New Orleans, USA), Apr. 2010.

[26] L. Wang and C. Yeh, "3-cell network MIMO architectures with sectorization and fractional frequency reuse," *IEEE J. Sel. Areas Commun.*, vol. 29, pp. 1185–1199, Jun. 2011.

[27] D. Gesbert, S. Hanly, H. Huang, S. S. Shitz, O. Simeone, and W. Yu, "Multi-cell MIMO cooperative networks: A new look at interference," *IEEE J. Sel. Areas Commun.*, vol. 28, pp. 1380–1408, Dec. 2010.

[28] A. I. Elwalid and D. Mitra, "Effective bandwidth of general Markovian traffic sources and admission control of high speed networks," *IEEE/ACM Trans. Netw.*, vol. 1, pp. 329–343, Jun. 1993.

[29] F. Yu and V. Krishnamurthy, "Effective bandwidth of multimedia traffic in packet wireless CDMA networks with LMMSE receivers – a cross-layer perspective," *IEEE Trans. Wireless Commun.*, vol. 5, pp. 525–530, Mar. 2006.

[30] L. Kleinrock, *Queueing Systems, Volume I: Theory.* New York: Wiley Interscience, 1975.

[31] A. J. Fehske, P. Marsch, and G. P. Fettweis, "Bit per joule efficiency of cooperating base stations in cellular networks," in *Proc. IEEE Globecom'10 Workshops*, (Miami, USA), Dec. 2010.

[32] K. Senthil, "Combined economic emission dispatch using evolutionary programming technique," *IJCA Special Issue on Evolutionary Computation for Optimization Techniques*, no. 2, pp. 62–66, 2010.

[33] K. Senthil and K. Manikandan, "Improved tabu search algorithm to economic emission dispatch with transmission line constraint," *Int'l J. of Computer Science and Comm.*, vol. 1, pp. 145–149, Jul.-Dec. 2010.

[34] S. M. V. Pandian et al., "An efficient particle swarm optimization technique to solve combined economic emission dispatch problem," *European Journal of Scientific Research*, vol. 54, no. 2, pp. 187–192, 2011.

[35] G. He, S. Lasaulce, and Y. Hayel, "Stackelberg games for energy-efficient power control in wireless networks," in *Proc. IEEE INFOCOM Mini-Conference*, (Shanghai, China), Apr. 2011.

[36] B. Wang, Y. Wu, and K. J. R. Liu, "Game theory for cognitive radio networks: an overview," *Computer Networks*, vol. 54, pp. 2537–2561, Oct. 2010.

[37] M. S. Barzaraa, *Nonlinear Programming: Theory and Algorithms.* John Wiley & Sons, 1993.

[38] R. Yates, "A framework for uplink power control in cellular radio systems," *IEEE J. Sel. Areas Commun.*, vol. 13, pp. 1341–1347, Sept. 1995.

[39] C. Saraydar, N. Mandayam, and R. Goodman, "Efficient power control via pricing in wireless data networks," *IEEE Trans. Commun.*, vol. 50, pp. 291–303, Feb. 2002.

[40] R. G. Akl, M. V. Hegde, and M. Naraghi-Pour, "Mobility-based CAC algorithm for arbitrary call-arrival rates in CDMA cellular systems," *IEEE Trans. Veh. Tech.*, vol. 54, pp. 639–651, Mar. 2005.

[41] D. Niyato and E. Hossain, "A novel analytical framework for integrated cross-layer study of call-level and packet-level qos in wireless mobile multimedia networks," *IEEE Trans. Mobile Comput.*, vol. 6, pp. 322–335, Mar. 2007.

图书在版编目（CIP）数据

绿色通信与网络/（加）于非，张曦，（加）梁中明主编；阚江明等译. —北京：机械工业出版社，2015.11
（国际信息工程先进技术译丛）
书名原文：Green Communications and Networking
ISBN 978-7-111-51952-2

Ⅰ.①绿… Ⅱ.①于…②张…③梁…④阚… Ⅲ.①数据通信-节能②通信网-节能 Ⅳ.①TN919②TN915

中国版本图书馆 CIP 数据核字（2015）第 256696 号

机械工业出版社（北京市百万庄大街 22 号 邮政编码 100037）
策划编辑：顾 谦 责任编辑：顾 谦
责任校对：丁丽丽 封面设计：马精明
责任印制：乔 宇
北京京丰印刷厂印刷
2016 年 1 月第 1 版第 1 次印刷
169mm×239mm · 20 印张 · 381 千字
0 001—2 600 册
标准书号：ISBN 978-7-111-51952-2
定价：89.00 元

凡购本书，如有缺页、倒页、脱页，由本社发行部调换

电话服务	网络服务
服务咨询热线：010-88361066	机 工 官 网：www.cmpbook.com
读者购书热线：010-68326294	机 工 官 博：weibo.com/cmp1952
010-88379203	金 书 网：www.golden-book.com
封面无防伪标均为盗版	教育服务网：www.cmpedu.com